高等院校计算机任务驱动教改教材

Office 2016
办公软件高级应用

叶娟 朱红亮 陈君梅　主编
曾东海 杨晓明 赖秀娴 韩海晓 戴林妹　副主编

清華大學出版社
北京

内容简介

本书以任务驱动的方式把现代办公应用中遇到的实际问题归纳为任务实例，各案例均以任务为主线进行讲解，采用“案例简介→实现步骤→案例总结→拓展训练”的讲解方式，以Office 2016为办公平台，全面介绍了Word、Excel、PowerPoint的高级应用方法，把软件技术和职业应用结合起来。本书所选的任务与实际工作或生活紧密结合，任务的组织遵循可操作性强、循序渐进的原则，并注意突出任务的实用性、完整性和趣味性。通过本书的学习，有助于读者大幅度地提高工作效率。

本书可作为高职高专院校“办公自动化”相关课程的教材，也可作为相关培训的教材和具有一定的Office基本操作技能人员的自学用书或参考资料，还可供参加计算机二级考试的学生使用。

图书在版编目(CIP)数据

Office 2016办公软件高级应用/叶娟，朱红亮，陈君梅主编. —北京：清华大学出版社，2021.1
高等院校计算机任务驱动教改教材
ISBN 978-7-302-56623-6

Ⅰ. ①O… Ⅱ. ①叶… ②朱… ③陈… Ⅲ. ①办公自动化－应用软件－高等学校－教材 Ⅳ. ①TP317.1

中国版本图书馆CIP数据核字(2020)第194258号

责任编辑：王剑乔
封面设计：刘 键
责任校对：袁 芳
责任印制：杨 艳

出版发行：清华大学出版社
网 址：http://www.tup.com.cn，http://www.wqbook.com
地 址：北京清华大学学研大厦A座 **邮 编**：100084
社 总 机：010-62770175 **邮 购**：010-62786544
投稿与读者服务：010-62776969，c-service@tup.tsinghua.edu.cn
质量反馈：010-62772015，zhiliang@tup.tsinghua.edu.cn
印 装 者：三河市君旺印务有限公司
经 销：全国新华书店
开 本：185mm×260mm **印 张**：17 **字 数**：408千字
版 次：2021年3月第1版 **印 次**：2021年3月第1次印刷
定 价：49.00元

产品编号：088166-01

前言

随着信息化社会的高速发展，计算机技术正在深入社会的各个领域，办公软件已经成为各行各业中不可或缺的工具，熟练操作办公软件已成为衡量大学生业务素质和能力的突出标志。本书把现代办公应用中遇到的实际问题归纳成任务案例，将办公软件的各项功能融合到实际任务的应用中，从而把软件技术与职业应用结合起来。

通过本书的学习，可以让读者对于办公软件在日常办公和生活中的应用具有更加全面的认识，能有效提高各项办公事务的工作效率，从而提高个人岗位应用技能。因此，本书特别适合具有一定的计算机应用基础，但缺乏实际工作经验、办公技巧和就业竞争力的职业新手。

本书以任务驱动的方式进行编写，各案例均以任务为主线进行讲解，采用"案例简介→实现步骤→案例总结→拓展训练"的讲解方式，使读者在学习过程中可以举一反三，快速进入办公软件的高级应用。这一方式能解决办公软件如何使用的问题，更重要的是能让读者明白某项功能适应在什么情况下使用，而某项工作任务又可以通过哪些操作来完成。

本书的内容共分为 11 个案例，以 Office 2016 为办公平台，全面介绍了 Word、Excel、PowerPoint 的高级应用。

案例 1 至案例 5 主要讲解 Word 的高级应用，内容包括期刊的排版艺术、调查报告的撰写、长文档编排方法和技巧、报告模板和图书的校对、邀请函的制作(邮件合并)。

案例 6 至案例 9 主要讲解 Excel 的高级应用，内容包括成绩表的制作、人事管理与工资计算、销售数据管理、存贷款本息计算。

案例 10 和案例 11 主要讲解 PowerPoint 的高级应用，内容包括教师教学课件的制作、考试系统介绍。

将本书作为教材进行教学时，建议采用"教、学、做一体化"的教学模式，安排在计算机实训室进行，做到理论教学和实践教学及时、紧密结合，使学生高效掌握操作技能。

本书由叶娟、朱红亮、陈君梅任主编，曾东海、杨晓明、赖秀娴、韩海晓、戴林妹任副主编，曾运强、黄伟增参与编写。本书在编写过程中得到了广东科学技术职业学院广州学院、浙江经济职业技术学院文化艺术学院领导和老师们的大力支持和帮助，在此一并表示衷心的感谢。

由于编者水平有限，书中如有不足之处，敬请读者批评、指正。

编　者

2021 年 1 月

本书素材、图和样例
(扫描二维码可下载使用)

目　录

案例 1
期刊的排版艺术

1.1 案例简介

1.1.1 问题描述

小多米刚刚担任了《散文轩》期刊编辑部主编，新上任的第一项工作就是要编排新一期“散文集 校园版”的 4 个版面。

期刊的排版设计难度虽然不是很大，但要办好一份杂志，需要有好的文章，吸引人的图片，更要有合适的编排、艺术效果和个性化创意。为了编排出一期美观大方的“散文集 校园版”，小多米对期刊的编排要求先作初步的了解并收集所需的素材，然后利用 Office 2016 中的 Word 艺术排版技术对期刊版面进行规划、对每个版面进行布局设计进而详细设计，终于完成了“散文集 校园版”的排版。

期刊要求内容丰富，观点鲜明，思想健康，表达新颖，色彩浓郁。刊物集萃来自散文、诗歌、幽默等。排版后的效果如图 1-1 和图 1-2 所示，或参见本书配套素材“散文期刊(样例).pdf”。

1.1.2 解决方法

(1) 进行期刊版面的宏观设计，主要包括：设计版面大小(选择纸张大小与页边距设置)。

(2) 按内容规划版面：根据内容的主题，结合内容的多少，划分版面。

(3) 每个版面的具体布局设计，主要包括：根据每个版面各篇文章的特点选择一种合适的版面布局方法，对本版内容进行布局。

(4) 做进一步的详细设计。

期刊的整体设计最终要达到如下效果：版面内容均衡协调、图文并茂、生动活泼，做到颜色搭配合理、淡雅而不失美观；版面设计可以不拘一格，充分发挥想象力，采用大胆奔放的个性化独特创意。

1.1.3 相关知识

制作期刊时，版面一定要清晰，布局要合理。如何使期刊看起来美观，如何利用有限的空间去装饰、点缀期刊，如何使图片、图形与文字结合得更完美，使之融为一体，这都是在制作期刊时需要花心思去考虑的事情。本章将涉及到的知识点如下。

散文集校园版 Campus
2019年9月9日 第1期 总36期 本期主编：小多米
我回首信的方法
[日]松浦弥太郎 ○伍佳妮 译
征稿启事

未来的形状
生命的意义
广州市汇景实验学校 古宸睿

图 1-1 期刊前两个版面的效果图

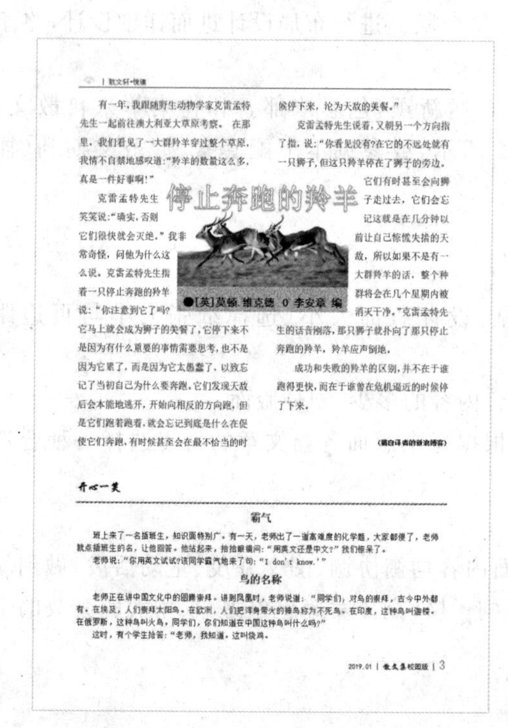
停止奔跑的羚羊
●[英]莫顿 维克德 ○李安章 编
开心一笑
霸气
鸟的名称

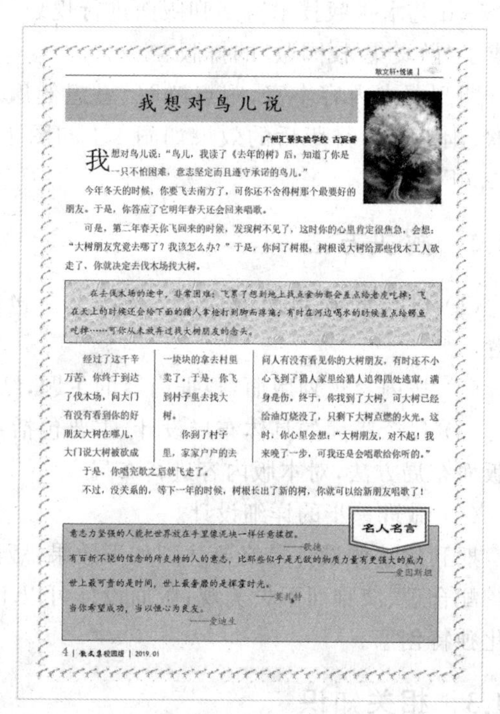
我想对鸟儿说
广州汇景实验学校 古宸睿
名人名言

图 1-2 期刊后两个版面的效果图

1. 设置页眉和页脚

页眉和页脚位于文档中每个页面页边距的顶部和底部区域，可以在页眉和页脚中插入文本或图形，例如，页码、日期、公司徽标、文档标题、文件名或作者名等。只有在页面视图方式下才能看到页眉和页脚。

如果要设置文档的奇偶页和首页具有不同的页眉和页脚，需在“页面设置”对话框的“布局”选项卡中，选中“奇偶页不同”和“首页不同”的复选框。

2. 艺术字在文档中的使用

艺术字是一种特殊的图形，它以图形的方式来展示文字，起到美化版面的作用。Word 2016 提供了艺术字功能，默认有 15 组艺术字样式。编辑文档时可以选择自己喜欢的艺术字效果，插入想要设计的字体。如果你需要对默认的艺术字的效果进行微调以及更加突显个性化，可以单击该艺术字，激活“绘图工具”→“格式”选项卡进行个性化编辑，以取得美观、特殊的艺术效果。

3. 横线的应用

用于美化版面条块。在排版时适当插入横线让版面条块更加清楚明了。

4. 图片与文字之间的混排技巧

一幅生动的图片在文档中往往起到了画龙点睛的效果。Word 最大的优点就是能够在文档中插入各种图片图形，实现图文混排。

图片插入后，还可以对图片进行编辑操作，比如，调整图片的大小、位置和环绕方式等。

5. 插入文本框

文本框是 Word 绘图工具所提供的一种绘图对象，能够放文本，也允许插入图片，可以将其放置于页面上的任意位置，使用起来非常方便。

文本框插入后，可以在文本框中插入文字并设置文字的格式，还可以设置文本框的格式。

6. 版面布局与区域分割

在 Word 中可以使用文本框或表格进行版面布局，我们可以根据每个版面的条块特点决定使用哪一种版面布局方法。

区域分割的目的是将版面划分为不同的区域。

7. 利用文本框链接实现“分栏”效果

如果把文本置于一个用文本框或表格绘制的方格中，将无法进行分栏，如果要设计带有艺术边框的分栏效果，可以利用文本框链接来实现。

说明：

(1) 在制作期刊之前一定要有一个规划提纲，要明确期刊的主题是什么，围绕哪方面选择素材，将所需的素材全部收集整理好。

(2) 在制作期刊的过程中，最重要的问题就是期刊的版面布局。版面安排的好坏决定着期刊的吸引力，一份杂乱无章的期刊是不会受人欢迎的。所以在制作期刊时一定要在版面设计方面多下功夫。

1.2 实现步骤

根据上面的解决方法，结合相关的知识点，期刊排版的操作步骤如下。

(1) 版面设置(选择纸张大小、页边距、页眉页脚设置)。

(2) 对所有素材进行预排版，确定每篇文章的文字和相关图片应该分布在哪一个版面，哪一个条块。

(3) 对每个版面进行整体的布局设计。

(4) 对每个版面的每篇文章进行具体的排版。

(5) 制作结果保存为“散文期刊.docx”。

1.2.1 版面设置

设置页面纸张大小为 A4。设置页边距：上、下边距为 2.5 厘米，左、右边距为 2 厘米。页眉和页脚：奇偶页不同。

(1) 进入 Word 2016，新建一个空白文档，并保存为“散文期刊.docx”。

(2) 在“布局”选项卡的“页面设置”组中，单击“页面设置”按钮，打开“页面设置”对话框。

(3) 分别在“页边距”选项卡、“纸张”选项卡、“布局”选项卡中设置页面页边距、纸张大小、页眉和页脚奇偶页不同，如图 1-3 所示。

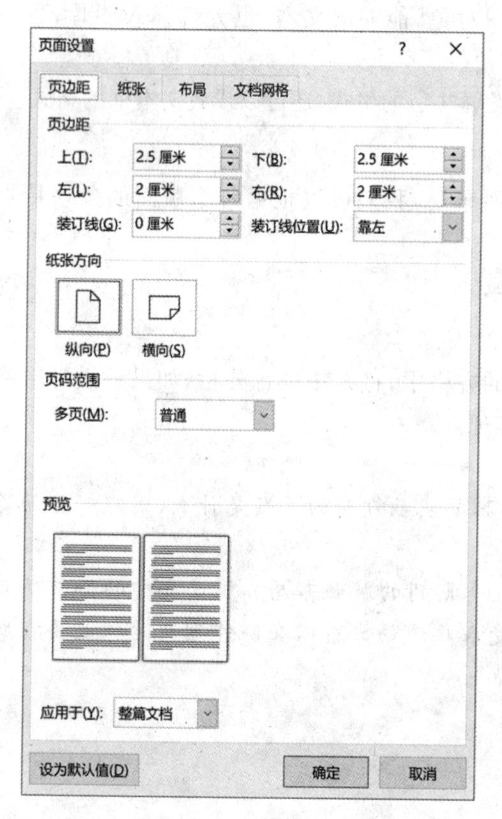

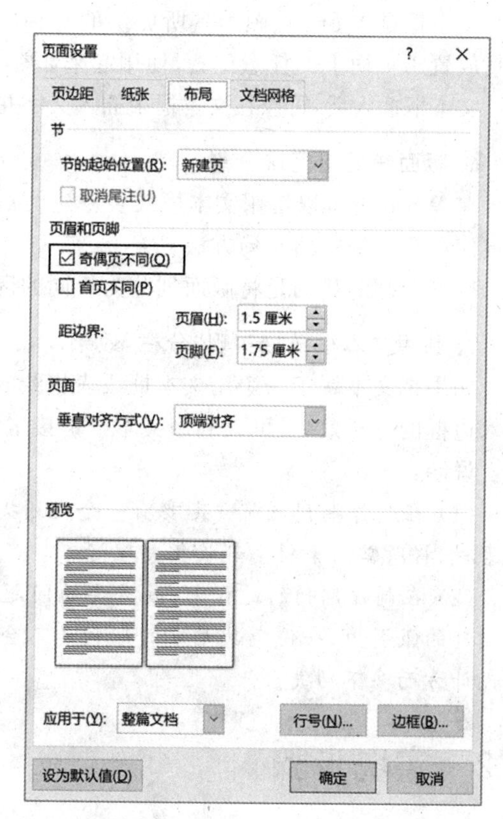

图 1-3 “页面设置”中的“页边距”和“布局”选项卡

1.2.2　添加版面

操作要求

为期刊添加三个空白版面。

操作步骤

在“插入”选项卡“页面”组中单击“空白页”按钮，插入一个空白版面，重复此操作2次，共得到3个新的页面。

1.2.3　设置页眉页脚

操作要求

为期刊奇偶页设置不同的页眉，页眉样式效果如图1-4和图1-5所示。期刊页眉文字的字体格式要求：黑体，小五，其中，“散文轩”设置字体颜色为“蓝色，个性色1，深色25%”，其余字体颜色为黑色。段落格式要求：奇数页页眉文字左对齐，偶数页页眉文字右对齐，并分别插入如图所示的图片以及特殊字符。设置期刊页脚，页脚文字为“2019.01｜散文集校园版｜”，“散文集”字体格式为华文行楷，五号，其余字体格式为黑体，小五，奇数页页脚文字右对齐，偶数页页脚文字左对齐，在相应位置插入页码，页码格式：宋体，三号，“橙色，个性色2，深色25%”，效果如图1-6和图1-7所示。

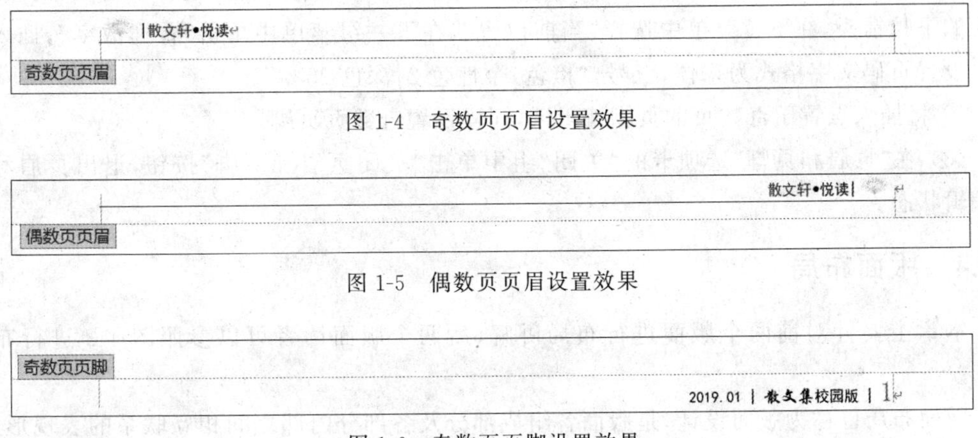

图1-4　奇数页页眉设置效果

图1-5　偶数页页眉设置效果

图1-6　奇数页页脚设置效果

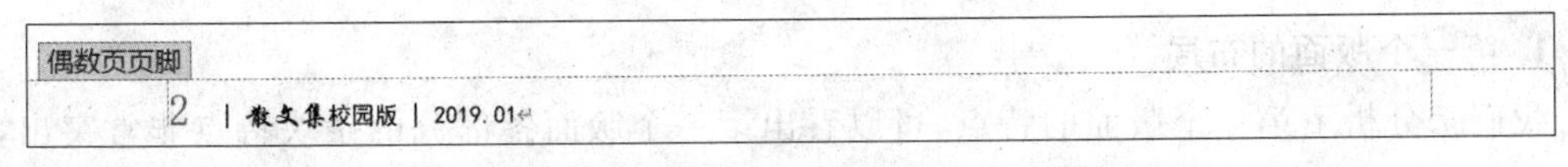

图1-7　偶数页页脚设置效果

操作步骤

(1) 设置期刊页眉。

① 将插入点置于期刊奇数页，双击页面顶部的页眉区，进入页眉编辑状态，如图1-8所

示，同时激活功能区的“页眉和页脚工具”→“设计”选项卡。

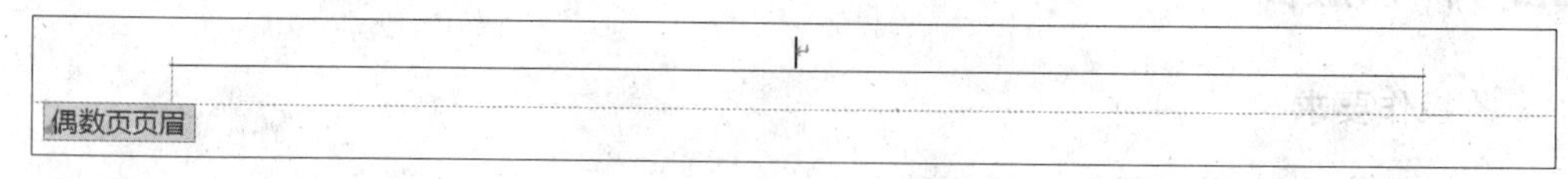

图 1-8　进入页眉编辑状态

② 在奇数页页眉编辑区输入指定的页眉文字，并插入特殊符号“·”(wingdings2 151)。在“开始”选项卡的“字体”组中，设置文字格式为黑体，小五，“散文轩”字体颜色设置为“蓝色，个性色 1，深色 25%”，其余字体颜色设置为黑色；在“段落”组中，设置页眉文字为左对齐。

③ 将插入点置于页眉文字最左侧，在“插入”选项卡的“插图”组中单击“图片”按钮，在打开的“插入图片”对话框中选择要插入的图片“扇子.png”，单击插入。

④ 在“页眉和页脚”选项卡的“导航”组中单击“下一条”按钮，进入偶数页页眉编辑区，如图 1-8 所示，参照步骤①～③同样设置偶数页页眉。

(2) 设置期刊页脚。

① 在“页眉和页脚”选项卡的“导航”组中单击“转至页脚”按钮，进入偶数页的页脚编辑区，在页脚编辑区输入操作要求中指定的页脚文字。在“开始”选项卡的“字体”组中，设置“散文集”字体格式为华文行楷，五号，其他字体格式为黑体，小五；在“段落”组中，设置页脚为左对齐。

② 将插入点置于页脚文字最左侧，在“插入”选项卡的“页眉页脚”组中单击“页码”按钮右侧的下拉箭头，在下拉菜单中选择“当前位置”，在下一级菜单中单击“普通数字”，插入页码。设置页码文字格式为宋体，三号，“橙色，个性色 2，深色 25%”。

③ 将插入点置于奇数页的页脚编辑区，同样设置奇数页页脚。

(3) 在“页眉和页脚”选项卡的“关闭”组中单击“关闭页眉和页脚”按钮，退出页眉和页脚编辑状态。

1.2.4　版面布局

本章主要针对前两个版面进行布局讲解，后两个版面读者可以参照图 1-2 进行布局设计。

版面布局也称为版面设计，是版面各组成部分及各部分内部之间相互联系的表现形式，是版面保持整体的依据，也是版面语言的一种基本形式。

1. 第一个版面的布局

我们来分析下第一个版面的特点，可以看出第一个版面各部分的条块特点非常突出，而且每部分内容都是一个条块，这种情况很适合用文本框或表格进行版面布局，即把版面用文本框或表格进行条块分割，给每部分内容划分一个大小合适的方格，然后把文章内容放到相应的方格中。

参照图 1-1 左侧的图进行第一个版面的布局设计。要求用文本框或表格布局版面。

操作步骤

这里我们主要介绍如何使用文本框做期刊第一个版面的布局。

(1) 按照第一个版面中各篇文章内容的篇幅长短给它们绘制出一个基本布局，如图 1-9 所示，左图为第一个版面，右图为其基本布局轮廓。

散文轩·悦读

散文集校园版 Campus

2019 年 9 月 9 日　第 1 期　总 36 期　本期主编：小多米

找回自信的方法

[日]松浦弥太郎
○伍佳妮 译

进入高中前的最后一个假期，我每天都坚持跑步。我决定在入学后加入学校的橄榄球队。那所学校经常代表日本关东地区参加全国大赛，是一所名校。学校的橄榄球队以训练严苛闻名，一个我非常崇拜的比我大两岁的邻家哥哥在那里打橄榄球，于是，没有任何经验的我决定加入球队。

我对自己没有信心，非常担心自己不能在那里好好待下去，因为我知道，橄榄球队里最不缺的就是集运动神经和体能于一身的“猛者”。

为了燃起信心，我想了许多办法，最终决定先开始练习跑步，因为橄榄球是一项需要不停奔跑的运动。我想，至少可以在开学前通过大量的运动提升自己的体能。我的体格并不健壮，如果连长时间奔跑的耐力都不具备的话，在“猛者”如云的世界又怎么能够生存下去?

于是，我开始了每天长达 10 千米的跑步练习，并且在跑步中加入长短加速冲刺训练，同时加强腹肌锻炼，坚持做伏地挺身等伸展运动。日复一日，十分辛苦。但奇迹般地，我的不安越来越少，勇气和自信渐渐涌现出来。我想，在入学前每天这样进行魔电训练的人，应该只有我一个吧。

我感受到了自己体格、耐力上的变化，虽然只是我个人的感受，但那时，我几乎已经可以用冲刺的速度跑完 10 千米了。曾经那么害怕、不安的我突然变得充满力量。

进入橄榄球队后的初步练习就是跑步。果不其然，周围都是身强力壮的“猛者”，也不乏从中学时期就开始打橄榄球的前辈。然而，即使再严酷的跑步训练，我也总能跑在最前端。看起来瘦削又弱不禁风的我，因为异常持久的耐力和惊人的速度，在当时高手如云的橄榄球队里有了一席之地。我由衷地感谢自己在开学前那段疯狂练习的日子。

沉浸在某件事情里，把它当成每日必做的功课，自信慢慢就会来。

征稿启事

有没有一个瞬间，让你觉得无法用言语来表达它的美妙？有没有一些秘密，让你无法向谁诉说？有没有一些经历，你希望能和他人产生共鸣？散文轩提供了那么一个平台给你，让你畅所欲言，热爱生活、文采飞扬的你千万不要错过哦。

稿件要求：内容观点健康，思想厚重，表达方式新颖，青春色彩浓郁。

投稿请邮寄：广州市天河区 351 号散文轩编辑部（收）

邮编：510640

2019.01 | 散文集校园版 | 1

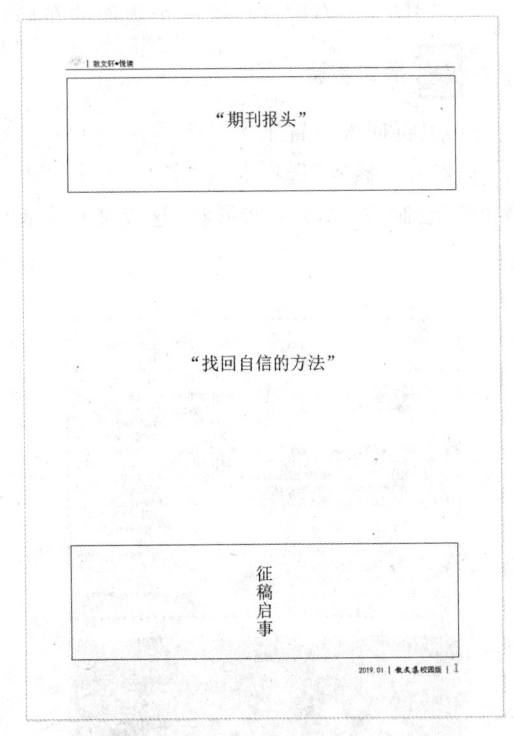

图 1-9　第一个版面与布局的对应关系

(2) 将插入点置于第一个页面，在“插入”选项卡的“文本”组中单击“文本框”按钮，在下拉菜单中单击“绘制横排文本框”，在页面的适当位置绘制如图 1-9 右图所示的每个文本框。

(3) 将第一个版面的各篇文章的内容复制到相应的文本框中，并适当调整文本框的大小，直至每个文本框之间的空间比较紧凑。

说明：

(1) 绘制了第一个文本框后，会激活“绘图工具 格式”选项卡，该选项卡的“插入形状”组中也有“文本框”按钮，之后的文本框也可以使用该按钮插入。

(2) 绘制“征稿启事”文本框时要用到竖排文本框。

2. 第二个版面的布局

第二个版面用到了分栏效果，由于在 Word 中用表格或文本框绘制的方格中的所有文字都不能进行分栏，所以该版面布局可以分为以下两种情况处理。

(1) “生命的意义”这篇文章只是应用了分栏效果并没有外边框，因此不需要给它绘制表格或文本框，只需将文字素材复制到相应位置后再进行分栏即可。

(2) “未来的形状”这篇文章，不但要分栏，而且具有外边框，因此必须要用表格或文本框绘制一个方格，再将文字素材置于方格中。关于“未来的形状”的具体实现将在第 1.4.9 小节中详解。

鉴于第二个版面的情况，可以用表格或文本框进行局部的版面布局，考虑到文本框设置艺术框线比表格方便，因此用文本框进行布局更合适。

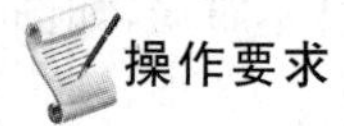

参照图 1-1 右图进行第二个版面的布局设计。

（1）将插入点置于第二个页面。

（2）在“插入”选项卡的“文本”组中单击“文本框”按钮，在下拉菜单中单击“绘制横排文本框”，绘制放置“未来的形状”这篇文章的文本框，如图 1-10 右图所示。

散文轩•悦读 |

未来的形状

●海克·科罗威宗特 ○燕知 译

两年半前，我的丈夫签署协议，买下了一艘有百年历史的钢铁船，计划将这艘货船改建为一家海上旅馆，而我决定支持他。

我的丈夫表示，改建工作将持续 3 个月。他曾接受过建造机械师的培训，很懂焊接，而且他是荷兰人，很了解船只。

改建开始了。工作之余，我都会坐在一间无窗货舱的黑暗角落里，一桶一桶地铲走舱壁裂缝中的棕黑色泥浆。在本该去度假的日子里，我待在甲板上，用一台工作起来像只疯狗的角磨机处理掉船身上的旧漆，直到我的双臂开始颤抖。

我试图说服自己，我们正在实现一个梦想，应该为此感到高兴，然而我做不到。不仅仅是工作本身，还有钱的问题：我们贷了款，积蓄也都投了进去。3 个月后，我们当然没能完工。我说出了很多顾虑：如果 5 个月后，屋顶还漏水该怎么办？如果已经贴好墙纸了，墙面却有水漏了进来，而我们根本没发现，该怎么办？

我的丈夫不想听我说这些，他看到的永远是下一个问题，而不是那之后堆着的所有问题。晚上清醒地躺在床上时，他总是在思考解决方案。他说：“工程每天都在一点点向前推进。”

他说得对，我对现状总是不那么满意。我也发现了：真的还有好多工作要做啊。最后，改建工作持续了快两年。现在，第一眼看到我们旅馆的客人根本不会想到金属钉、舱壁后的泥浆和角磨机，而是跑到圆窗边眺望风景。

现在我知道自己错在哪里了。我想享受每个瞬间，但是有些瞬间并不是为了享受而存在的。它们是一种投资，我们曾经为之努力的未来成了我们的现在。我本该看到这一点，我只是需要更有前瞻性一些。

（摘自《海外文摘》2019 年第 5 期）

生命的意义

广州市汇景实验学校 古宸睿

所有人都知道这么一个道理：生命只有一次，它是宝贵的，一切生灵都能使生命体现应有的价值。只要有一丝希望，它们就会努力地去争取，不让生命白白流失。

一颗松树的种子在一个狂风暴雨的夜里被风雨卷到了悬崖上的一个岩石缝里。岩石缝里非常狭窄，阳光很难照射进去，也许大家都认为这颗种子就这样在岩石中腐烂掉。但出人意料的是，这颗种子却表现出了它坚强不屈的精神，在泥土稀少、阳光稀薄、水分缺乏的恶劣的环境下，这颗顽强的种子，凭着一点泥土、一丝阳光、稀少的水分，破壳而出，在岩石缝中生根发芽，长成一棵小松树，再经过年月的积累，终于长成一棵参天大树。这颗绝境中生长的小松树，如今成为了万丈悬崖上的一处绝佳的风景线。

通过一粒小小的种子在如此恶劣的环境下能够成长为参天大树的故事，我明白了生命意味着什么，意味着面对困难，不退缩，顽强拼搏，使自己活得更加光彩有力，那些做不到的人，永远都体会不到生命的意义。

2 | 散文集校园版 | 2019.01

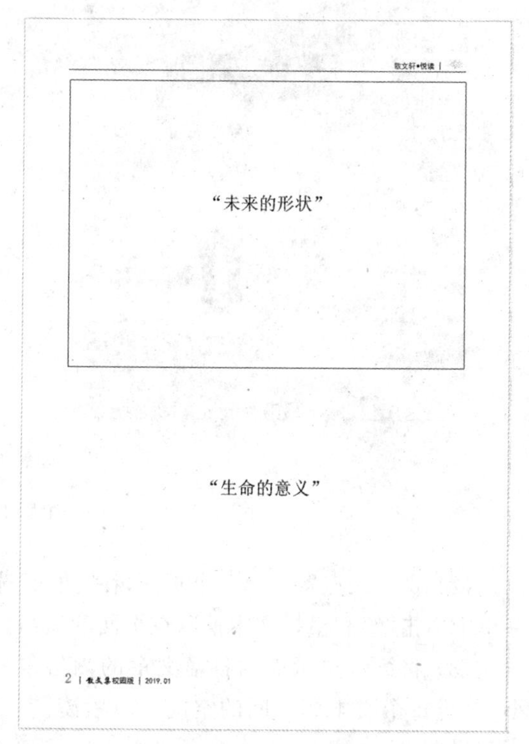

图 1-10　第二个版面与布局的对应关系

（3）将“生命的意义”这篇文章的素材复制到第二个页面插入的文本框下方。

1.2.5　报头的艺术设计

前两个版面的布局设计完成后，我们来设计第一个版面的期刊报头。报头是期刊的总标题，相当于期刊的灵魂所在，因此报头的设计必须要突出艺术性，做到美观协调。这里的“散文集 校园版”报头用到了艺术字、横线等方法来实现报头的艺术设计。

将期刊的标题设置成艺术字，样式为艺术字库中的第 1 行 5 列，字号为初号，“散文集”

字体为华文行楷，字体颜色为绿色，“校园版”字体为幼圆；在期刊标题下方添加一条横线；在横线下方插入一横排文本框，在文本框中输入“2019 年 9 月 9 日 第 1 期 总 36 期 本期主编：小多米”，字体为宋体，字号五号，并将该文本框设置成无线条颜色，填充颜色为“橙色，个性色 2，淡色 80%”，调整它的透明度为 38%；在右侧添加一个横排文本框，在文本框中输入 Campus，字体为 Kristen ITC，字号为 40，除 am 字体颜色设为浅蓝色外，其他字母颜色设为黄色，文本中部对齐，将文本框设置为“纸莎草纸”纹理填充，并将该文本框设置为无线条颜色；将期刊报头外边框线型设置成 4.5 磅的双线线型。效果如图 1-11 所示。

图 1-11　期刊报头的设计效果

操作步骤

（1）插入艺术字标题。

① 插入点置于期刊第一个版面报头标题所在文本框左上角的位置。

② 在“插入”选项卡的“文本”组中单击“插入艺术字”按钮，出现“艺术字库”下拉列表。

③ 在“艺术字库”下拉列表中，选择的第 1 行 5 列的样式，如图 1-12 所示。

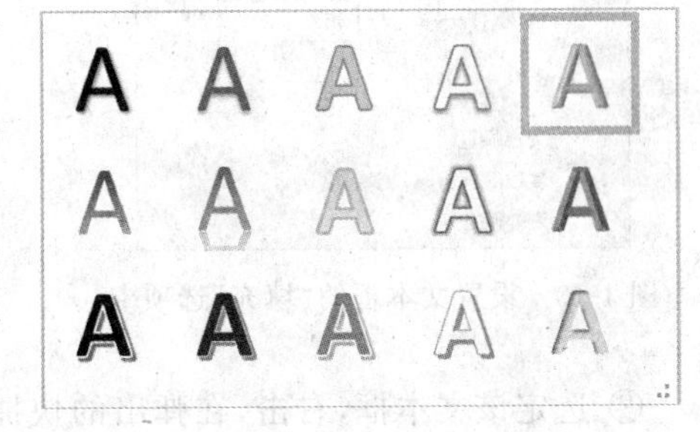

图 1-12　在艺术字库中选择样式

④ 此时报头标题左上角出现提示框“请在此放置您的文字”，同时激活功能区的“绘图工具”→“格式”选项卡，在提示框内输入“散文集 校园版”。

⑤ 在“开始”选项卡的“字体”组中，设置字号为初号，“散文集”字体为华文行楷，字体颜色为绿色，“校园版”字体为幼圆。

⑥ 选中艺术字，适当调整大小。

（2）插入横线。

① 将插入点定位在要放置横线的位置。

② 在“开始”选项卡的“段落”组中单击“边框”按钮，在下拉菜单中单击“横线”按钮，插入一条横线。

③ 单击横线，调整横线的长短。

④ 在“开始”选项卡的“段落”组中单击“左对齐”按钮，将横线左对齐。

（3）在期刊报头下方插入期刊、期号等信息。

① 在期刊报头文本框横线下方插入一个横排文本框。

② 在文本框中输入操作要求中指定的文字，设置字体为宋体，字号为五号，居中。

③ 选定该文本框，右击，在弹出的快捷菜单中选择“设置形状格式”，打开“设置形状格式”窗格。

④ 在“设置形状格式”窗格中，单击“形状选项卡”，选中“填充”列表中“纯色填充”的单选按钮，设置填充颜色为“橙色，个性色 2，淡色 80%”，透明度为 38%，如图 1-13 所示。单击“线条”列表中的“无线条”单选按钮。

(4) 插入横排文本框。

① 在右侧添加一个横排文本框，在文本框中输入文字 Campus，在“开始”选项卡的“字体”组中，设置字体为 Kristen ITC，字号为 40，am 字体颜色设为浅蓝色，其他字母颜色设为黄色。单击“绘图工具 格式”选项卡，在“文本”组中单击“对齐文本”按钮，在下拉菜单中选择“中部对齐”，如图 1-14 所示。

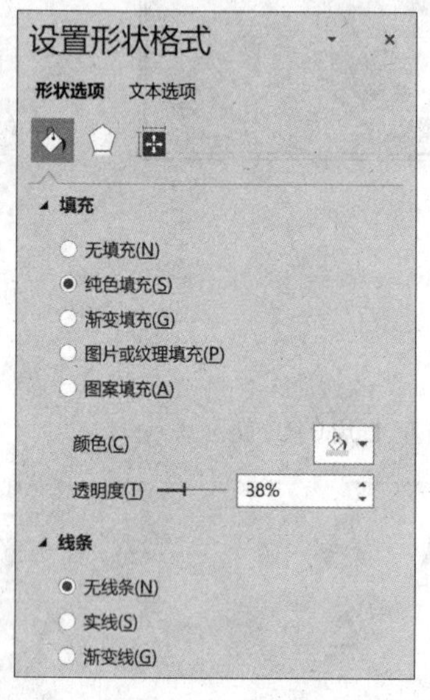

图 1-13 设置文本框的“填充”选项卡

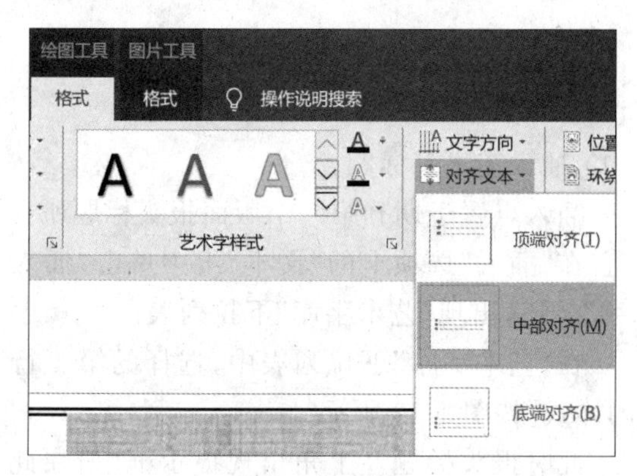

图 1-14 设置文本对齐

② 选定该文本框，右击，在弹出的快捷菜单中选择“设置形状格式”，打开“设置形状格式”窗格。

③ 在“设置形状格式”窗格中单击“形状”选项卡，在“填充”列表中选中“图片或纹理填充”单选钮，设置“纸莎草纸”纹理填充。单击“线条”列表中的“无线条”单选钮。

(5) 设置期刊报头外边框。

① 选定期刊报头外边框，右击，在弹出的快捷菜单中选择“设置形状格式”，打开“设置形状格式”窗格。

② 在“设置形状格式”窗格中单击“形状选项”，在“线条”列表中选择“实线”，将宽度设置为 4.5 磅，单击“复合类型”下拉箭头，在下拉列表中选择“双线”，如图 1-15 所示。

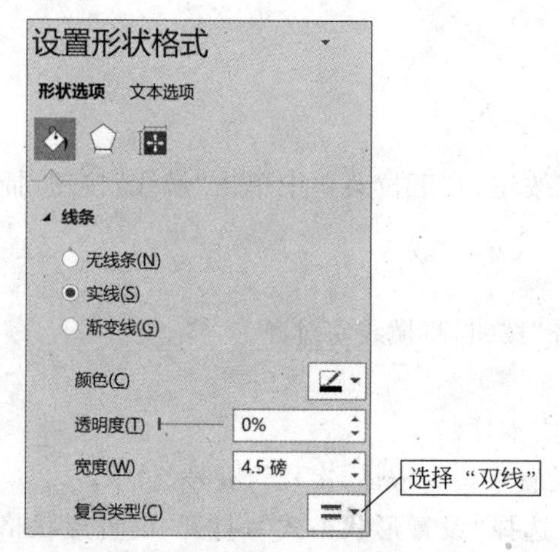

图 1-15 设置期刊报头外边框

期刊报头设计完毕后，将第一个版面各篇文章复制到相应的预留位置。参照如下要求设置各篇文章的文本格式。

(1) 将“找回自信的方法”正文格式设置为：宋体，小四，首行缩进2字符，单倍行距。文章来源说明的格式设置为：宋体，六号，加粗，右对齐。

(2) 将“征稿启事”标题格式设置为：华文行楷，二号，加粗，居中，深红色；正文格式设置为：宋体，字号11，行距固定值19磅，首行缩进2字符。

1.2.6 分栏

“分栏”是文档排版中常用的一种版式，在各种报纸和各类杂志中得到广泛的应用，它使页面排版灵活，阅读方便。使用Word可以在文档中建立不同版式的分栏，并可以随意更改各栏的宽度及间距。

将“找回自信的方法”这篇文章设置为两栏格式。

(1) 选定“找回自信的方法”这篇文章的所有段落(注意：不要选中文章下方的文本框)。

(2) 在“布局”选项卡的“页面设置”组中单击“栏”按钮，在下拉列表中选择“两栏”。

1.2.7 插入图片和自选图形

在“找回自信的方法”和“征稿启事”两篇文章中插入各种图片图形，实现图文混排。

(1) 在“找回自信的方法”文章中插入图片“男孩.png”，将图片大小设置为：高11.76厘米，宽6.62厘米，紧密型环绕。

(2) 在“找回自信的方法”文章中插入“云形”形状，形状填充颜色为：“橙色，个性色2，淡色40%”，紧密型环绕，形状大小设置为：高5.62厘米，宽6.94厘米，在形状内添加文章的标题和作者署名。文章标题格式设置为：方正舒体，二号，浅蓝，左对齐。作者署名格式设置为：宋体，小四，加粗，“黑色，文本1”。

(3) 在“征稿启事”文章中插入图片“信封.png”，将图片大小设置为：高0.77厘米，宽0.77厘米，右对齐，适当调整图片角度。

操作步骤

(1) 在“找回自信的方法”文章中插入图片。

① 将插入点置于文章中。在“插入”选项卡的“插图”组中单击“图片”按钮，打开“插入图片”对话框。

② 在对话框中，选择要插入的图片文件“男孩.png”，单击“插入”按钮插入图片。同时激活“图片工具”→“格式”选项卡。

③ 在“图片工具”→“格式”选项卡的“大小”组中，将图片大小设置为高11.76厘米，宽6.62厘米，在“排列”组中，单击“环绕文字”，将图片设置为“紧密型环绕”。

④ 适当调整图片位置。

(2) 在“找回自信的方法”文章中插入自选形状。

① 在“插入”选项卡的“插图”组中单击“形状”按钮，在下拉列表的“基本形状”组中单击“云形”，此时鼠标指针变成十字形状。

② 在文章的适当位置处按住鼠标左键拖动鼠标，画出自选形状，同时激活功能区的“绘图工具”→“格式”选项卡。右击自选图形，在弹出的菜单中选择“其他布局选项”，打开“布局”对话框，在对话框中将文字环绕方式设置为“紧密型”，单击“确定”按钮关闭对话框。

③ 在激活的“图片工具”→“格式”选项卡的“大小”组中，将图片大小设置为高 5.62 厘米，宽 6.94 厘米。在“形状样式”组中，将形状填充颜色设置为“橙色，个性色 2，淡色 40%”。

④ 在形状内添加文章的标题和作者署名。标题格式设置为：方正舒体，二号，浅蓝色，左对齐。作者署名的格式设置为：宋体，小四，加粗，“黑色，字体 1”。

(3) 在“征稿启事”文章中按照操作要求插入图片，方法参考如上。

1.2.8 设置文本框艺术效果

操作要求

设置“征稿启事”这篇文章的文本框纯色填充，颜色为“蓝色，个性色 5，淡色 40%”，透明度为 40%；偏移右下阴影；线条为 1 磅方点实线，效果如图 1-16 所示。

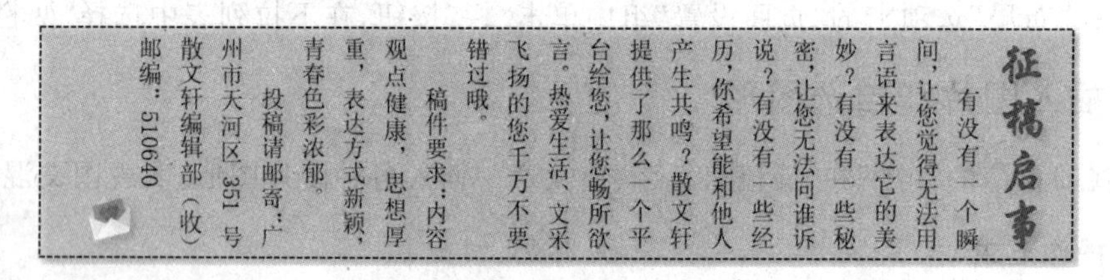

图 1-16　文本框艺术效果

操作步骤

(1) 选中文本框，右击文本框框线，在弹出的菜单中选择“设置形状格式”，打开“设置形状格式”窗格。

(2) 在“形状选项”的“填充与线条”组中单击“填充”按钮，在下拉列表中选择纯色填充，颜色为“蓝色，个性色 5，淡色 40%”，透明度为 40%。

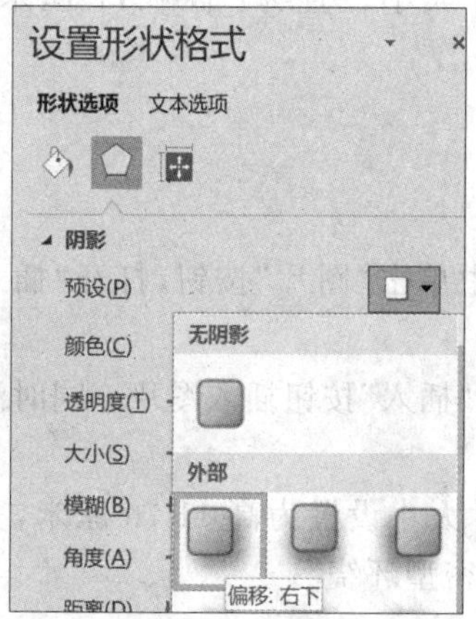

图 1-17　设置阴影预设

(3) 单击“线条”按钮，在下拉列表中选择实线，宽度为 1 磅，短画线类型为“方点”。

(4) 在“形状选项”的“效果”组中单击“阴影”按钮，在下拉列表中选择预设为“偏移：右下”，如图 1-17 所示。

1.2.9 利用文本框链接实现“分栏”效果

接下来我们编辑第二个版面的文章“未来的形状”。这篇文章具有艺术边框且分成两栏。我们在前面介绍过，方格中的文字不能分栏，因此如果将“未来的形状”素材复制到一个表格或文本框绘制的方格中，将无法完成分栏，为此，我们采用多文本框互相链接的方法给该文章排版。

操作要求

通过设置文本框的链接，实现对“未来的形状”这篇文章的分栏。将文章标题格式设置为：华文行楷，小一，字体颜色“绿色，个性色6，深色50%”。作者署名格式设置为：宋体，小五。正文格式设置为：宋体，小四，首行缩进2字符，单倍行距。文章来源说明的格式设置为：楷体，六号，加粗，右对齐。将内部三个文本框设置为无线条颜色，无填充。设置外文本框“鱼类化石”纹理填充效果，透明度65%，线条颜色设置为“蓝色，个性色5，深色50%”，线型为5磅的圆点，效果如图1-18所示。

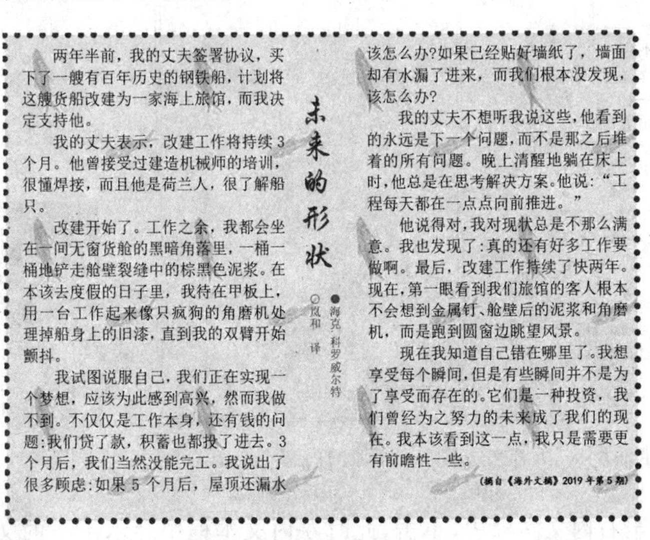

未来的形状

●海克·科罗威尔特　◎岚和　译

两年半前，我的丈夫签署协议，买下了一艘有百年历史的钢铁船，计划将这艘货船改建为一家海上旅馆，而我决定支持他。

我的丈夫表示，改建工作将持续3个月。他曾接受过建造机械师的培训，很懂焊接，而且他是荷兰人，很了解船只。

改建开始了。工作之余，我都会坐在一间无窗货舱的黑暗角落里，一桶一桶地铲走舱壁裂缝中的棕黑色泥浆。在本该去度假的日子里，我待在甲板上，用一台工作起来像只疯狗的角磨机处理掉船身上的旧漆，直到我的双臂开始颤抖。

我试图说服自己，我们正在实现一个梦想，应该为此感到高兴，然而我做不到。不仅仅是工作本身，还有钱的问题：我们贷了款，积蓄也都投了进去。3个月后，我们当然没能完工。我说出了很多顾虑：如果5个月后，屋顶还漏水该怎么办？如果已经贴好墙纸了，墙面却有水漏了进来，而我们根本没发现，该怎么办？

我的丈夫不想听我说这些，他看到的永远是下一个问题，而不是那之后堆着的所有问题。晚上清醒地躺在床上时，他总是在思考解决方案。他说：“工程每天都在一点点向前推进。”

他说得对，我对现状总是不那么满意。我也发现了：真的还有好多工作要做啊。最后，改建工作持续了快两年。现在，第一眼看到我们旅馆的客人根本不会想到金属钉、舱壁后的泥浆和角磨机，而是跑到圆窗边眺望风景。

现在我知道自己错在哪里了。我想享受每个瞬间，但是有些瞬间并不是为了享受而存在的。它们是一种投资，我们曾经为之努力的未来成了我们的现在。我本该看到这一点，我只是需要更有前瞻性一些。

（摘自《海外文摘》2019年第5期）

图1-18　“未来的形状”效果图

操作步骤

（1）添加文本框。

① 在“插入”选项卡的“文本”组中单击“文本框”按钮，在“未来的形状”这篇文章预留的文本框内绘制两个横排文本框和两个竖排文本框，如图1-19所示，其中，中间的两个文本框为竖排文本框，用来放文章的标题和作者署名。

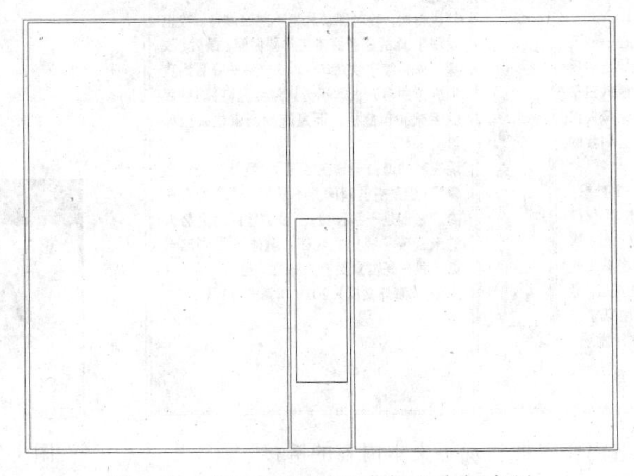

图1-19　“未来的形状”内部文本框布局

② 将“未来的形状”文章的正文内容复制到左内文本框中，标题和作者署名分别复制到中间两个内文本框中，如图 1-20 所示。

(2) 设置文本框的链接。

① 选定左内文本框，激活“绘图工具”→“格式”选项卡，在该选项卡的“文本”组中单击“创建链接”按钮，如图 1-21 所示，此时鼠标变成浇花桶形状。

两年半前，我的丈夫签署协议，买下了一艘有百年历史的钢铁船，计划将这艘货船改建为一家海上旅馆，而我决定支持他。
我的丈夫表示，改建工作将持续 3 个月。他曾接受过建造机械师的培训，很懂焊接，而且他是荷兰人，很了解船只。
改建开始了。工作之余，我都会坐在一间无窗货舱的黑暗角落里，一桶一桶地铲走舱壁裂缝中的棕黑色泥浆。在本该去度假的日子里，我待在甲板上，用一台工作起来像只疯狗的角磨机处理掉船身上的旧漆，直到我的双臂开始颤抖。
我试图说服自己，我们正在实现一个梦想，应该为此感到高兴，然而我做不到。不仅仅是工作本身，还有钱的问题:我们贷了款，积蓄也都投了进去。3 个月后，我们当然没能完工。我说出了很多顾虑:如果 5 个月后，屋顶还漏水该怎么办?如果已经贴好墙纸了，墙面却有水漏了进来，而我们根本没发现，该怎么办?
我的丈夫不想听我说这些，他看到的永远是

未来的形状

●海克科罗威尔特
○岚和 译

图 1-20 “未来的形状”所有文字复制到相应的内文本框中

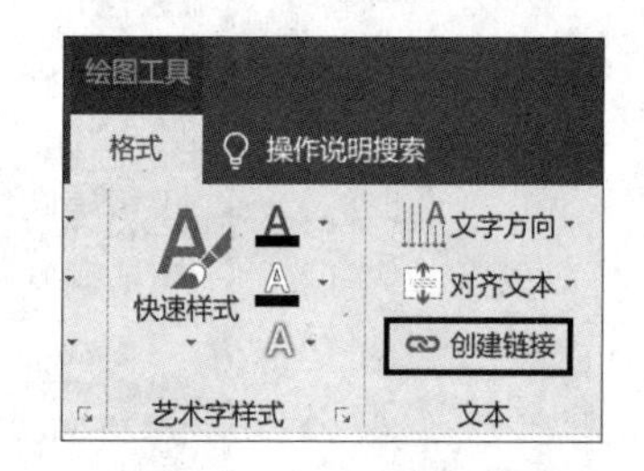

图 1-21 “创建链接”按钮

② 将鼠标移至右内文本框中，单击，此时左内文本框中显示不下的文字就会自动转移到右内文本框中，而且右内文本框的内容将顺延着左内文本框的内容，实现了左、右两个内文本框的链接。链接后的效果如图 1-22 所示。

说明：如果需要取消文本框的链接，只需选定左内文本框，在“绘图工具 格式”选项卡的“文本”组中单击“断开链接”按钮即可，如图 1-23 所示。

两年半前，我的丈夫签署协议，买下了一艘有百年历史的钢铁船，计划将这艘货船改建为一家海上旅馆，而我决定支持他。
我的丈夫表示，改建工作将持续 3 个月。他曾接受过建造机械师的培训，很懂焊接，而且他是荷兰人，很了解船只。
改建开始了。工作之余，我都会坐在一间无窗货舱的黑暗角落里，一桶一桶地铲走舱壁裂缝中的棕黑色泥浆。在本该去度假的日子里，我待在甲板上，用一台工作起来像只疯狗的角磨机处理掉船身上的旧漆，直到我的双臂开始颤抖。
我试图说服自己，我们正在实现一个梦想，应该为此感到高兴，然而我做不到。不仅仅是工作本身，还有钱的问题:我们贷了款，积蓄也都投了进去。3 个月后，我们当然没能完工。我说出了很多顾虑:如果 5 个月后，屋顶还漏水该怎么办?如果已经贴好墙纸了，墙面却有水漏了进来，而我们根本没发现，该怎么办?

未来的形状

●海克科罗威尔特
○岚和 译

我的丈夫不想听我说这些，他看到的永远是下一个问题，而不是那之后堆着的所有问题。晚上清醒地躺在床上时，他总是在思考解决方案。他说:“工程每天都在一点点向前推进。”
他说得对，我对现状总是不那么满意。我也发现了:真的还有好多工作要做啊。最后，改建工作持续了快两年。现在，第一眼看到我们旅馆的客人根本不会想到金属钉、舱壁后的泥浆和角磨机，而是跑到圆窗边眺望风景。
现在我知道自己错在哪里了。我想享受每个瞬间，但是有些瞬间并不是为了享受而存在的。它们是一种投资，我们曾经为之努力的未来成了我们的现在。我本该看到这一点，我只是需要更有前瞻性一些。
(摘自《海外文摘》2019 年第 5 期)

图 1-22 左、右内文本框实现了文本内容的链接

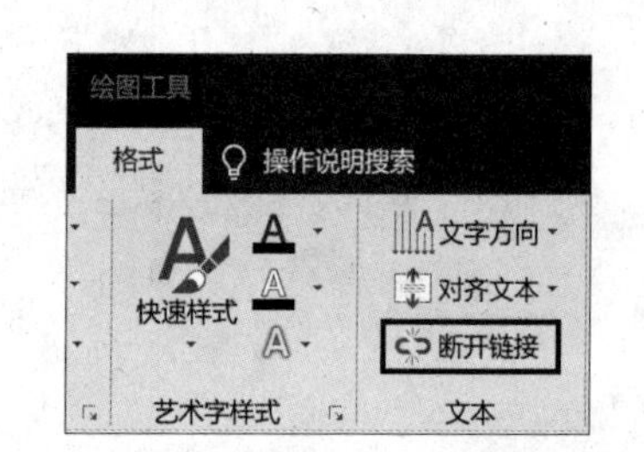

图 1-23 “断开链接”按钮

③ 按住 Ctrl 键，分别选定左、右两个内文本框，在“开始”选项卡的“字体”组中设置正文的字体为宋体，字号为小四，单击“段落”组中的“段落”按钮，在“段落”对话框的“缩进和间距”选项卡中，设置首行缩进 2 字符，单倍行距。设置标题的格式为：华文行楷，小一，字体颜色“绿色，个性色 6，深色 50%”。作者署名格式为：宋体，小五，字体颜色“蓝色，个性色 5，深色 25%”。设置文章来源说明的格式为：楷体，六号，加粗，右对齐。适当调整内文本框。

(3) 设置外文本框艺术效果。

① 按住 Shift 键依次选定四个内文本框，在选中的文本框框线处右击，在弹出的快捷菜单中选择“设置对象格式”，打开“设置形状格式”窗格。

② 在“形状选项”列表中，选中“无填充”和“无线条”单选按钮，去掉了四个内文本框的外框线及填充颜色，效果如图 1-24 所示。

③ 选定外文本框，右击，在弹出的快捷菜单中选择“设置形状格式”，打开“设置形状格式”窗格。

④ 在“形状选项”列表的“填充”组中选中“图片或纹理填充”单选按钮，在“纹理”下拉列表中选择“鱼类化石”，将透明度设为 65%，如图 1-25 所示。

未来的形状

●海克·科罗威尔特，○刘和 译

两年半前，我的丈夫签署协议，买下了一艘有百年历史的钢铁船，计划将这艘货船改建为一家海上旅馆，而我决定支持他。

我的丈夫表示，改建工作将持续 3 个月。他曾接受过建造机械师的培训，很懂焊接，而且他是荷兰人，很了解船只。

改建开始了。工作之余，我都会坐在一间无窗货舱的黑暗角落里，一桶一桶地铲走舱壁裂缝中的棕黑色泥浆。在本该去度假的日子里，我待在甲板上，用一台工作起来像只疯狗的角磨机处理掉船身上的旧漆，直到我的双臂开始颤抖。

我试图说服自己，我们正在实现一个梦想，应该为此感到高兴，然而我做不到。不仅仅是工作本身，还有钱的问题：我们贷了款，积蓄也都投了进去。3 个月后，我们当然没能完工。我说出了很多顾虑：如果 5 个月后，屋顶还漏水该怎么办？如果已经贴好墙纸了，墙面却有水漏了进来，而我们根本没发现，该怎么办？

我的丈夫不想听我说这些，他看到的永远是下一个问题，而不是那之后堆着的所有问题。晚上清醒地躺在床上时，他总是在思考解决方案。他说：“工程每天都在一点点向前推进。”

他说得对，我对现状总是不那么满意。我也发现了：真的还有好多工作要做啊。最后，改建工作持续了快两年。现在，第一眼看到我们旅馆的客人根本不会想到金属钉、舱壁后的泥浆和角磨机，而是跑到圆窗边眺望风景。

现在我知道自己错在哪里了。我想享受每个瞬间，但是有些瞬间并不是为了享受而存在的。它们是一种投资，我们曾经为之努力的未来成了我们的现在。我本该看到这一点，我只是需要更有前瞻性一些。

（摘自《海外文摘》2019 年第 5 期）

图 1-24　去掉四个内部文本框的外框线及填充颜色效果图

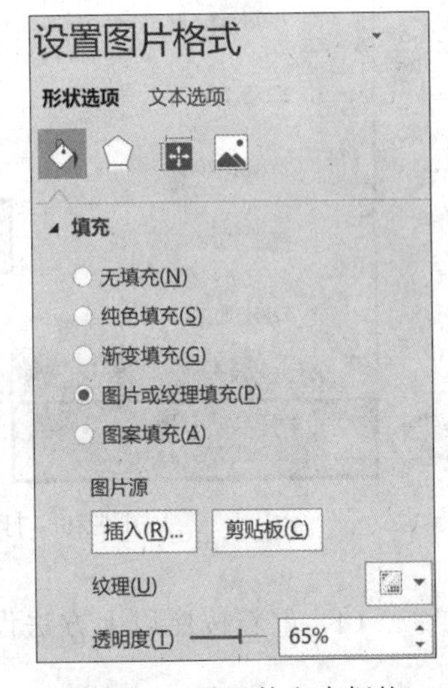

图 1-25　设置外文本框的“填充”选项卡

⑤ 在“线条”组中选中“实线”单选钮，在颜色下拉列表中选择“蓝色，个性色 5，深色 50%”。

⑥ 在“线型”选项卡中，将线型宽度设置为 5 磅，短画线类型选择“圆点”。

1.2.10　期刊的打印

期刊设计排版完毕后，一般要把最终的结果打印出来。既可以单页打印，也可以把两个 A4 版面并在一起打印在一张 A3 纸上，同时还可以实现正、反面打印。

操作要求

在 A3 纸上打印正、反 4 个版面。

操作步骤

(1) 选择“文件”→“打印”命令,进入打印设置及打印预览界面。

(2) 在“设置”选项卡中单击“每版打印 1 页”右边的下拉箭头,在列表中选择“每版打印 2 页”。再次单击“每版打印 2 页”右边的下拉箭头,在列表中单击“缩放至纸张大小”,在下一级列表中选择 A3,如图 1-26 所示。

(3) 选择“打印自定义范围”,在下方的“页数”框中输入 1-2,如图 1-27 所示。单击“打印”按钮。

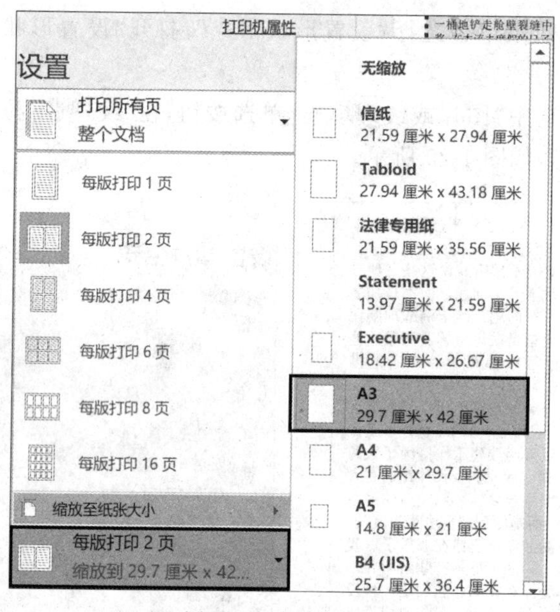

图 1-26　打印设置

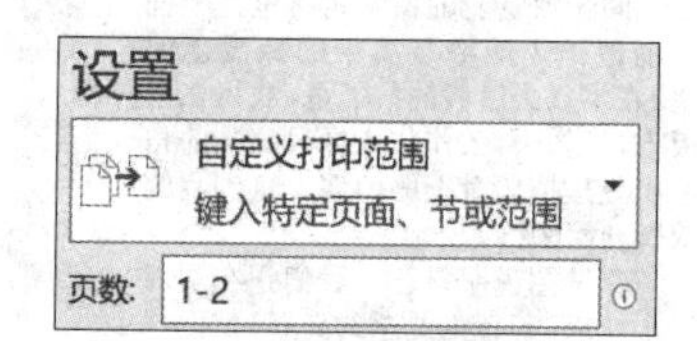

图 1-27　设置打印范围

(4) 重新按照以上方法设置打印参数,将“页数”改为 3-4,然后用纸张的反面打印。

1.3　案例总结

本案例通过对“散文期刊”的艺术排版,综合介绍了 Word 中的各种排版技术,如文本框、艺术字、图片、分栏等。重点介绍了如何应用文本框来制作期刊。

文本框具有容器般的特征,各种属性设置使它具有广泛而又灵活的用法。通过文本框的各种属性设置,我们可以对文本框边框以及文本框的背景填充进行各式各样的设计,对于只突出文本效果的文本框,可以取消文本框的边框线,并将文本框填充设置为无填充;而对于突出排版整体效果的文本框,可以设计各种文本框格式、选择填充颜色、添加阴影效果等,从而制作出绚丽多彩的文本框应用。除个别情况外,文本框已经实现了图文框的大部分功能,使它的应用更加广泛。独特的“文本框链接”功能解决了文字在文本框中不能进行分栏设置的问题。

分栏是文档排版常用的一种版式，在各种报纸和杂志中广泛应用。可以根据排版者的需要对文章进行分栏，栏数的设置介于1～45。分栏使得页面排版灵活，阅读方便。

在文章中适当的插入图片，能起到图文并茂的效果，使版面看起来比较生气活泼，令读者耳目一新。可以设置图片的文字环绕方式，实现图文混排，使版面更加美观。

在对期刊进行艺术排版时，可按以下的方法实现。

(1) 通过"布局"选项卡的"页面设置"设置页面的页边距、纸张大小等，并设置页眉和页脚。

(2) 对每个版面进行布局设计时，应根据各个版面的内容，用表格或文本框进行规划，由于文本框进行规划显得更为灵活方便，所以，通常我们选用文本框的方法进行版面布局设计。

(3) 各个版面和各个条块的具体设计要突出艺术性，做到美观协调。可以使用插入艺术字、图片来实现图文混排，同时在适当的位置插入艺术横线进行版面条块的分割，这样可以使整体版面更加丰富多彩、生动活泼。

(4) 为使文档页面排版更加灵活，同时也为了阅读方便，对于较长的文档我们可以采用分栏的方法。需要注意的是，文本框或表格绘制的方格内的文本不能进行分栏。如果要制作具有艺术框线的"分栏"效果，可以将两个文本框进行链接，再对文本框设置适当的艺术框线，这样可以使版面设计更加多姿多彩。

(5) 文档排版设计好之后，应该把最终的结果打印出来。可以把两个A4的版面拼在一张A3纸打印出来，同时还可以实现正、反面打印。

总之，对于散文期刊的艺术设计，最终要达到如下效果：版面均衡协调、图文并茂、颜色搭配合理、淡雅而不失美感，在设计过程中可充分发挥想象力，体现个性化的独特创意。

1.4 拓展训练

参照"散文期刊(样例).pdf"，根据下面的要求完成剩下的期刊版面。

(1) 将"生命的意义"文章正文复制到相应的位置，插入图片"生命的意义.jpg"，设置图片大小为：高4.3厘米，宽17.01厘米，取消锁定纵横比，上下型环绕，置于底层。插入艺术字标题，样式为："填充，黑色，文本色1；边框：白色，背景色1；清晰阴影：蓝色，主题色5"，输入标题文字"生命的意义"，标题字体格式为：隶书，小初。插入一横排文本框，输入文字"广州市汇景实验学校　古宸睿"，文字格式为：黑体，五号，加粗，设置文本框格式为：无填充，无线条，如图1-28所示。正文的格式设置为：宋体，小四，单倍行距，首行缩进2字符，分三栏，加分隔线。

图1-28　示例效果图

(2) 将“停止奔跑的羚羊”文章正文复制到相应的位置，正文的格式设置为：宋体，小四，1.5 倍行距，首行缩进 2 字符，分两栏。文章来源字体格式：宋体，小五，加粗，居右。插入艺术字标题，样式为：“填充，白色；边框：蓝色，主题色 1；发光：蓝色，主题色 1”，输入标题文字“停止奔跑的羚羊”，文字环绕方式为：紧密型环绕。插入图片“羚羊.png”，设置图片大小为：高 4.91 厘米，宽 7.87 厘米，文字环绕方式为：紧密型环绕。在图片下方插入一横排文本框，输入文字“●[英]莫顿・维克德 O李安章 编译”，文字格式为：黑体，四号，加粗，设置文本框格式为：“软木塞”纹理填充，透明度 30%，无线条。文本框环绕方式为：紧密型环绕。

(3) 在文章“开心一笑”区域左上角输入文字“开心一笑”，设置格式为：华文行楷，四号，加粗；给“开心一笑”文字所在的段落插入边框，应用于段落下框线，颜色：紫色，宽度：3 磅，如图 1-29 所示；将“开心一笑”文章的内容复制到下方，标题的格式设置为：宋体，四号，加粗，居中；正文的格式设置为：宋体，五号，单倍行距，首行缩进 2 字符。

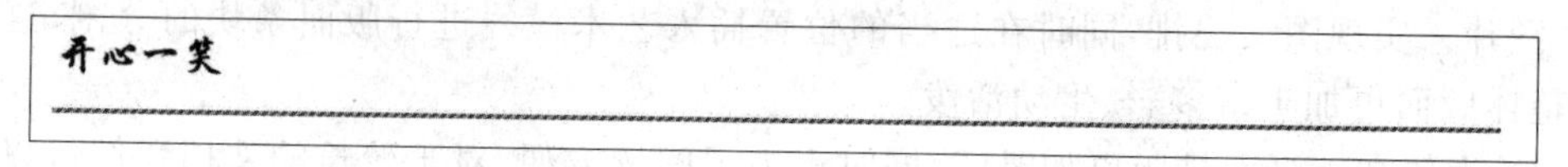

图 1-29 插入下框线效果

(4) 在第四个版面开头处粘贴“我想对鸟儿说”文章的内容，标题的格式设置为：楷体，一号，加粗，居中，段前段后间距 13 磅，多倍行距，字符间距加宽 3 磅，给所在段落加“蓝色，个性色 1，淡色 60%”底纹（运用“开始”选项卡“段落”组中的“边框和底纹”工具按钮）；作者署名格式设置为：黑体，五号，加粗，右对齐；正文的格式设置为：宋体，小四，首行缩进 2 字符，1.5 倍行距；第一段首字下沉 2 行（运用“插入”选项卡“文本”组中的“首字下沉”工具按钮）；给正文第四段加横排文本框，文本框格式设置为：水滴纹理填充，嵌入式环绕；对正文第五段和第六段进行分栏，栏数：三栏，加分隔线，取消栏宽相等，第一栏和第二栏字符数设置为 10 字符，第三栏剩余字符数；在本文右上角位置插入图片“树.jpeg”，图片大小为：高 4.97 厘米，宽 3.52 厘米，四周型环绕。

(5) 在第四个版面下方插入一横排文本框，在文本框内粘贴“名人名言”文章的内容，设置字体格式为：楷体，小四，署名部分字体颜色为蓝色，适当调整署名显示的位置；设置文本框格式为：实线，自定义颜色（红色：204，绿色：204，蓝色：255）填充；插入样例所示的自选图形（流程图：离页连接符），设置格式为：“白色，背景 1”填充，6 磅双线，适当调整自选图形的大小和位置，在自选图形内插入文字“名人名言”，文字格式为：隶书，小二，“黑色，文字 1”，居中，效果如图 1-30 所示。

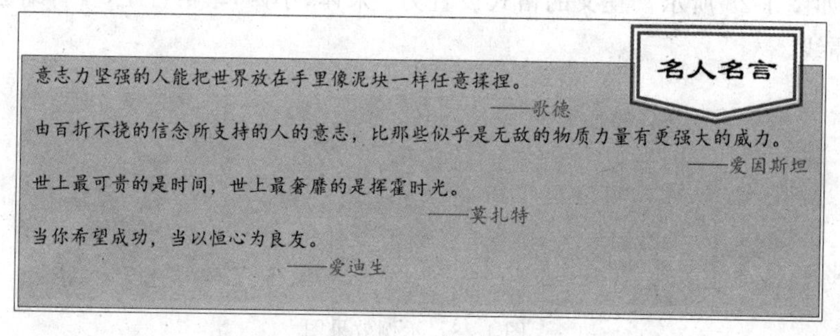

图 1-30 效果图

(6) 给第四个版面添加如样例所示的页面边框，边框颜色“蓝—灰，文字 2，淡色 40%”，15 磅，应用于本节，效果如图 1-31 所示。

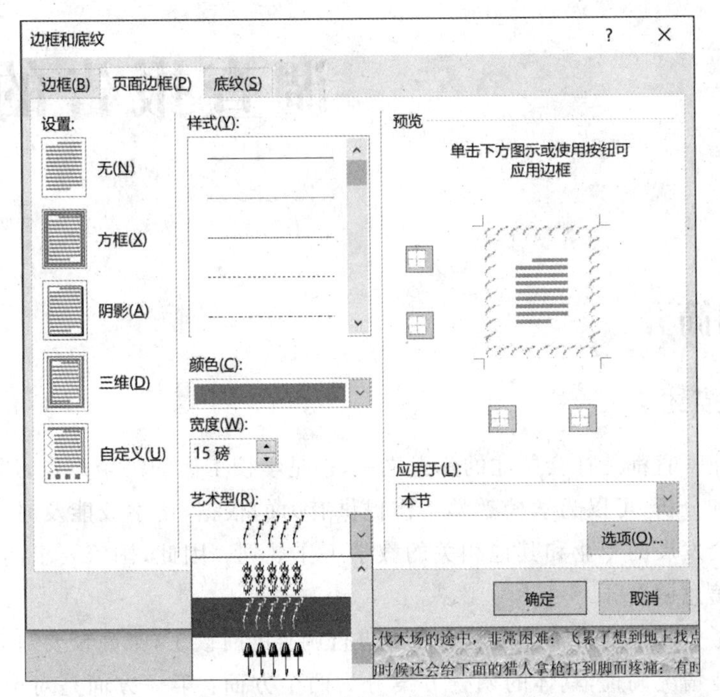

图 1-31　页面边框设置

案例 2
调查报告的撰写

2.1 案例简介

2.1.1 问题描述

毕业生就业一直都是社会关注的焦点之一，也是学校工作的一个重点，通过对毕业生就业情况的调查和分析，可以为学校教学工作提供有力的根据，使学校能及时了解社会需求，制订出符合社会发展的专业和其他相关的教学工作规划。因此，国家要求高校对每一届毕业生进行就业信息调查。

现在又到了一年一度对毕业生就业情况进行调查的时候了，某高校要对其 2020 届毕业生进行一次就业情况调查，具体的调查方案分为两个方面：第一方面是对毕业生的就业具体情况进行问卷调查；第二方面是对用人单位的满意度进行问卷调查。小张是该高校就业指导中心的工作人员，学校把该年份就业调查工作交由他负责完成，小张要对回收的调查问卷进行分析并撰写出就业调查报告。由于小张没有撰写调查报告的经验，所以非常着急。

2.1.2 解决方法

为了帮助小张解决遇到的问题，我们给出了解决方法。首先对调查报告的撰写要求进行初步的了解，调查报告的撰写通常包含三部分内容：调查背景、问卷分析和调查结论。其中重点部分是问卷数据分析和调查结论，如果分析合理透彻，并且能归纳出与实际情况相符的结论，此调查报告就显得非常有价值。为了方便分析，更好地表达分析过程与结论，撰写过程中会涉及到图片、表格等元素。而在写作的形式上，调查报告通常包括标题和正文两大部分，其中正文部分通常又可划分为前言、主体和结尾三部分，因此在写作过程中会涉及到对文字和段落格式的设置。我们归纳出解决的主要步骤如下。

(1) 了解调查的相关背景，包括调查的时间、地点、对象、主题和目的等。

(2) 等调查问卷回收之后，对调查问卷进行汇总和分析，并从中抽取出相关的信息和数据，确定调查报告的提纲，然后着手撰写调查报告书。

(3) 在撰写就业调查报告整个过程中，使用"样式"格式设置就业调查报告的标题和正文。

(4) 使用项目符号和编号规范就业调查报告整体结构。

(5) 在就业调查报告中插入毕业生在公司工作的照片，使就业调查报告更能真实具体地反映毕业生的工作情况。

(6) 在对调查问卷进行汇总和分析后，使用表格来表现和计算相关的数据，使调查数据更直观和规范。

(7) 在就业调查报告中插入图表，使调查的数据更形象、直接地反映现实的情况。

(8) 使用分栏和分隔符对就业调查报告进行页面和版面的设置。

(9) 利用题注、脚注和尾注对就业调查报告中引用到的关键数据或名词等进行注释，或者对调查报告的作者信息进行说明。

2.1.3 相关知识

(1) 样式。样式是字体、字号、字符颜色、对齐方式、行距等多种格式的组合。在 Word 中，把人们经常使用的多种格式预先设定为样式，放置在样式列表中，方便在实际使用时快速应用，提高编辑的效率。

(2) 项目符号和编号。在编辑或撰写文档时，当文档中需要对某些内容按类别或顺序进行叙述时，就需要用到项目符号或编号，它能使文档的结构更加清晰和严谨。

(3) 图片。在文档中经常需要使用到图片，以达到更直观的效果，在 Word 中可以插入多种格式的图片，并对插入的图片进行格式化设置。

(4) 表格。表格是文档中的一块用线段围成的网格区域，当在文档中需要用到较多的数据时，可以在 Word 中插入表格，把数据按一定的要求放入表格中，这样可以使数据整齐有序，并且可以对表格的格式进行适当的设置以达到所需要的效果，此外，还可以对表格中的数据进行简单的计算。

(5) 图表。图表是数据的一种图形表示形式，把数据按一定规则进行组织和计算，就可以生成图表，它可直观地反映数据之间的某种联系或变化规律。我们可以利用 Word 中的数据或外部数据，在文档中创建图表。

(6) 版面设置。

① 分栏。分栏就是把指定的文字分成若干个区域显示在页面上，对调查报告的版面进行设置。

② 分页。默认情况下，当文字排满一页时，分自动产生下一页，我们可以根据需要，在页面指定的位置插入分页符实行强制分页。

③ 插入页码。页码是在页面中插入的一组有序的数字或符号，它通常显示在页面的底部，也可以把页码插入到页面中部的靠左边或靠右边等处。当一个文档有较多页时，使用页码可以查阅总页数和快速翻阅到所指定的页面。

(7) 题注、脚注和尾注。题注、脚注和尾注都有一个共同的作用，就是对文档中的特定词语、数据等对象作注释。题注是对文档中的图表、表格等元素作注释说明，它位于被说明对象的下方；脚注是对文档中特定的词或数据等进行注释，它位于被说明对象所在页的页面底部，而尾注不管对什么对象进行注释，它都位于整个文档的末尾处。同一篇文档可以使用多个题注、脚注和尾注。

2.2 实现步骤

2.2.1 撰写调查报告

（1）与就业指导中心沟通，并参阅学校相关文件，对此次就业调查的情况作一次全面了解，包括调查的背景、对象、目的、形式等。

（2）调查问卷回收之后，对回收的问卷进行详细分析，并从中提取有用的数据，为撰写调查报告的内容打下基础。

（3）了解调查报告的写法，包括格式和报告结构等。

（4）撰写调查报告，报告名称为“2020 届毕业生就业调查报告（素材）.docx”。

2.2.2 设置调查报告格式

1. 使用“样式”格式化调查报告标题

在 Word 中录入文字并进行格式化等操作，通常都是在“页面视图”中进行的。在新建的 Word 文档中录入文字时，默认的格式为“正文”样式，因此写好报告标题之后，需要对报告标题的格式进行设置。调查报告标题和正文可以先全部写好之后再进行格式化设置，也可以在撰写过程中进行格式化设置。格式化调查报告，最快捷有效的方法是使用 Word 自带的样式。下面介绍如何使用“样式”对标题进行格式化设置。

（1）打开文件“2020 届毕业生就业调查报告（素材）.docx”。

（2）把光标定位在报告标题所在行，或选中报告标题，然后单击“开始”选项卡，即可看到该选项卡下面显示着有关字体、段落和样式等的命令按钮，把鼠标移动到“样式”组的“标题”按钮上，如图 2-1 所示，即可预览报告标题使用此样式后的效果，如果觉得效果满意，单击该“标题”按钮即可把该样式应用到标题上，应用“标题”样式前后的效果如图 2-2 和图 2-3 所示。

图 2-1　将鼠标移动到“样式”组的“标题”按钮上

2020 届毕业生就业调查报告

某高校就业协会

今年的 6 月份，学校针对 2020 届毕业生就业情况展开一次调查。毕业生就业情况调查是学校长期开展的一项工作， 在每年的 5–6 月份时进行，调查的对象是毕业刚满一年的学生。毕业生在毕业工作一年后，学校会以发放调查问卷的形式，对这些毕业生工作情况以及用人单位对毕业生的反映作一次调查，目的是通过了解毕业的就业状态以及用人单位对毕业生的满意度，对学校今年教学工作的改进和提升作一个重要的参考依据，使学校培养出来的学生更能适应社会的需求与发展。

图 2-2　标题默认为“正文”样式时的效果

2020 届毕业生就业调查报告

某高校就业协会

今年的 6 月份，学校针对 2020 届毕业生就业情况展开一次调查。毕业生就业情况调查是学校长期开展的一项工作， 在每年的 5–6 月份时进行，调查的对象是毕业刚满一年的学生。毕业生在毕业工作一年后，学校会以发放调查问卷的形式，对这些毕业生工作情况以及用人单位对毕业生的反映作一次调查，目的是通过了解毕业的就业状态以及用人单位对毕业生的满意度，对学校今年教学工作的改进和提升作一个重要的参考依据，使学校培养出来的学生更能适应社会的需求与发展。

图 2-3　标题应用“标题”样式后的效果

说明：Word 还自带有很多种样式，单击“样式”组中的下拉箭头，如图 2-4 所示，即可显示常用的自带样式，如图 2-1 所示。

此外，通过单击“样式”组右下角的按钮，可进行样式管理，如图 2-5 所示。

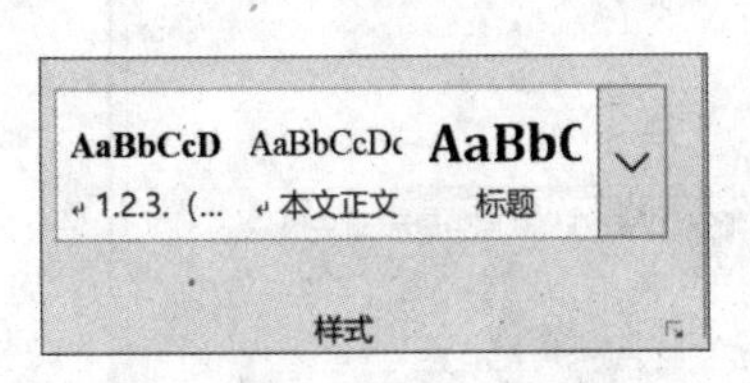

图 2-4　显示常用的自带样式

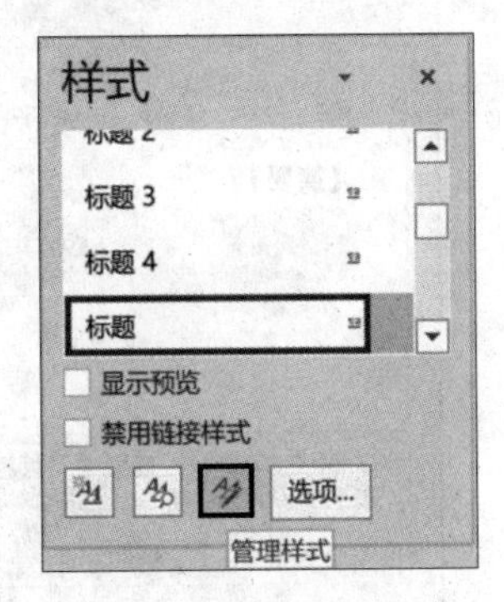

图 2-5　管理样式

2. 设置正文格式

由于正文的格式在整个调查报告中并不是单一的，它会比较丰富多样，在一些地方，可能应用不同的格式来突出表现不同的主题或内容，因此，可以通过自定义样式解决此问题。

操作要求

创建一个名为“字符样式 1”的样式，字体设为华文中宋，字号设为四号，并在调查报告的“摘要”一词上使用“字符样式 1”；再创建一个名为“段落样式 1”的样式，字体设为楷体，字号设为小四，首行缩进 2 个字符，行距为 1.2 倍，段前段后为 0 行，并把“段落样式 1”用于“摘要”后一段的正文。

操作步骤

（1）选中文字“摘要”，在“开始”选项卡的“样式”组中单击右下角的小箭头（或者按 Alt＋Ctrl＋Shift＋S 组合键），打开如图 2-5 所示的“样式”任务窗格。

说明：该“样式”任务窗格可用于管理当前文档中现存的所有样式，包括查看、编辑或删除现有的样式，也可以创建新的样式。

（2）单击左下角“新建样式”按钮，打开“根据格式化创建新样式”对话框，在该对话框中按操作要求进行相应的格式设置，如图 2-6 所示，然后单击“确定”按钮，即创建了一个名为“字符样式 1”的样式，该样式出现在“样式”任务窗格的列表中，而“摘要”一词也应用了该样式。

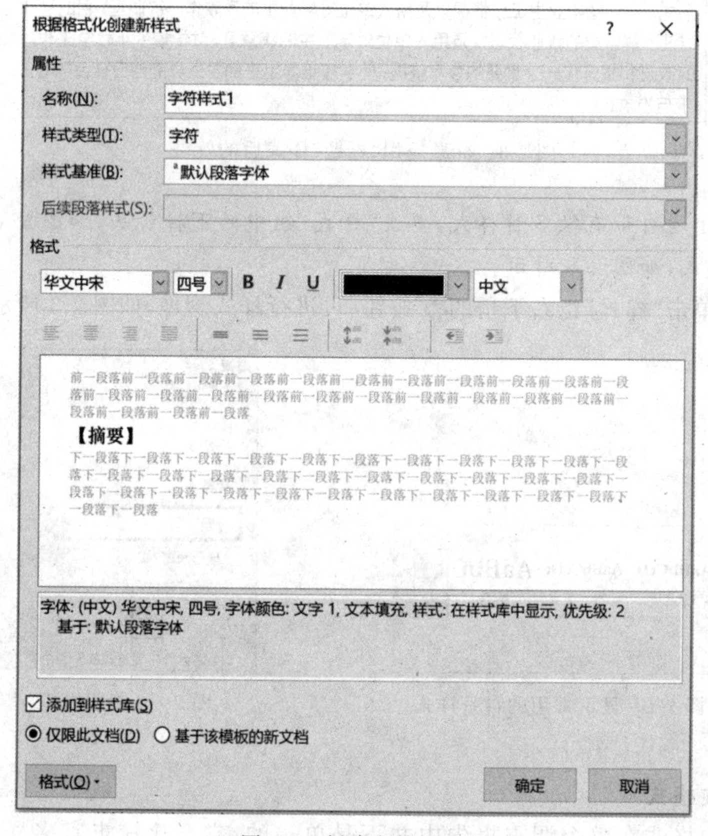

图 2-6　创建字符样式

（3）把光标放在“摘要”后一段的正文中，在“样式”任务窗格中单击“新建样式”按钮，打开“根据格式设置创建新样式”对话框，在该对话框中进行相应的格式设置，如图 2-7 所示，然后单击“确定”按钮，即创建了一个名为“段落样式 1”的样式，该样式出现在“样式”任务窗格的列表中，而“摘要”后一段的正文也应用了该样式。

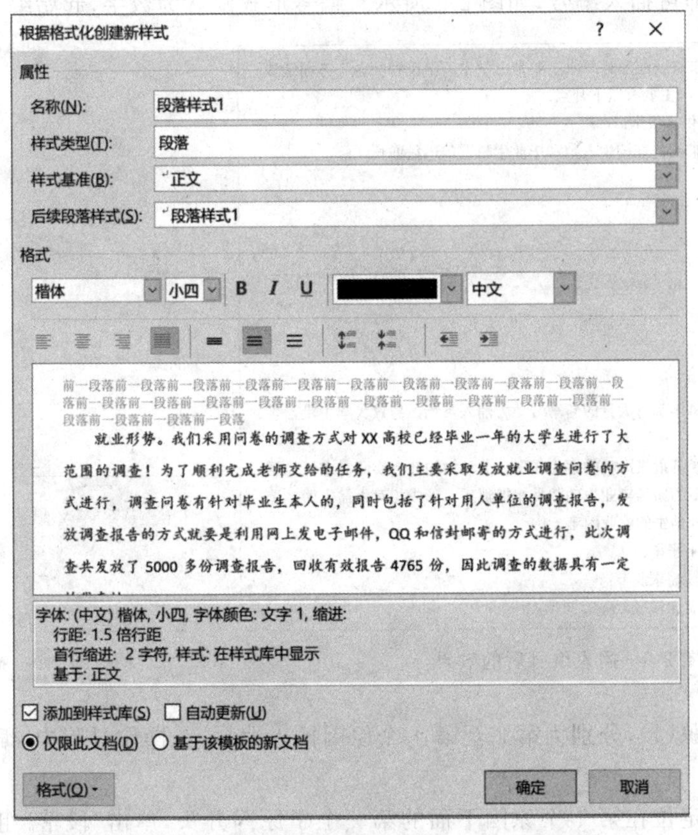

图 2-7　创建段落样式

说明：新建的样式或现有的样式都可以应用到文字或段落中，如果是基于段落的样式，只要把光标定位在需要应用此样式的段落中，然后在“样式”对话框的列表中单击该样式即可；如果是基于字符的样式，则选中要应用该样式的字符，在“样式”对话框的列表中单击该样式即可。

3. 使用项目符号和编号

在撰写就业调查报告过程中，有时会遇到要对某个问题或观点进行分类叙述，此时就需要用到项目符号或编号，甚至要用到多级编号。

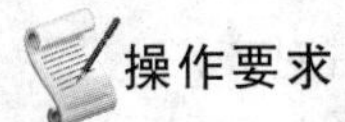
操作要求

在调查报告中，列举了大学生就业难的四大原因，并且对第 1 个原因又细分为 3 个子原因，现要为大学生就业难的四大原因添加编号，编号格式为阿拉伯数字形式Ⅰ至Ⅳ，然后为第 1 个原因的子原因部分添加二级编号，格式为带括号的字母 A)、B)和 C)，效果如图 2-8 所示。

操作步骤

（1）把光标定位在需要使用编号的行的开头，单击“开始”选项卡，然后单击“段落”组中的“编号”按钮，即可插入编号，如图 2-9 所示。编号形式默认为数字，起始编号为“1”。

3. 结果：大学生未来就业形势严峻主要是由学生、学校和社会三方面造成的。大学生就业难的原因主要有以下几点：

I. 大学毕业生的供需失衡；
   A) 我国高校扩招，在校生人数和毕业生数近年迅猛增长；
   B) 近几年，每年都有大量的新增劳动力涌入市场，导致大学生供给量绝对值增加；
   C) 随着世界经济危机影响的逐步显现，劳动力的社会实际需求增加缓慢，与过多的新增毕业生的数目相抵消后，形成相对供需失衡，造成了一部分学生的就业困难。

II. 社会区域发展不平衡；

III. 学校教育与市场需求脱节；

IV. 大学生的就业观念误区。

图 2-8 插入编号后的效果

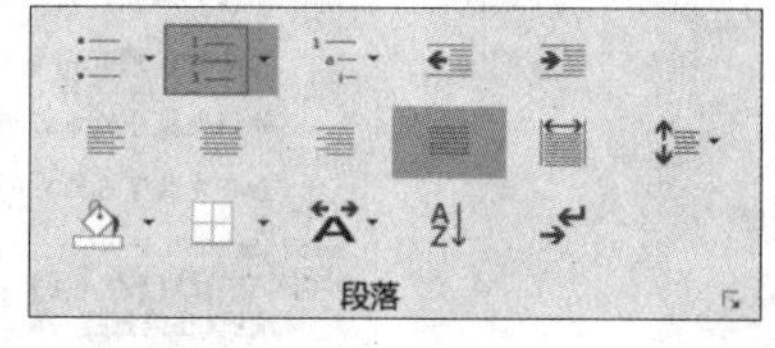

图 2-9 插入编号

（2）重复步骤(1)，分别为第 2 至第 4 个原因插入编号，在操作过程中，编号会自动按顺序依次生成。

（3）把光标定位在第 1 个原因下面的第一个子原因开头，单击“段落”组中的“编号”按钮，然后按键盘上的 Tab 键，此时会在子原因前面产生一个默认格式的二级编号。

（4）参考步骤(3)对其他子原因进行二级编号设置。

（5）选择要设置项目符号与编号的所有段落，单击“段落”组中的“多级列表”按钮，在下拉列表框中选择“定义新的多级列表(D)”命令，打开“定义新多级列表”对话框，如图 2-10 所示。按如图 2-10 所示顺序设置后，单击“确定”按钮。最终效果如图 2-8 所示。

4. 插入日期和时间

操作要求

利用 Word 的自动插入日期和时间功能，在文档末尾为调查报告注明撰写的日期，日期格式为“××××年××月××日”，值为当前日期；把插入的日期设置为右对齐。

操作步骤

（1）把光标定位在“2020 届毕业生就业调查报告(素材).docx”文档末尾空白行处，在“插入”选项卡的“文本”组中单击“日期和时间”按钮，即可打开“日期和时间”对话框，如图 2-11 所示。

（2）在“可用格式(A)：”列表框中，选择“2020 年 6 月 15 日”格式，然后单击“确定”按钮。

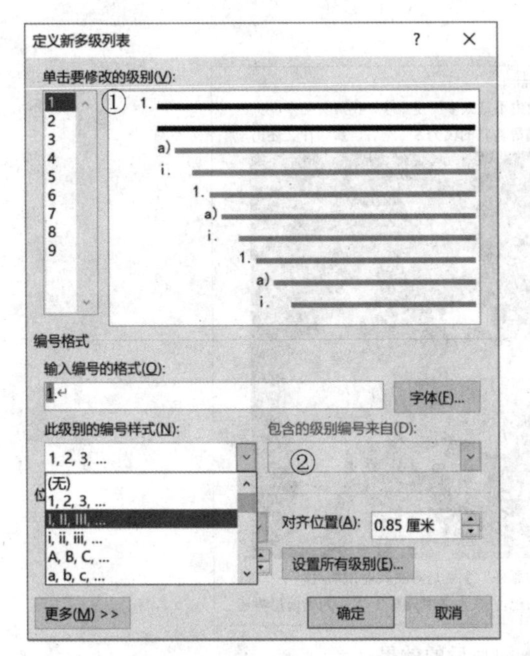

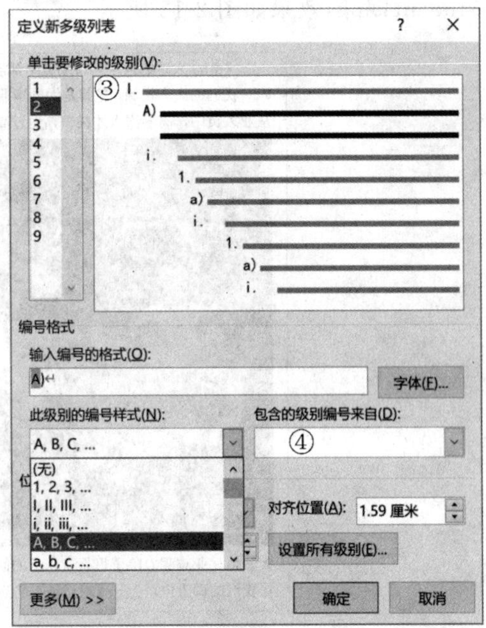

图 2-10　定义新多级列表

图 2-11　“日期和时间”对话框

(3) 把插入的日期设置为右对齐。

2.2.3　插入和设置图片

1. 插入图片

操作要求

在“2020 届毕业生就业调查报告(素材).docx”正文的第 19 段中间位置插入素材中的图

片 student1.jpg，效果如图 2-12 所示。

(二) 人才的需求与市场竞争情况↵

我们的人力资源，尤其是大学毕业生不是太多而是太少。我国 7 亿多庞大的从业人员中，高层次人才稀缺，受过高等教育的仅为 5%左右，那为什么还出现

大学生就业难呢？除了思想认识上的问题外，主要是难在就业市场机制不完善。在我们的调查中，无一人对当前形势乐观，60 人之中只有 1 人认为当前形势还

图 2-12　插入图片后的效果

操作步骤

（1）打开文档“2020 届毕业生就业调查报告（素材）.docx”，把光标定位在如图 2-12 所示的正文所在位置，单击“插入”选项卡，在该选项卡的“插图”组中单击“图片”按钮，打开“插入图片”对话框。

（2）在“插入图片”对话框中选择存放图片的文件夹（本例要插入的图片放在本章素材中），在文件列表中选中 student1.jpg 图片，然后单击“插入”按钮，即在文档指定位置插入了该图片。

2. 设置图片格式

操作要求

设置图片高度为 7.18 厘米，宽度为 10 厘米，“金属框架”图片样式，图片边框为橙色，边框为实线，粗细为 6 磅，图片位置为“中间居右，四周型文字环绕”。

操作步骤

（1）选中插入的图片，激活“图片工具”→“格式”选项卡。

（2）使用“大小”组中设置图片高度为 7.18 厘米，宽度为 10 厘米；使用“图片样式”组中的命令把图片设置为“金属框架”样式，图片边框为“橙色，个性色 6，深色 50%”，边框为实线，粗细为 6 磅；使用“排列”组中的命令把图片位置设置为“中间居右，四周型文字环绕”，设置效果如图 2-13 所示。

(二) 人才的需求与市场竞争情况

我们的人力资源，尤其是大学毕业生不是太多而是太少。我国 7 亿多庞大的从业人员中，高层次人才稀缺，受过高等教育的仅为 5%左右，那为什么还出现大学生就业难呢？除了思想认识上的问题外，主要是难在就业市场机制不完善。在我们的调查中，无一人对当前形势乐观，60 人之中只有 1 人认为当前形势还是较好，有 9 人占调查的 15%认为还算正常的就业形势，而其他 50 人占总体的 83%普遍认为当前就业形势严峻，感到压力重重。

图 2-13　图片设置效果

2.2.4　绘制表格和运用表格进行计算

1. 插入表格

操作要求

在“2020 届毕业生就业调查报告(素材).docx”的“6.附调查统计数据”下面插入一个 4 行 5 列的表格，用于显示工商企业管理专业毕业生目前的薪酬情况。表格标题为“工商企业管理专业毕业生目前月收入情况(共调查 398 人)”，在文中已经给出。

操作步骤

(1) 把光标定位在表格标题下面一行的中间位置，单击“插入”选项卡，在“表格”组中单击“表格”按钮，会展开插入表格操作的菜单，菜单上显示一个 8 行 10 列的表格和其他插入表格的命令。

(2) 将光标定位在菜单上的表格的第 4 行第 5 列的单元格上，如图 2-14 所示。最后单击该单元格即可在插入点插入一个 4 行 5 列的表格。

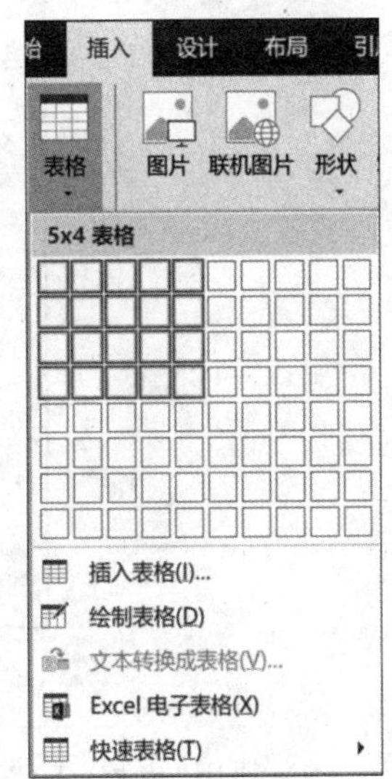

图 2-14　插入表格

说明：从图 2-14 中可以看到，插入表格还有很多种方法，这里不再作详细介绍。

2. 编辑表格结构

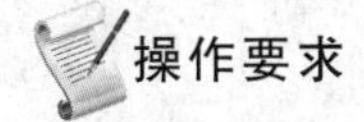

操作要求

在刚才插入的表格最后一列后增加一列，再把第 4 行的第 2 至 6 列合并为一个单元格，如图 2-15 所示。

操作步骤

(1) 把光标定位在表格最后一列的任一单元格上，右击，在打

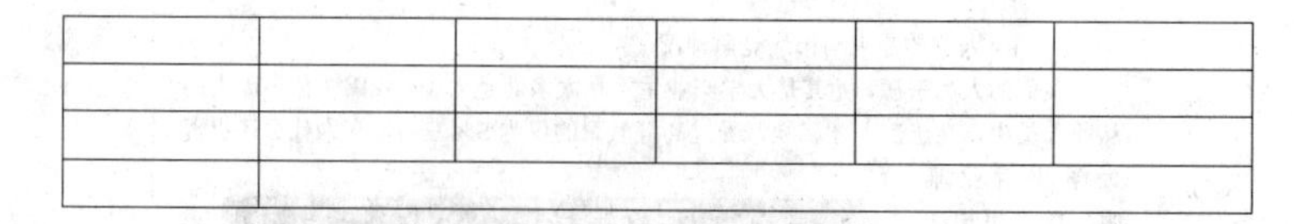

图 2-15 编辑后的表格结构

开的快捷菜单中选择“插入(I)”命令，然后在其下拉列表中选择“在右侧插入列(R)”命令，即可在表格的右侧插入一个新列。

(2) 使用鼠标拖动的方法选中第 4 行的第 2 至 6 列，然后右击，在打开的快捷菜单中选择“合并单元格(M)”命令，即可完成合并操作。

3. 调整表格大小和位置并录入数据

操作要求

把上面插入的表格位置设置为居中对齐，并设置表格所有行的行高为 0.5 厘米，第 1 列和第 4 列的列宽为 3.5 厘米，其他列的列宽为 2 厘米，然后录入如图 2-18 所示的内容。

操作步骤

(1) 把光标定位在表格任一单元格中，右击，在打开的快捷菜单中选择“表格属性(R)”命令，打开“表格属性”对话框，如图 2-16 所示。

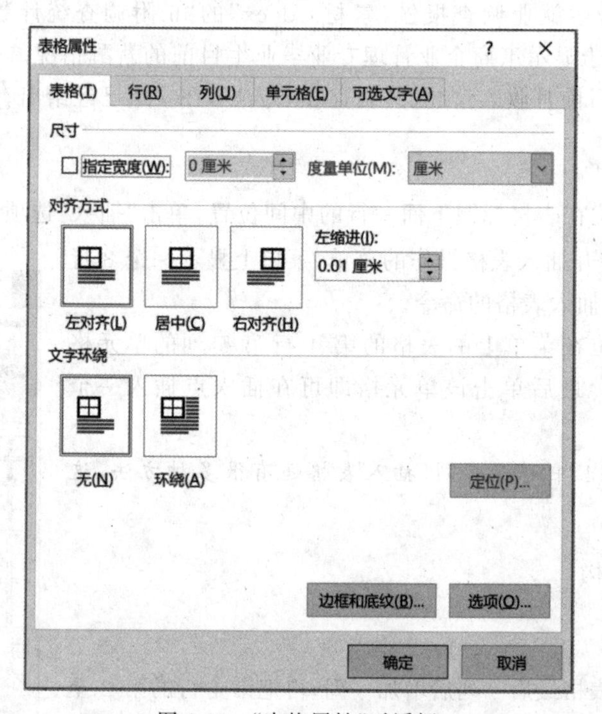

图 2-16 “表格属性”对话框

(2) 利用“表格(T)”选项卡中的命令把该表格位置设置为居中对齐；利用“行(R)”选项卡中的命令把该表格上所有行的行高设为 0.5 厘米；利用“列(U)”选项卡中的命令把该表格

上的第 1 列和第 4 列宽度设为 3.5 厘米，其他列的列宽设为 2 厘米。

(3) 在表格中录入相关内容。

4. 设置表格样式

操作要求

把上面插入的表格样式设置为"浅色列表一着色 5"的样式。

操作步骤

(1) 把光标定位在表格任一单元格中，激活"表格工具"的"设计""布局"选项卡，在"表格工具 设计"选项卡的"表格样式"组中单击下拉箭头，显示出 Word 自带的所有表格样式列表，如图 2-17 所示。

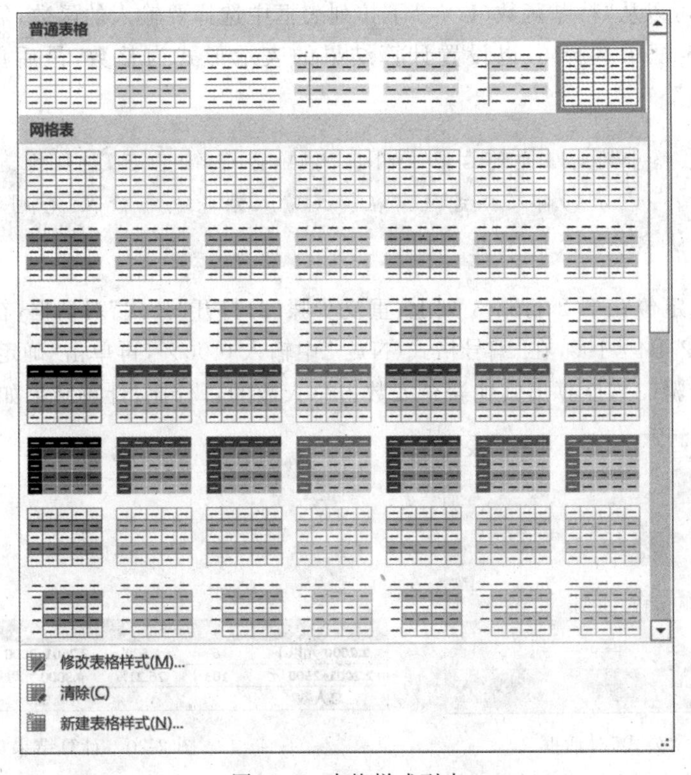

图 2-17　表格样式列表

(2) 在该列表中选择名为"浅色列表-着色 5"的样式，设置后的效果如图 2-18 所示。

选项	人数	比例	选项	人数	比例
1.2000 元以下	6		3.2501~3000 元	150	
2.2001~2500 元	103		4.3000 元以上	134	
总人数					

图 2-18　表格设置效果

说明：如果要新建、修改或清除表格样式，可以通过单击图 2-17 下面的"新建表格样式(N)""修改表格样式(M)"和"清除(C)"按钮，再根据后面的提示完成相应的操作。

5. 运用表格进行计算

操作要求

在表格中插入公式，统计表格中的总人数和 4 种收入类别的人数分别占总人数的百分比。

操作步骤

(1) 把光标定位在第 4 行第 2 个单元格，激活“表格工具”的“设计”“布局”选项卡，在“表格工具”→“布局”选项卡的“数据”组中单击“公式”按钮，打开“公式”对话框，如图 2-19 所示。

(2) 在“公式”对话框的“公式(F)：”文本框中直接输入公式名称和参数＝SUM(B2, E2,B3,E3)，也可以从“粘贴函数(U)：”下拉列表框中选择要输入的函数，然后在“编号格式(N)：”下拉列表框中选择 0，以设置计算结果的表示形式为整数，最后单击“确定”按钮即可。

表格中的列从左到右依次用字母 A,B,C,…表示，行从上到下依次用数字 1,2,3,…表示。输入公式时需在英文输入法状态下输入，否则，会提示语法错误，无法完成公式输入。

(3) 把光标定位在第 2 行第 3 列上，重复步骤(2)打开“公式”对话框，在“公式(F)：”文本框中输入＝B2/B4＊100，在“编号格式(N)：”中输入 0.00%，再单击“确定”按钮即可。

(4) 重复步骤(3)，计算出其他薪金人数占总人数的百分比，计算结果如图 2-20 所示。

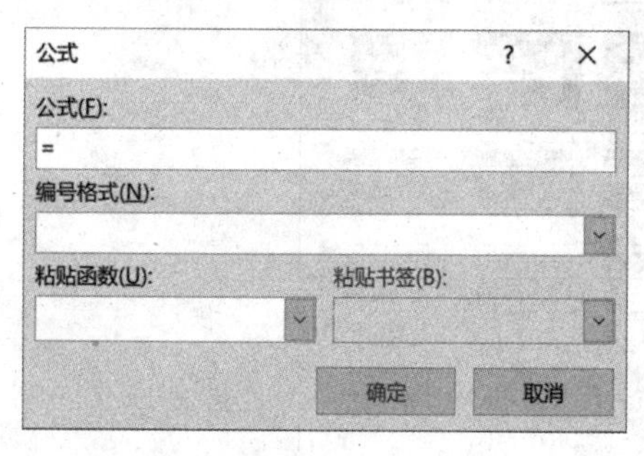

图 2-19 “公式”对话框

选项	人数	比例	选项	人数	比例
1.2000 元以下	6	1.53%	3.2501~3000 元	150	38.17%
2.2001~2500 元	103	26.21%	4.3000 元以上	134	34.10%
总人数			393		

图 2-20 计算结果

2.2.5 插入和设置图表

1. 插入图表并修改图表数据源

操作要求

在刚插入的表格后面，插入一个“三维簇状柱形图”类型的图表来分析用人单位对工商企业管理专业的毕业生满意度情况，图表的标题已经给出，标题名为“用人单位对工商企业管理专业毕业生满意度调查分析图表”，把图表的数据源更改为本章素材中 resouce.xlsx 文件里的“调查数据 1”工作表中的数据。

操作步骤

(1) 把光标定位在图表标题下一行，在“插入”选项卡的“插图”组中单击“图表”按钮，打开如图 2-21 所示的“插入图表”对话框。选中“柱形图”，在对话框右侧上方显示了所有柱形图类型，选择“三维簇状柱形图”，然后单击“确定”按钮即可在光标所在位置插入一个图表。

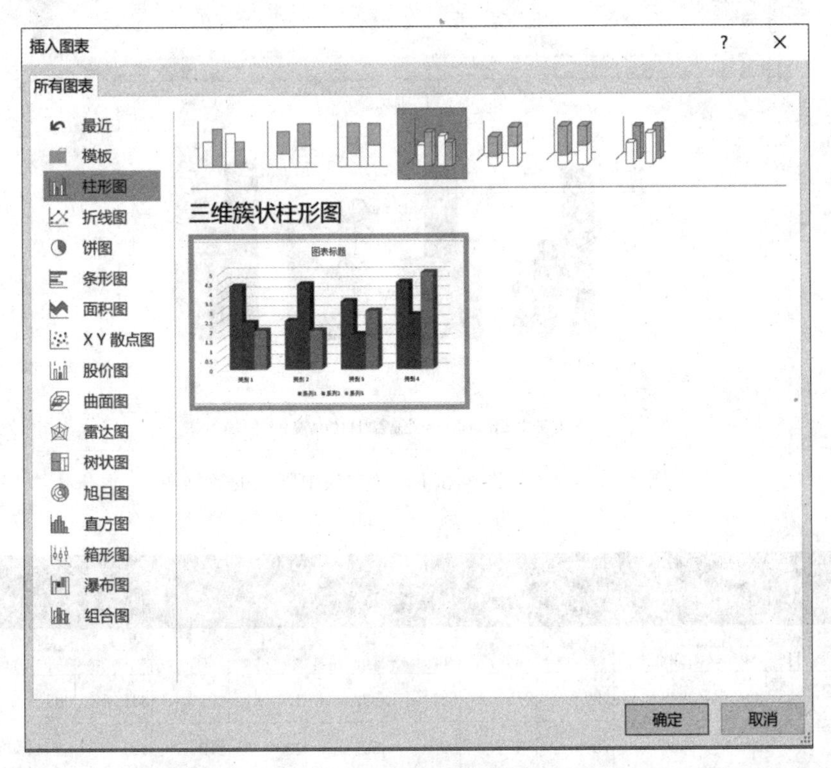

图 2-21　选择图表类型

插入图表后，Word 应用程序会自动打开一个 Excel 文档，文档中存放的是用于该图表的数据源，这也是 Word 默认的数据源。插入的图表和 Excel 文档中默认的数据源如图 2-22 所示。

(2) 打开素材中 resouce.xlsx 文件，复制“调查数据 1”工作表中的数据替换原来的数据源，替换后，图表和数据源如图 2-23 所示。

2. 切换图表行与列

操作步骤

(1) 单击刚才插入的图表，激活“图表工具”的“设计”“格式”选项卡。

(2) 选中“图表工具”→“设计”选项卡，在“数据”组中单击“切换行/列”按钮即可把图表行列进行切换(如果“切换行/列”按钮不可用，可先单击“编辑数据”按钮)，切换后效果如图 2-24 所示。

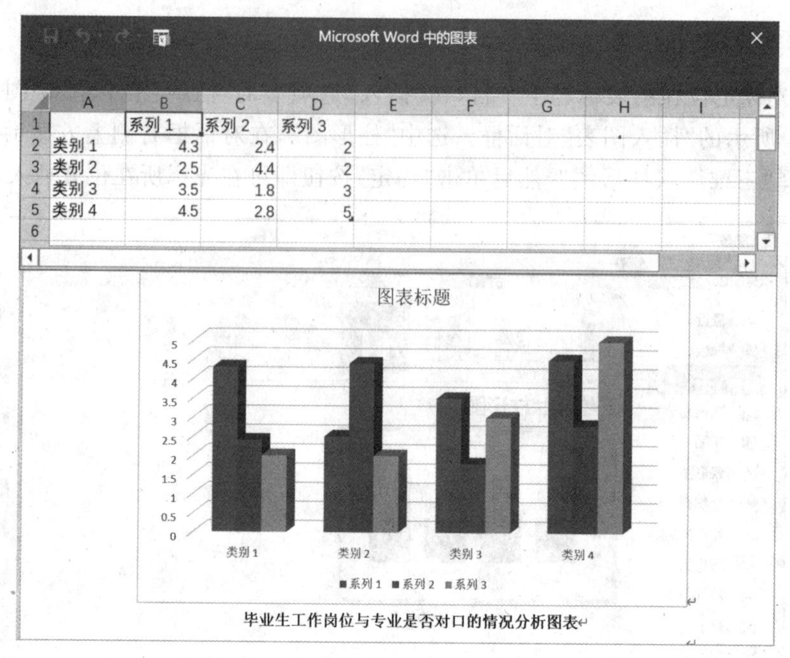

图 2-22　插入的图表和 Excel 文档中默认的数据源

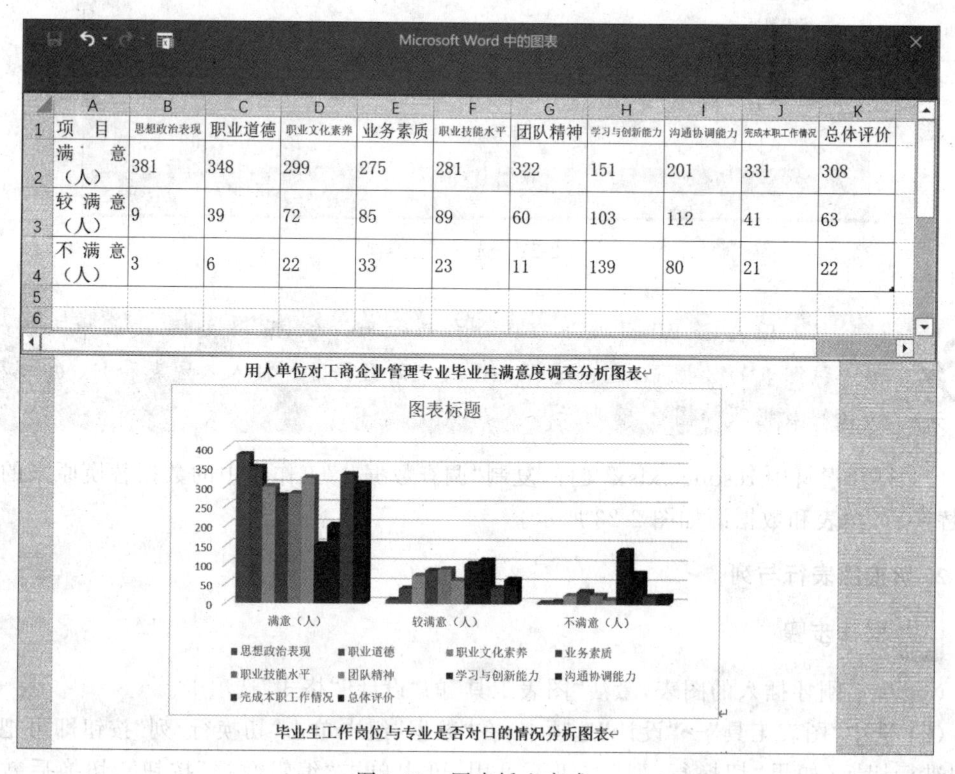

图 2-23　图表插入完成

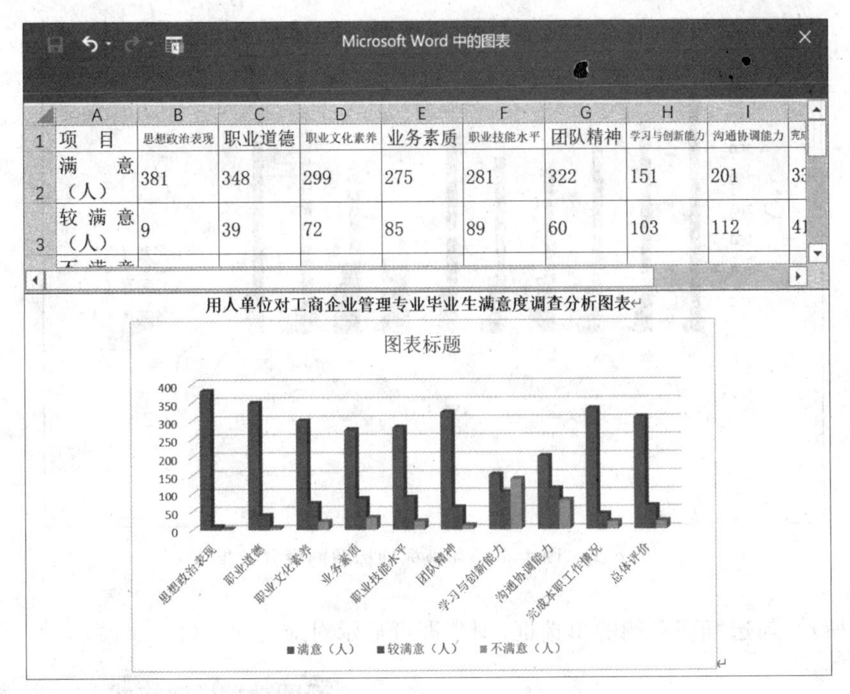

图 2-24 图表切换行列后的效果

3. 设置图表布局和坐标轴标题

操作要求

把图表的布局设置为“布局 7”；设置 X 轴标题为“调查项目”；设置为 Y 轴标题为“人数”。

操作步骤

(1) 选中图表，在“图表工具 设计”选项卡的“图表布局”组中的右侧单击“快速布局”按钮，会出现如图 2-25 所示的下拉列表，在该列表中选择“布局 7”。

(2) 此时图表的 X 轴和 Y 轴外侧会分别出现两个方框，把 X 轴方框内容改为“调查项目”，把 Y 轴方框内容改为“人数”，效果如图 2-26 所示。

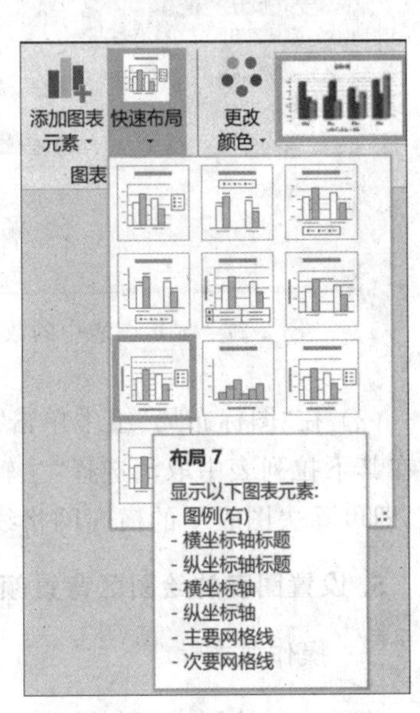

图 2-25 选择图表“布局 7”

4. 显示图表的数据标签和清除图表的网格线

操作步骤

(1) 选中图表，然后单击“图表工具”→“设计”选项卡，在该选项卡的“图标布局”组中单击“添加图表元素”按钮，打开如图 2-27 所示的子菜单，在该子菜单中单击“其他数据标签选项”菜单项，打开“设置数据标签格式”任务窗格。

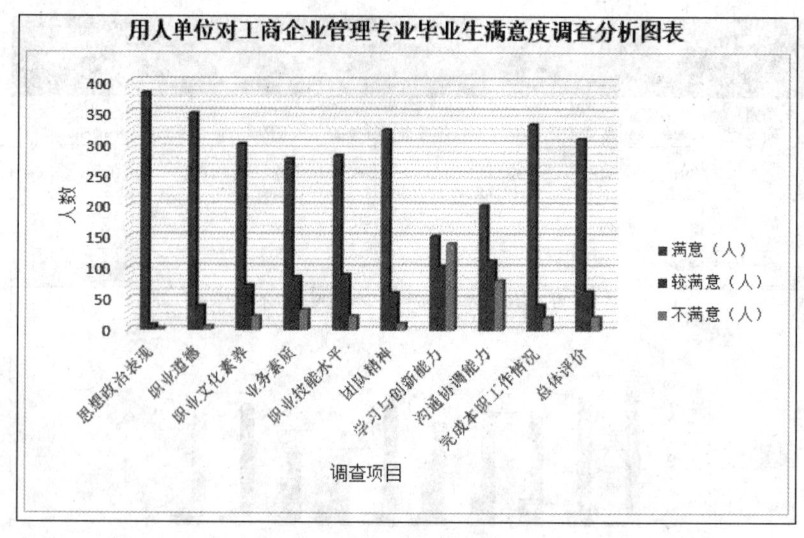

图 2-26　图表布局和坐标轴标题的设置效果

如图 2-28 所示，勾选“值”左侧的单选框，图表即可显示对应的值。

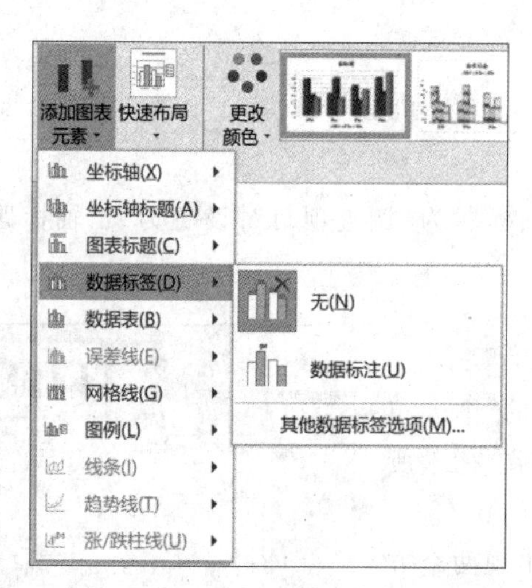

图 2-27　显示图表中的数据标签

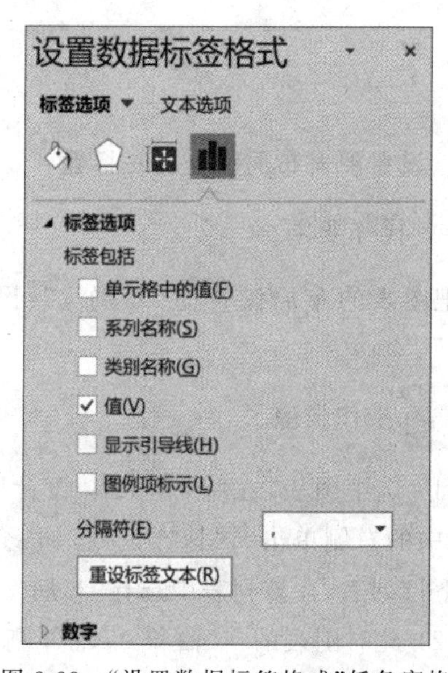

图 2-28　“设置数据标签格式”任务窗格

(2) 在“图标布局”组中单击“添加图表元素”按钮，在打开的子菜单中选择“网格线”，然后在其下拉列表中取消选择“主轴主要水平网格线”和“主轴次要水平网格线”，如图 2-29 所示，即可除去图表中的横向网格线。最终效果如图 2-30 所示。

5. 设置图表的绘图区背景颜色

操作要求

将图表的绘图区颜色设置为纯色填充，填充颜色为黄色，透明度为 50%。

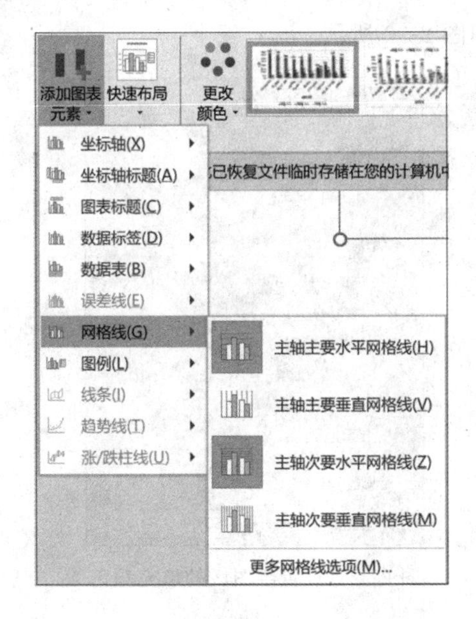

(a) 取消网格线之前

(b) 取消网格线之后

图 2-29　清除图表中的网格线

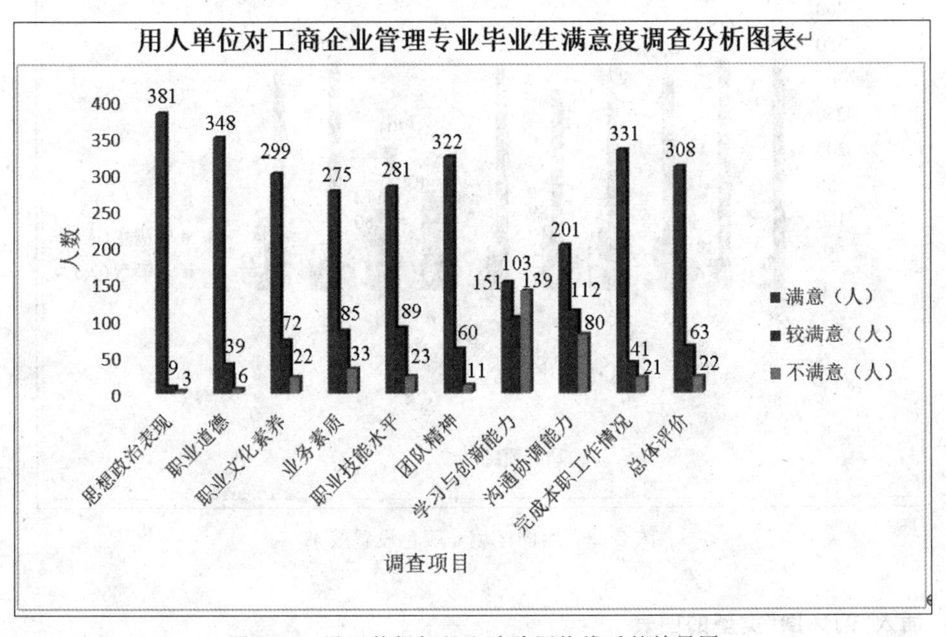

图 2-30　设置数据标签和清除网格线后的效果图

操作步骤

(1) 双击图表空白处，激活“图表工具”的“设计”“格式”选项卡，同时打开“设计图表区格式”窗格。单击“图表选项”右侧的下拉按钮，在打开的子菜单中选择“绘图区”，切换到“设置绘图区格式”窗格，如图 2-31 所示。

(2) 单击该对话框中的“填充与线条”选项卡，选择纯色填充，填充颜色为黄色，透明度为 50%，如图 2-32 所示。设置后的图表效果如图 2-33 所示。

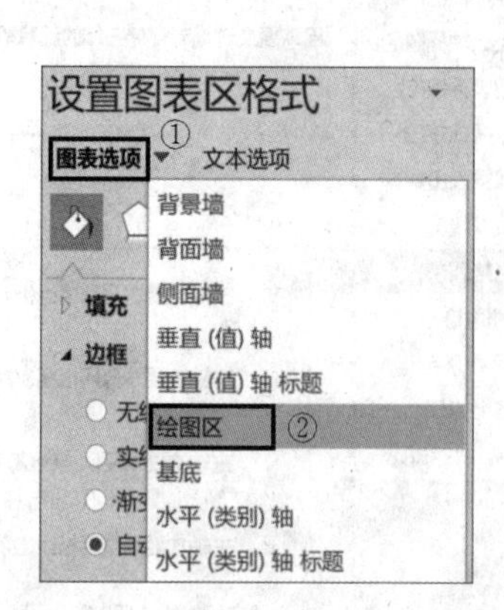

图 2-31　切换“设置绘图区格式”

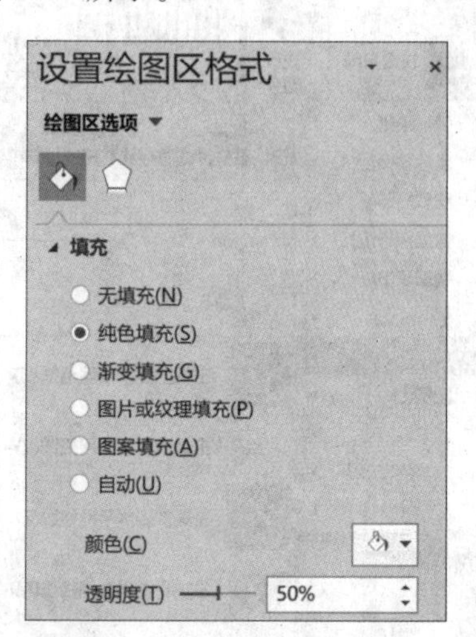

图 2-32　设置绘图区的填充颜色

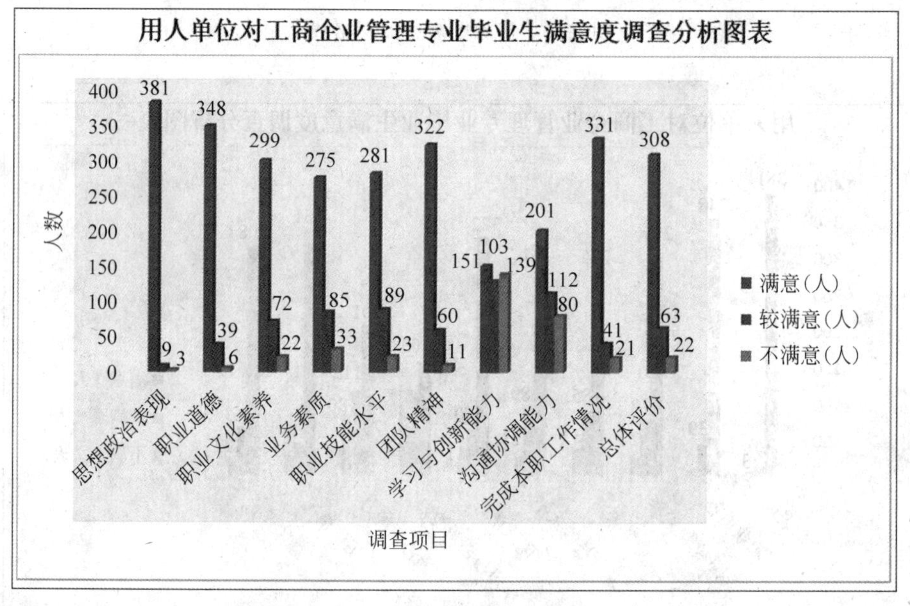

图 2-33　绘图区填充颜色设置效果

6. 插入“圆环图”类型的图表

根据要求，还要为“2020 届毕业生就业调查报告(素材).docx”插入另一个图表(图表的标题已经给出，标题名为“毕业生工作岗位与专业是否对口的情况分析图表”)，用于显示所有专业的毕业生工作岗位与专业是否对口的情况，图表的源数据在素材 resouce.xlsx 文件里的“调查数据 2”中，由于篇幅所限，这里不再叙述操作过程，直接给出操作效果，如图 2-34 所示。

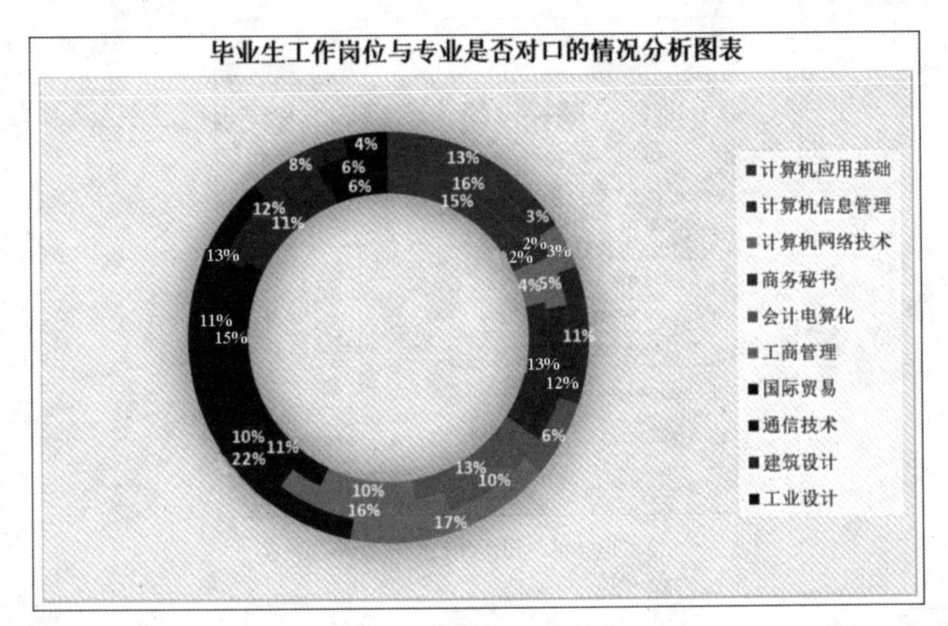

图 2-34　插入的圆环图效果

2.2.6　版面设置

1. 分栏

操作要求

把文档“2020 届毕业生就业调查报告(素材).docx”正文的开头文字“在谈到毕业后的打算”所在段落分为 3 栏，第 1 栏宽度为 15 字符，第 2 栏和第 3 栏宽度平分剩下宽度，栏间距为 2.02 个字符，并显示分隔线。

操作步骤

(1) 选中要进行分栏的整个段落，单击“布局”选项卡，在该选项卡的“页面设置”组中单击“分栏”按钮，显示出分栏菜单，如图 2-35 所示。

(2) 在分栏菜单中选择“更多栏(C)”菜单项，打开用于分栏的对话框，在该对话框中设置栏数为 3 栏，有分隔线，第 1 栏宽度为 15 字符，第 2 栏和第 3 栏宽度平分剩下宽度，栏间距为 2.02 个字符，如图 2-36 所示。最后单击“确定”按钮即可。

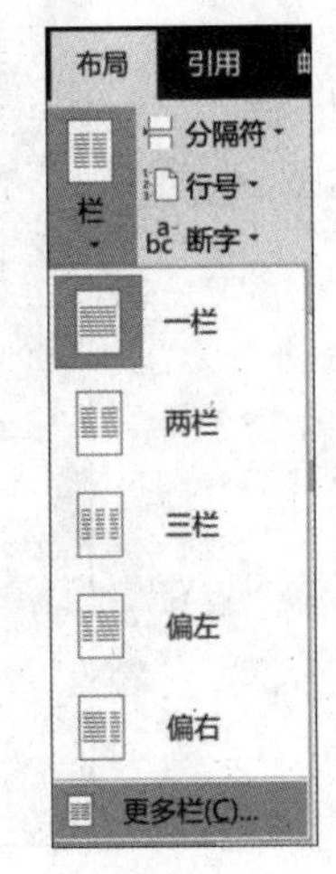

图 2-35　分栏

2. 插入分隔符

分隔符分为分页符和分节符 2 种类型。若在文档中插入了一个行数比较多的表格，当表格刚好处于两页之间时，就很容易产生跨页断行现象，因此可以在表格前面插入一个分页符，强制表格显示在新的一页开头。

操作要求

在上面插入的表格的标题前面插入一个分页符。

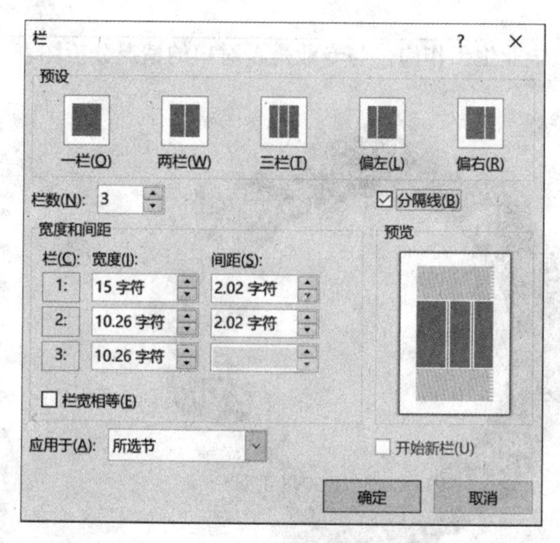

图 2-36　用于分栏的对话框

操作步骤

把光标定位在表格标题的前面，在“布局”选项卡的“页面设置”组中单击“分隔符”按钮，将显示分隔符菜单，如图 2-37 所示。在该菜单中单击“分页符”即可。

说明：插入分页符还有第二种方法就是把光标定位在表格标题的前面，单击“插入”选项卡，在该选项卡的“页面”组中单击“分页”按钮，即可直接在光标所在位置插入分页符，如图 2-38 所示。

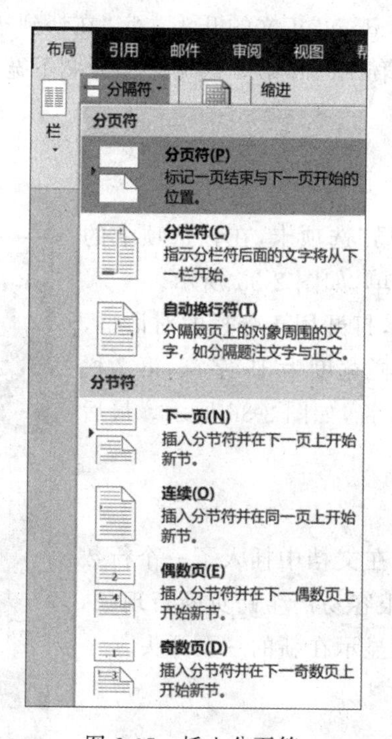

图 2-37　插入分页符

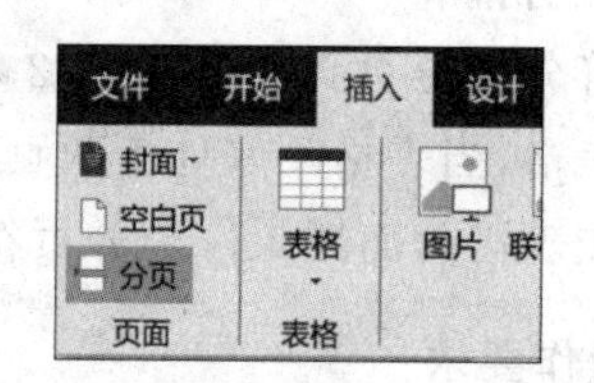

图 2-38　直接插入分页符

3. 插入页码和页眉

操作要求

为文档“2020 届毕业生就业调查报告(素材).docx”插入页码和页眉，页码显示类型为“加粗显示的数字 2”，页眉内容为“2020 届毕业生就业调查报告”。

操作步骤

(1) 在“插入”选项卡的“页眉页脚”组中单击“页码”按钮，将显示有关页码操作的下拉菜单，在该菜单中选择“页面底端(B)”下拉列表中的“加粗显示的数字 2”菜单项，即可插入页码，如图 2-39 所示。

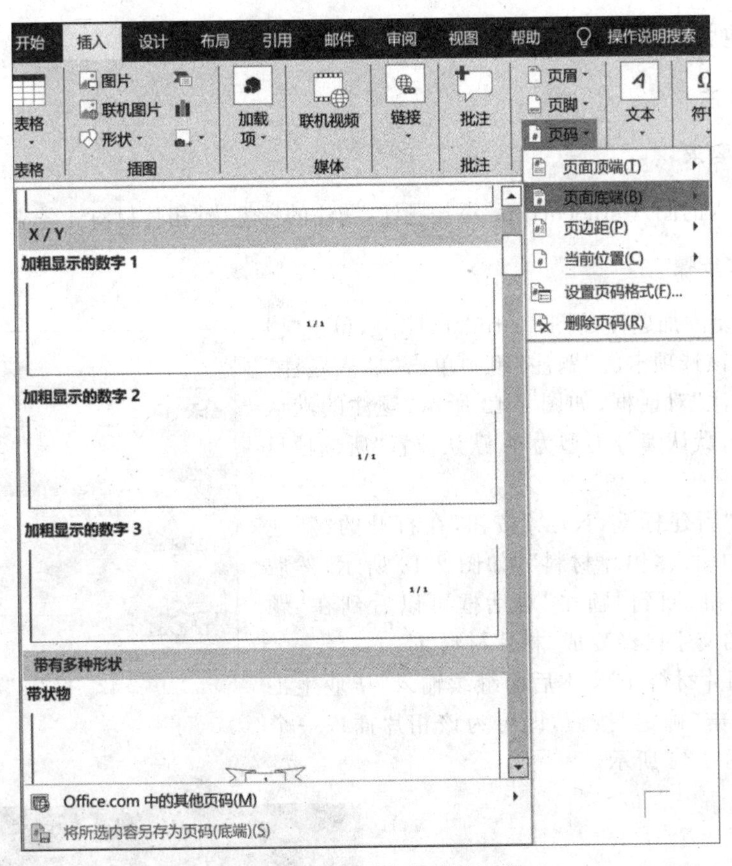

图 2-39　插入指定格式的页码

说明： 页码插入后，当前文档会自动切换到编辑“页眉页脚”的状态下，激活“页眉和页脚工具 设计”选项卡，并自动定位在页脚处，此时页脚显示的是当前页的页码和总页数。插入效果如图 2-40 所示。

(2) 在“页眉和页脚工具 设计”选项卡的“导航”组中单击“转至页眉”按钮，切换到页眉编辑状态，在页眉处输入“2020 届毕业生就业调查报告”，如图 2-41 所示。

(3) 在“页眉和页脚工具 设计”选项卡的“关闭”组中单击“关闭页眉和页脚”按钮，退出页眉和页脚编辑状态。

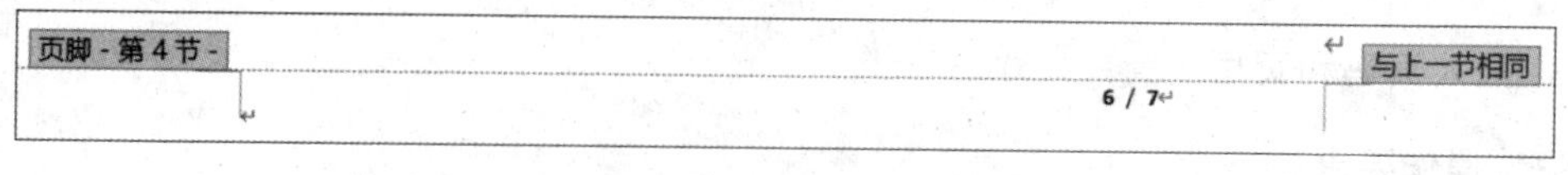

图 2-40　插入页脚

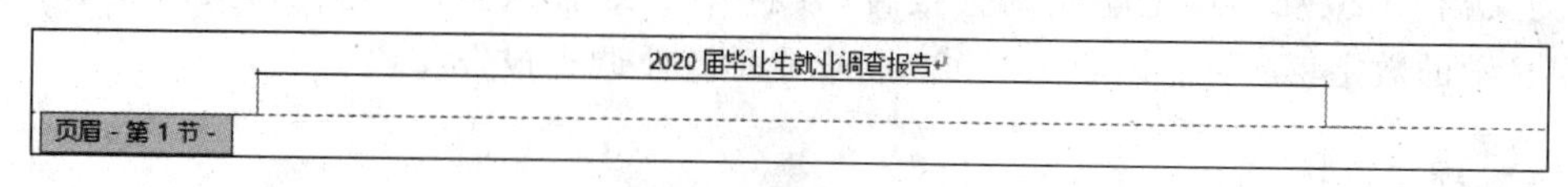

图 2-41　插入页眉

说明：如果要修改页眉或页脚的内容，只要在页眉或页脚处双击即可进入页眉或页脚编辑状态，编辑完成之后，双击文档的内容部分即可完成页眉或页脚的编辑并退出其编辑状态。

2.2.7　其他元素设置

1. 插入题注

操作要求

为前面插入的图片 student1.jpg 添加题注，题注的标签为"相片材料 1 毕业生工作照"。

操作步骤

(1) 选中要添加题注的图片 student1.jpg，单击"引用"选项卡，在该选项卡的"题注"组中单击"插入题注"按钮，打开"题注"对话框，如图 2-42 所示，题注的默认标签为"图表"，默认编号类型为 1，默认位置"所选项目下方"。

(2) 单击"新建标签(N)..."按钮，在打开的"新建标签"对话框中输入"相片材料"，如图 2-43 所示，然后单击"确定"按钮，回到"题注"对话框可以看到在"题注"文本框中的文字已经变成"相片材料 1"。

(3) 在"相片材料 1"文本后面继续输入"毕业生工作照"文本，单击"确定"按钮，即可为该相片插入一个题注，效果如图 2-44 所示。

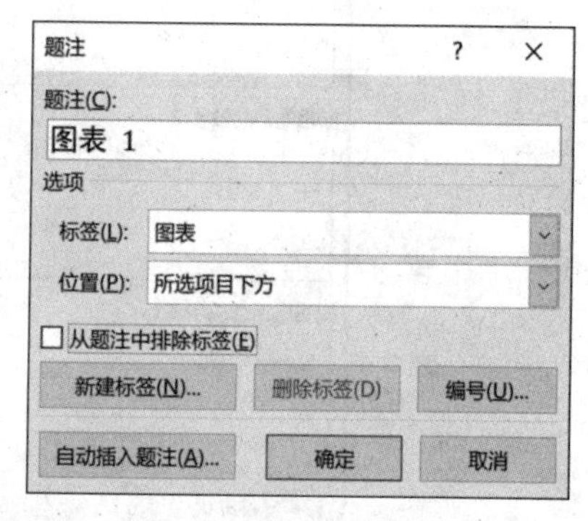

图 2-42　"题注"对话框

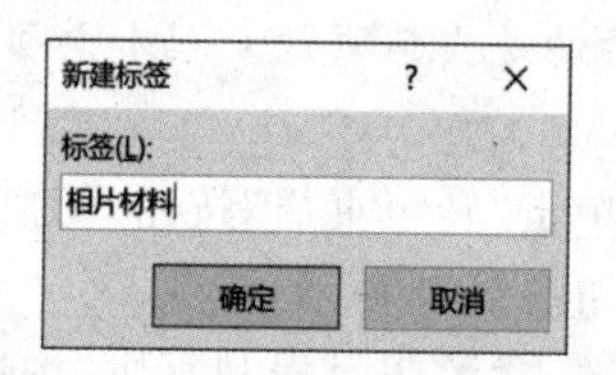

图 2-43　新建标签

图 2-44　插入题注后的效果

2. 插入脚注

为文档“2020 届毕业生就业调查报告(素材).docx”的作者信息(位于文章标题下方)添加脚注,脚注内容为“就业协会是学校就业指导中心直接领导下的组织,由指导老师和在校学生组成”。

把光标定位在作者信息后面,然后在“引用”选项卡的“脚注”组中单击“插入脚注”按钮,此时光标会定位在本页末尾处,在脚注编号“1”后面输入“就业协会是学校就业指导中心直接领导下的组织,由指导老师和在校学生组成”即可(其中“1”为脚注的默认起始编号),如图 2-45 所示。

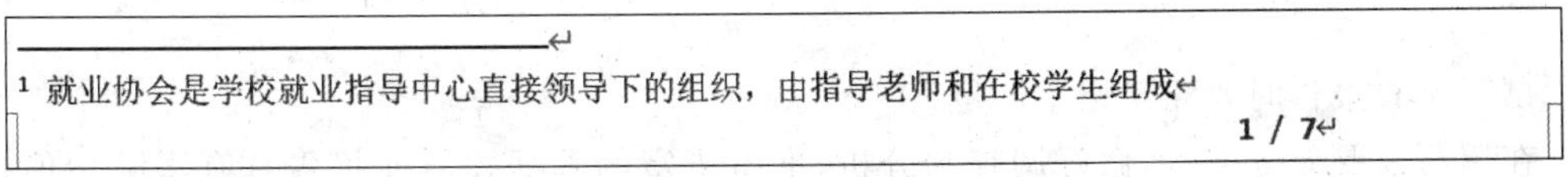

1 就业协会是学校就业指导中心直接领导下的组织，由指导老师和在校学生组成

1 / 7

图 2-45　插入脚注

说明:插入脚注后,在作者后面右上角也会出现相应的编号 1,如图 2-46 所示,双击该编号,页面会跳转到页末尾的该脚注上。

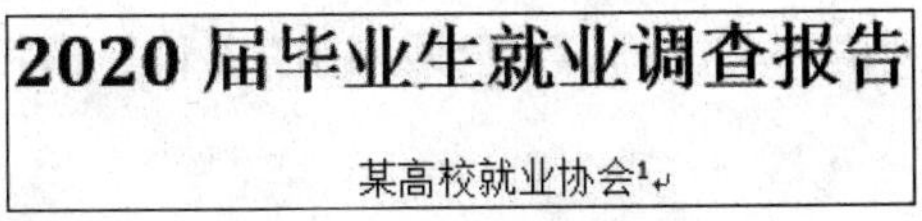

2020 届毕业生就业调查报告

某高校就业协会1

图 2-46　插入脚注后的效果

3. 插入尾注

为文档“2020 届毕业生就业调查报告(素材).docx”的题目添加尾注,尾注内容为“参考资料:《就业指导与职业规划》,朱永平主编,人民邮电出版社 2018 年 09 月”。

把光标置于文档“2020 届毕业生就业调查报告(素材).docx”标题后面,单击“引用”选项卡,在该选项卡的“脚注”组中单击“插入尾注”按钮,此时光标会定位在整篇文档的末尾处,在尾注编号 i 后面输入“参考资料:《就业指导与职业规划》,朱永平主编,人民邮电出版社 2018 年 09 月”即可(其中 i 为尾注的默认编号),如图 2-47 所示。

说明:插入尾注后可以看到,在标题的右上角也会出现相应的编号 i,如图 2-48 所示,双击该编号,页面会跳转到文档末尾的该尾注上。

到此,就业调查报告撰写完毕,最终效果可参考素材中的文件“2020 届毕业生就业调查报告(样例).docx”。

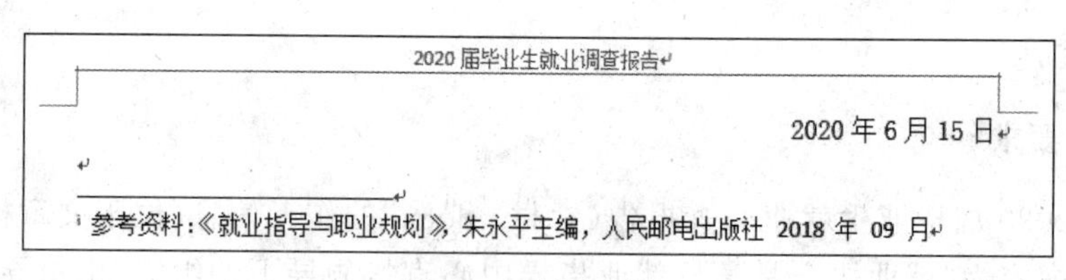

图 2-47　插入尾注

2020 届毕业生就业调查报告i

图 2-48　标题后面插入尾注的效果

2.3　案例总结

撰写调查报告时要注意以下问题。

在撰写前要充分准备，做好调查和分析，准备丰富的数据才能使报告具有实际价值；在撰写过程中，要安排好报告内容结构，可充分利用项目编号对要叙述的内容进行有序的划分；在格式设置方面，要注意灵活应用样式功能对报告文字和段落进行高效的设置；在内容表现形式上，充分应用图片、表格和图表等元素使报告内容丰富多彩，形象直观；在版面设置上，充分使用分隔符，使版面结构紧凑，松紧有序；最后还要有效利用题注、脚注和尾注等，对作者信息及调查报告中用到的相关的词、数据或引用的资料等作相应的说明。

2.4　拓展训练

打开素材中的文件“2019 寒假社会调查报告(素材).docx”进行以下操作。

(1) 修改“标题 1”样式字体段落居中，然后把标题应用为“标题 1”样式。

(2) 把正文设置为字体为宋体，字号小四，首行缩进 2 个字符，1.5 倍行距，段前、段后为 0 行。

(3) 为最后一段新建一个基于段落的样式“我的段落样式 1”，样式字体为黑体，加下画线。

(4) 使用编号修改第二段文字，修改效果如图 2-49 所示。

我们调查了 ×× 村受教育状况：

1. 村民中有 30%受过初等教育；
2. 1%受到过高等教育。现在村里只有 13 个高中生；
3. 如今儿童的上学年龄限制到 6 岁，但有 50%的孩子八岁才开始上学。

图 2-49　修改效果

(5) 在倒数第三段前面插入表格，并对表格最后一行数据进行计算，表格最终效果如图 2-50 所示。

××村畜牧业灾情统计表

生产队	死亡畜禽						直接经济损失（元）	备注
	猪(头)	肉牛(头)	奶牛（头）	羊(只)	家禽(只)	苗禽(只)		
生产队 1	5	8	4	1	30	81	37851	
生产队 2	11	6	2	5	28	102	41152	
生产队 3	4	7	4	3	40	94	28991	
生产队 4	7	3	3	5	35	112	35123	
合计	27	45	13	14	133	389	143117	

图 2-50　表格最终效果

（6）在表格后面插入一个簇状柱形图表，统计××村近五年作物受灾情况，图表数据在文件“××村近五年作物受灾统计表(素材).xlsx”中，插入图表的最后效果如图 2-51 所示。

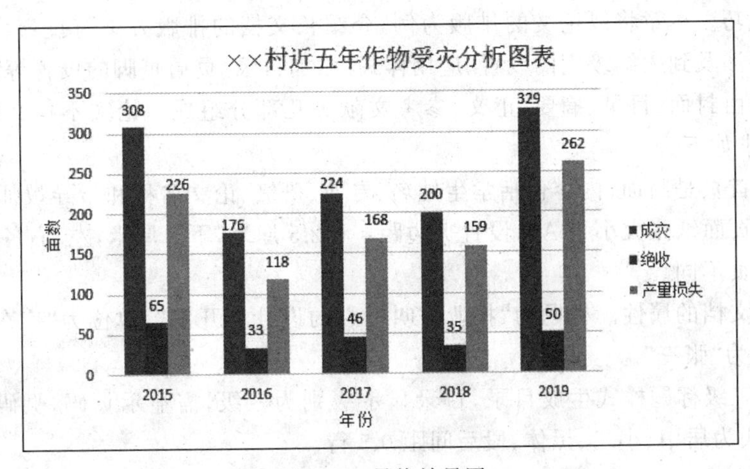

图 2-51　最终效果图

（7）在文档中插入的表格的标题前面一行插入分页符，最后保存文档。

案例 3
长文档编排方法和技巧

3.1 案例简介

3.1.1 问题描述

写论文是每一位大学生都要面临的一个重要的学习任务，论文的排版会涉及到很多长文档的排版技巧。本章将以论文的排版为例，介绍长文档的排版方法与技巧。在进行论文的排版时主要涉及到大纲级别的设置、应用样式、添加目录、页眉页脚的设置等知识和操作。

论文主要由封面、目录、摘要、正文、参考文献等几部分组成。论文不仅文档长，而且格式多，基本要求如下。

(1) 论文首页是封面，内容包括学生姓名、专业、班级、论文名称和指导教师等。

(2) 设置页面纸张大小为 A4；设置页边距：上 2.5 厘米，下 2 厘米，左、右各 3 厘米；页眉和页脚：奇偶页不同。

(3) 设置文档的属性。标题为“报业呼叫中心的设计与开发”，单位为“广东科学技术职业学院”，作者为“张三”。

(4) 利用三级标题样式生成目录，目录显示级别为三级，需显示页码，页码右对齐，“目录”文本的格式为居中、小二、黑体、段后间距 0.5 行。

(5) 正文章节分三级标题。

(6) 为奇偶页设置不同的页眉，页眉随文档标题改变。

论文排版后的效果如“毕业论文(样例).pdf”所示。

3.1.2 解决方法

利用 Word 对长文档进行排版的基本过程如下。

(1) 按文档的要求进行页面设置与属性设置。

(2) 对各级标题、正文等所需用到的样式进行定义。

(3) 将定义好的各种样式应用于文档中的适当内容。

(4) 利用具有大纲级别的标题自动生成目录。

(5) 设置页眉和页脚。

考虑到读者们已经掌握了文档的基本排版操作，本章只重点介绍对论文进行页面设置、属性设置、多级标题的设置、添加目录、页眉页脚设置等的操作方法，其他格式设置不再详细描述。

3.1.3　相关知识

1. 页面设置

页面设置包括对纸张大小、页边距、版式、文档网络等的设置。Word在新建文档时，已经默认了纸张大小、页边距等选项，如果这些默认不能满足要求，用户可以修改设置。

2. 文档属性

Word文档属性包括一个文档的详细信息，比如，文档标题、主题、作者、单位、类别、关键词、备注、创建时间、上次修改时间、大小、页数、字数等。用户通过设置文档属性，将有助于管理文档。用户也可以在文档的任意位置(正文任意位置或页眉页脚)插入需要显示的文档属性信息，以方便阅读者了解该文档更丰富的信息。

3. 样式

样式是字体、字号、字符颜色、对齐方式、行距等多种格式的组合。在对长文档进行排版时，往往需要对许多文字和段落进行相同的格式设置。如果只是利用字符格式和段落格式功能，不但很费时，而且很难使文档的格式一直保持一致。样式的方便之处在于可以把它应用于一个段落或者段落中选定的字符中，按照样式定义的格式，可以批量、快速地完成文档格式的设置，减少许多重复的操作。

4. 多级编号

多级编号就是根据文档中每个标题所处的大纲级别，自动设置各标题的编号形式。在Word中，可以根据需要设置一共包括9个层次级别的自动编号，如图3-1所示是一个包括3个层次级别的自动编号的例子。在包含多个层次标题的长文档中采用多级编号功能可以按照章节自动编号，省去了手工输入序号的麻烦。

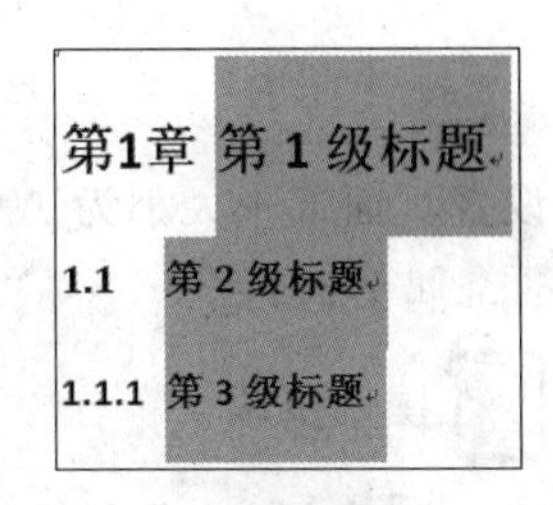

图3-1　包括3个层次级别的自动编号的例子

5. 目录

目录是长文档不可缺少的部分，它列出了文档中各级的标题以及各级标题所在的页码，方便用户快速定位到需要查阅的文档内容。

6. 节

节是用来在Word排版时将文档划分为多个区域的一种方式。在建立新文档时，Word将整篇文档视为一节，此时，对文档的页面设置是应用于整篇文档的。如果需要在同一文档中设置不同的页面格式，只须插入分节符将文档分割成若干节，然后根据需要为每节设置不同的格式。节可小至一个段落，大至整篇文档，在普通视图中，分节符是两条横向平行的虚线。

7. 页眉和页脚

页眉和页脚分别位于文档中每个页面页边距的顶部和底部区域，可以在页眉和页脚中插入文本或图形，例如，页码、日期、文档标题、文件名或作者名等。只有在页面视图方式下才能看到页眉和页脚。

8. 页码

页码用来表示每页在文档中的顺序编号，在 Word 中添加的页码会随文档内容的增删而自动更新。

9. 域

域就是 Word 文档中的一些字段。每个 Word 域都有一个唯一的名字，但有不同的取值。用 Word 排版时，若能熟练使用 Word 域，可增强排版的灵活性，减少许多烦琐的重复操作，提高工作效率。

3.2 实现步骤

打开"毕业设计论文(素材).docx"，将文件另存为"毕业设计论文.docx"。将依照以下实现步骤完成论文的排版。

3.2.1 页面设置

Word 在建立新文档时，已经默认了纸张大小、页边距等文档的页面布局，用户也可以根据实际情况更改文档的页面布局。

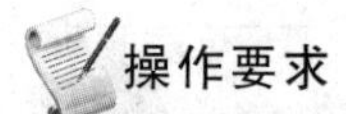

操作要求

设置页面纸张大小为 A4；设置页边距：上 2.5 厘米，下 2 厘米，左、右各 3 厘米；页眉和页脚：奇偶页不同。

操作步骤

(1) 在"布局"选项卡的"页面设置"组中单击右下角的"页面设置"命令按钮，打开"页面设置"对话框。

(2) 在"纸张"选项卡中设置页面纸张大小为 A4，在"页边距"选项卡、"布局"选项卡中设置页边距、页眉和页脚奇偶页不同，如图 3-2 所示。

3.2.2 属性设置

文档属性是关于一个文档的详细信息，例如，描述性的标题、作者名、主题以及标识主题或文件中其他重要信息的关键词。使用文档属性可显示有关文档的信息或帮助组织文件，以便今后更加容易地找到它们。

操作要求

设置文档的属性。标题："报业呼叫中心的设计与开发"；单位："广东科学技术职业学院"；作者："张三"。

操作步骤

(1) 在"文件"选项卡中选择"信息"命令，在打开的相关文档的信息窗口中选择 属性▾ 选项下的"高级属性"命令，如图 3-3 所示，打开文档的"属性"对话框。

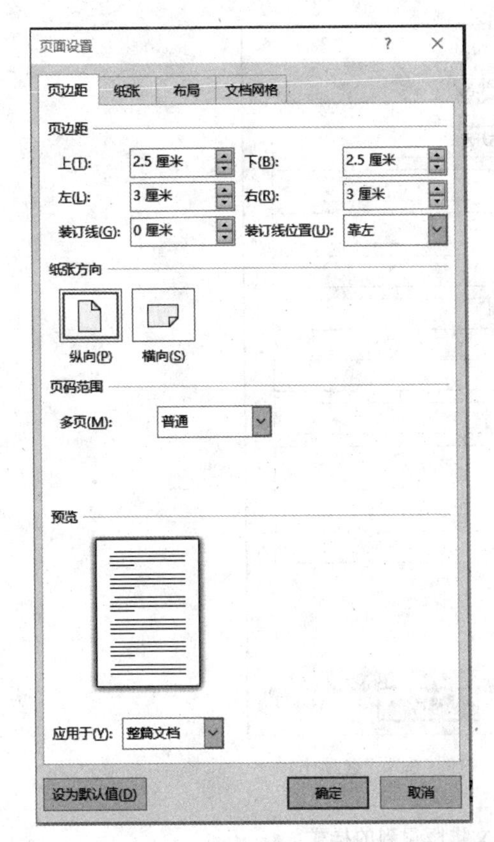

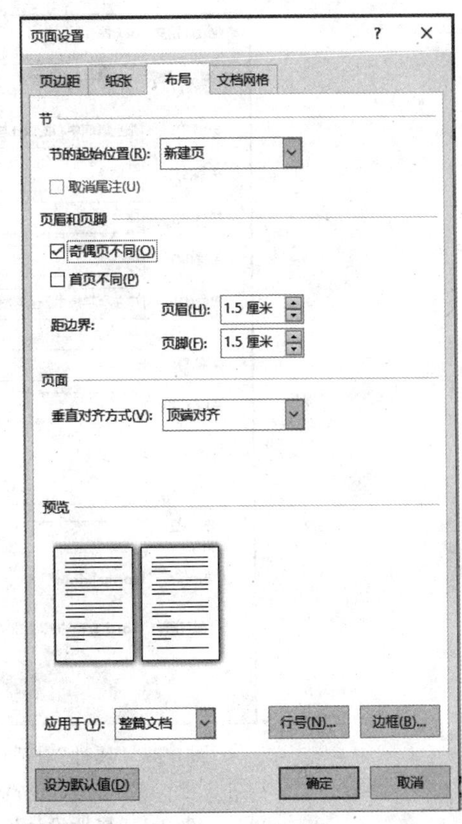

图 3-2　“页面设置”对话框中的“页边距”和“布局”选项卡

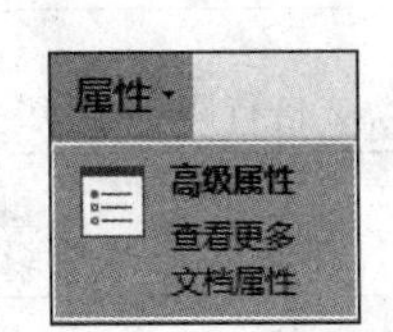

图 3-3　“属性”下拉菜单

(2) 在“属性”对话框的“摘要”选项卡中按要求分别设置文档的标题、作者、单位等属性，如图 3-4 所示。

3.2.3　定义及应用样式

长文档不仅内容多，而且格式多。在进行长文档的排版时，首先要确定文档中不同类型内容要使用的格式，根据所需使用格式定义好文档中要使用的所有样式，然后应用样式对文档中的内容进行统一的格式设置，以实现全篇文档的格式统一。对于一篇较长的文档，通常需设置多级标题。比如，论文一般有章标题、节标题和小节标题。可以使用标题样式来设置和修改论文的各级标题。除了要用到标题样式外，文档中通常还会有插图，需定义样式来设置文档中的插图格式。

按“毕业设计论文(样例).pdf”的要求，对论文进行排版时需要用到至少 6 种样式，如表 3-1 所示。

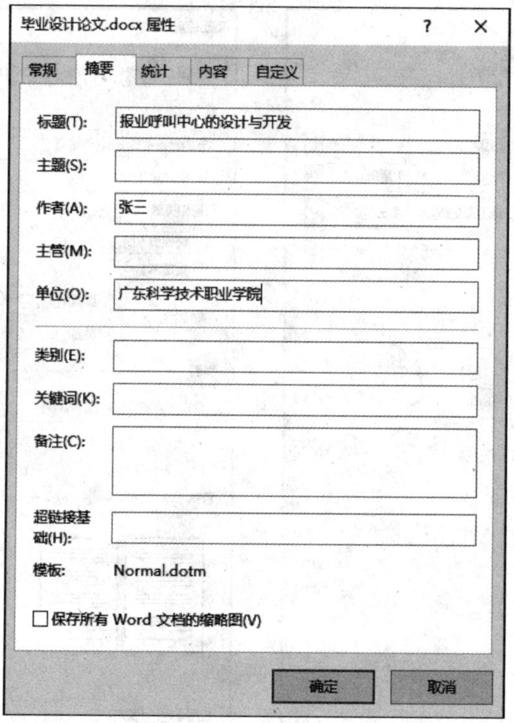

图 3-4 “属性”对话框中的“摘要”选项卡

表 3-1 毕业设计论文排版用到的样式

样式名	所 含 格 式	应用的内容
标题 1	字体：楷体，二号，加粗 段落：左对齐，段前段后 12 磅，2 倍行距，大纲级别为 1 级	应用于带多级编号的章名
标题 2	字体：宋体，三号，加粗 段落：左对齐，段前段后 6 磅，1.5 倍行距，大纲级别为 2 级	应用于带多级编号的节名
标题 3	字体：楷体，三号，加粗 段落：左对齐，段前段后 6 磅，1.5 倍行距，大纲级别为 3 级	应用于带多级编号的小节名
无编号章标题	字体：楷体，二号，加粗 段落：左对齐，段前段后 12 磅，2 倍行距，大纲级别为 1 级	应用于无编号的章名
论文正文	样式基准于正文，后缀段落样式为正文字体：楷体，五号 段落：左对齐，单倍行距，首行缩进 2 字符	应用于文档中字体为“楷体-GB2312”的文档内容
图	段落：居中对齐，后续样式为题注，段前 3 磅	应用于文档中的插图

其中，“标题 1”“标题 2”“标题 3”样式只须对 Word 相应内置样式进行修改即可得到。“无编号章标题”“论文正文”和“图”样式可自定义。

1. 修改并应用 Word 内置样式

操作要求

按表 3-1 所示的格式要求修改 Word 内置样式“标题 1”“标题 2”“标题 3”，并将论文的章名、节名、小节名分别应用修改后的“标题 1”“标题 2”“标题 3”样式。（为方便起见，已将论文中所有章名文本设置为红色、节名文本设置为绿色、小节名文本设置为蓝色。)

(1) 在“开始”选项卡中单击“样式”组右下角的“样式”按钮，打开“样式”任务窗格。

(2) 在“样式”列表框中单击“标题 1”样式右边的下拉按钮，选择下拉菜单中的“修改(M)...”命令，打开“修改样式”对话框，按表 3-1 中的格式要求对“标题 1”样式进行修改。

(3) 用同样的方法修改“标题 2”和“标题 3”样式。

(4) 选择论文中任意处的红色文字，单击“样式”任务窗格中样式列表中的 红色 选项右侧的下拉按钮，在下拉菜单中选择“选择所有 5 个实例(S)”命令，如图 3-5 所示，选中论文中所有的红色文字，再对所选中的红色文字应用“标题 1”样式。

(5) 用相同的方法，将论文中的所有节名全部应用“标题 2”样式，所有小节名全部应用“标题 3”样式。

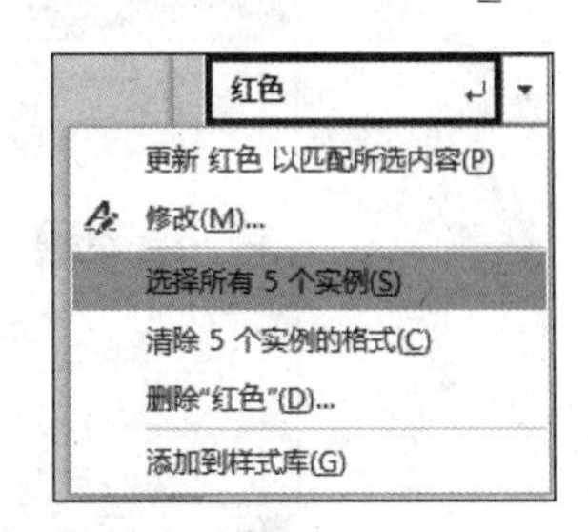

图 3-5 在下拉菜单中选择“选择所有 5 个实例(S)”命令

2. 自定义“无编号章标题”样式

按“毕业设计论文(样例).pdf”所示，论文的“结束语”“参考文献”“致谢”等章名不带有章节编号，需为这些章名称专门定义一个标题样式。

按表 3-1 的格式要求，新建一个标题样式，新样式的名称为“无编号章标题”，并将该新样式应用于“结束语”“参考文献”“致谢”等章名称。

(1) 将插入点置于论文的“结束语”章名称中。

(2) 在“开始”选项卡的“样式”组中单击右下角的“样式”按钮，打开“样式”任务窗格。单击窗格左下角的“新建样式”按钮，打开“根据格式化创建新样式”对话框。

(3) 按表 3-1 的格式要求，在“根据格式化创建新样式”对话框中对新建样式进行设置，如图 3-6 所示。

(4) 将新样式“无编号标题”应用到论文中的“结束语”“参考文献”和“致谢”等章名称。

3. 自定义“图”样式

对于一篇较长的文档来说，文档中通常还会有插图，可定义样式来设置文档中的插图格式。

按表 3-1 的格式要求新建“图”样式，并将该“图”样式应用于论文中的所有插图。

(1) 选中论文中的任一插图。

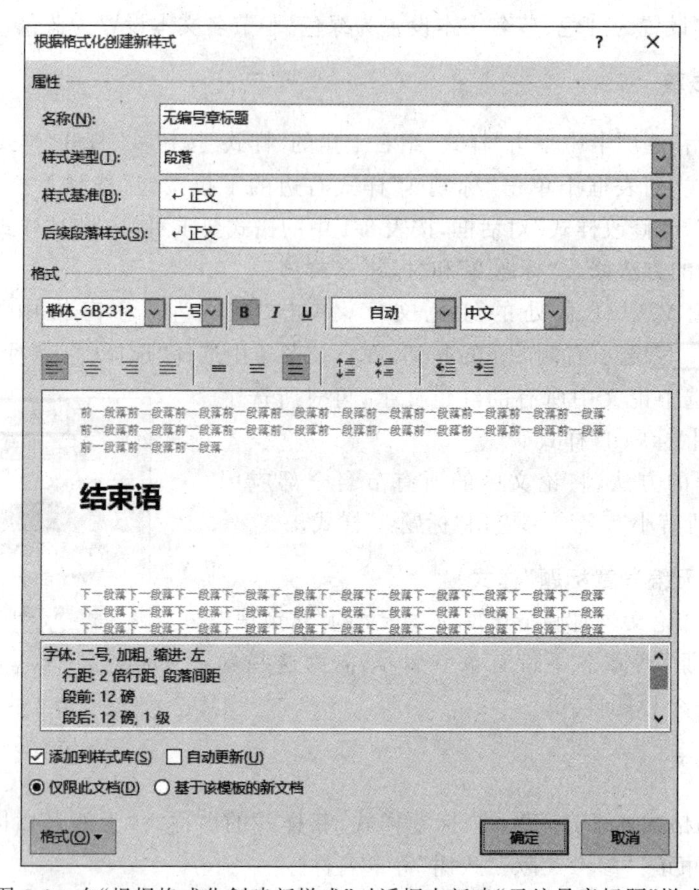

图 3-6　在“根据格式化创建新样式”对话框中新建“无编号章标题”样式

(2) 单击“样式”任务窗格左下角的“新建样式”按钮，打开“根据格式化创建新样式”对话框。

(3) 按表 3-1 的格式要求，在“根据格式化创建新样式”对话框中对新建样式进行设置，如图 3-7 所示。

(4) 将新样式“图”应用到论文中的所有插图。

4. 自定义“论文正文”样式

操作要求

按表 3-1 的格式要求，新建一个“论文正文”样式，并将该新样式应用于论文中字体为“楷体_GB2312”的文档内容。

操作步骤

(1) 将插入点置于论文的正文中。

(2) 单击“样式”任务窗格左下角的“新建样式”按钮，打开“根据格式化创建新样式”对话框。

(3) 按表 3-1 的格式要求，在“根据格式化创建新样式”对话框中对新建样式进行设置，

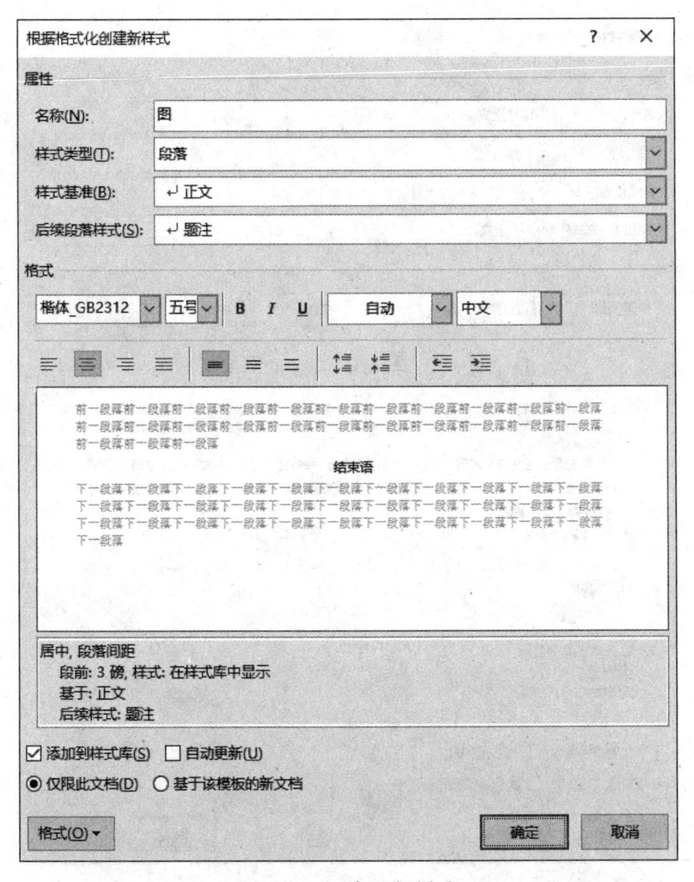

图 3-7　新建“图”样式

如图 3-8 所示。

(4) 将新样式“论文正文”应用到论文中字体为“楷体_GB2312”的文档内容。

3.2.4　设置标题的多级编号

对于一篇较长的文档,需要使用多种级别的标题编号,如第 1 章、1.1、1.1.1 等,如果手工加入编号,一旦对章节进行了增删或移动,就需要修改相应的编号。可以使用设置自动多级编号的方法来设置标题编号,这样就能使标题编号随章节的改变而自动调整,省去了手工输入编号的麻烦。

操作要求

按图 3-9 所示对论文标题设置多级自动编号。设置要求如下。

(1) 1 级编号:链接到标题 1 样式,左对齐,对齐位置 0 厘米,文字缩进位置 0 厘米,编号之后是空格。

(2) 2 级编号:链接到标题 2 样式,左对齐,对齐位置 0.75 厘米,文字缩进位置 0.75 厘米,编号之后是制表符。

(3) 3 级编号:链接到标题 3 样式,左对齐,对齐位置 0.75 厘米,文字缩进位置 0.75 厘米,编号之后是制表符。

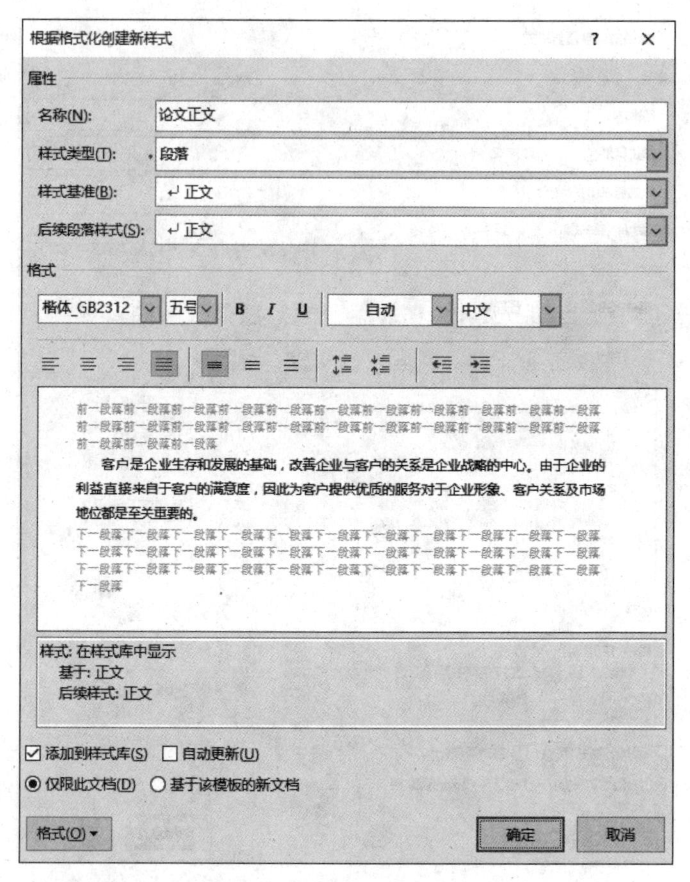

图 3-8　新建“论文正文”样式

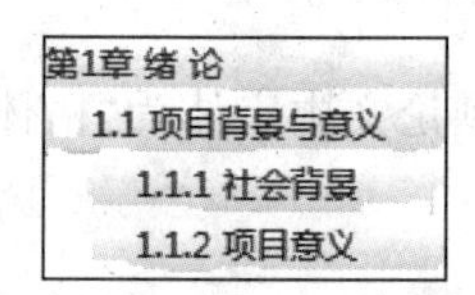

图 3-9　论文标题的多级编号

操作步骤

（1）将插入点置于需设置多级自动编号的标题文本中。

（2）在“开始”选项卡的“段落”组中单击“多级列表”命令按钮，打开“多级列表”菜单。

（3）在“多级列表”菜单的“列表库”中选择与准备设置的多级编号相似的一组多级列表，比如，选择“列表库”中第一行第 2 列的样式，如图 3-10 所示。

（4）再次打开“多级列表”菜单，单击其中的“定义新的多级列表”选项，打开“定义新多级列表”对话框，如图 3-11 所示。单击“定义新多级列表”窗口左下角的“更多”按钮，展开更多选项，如图 3-12 所示。

由于我们要设置的是章节自动编号，因此需要设置的层级关系为章→节→小节，一共 3 个层次级别的编号。下面我们需要分别设置章、节和小节各自的编号，要分 3 次进行设置。

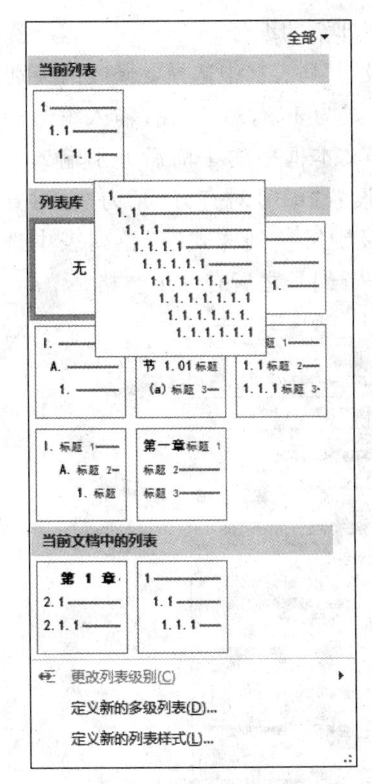

图 3-10 “多级列表”菜单

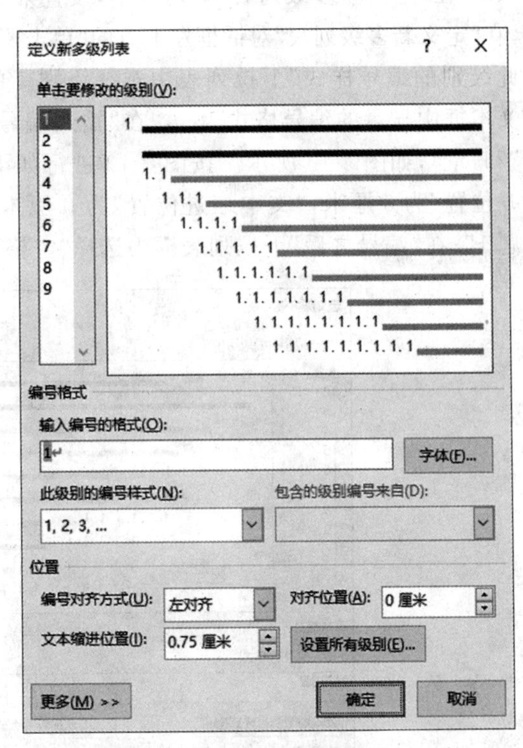

图 3-11 “定义新多级列表”对话框

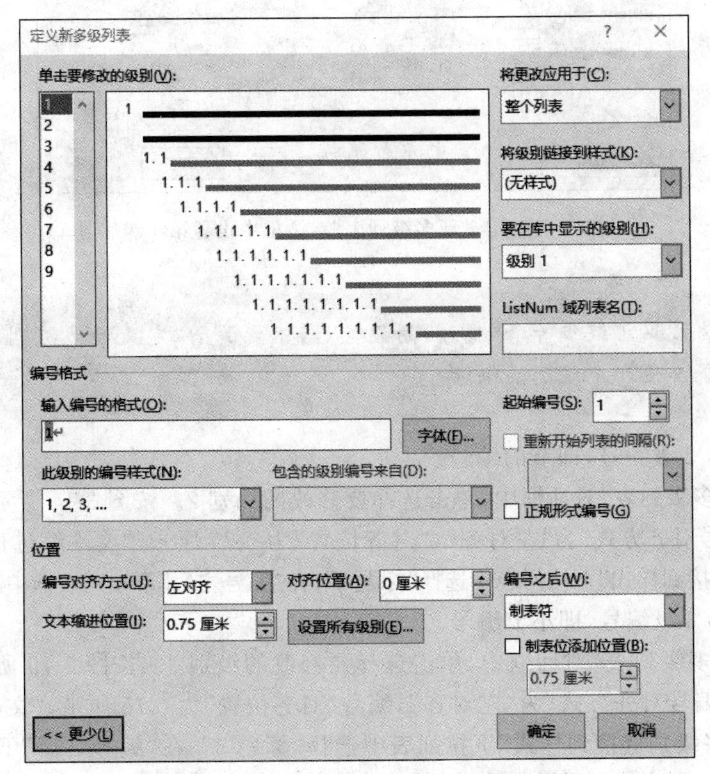

图 3-12 展开后的“定义新多级列表”对话框

(5) 在“定义新多级列表”对话框中，设置第 1 级编号，即章的编号。

在“定义新多级列表”对话框左上方的“单击要修改的级别”列表框中选择要修改的级别 1，在“此级别的编号样式”下拉列表中选择级别 1 的编号样式为 1,2,3,…，在“输入编号的格式”文本框中显示的编号格式为 1。在“输入编号的格式”文本框中的 1 前后分别输入文字“第”和“章”，如图 3-13 所示。按图 3-13 进行如下设置：设置“编号对齐方式”为“左对齐”，“对齐位置”为 0 厘米，“文本缩进位置”为 0 厘米；在“将级别链接到样式”下拉列表中选择“标题 1”；在“编号之后”下拉列表框中选择“空格”，以保证章编号之后有一个空格。

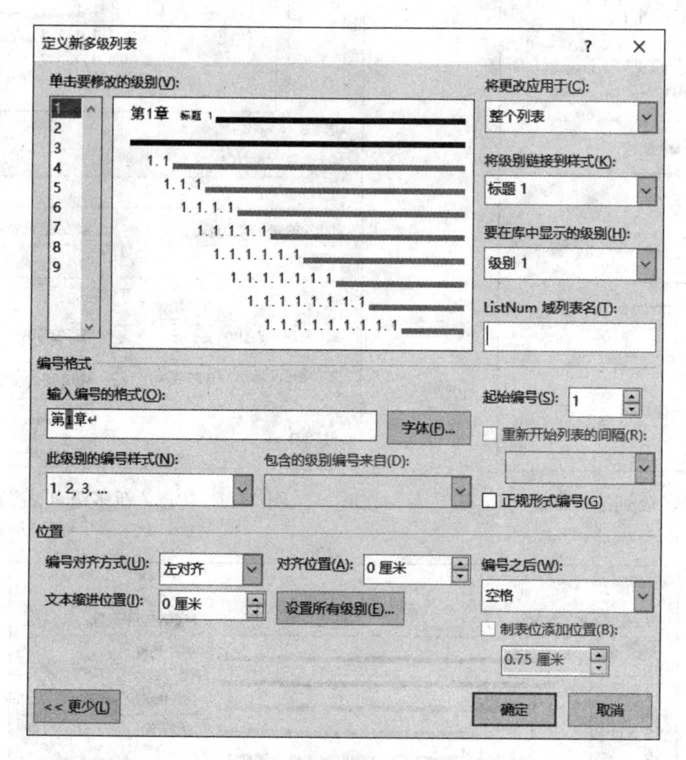

图 3-13　在“定义新多级列表”对话框中设置第 1 级编号

完成第 1 级编号(章编号)的设置后，不要关闭“定义新多级列表”对话框，继续设置其他两个级别的编号。

(6) 设置第 2 级编号，即节的编号。

在“定义新多级列表”对话框中，单击选择要修改的级别 2。按图 3-14 所示分别进行如下设置：设置“编号对齐方式”为“左对齐”，“对齐位置”为 0.75 厘米，“文本缩进位置”为 0.75 厘米；在“将级别链接到样式”下拉列表中选择“标题 2”；在“编号之后”下拉列表框中选择“制表符”。

(7) 设置第 3 级编号，即小节编号。

在“定义新多级列表”对话框中，单击选择要修改的级别 3。按图 3-15 所示分别进行如下设置：设置“编号对齐方式”为“左对齐”，编号“对齐位置”为 0.75 厘米，“文本缩进位置”为 0.75 厘米；在“将级别链接到样式”下拉列表中选择“标题 3”；在“编号之后”下拉列表框中选择“制表符”。

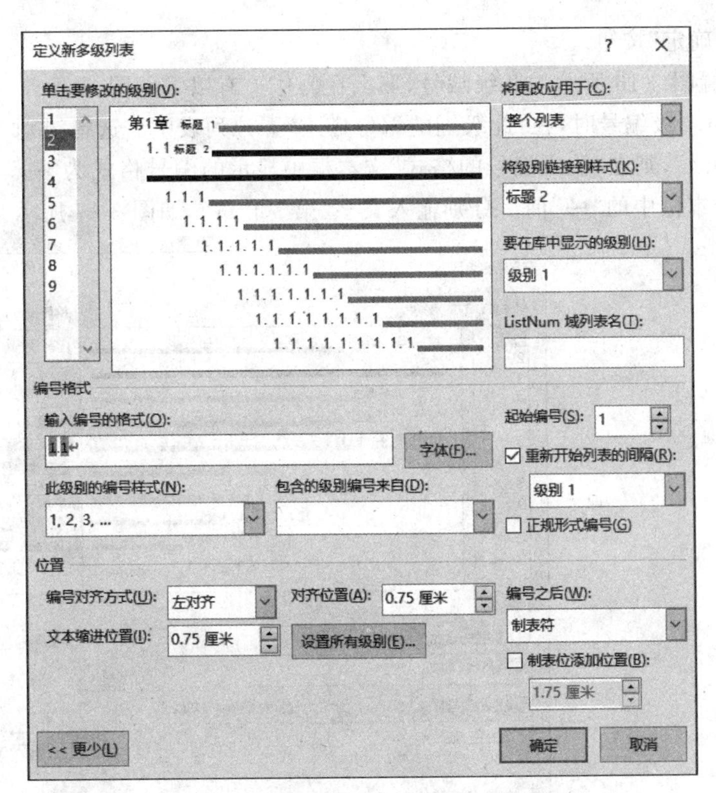

图 3-14 在“定义新多级列表”对话框中设置第 2 级编号

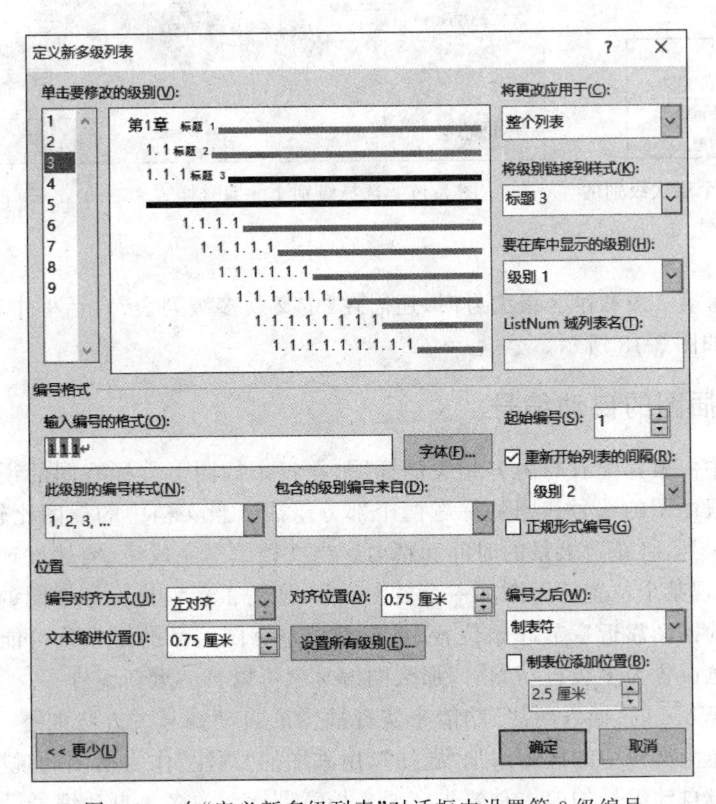

图 3-15 在“定义新多级列表”对话框中设置第 3 级编号

（8）单击“确定”按钮。

如果想设置图 3-16 所示的 3 级编号，那么在操作上有以下不同。

（1）设置第 1 级编号时，在“此级别的编号样式”下拉列表中需选择级别 1 的编号样式为“一，二，三（简）...”，则在“输入编号的格式”文本框中显示的编号格式为“一”，然后，在“输入编号的格式”文本框中的“一”前后分别输入文字“第”和“章”，如图 3-17 所示。

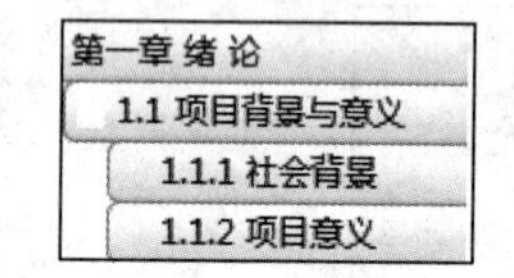

图 3-16　包括 3 个层次级别的自动编号

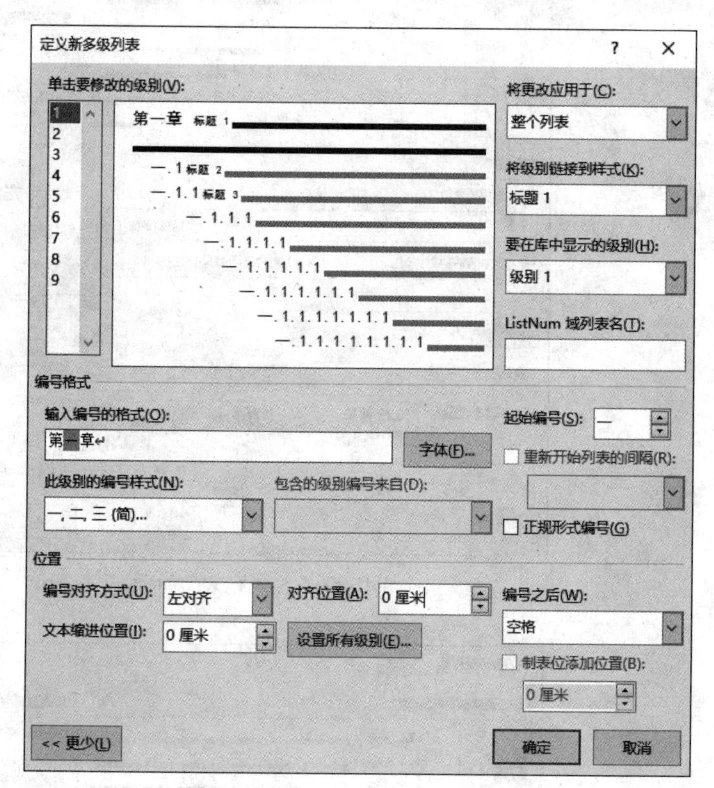

图 3-17　选择级别 1 的编号样式为“一，二，三（简）...”

（2）在设置第 2 级和第 3 级编号时，还需在“定义新多级列表”对话框中选中“正规形式编号”复选框，如图 3-18 所示。

3.2.5　设置插图的自动编号

在长文档中一般都配有与内容相关的插图，在每个插图下方标有图的说明。插图下方标示的说明一般由图的编号和图的标题两个部分组成。当文档中的插图比较多时，如果对插图进行手工编号，将花费大量的时间和精力。当文档编写完成后，突然发现某个插图多余需要删除，或发现某个位置需要添加一个插图，那么还需重新编排整章插图的编号。如果要删除或新添加的插图靠近章节起始位置，重新编排整章图编号的工作量可能会很大。如果能将图的编号也设置为多级自动编号，那么图编号就可以自动重新编排了。

可以利用 Word 的“插入题注”功能来实现插图的自动编号。方法如下：通过 Word 的“插入题注”功能为文档中的插图添加“题注”，用添加的“题注”作为插图的说明。当然，为文档插图设置多级自动编号的前提是要先完成文档章节标题的多级自动编号设置。

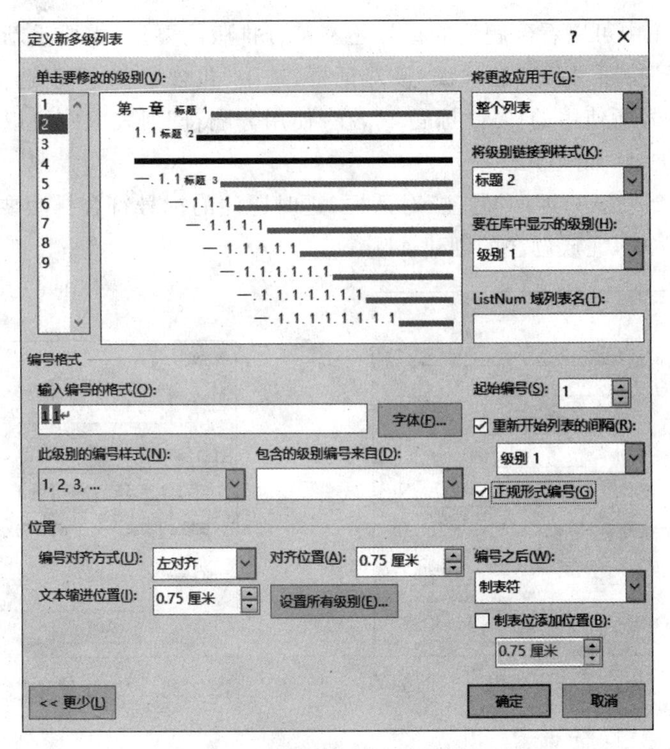

图 3-18　选中“正规形式编号”复选框

操作要求

按“毕业设计论文(样例).pdf”的要求,为论文第 1 章和第 2 章的插图添加图的编号和图的标题,要求图的编号能自动编号且由章号+流水号组成。

操作步骤

(1) 在“引用”选项卡的“题注”组单击“插入题注”按钮,打开“题注”对话框,如图 3-19 所示。

(2) 单击“新建标签”按钮,打开“新建标签”对话框,在“标签”文本框中输入新标签的名称,如图 3-20 所示。单击“确定”按钮,创建一个名为“图”的标签,如图 3-21 所示。

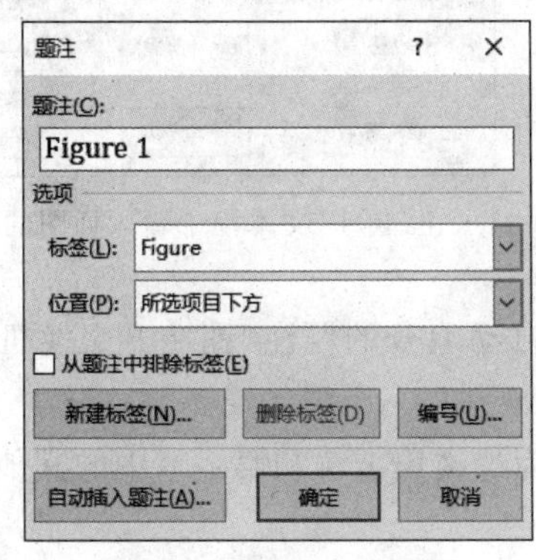

图 3-19　“题注”对话框

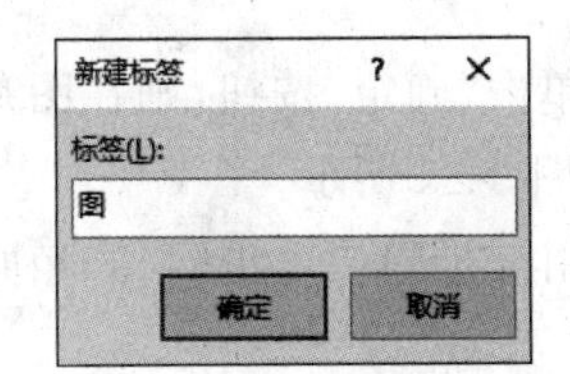

图 3-20　“新建标签”对话框

(3) 在图 3-21 中可以看到题注的标号还不符合排版的要求,需要重新设置题注编号的格式。单击“编号”按钮,打开“题注编号”对话框,选中“包含章节号”复选框。在“章节起始样式”中选择章编号所使用的样式“标题 1”,在“使用分隔符”列表框中可以选择章号与流水号间的分隔标记类型,如图 3-22 所示。

(4) 单击“确定”按钮,返回“题注”对话框,这时题注的标号符合排版要求,如图 3-23 所示。单击“关闭”按钮,完成题注的创建。

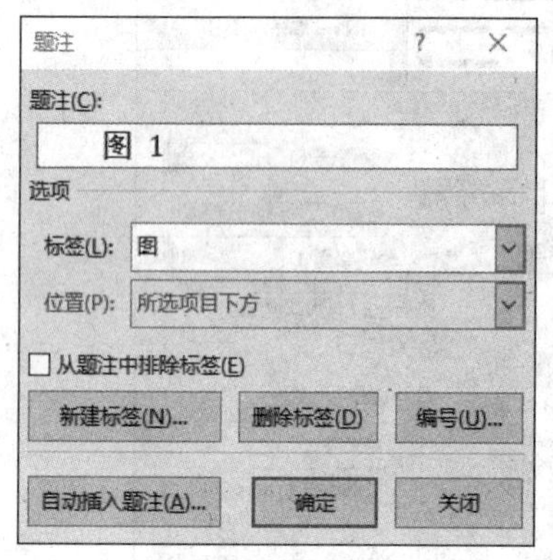

图 3-21 创建了一个名为“图”的标签

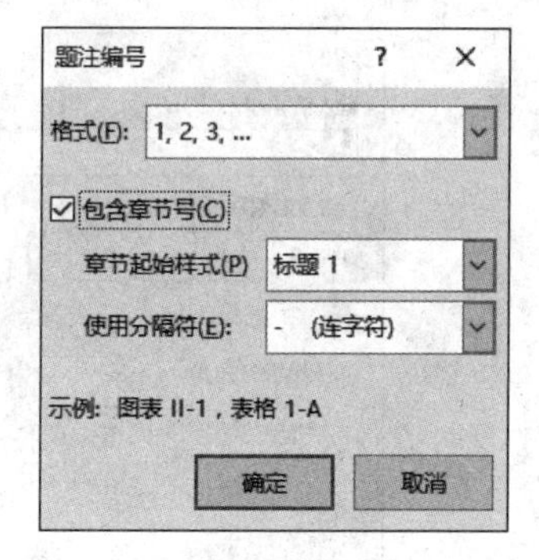

图 3-22 “题注编号”对话框

题注创建好后,下面就可以为论文第 1 章和第 2 章的插图添加题注了。

(5) 选中论文第 1 章的第 1 个图片,右击此图片,在弹出的菜单中选择“插入题注”命令,打开“题注”对话框,在“标签”下拉列表框中选中“图”标签,在“题注”文本框中显示有当前插入题注的编号,在编号后输入题注的标题内容(即该插图的标题)“交换机方案系统结构”,如图 3-24 所示。

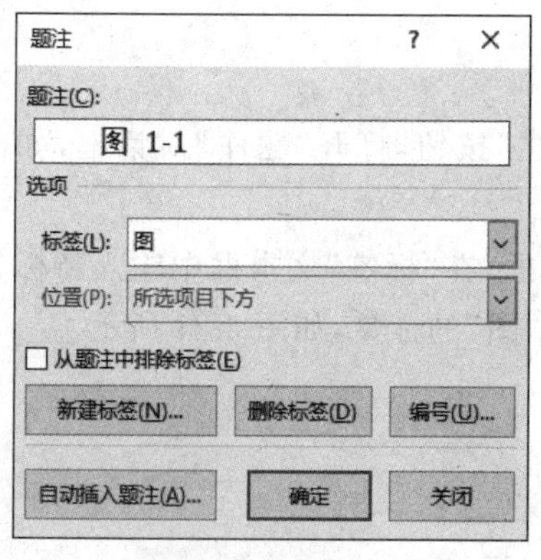

图 3-23 “题注”对话框

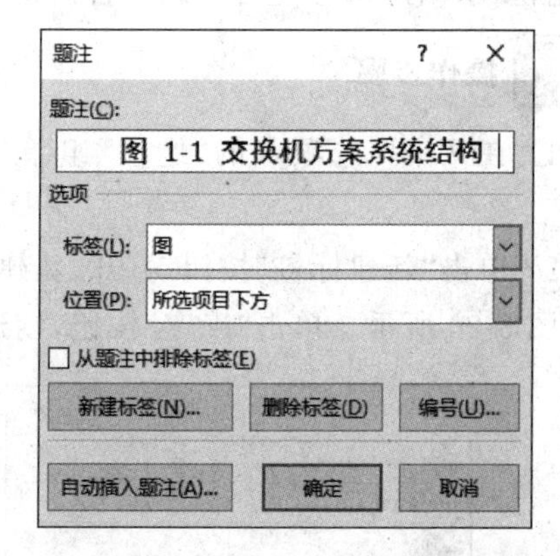

图 3-24 在“题注”文本框中输入插图的标题内容

(6) 单击“确定”按钮,则在图片下方会插入能自动编号的题注“图 1-1 交换机方案系统结构”,如图 3-25 所示。

(7) 用与步骤(5)、步骤(6)相同的方法按顺序为论文第 1 章和第 2 章中的其他插图添加题注。

在插图下方插入了能自动编号的题注后,可能题注的格式还不满足要求,需要设置题注

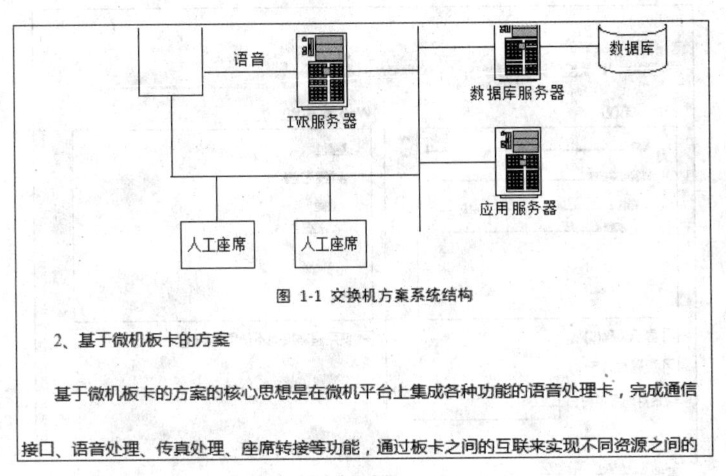

图 1-1 文换机方案系统结构

2、基于微机板卡的方案

基于微机板卡的方案的核心思想是在微机平台上集成各种功能的语音处理卡，完成通信

接口、语音处理、传真处理、座席转接等功能，通过板卡之间的互联来实现不同资源之间的

图 3-25　图片下方添加了题注

的格式。

操作要求

将论文第 1 章和第 2 章的插图下方的题注进行如下的格式设置：楷体，小五，居中，段后间距 0.5 行。

操作步骤

只要打开“样式”任务窗格，在其中找到题注的样式并按操作要求进行修改即可，请读者自行完成。

3.2.6　生成目录

在完成样式及标题多级编号设置的基础上，可以快速生成目录。

操作要求

利用三级标题样式生成论文目录，需显示页码、页码右对齐、目录格式为“正式”，显示级别为 3 级，“目录”文本的格式为居中、小二、黑体、段后间距 0.5 行。

操作步骤

(1) 在论文的“第 1 章 绪论”之前插入一空行，输入文本“目录”后按回车键。

(2) 在“引用”选项卡的“目录”组中单击“目录”按钮，打开“目录”菜单。

(3) 在“目录”菜单中选择“自定义目录”命令，打开“目录”对话框，并显示“目录”选项卡，在其中的“格式”下拉列表框中选择“正式”，如图 3-26 所示，单击“确定”按钮，完成目录的插入。

(4) 将文本“目录”的格式设置为居中、小二、黑体、段后间距 0.5 行。

当论文的标题或页码发生了变化时，要注意及时更新目录。目录更新的方法是：在目录区右击，弹出如图 3-27 所示的快捷菜单，选择其中的“更新域”命令，弹出“更新目录”对话框，如图 3-28 所示，如果只需更新目录中的页码，则选择“只更新页码”单选按钮，如果论文

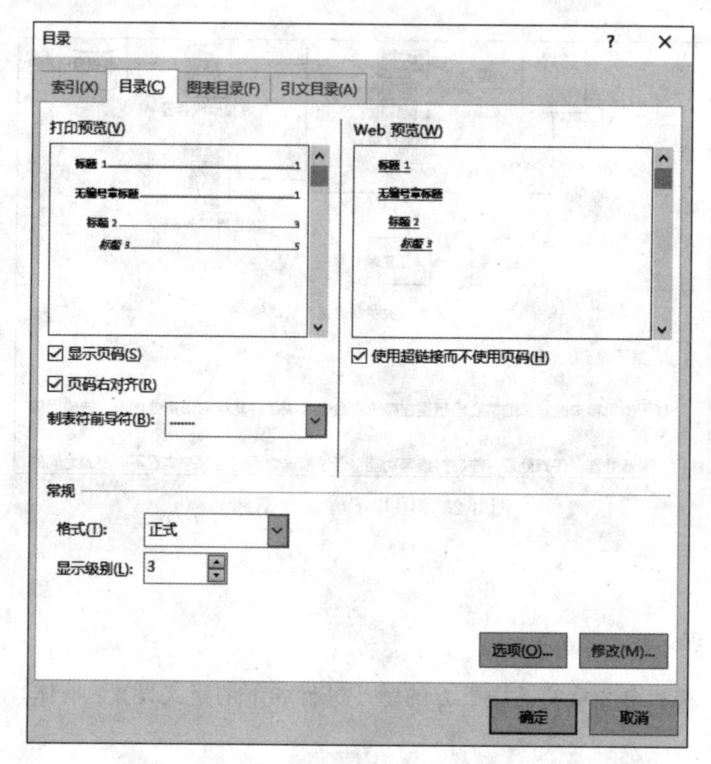

图 3-26 “目录”对话框中的“目录”选项卡

的标题也发生了变化，则选择“更新整个目录”。

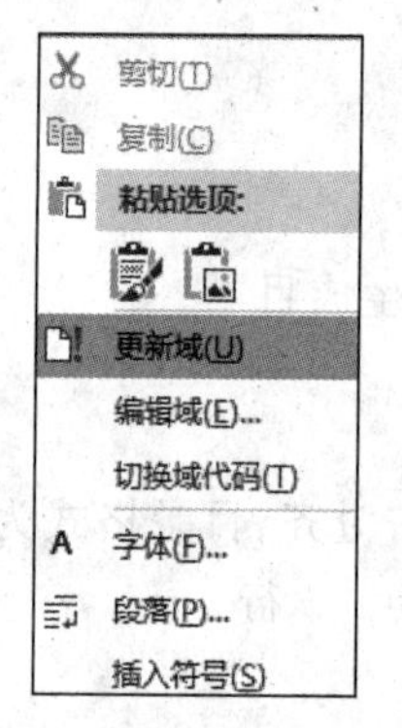

图 3-27 目录区快捷菜单

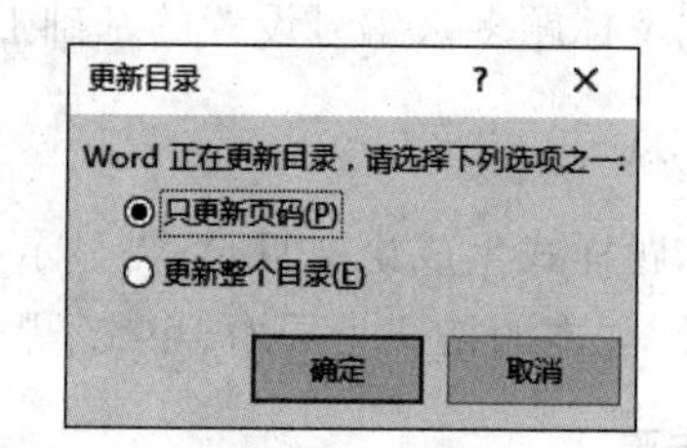

图 3-28 “更新目录”对话框

对目录格式的统一修改和普通文本的格式设置方法一样。如果要分别对目录中的标题 1、标题 2 和标题 3 的格式进行不同的设置，则需要修改目录样式。

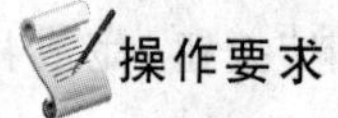

操作要求

将一级目录(目录中的标题 1)的格式设置为黑体、小四号、段前段后各 6 磅、单倍行距。

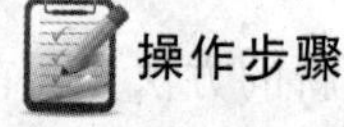

操作步骤

(1) 将插入点置于目录中的任意位置。

(2) 在“引用”选项卡的“目录”组中单击“目录”按钮，打开“目录”菜单，选择其中的“自定义目录”命令，打开图 3-26 所示的“目录”对话框，在对话框中的“格式”下拉列表框中选择“来自模板”。

(3) 单击对话框中的“修改”按钮，打开“样式”对话框，如图 3-29 所示。

(4) 在“样式”框中选择 TOC 1，单击“修改”按钮，在弹出的“修改样式”对话框中按操作要求进行相应的设置。

(5) 单击“确定”按钮，在出现提示“要替换此目录吗?”时单击“确定”按钮，即可按要求完成相应的修改。

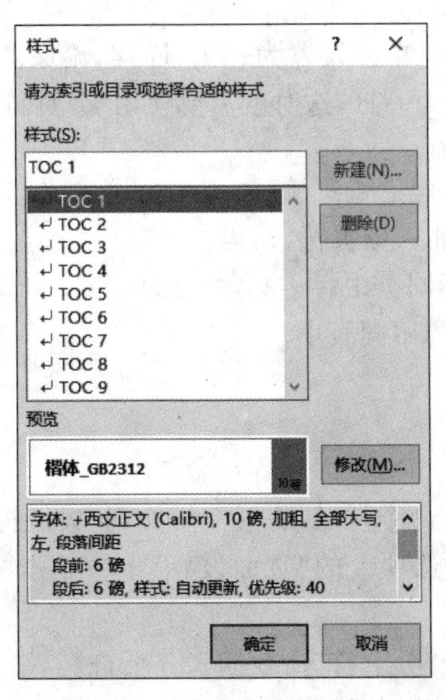

图 3-29　“样式”对话框

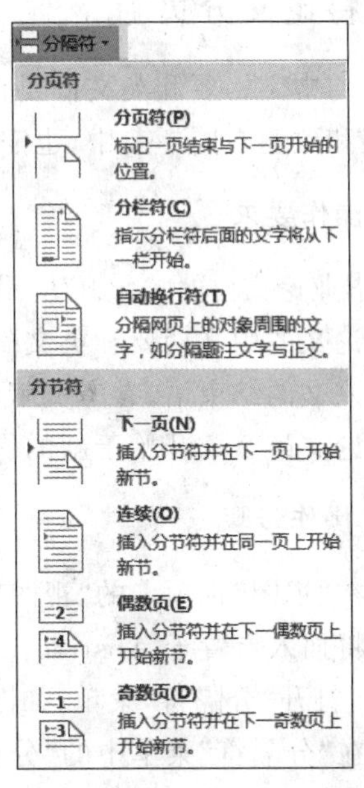

图 3-30　“分隔符”下拉菜单

3.2.7　将论文分节

一般，论文各部分会设置不同的页眉和页脚，比如，封面通常没有页眉和页脚，而正文部分会设置奇偶页不同的页眉和页脚；目录的页码编号的格式跟正文的页码编号的格式通常也不同。

要为论文不同的部分设置不同的页眉和页脚，需使用到“分节符”。利用“分节符”可以把文档划分为若干个区域，即所谓的“节”，每“节”为一个相对独立的部分，从而可以在不同的“节”中设置不同的页面格式，例如，不同的页眉和页脚、不同的页边距、不同的背景等。

操作要求

在“摘要”“目录”正文“结束语”之前分别插入“分节符”，将论文共分为 5 节，其中封面为第 1 节、摘要部分为第 2 节、目录部分为第 3 节、正文部分为第 4 节、其余部分(结束语、参考文献和致谢)为第 5 节。要求：每节都开始于新的一页，且每节的第 1 页都从奇数页开始。

操作步骤

(1) 在“视图”选项卡的“视图”组中单击“大纲”命令按钮，将视图切换到“大纲视图”。

(2) 将插入点置于“摘要”文字前，在“布局”选项卡的“页面设置”组中单击“分隔符”命令按钮，打开“分隔符”下拉菜单，如图 3-30 所示。

（3）在“分隔符”下拉菜单中的“分节符”栏目中单击“奇数页”命令。

（4）用同样的方法，分别在论文的“目录”“第 1 章”“结束语”文字前插入“奇数页”的“分节符”，将论文共分为 5 节。

说明：之所以要在“分隔符”下拉菜单中选择“奇数页”的“分节符”，是因为该分节符不仅会使插入点之后的内容与插入点之前的内容在不同“节”中，而且会让插入点后的第 1 页内容从奇数页开始，即起始页是奇数页。

3.2.8 将论文分页

论文的中文摘要和英文摘要在同一节中，但需要单独设置为一页，同样，论文的结束语、参考文献和致谢在同一节中，也需要分别单独设置为一页，这时就需要使用“分页符”。

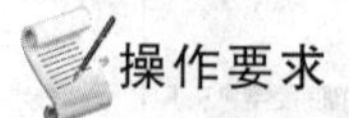

操作要求

按“毕业论文(样例).pdf”所示，在论文适当处插入分页符，使得：

（1）论文的中文摘要和英文摘要在同一节的不同页中。

（2）论文的结束语、参考文献和致谢在同一节的不同页中。

（3）论文第 2 章开始于新的一页。

操作步骤

（1）在“视图”选项卡的“视图”组中单击“大纲”命令按钮，将视图切换到“大纲视图”。

（2）将插入点置于 Abstract 文字前，在“布局”选项卡的“页面设置”组中单击“分隔符”命令按钮，打开“分隔符”菜单，如图 3-30 所示。

（3）在“分隔符”菜单中的“分页符”栏目中单击“分页符”命令插入分页符。

（4）用同样的方法，分别在论文的“参考文献”“致谢”标题文字前插入分页符。

（5）将插入点置于论文第 1 章最后一个正文段落的末尾，打开“分隔符”菜单，单击“分页符”命令按钮插入分页符。

说明：

（1）也可以用 Ctrl+Enter 组合键插入分页符。

（2）要在“页面视图”下看到文档中插入的分节符或分页符，可以在“开始”选项卡的“段落”组中单击“显示/隐藏编辑标记”按钮 。

（3）分节符和分页符的外观是有区别的，如图 3-31 所示。

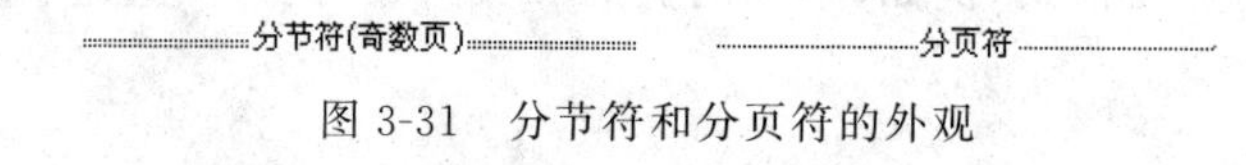

图 3-31　分节符和分页符的外观

（4）完成了论文的分节和分页的操作后，最好能利用 Word 的预览功能预览一下整个论文，确定是否在论文中的适当位置成功插入了所需的“分节符（奇数页）”和“分页符”。比如，若在“摘要”前成功插入了“分节符（奇数页）”，那么预览时会显示出在封面和摘要之间有一个空白页，该空白页是 Word 添加的，以使摘要部分所在节的第 1 页从奇数页开始。

3.2.9 设置页眉

由于论文已被分为 5 节，其中，封面为第 1 节，摘要为第 2 节，目录部分为第 3 节，正文部分为第4节,正文后的内容为第5节。下面就可以对论文的各节进行不同页面格式的设置了。首先,我们为论文的各节按要求添加所需的页眉。论文各节的页眉设置要求如"毕业论文(样例).pdf"所示。

操作要求

(1) 封面、摘要和目录页上没有页眉。

(2) 为论文正文的奇偶页分别添加不同的页眉。其中,在奇数页的页眉右侧显示章号和章名,在偶数页的页眉左侧显示论文名称。

操作步骤

(1) 在"视图"选项卡的"视图"组中单击"页面视图"按钮,切换到"页面视图",并将插入点置于论文正文所在的"节"中(当前操作是以将插入点置于第1章第1页的正文中为例)。

(2) 双击当前页面顶部的页眉区,进入页眉编辑状态,如图3-32所示;或在"插入"选项卡的"页眉和页脚"组中单击"页眉"按钮,在弹出的菜单中选择"编辑页眉"命令,进入页眉编辑状态。激活功能区的"页眉和页脚工具设计"选项卡。

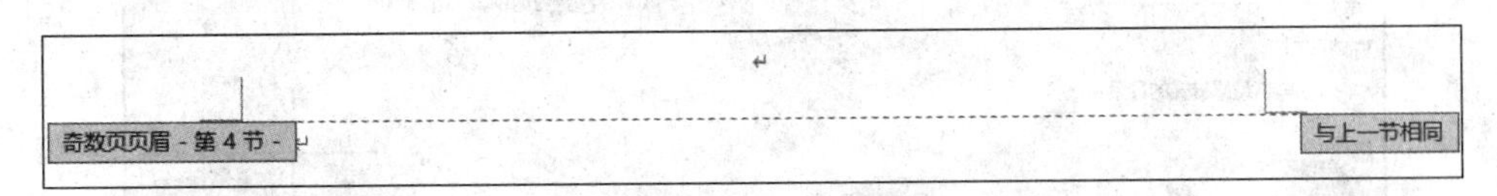

图3-32 进入页眉编辑状态

(3) 在"页眉和页脚工具设计"选项卡的"导航"组中单击"链接到前一节"按钮,如图3-33所示。页面右上角"与上一节相同"的字样消失,此时断开了第4节奇数页与第3节奇数页页眉的链接,如图3-34所示。

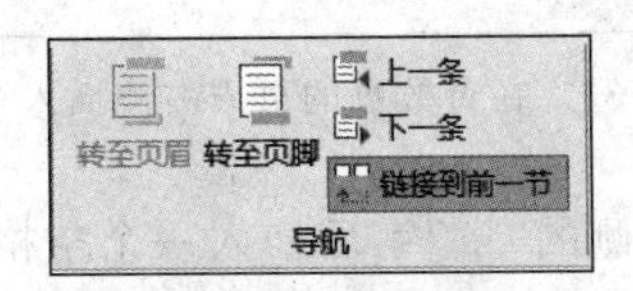

图3-33 单击"链接到前一节"按钮

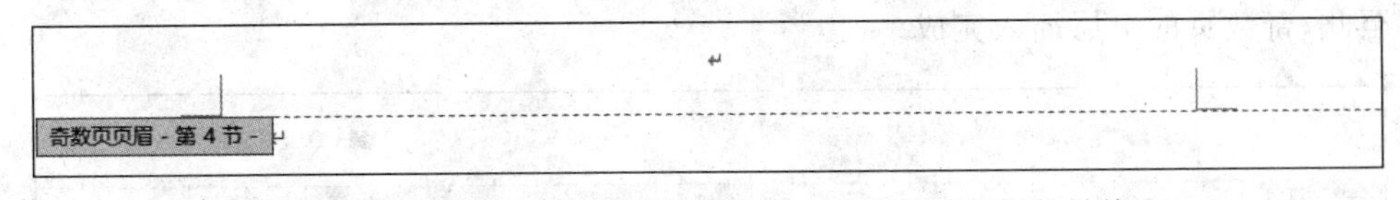

图3-34 断开了第4节奇数页与第3节奇数页页眉的链接

(4) 按要求在奇数页的页眉右侧插入章号和章名。

① 按Tab键,将插入点置于页眉右侧。在"页眉和页脚工具设计"选项卡的"插入"组中单击"文档部件"按钮,弹出"文档部件"菜单,单击其中的"域"命令,打开"域"对话框。

② 在"域"对话框的"类别"下拉列表框中选择"链接和引用",在"域名"列表框中选择StyleRef,在"样式名"列表框中选择"标题1",在"域选项"中选中"插入段落编号"复选框,如

图 3-35 所示。单击“确定”按钮后，在奇数页的页眉右边出现了论文标题 1 的编号(即当前页面内容所在章的章号)，而标题 1 的内容(即章名)还未出现。如图 3-36 所示。

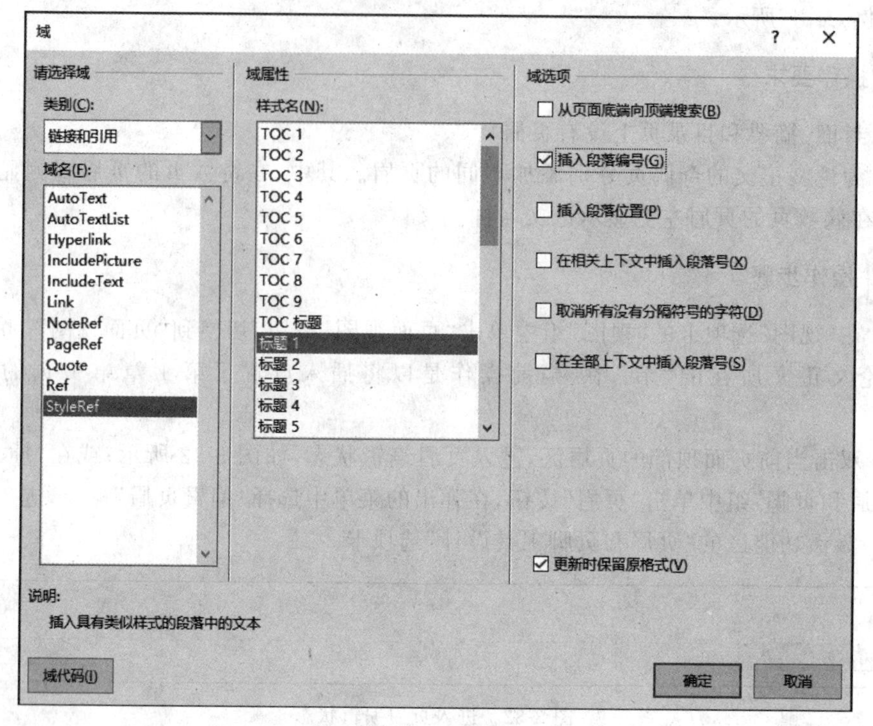

图 3-35　利用“域”对话框插入标题 1 的编号

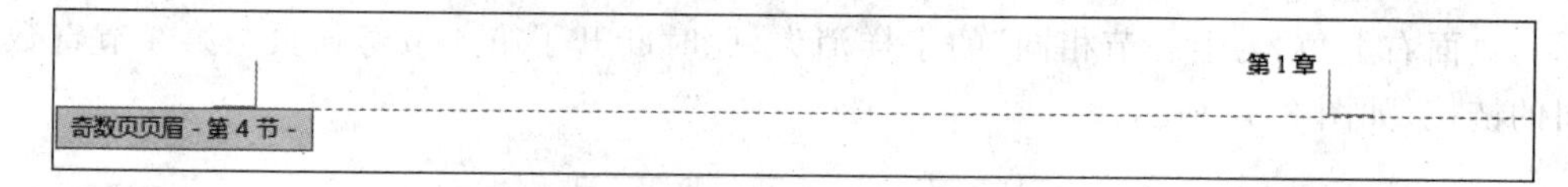

图 3-36　在奇数页的页眉右侧插入章号

③ 按一下空格键，在页眉右侧的“章”字后插入一个空格。

④ 再次打开“域”对话框，重复步骤②，与步骤②不同的是，在对话框中不选中“插入段落编号”复选框，单击“确定”按钮后，标题 1 的内容(即章名)出现在页眉右端，如图 3-37 所示。至此，奇数页的页眉插入完成。

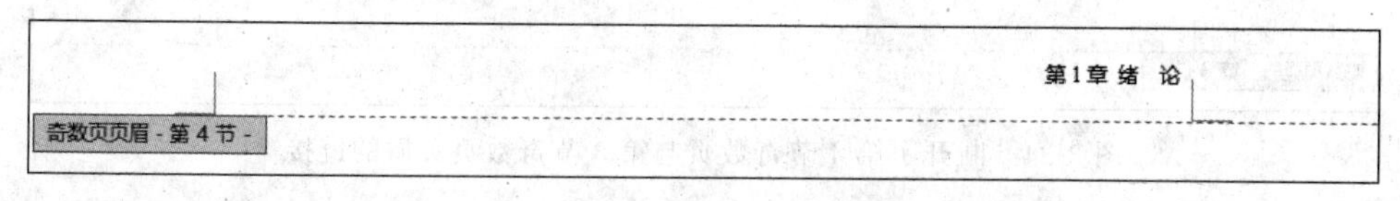

图 3-37　在奇数页的页眉右侧插入章号和章名

⑤ 在“页眉和页脚工具设计”选项卡的“导航”组中单击“下一条”按钮，将插入点移到偶数页的页眉上，单击“链接到前一节”按钮，断开论文第 4 节的偶数页与第 3 节的偶数页的页眉链接。

⑥ 将插入点置于页眉左侧。在“页眉和页脚工具设计”选项卡的“插入”组中单击“文档

部件”按钮，弹出“文档部件”菜单，单击其中的“域”命令，打开“域”对话框。

⑦ 在“域”对话框的“类别”下拉列表框中选择“文档信息”，在“域名”列表框选择 Title 选项，如图 3-38 所示，单击“确定”按钮，在页眉左侧出现了论文名称“报业呼叫中心的设计与开发”，如图 3-39 所示。

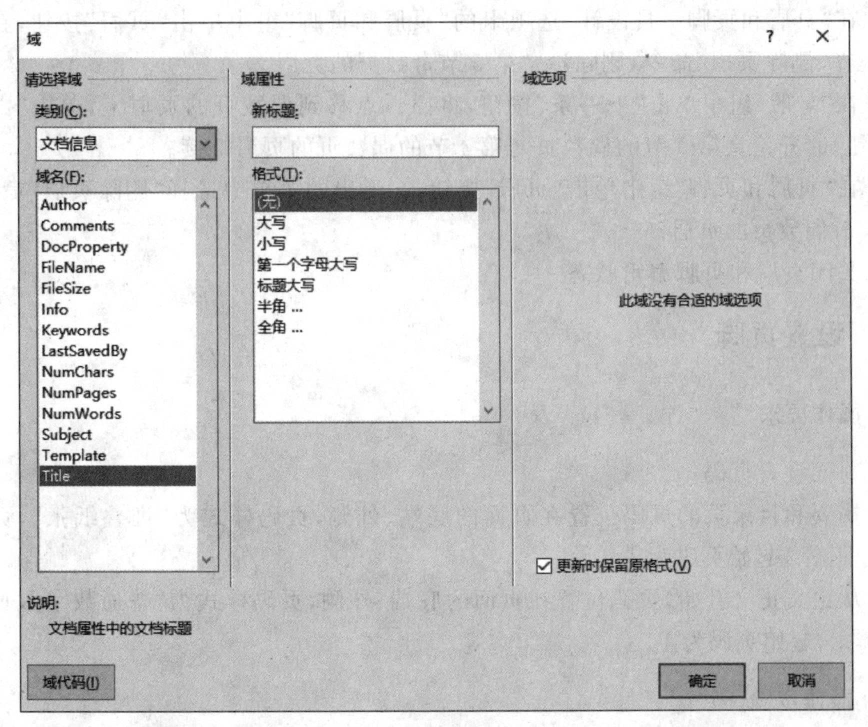

图 3-38　利用“域”对话框插入文档名称

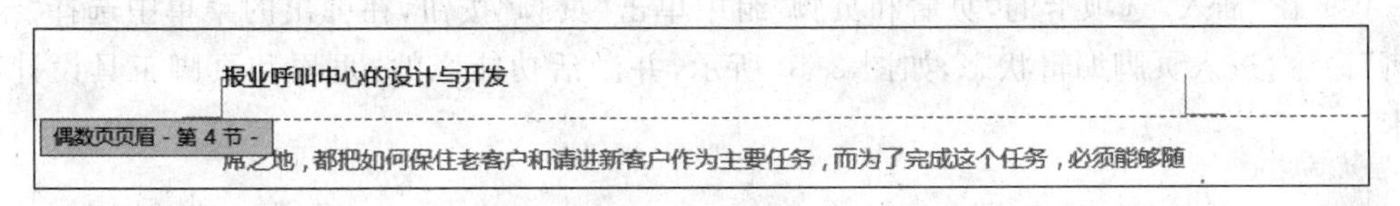

图 3-39　在偶数页的页眉左侧插入文档名称

⑧ 关闭页眉和页脚编辑状态。

完成了论文正文的页眉添加后，论文正文之后的内容也自动添加了页眉。但由于论文正文之后的内容(即论文的第 5 节)中的“结束语”“参考文献”和“致谢”没有应用“标题 1”样式，所以对论文的“结束语”“参考文献”和“致谢”所在页的页眉要进行修改。一般情况下，论文的“结束语”“参考文献”和“致谢”所在页不设置页眉，下面我们把这些页的页眉删除。

操作要求

删除论文的“结束语”“参考文献”和“致谢”所在页的页眉。

操作步骤

(1) 在“页面视图”方式下，将插入点置于论文的“结束语”所在页中；双击当前页面顶部的页眉区,进入页眉编辑状态。

(2) 在“页眉和页脚工具设计”选项卡的“导航”组中单击“链接到前一节”按钮,使页面右上角“与上一节相同”的字样消失,此时断开了第 5 节的奇数页与第 4 节奇数页页眉的链接。

(3) 在“页眉和页脚工具设计”选项卡的“页眉和页脚”组中单击“页眉”按钮,在弹出的菜单中选择“删除页眉”命令,删除论文第 5 节奇数页的页眉。

(4) 在“导航”组中单击“下一条”按钮,将插入点移到偶数页的页眉上,单击“链接到前一节”按钮,断开论文第 5 节的偶数页与第 4 节的偶数页的页眉链接。

(5) 在“页眉和页脚”组中单击“页眉”按钮,在弹出的菜单中选择“删除页眉”命令,删除论文第 5 节偶数页的页眉。

(6) 关闭页眉和页脚编辑状态。

3.2.10 设置页脚

(1) 封面没有页码。

(2) 摘要和目录页的页码位置在页面的底端、外侧,页码样式为“堆叠纸张”,页码格式为Ⅰ,Ⅱ,Ⅲ,…,起始页码为Ⅰ。

(3) 从论文正文开始,页码位置在页面的底端、外侧,页码样式为“普通数字”,页码格式为 1,2,3,…,起始页码为 1。

(1) 在“页面视图”下,将插入点置于论文的中文摘要所在页内。

(2) 在“插入”选项卡的“页眉和页脚”组中单击“页脚”按钮,在弹出的菜单中选择“编辑页脚”命令,进入页脚编辑状态,如图 3-40 所示,并激活功能区的“页眉和页脚工具设计”选项卡。

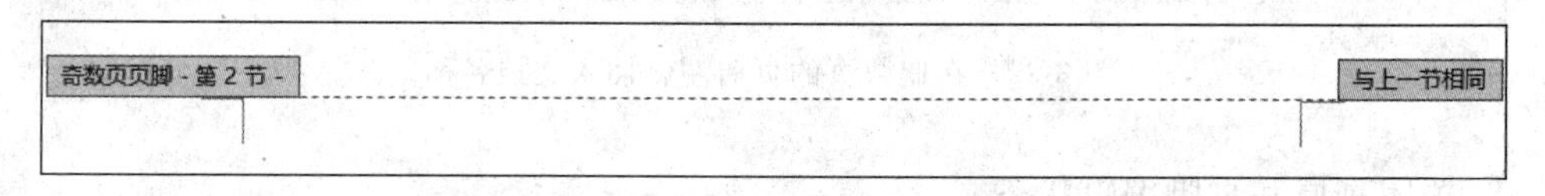

图 3-40 进入页脚编辑状态

(3) 按以下操作断开论文第 1 节、第 2 节、第 3 节、第 4 节的奇偶页之间的页脚链接。注意,要保留第 4 节和第 5 节的奇偶页之间的页脚链接。

① 在“页眉和页脚工具设计”选项卡的“导航”组中单击“链接到前一节”按钮,使页面右下角“与上一节相同”的字样消失,断开论文第 2 节奇数页页脚与第 1 节奇数页页脚之间的链接。

② 在“页眉和页脚工具设计”选项卡的“导航”组中单击“下一条”按钮,进入论文第 2 节偶数页的页脚区,再单击“导航”组中的“链接到前一节”按钮,断开论文第 2 节偶数页页脚与第 1 节偶数页页脚之间的链接。

③ 分别进入论文的第 3 节和第 4 节的页脚区，重复步骤①和②，断开论文第 3 节与第 2 节、第 4 节与第 3 节的奇偶页之间的页脚链接。

（4）添加摘要部分的页码。

① 将插入点置于论文第 2 节奇数页的页脚区。在“页眉和页脚工具设计”选项卡的“页眉与页脚”组中单击“页码”按钮，选择“页码”菜单中的“页面底端”命令，在“页面底端”菜单中选择“堆叠纸张 2”页码样式，如图 3-41 所示。

② 再次单击“页码”按钮，在弹出的“页码”菜单中选择“设置页码格式”命令，打开“页码格式”对话框。在“编号格式”下拉列表中选择“Ⅰ，Ⅱ，Ⅲ，…”，在“页码编号”域中选定“起始页码”选项，把起始页码设置为“Ⅰ”，如图 3-42 所示。单击“确定”按钮，在当前页面底端的右侧插入了“堆叠纸张 2”样式的页码，如图 3-43 所示。

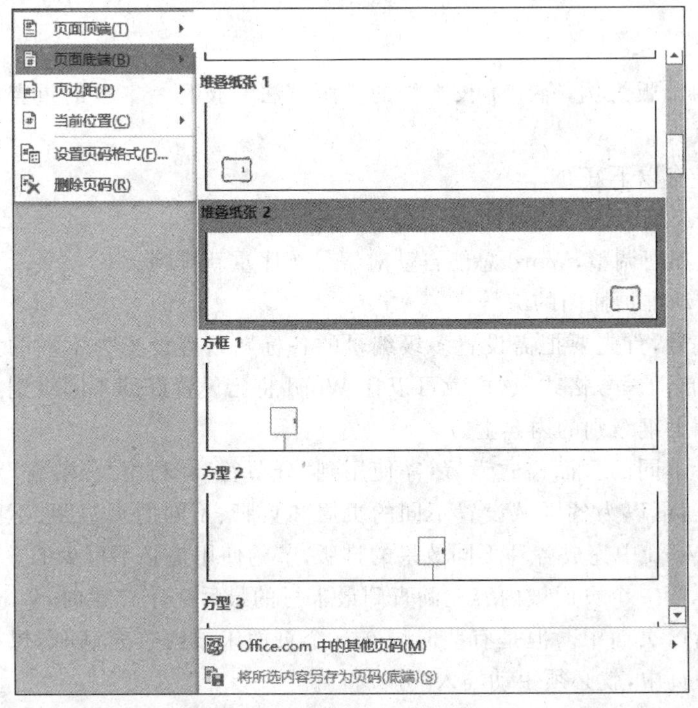

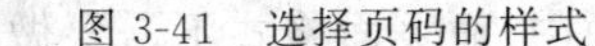

图 3-41　选择页码的样式

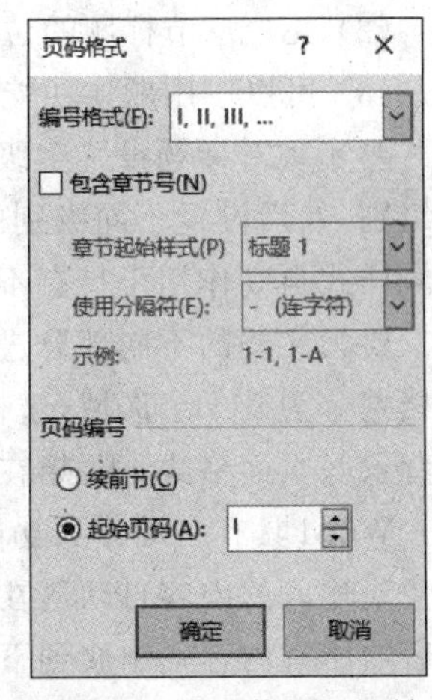

图 3-42　“页码格式”对话框

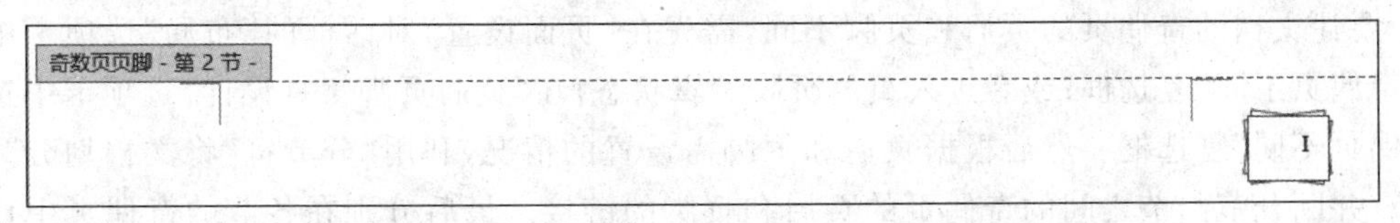

图 3-43　在论文第 2 节奇数页的页脚插入了“堆叠纸张 2”样式的页码

③ 在“页眉和页脚工具设计”选项卡的“导航”组中单击“下一条”按钮，进入论文第 2 节偶数页的页脚区。单击“页眉与页脚”组中的“页码”按钮，在弹出的“页码”菜单中选择“页面底端”命令子菜单中的“堆叠纸张 1”页码样式，在当前页面底端的左侧插入“堆叠纸张 1”样式的页码。至此，完成了论文第 2 节页脚的添加。

(5) 添加目录部分的页码。

将插入点置于目录所在节的页脚区,按与步骤(4)相同的方法为论文第 3 节添加页码。

(6) 为论文正文及正文之后的内容添加页码。

将插入点置于论文正文所在节的页脚区,按与步骤(4)相似的方法为论文第 4 节和第 5 节添加页码。与步骤(4)不同的是:①奇数页插入的页码样式为“普通数字 3”(页码插入位置为右侧),偶数页插入的页码样式为“普通数字 1”(页码插入位置为左侧);②页码格式设置为 1,2,3,…。

(7) 关闭页眉和页脚编辑状态。

完成页码的添加后,需要更新目录中的页码。

3.3 案例总结

本案例以毕业设计论文的排版为例,介绍了长文档的排版方法与技巧。本章的重点和难点为多级编号、节、页眉和页脚。

设计标题的多级自动编号有以下好处。

(1) 省去为章节等标题手工输入编号的时间。

(2) 无论章节标题的位置如何调整,Word 总能自动对编号顺序重新排列。

(3) 可以使用题注功能自动维护插图的编号。

要实现对标题设置多级编号,首先要把需设置多级编号的各标题内容设置为不同的大纲级别,然后设置不同级别的自动编号格式,这样就可以让 Word 将已设置好的不同级别的编号样式自动作用于具有不同大纲级别的内容上。

要为文档的不同部分进行不同的页面格式设置,需使用到“分节符”。利用“分节符”将文档划分为若干个区域,这样就可以为各区域设置不同的页眉和页脚、不同的页边距、不同的背景等页面格式。要想在 Word 中完成各种不同效果的排版,节的使用是必不可少的。

Word 具有自动分页功能,当一个页面被内容充满直到最末行的最后一个位置时,Word 会使新输入的内容自动落在新增页面中。但是有些时候在一个页面未被内容充满时,想将之后的所有内容强制放到下一页中,就必须手动插入“分页符”。

如果只是想把文档的不同内容放在不同页面中,而页面格式不需要做不同的设置,此时只需使用“分页符”进行文档内容的分页。

要让文档的奇偶页的页眉和页脚不同,需先在“页面设置”对话框的“布局”选项卡中选中“奇偶页不同”复选框;或者进入页眉页脚编辑状态,在“页眉页脚工具设计”选项卡中选中“奇偶页不同”复选框。然后根据页眉和页脚需设置的情况,利用“分节符”将文档划分为若干节,并断开节与节之间的奇偶页的页眉和页脚的链接。最后分别在各节的奇偶页中设置所需的页眉和页脚。

3.4 拓展训练

打开“库存管理系统(素材).docx”,将文件另存为“库存管理系统(学号最后两位+姓名).docx”,然后按以下要求进行排版。

1. 设置页面及文档属性

(1) 设置纸张大小为“自定义大小”，宽 19 厘米，高 26.5 厘米；设置页边距：上边距 2.5 厘米、下边距 2 厘米，左边距 2.5 厘米、右边距 2.5 厘米；页眉和页脚：奇偶页不同。

(2) 设置文档属性。标题：库存管理系统，作者：学生自己的姓名，单位：自己所在班级。

2. 应用样式

(1) 修改样式。按以下要求修改标题样式：标题 1 的字体格式为黑体、小三号，段落格式为段前段后13 磅；标题 2 的字体格式为华文新魏、四号，段落格式为段前、段后 12 磅；标题 3 的字体格式为幼圆、小四号，段落格式为段前段后 6 磅。

(2) 应用样式。将文章中的章名、节名、小节名分别应用“标题 1”“标题 2”“标题 3”样式。(为方便起见，已将文章中所有章名文本设置为红色、节名文本设置为蓝色、小节名文本设置为绿色。)

3. 设置多级标题编号

参照“库存管理系统(样例).pdf”，设置多级标题编号。设置要求如下。

(1) 1 级编号：链接到标题 1 样式，左对齐，对齐位置 0 厘米，文本缩进位置 0 厘米，编号之后是空格。

(2) 2 级编号：链接到标题 2 样式，左对齐，对齐位置 0.75 厘米，文本缩进位置 0.75 厘米，编号之后是制表符，制表位添加位置为 2 厘米。

(3) 3 级编号：链接到标题 3 样式，左对齐，对齐位置 0.75 厘米，文本缩进位置 0.75 厘米，编号之后是制表符，制表位添加位置为 2.5 厘米。

4. 为文档添加目录

利用三级标题样式生成目录，并将一级目录的格式设置为黑体、小四号、1.5 倍行距。“目录”文字的格式设置为仿宋、二号，居中，段前段后 13 磅。

5. 插入分节符

在文档中插入分节符，将文档分为 3 节，其中封面为第 1 节、目录为第 2 节、正文为第 3 节。参照“库存管理系统(样例).pdf”，在文档适当位置插入分页符。

6. 按以下要求，为文档设置页眉

(1) 封面和目录页没有页眉。

(2) 文档正文的奇数页的页眉左侧为章号和章名(即标题 1 编号和标题 1 内容)，右侧为文章标题；偶数页的页眉左侧为文章标题，右侧为章号和章名(标题 1 编号和标题 1 内容)。

7. 设置页脚

参照“库存管理系统(样例).pdf”，在文档正文的页脚中间插入文档作者的单位和姓名，为文档的目录页和文档正文插入页码。

8. 封面制作

参照“库存管理系统(样例).pdf”制作文档封面，为封面添加背景图片“风景.jpg”，并将图片的颜色重新着色为冲蚀效果，衬于文字下方。

案例 4
报告模板和图书的校对

4.1 案例简介

4.1.1 问题描述

小李是××公司的秘书,在实际工作当中,小李经常要为领导起草文件、撰写工作总结、报告等,例如,公司情况报告、公司工作报告和公司调研报告等,这部分工作任务量较重,每次处理这类工作都需要在办公软件中分别进行输入和排版,任务多的时候,她就有些应付不过来。另外,小李除了撰写工作报告等文件外,相关领导也会把一些文件或发言稿交给小李整理,小李要对这些文件进行校对(修订),并且在修订过程中还要保持原来的内容,方便领导前后作比较。由于小李刚参加工作,缺少经验,难免会出现一些小错误,她因此非常烦恼,希望能找出解决问题的好办法。

4.1.2 解决方法

大多数公司报告都有各自固定的格式,不必每次撰写报告时都重新进行格式的设置和排版,只须把不同类型的报告格式进行预先设计并保存为统一的模板,等下次需要时就可以直接使用,这样就可以大大提高工作效率。

这些问题可以按以下步骤来操作解决。

(1) 把收集到的相关资料进行归纳汇总整理,为撰写相应类型的公司报告做好准备工作。

(2) 创建相应的公司报告模板。在微软的 Word 2016 中,可根据现有的报告模板创建新的报告模板,也可以创建自定义格式的报告模板。

(3) 对刚创建好的报告模板进行编辑。可以直接在 Word 中编辑报告模板,也可以使用"域"功能编辑报告模板。

(4) 创建好报告模板之后,就可以直接加载此模板到文档中,快速生成所需要的公司报告。

报告或其他文件起草或修改之后,需要送给部门负责人进行审阅,再根据审阅结果进行修改,修改之后可能还需要再一次进行审阅,这可能是一个重复的过程,直到报告的内容和格式被公司领导认可为止。为了保持报告修改前后的状态一致,方便审阅,可使用图书校对和修订功能对文档进行修改。

4.1.3 相关知识

(1) 文档模板。Word 中模板是一个用来创建文档的大致模型,是包含固定模式设置和版式设置的文件,用户可以借助模板快速生成所需类型的 Word 文档。Word 2016 提供的文档模板除了空白文档模板和内置的多种文档模板(如书法字帖模板、年度报表模板等)外,Office 网站还提供了很多联机模板,通过在线搜索指定类型的模板,利用模板,用户可以创建适合自己需求的比较专业的 Word 文档。

(2) 什么是"域"。在编辑报告模板时,除了直接对模板进行编辑之外,还可以使用"域"功能进行编辑,"域"是 Word 中的文档部件,它可以在 Word 文档中指定一个区域,该区域可事先定义好录入文字时的格式和规则等,以达到特定的效果,域可分为"文档自动化""日期和时间"和"等式和公式"等种类。

(3) 图书校对和修订。图书校对和修订是 Word 自带的一个功能,适用于对文档进行审阅和修改,尤其适合于对文章或著作进行审稿和校对,比较全面的图书校对过程分为初校、二校、三校、核红和付印五个过程。

图书校对和修订可以对文档中出现的错别字、文档内容的格式、语法错误和不符合要求的内容等进行修改。

(4) 书签。书签是插入在文档指定位置的一个标记,它起到定位的作用,当要快速跳转到指定位置时,可以在该位置插入书签,使用书签即可快速定位到相应的位置。

(5) 批注。在 Word 中,批注用于对文档中的某个字词或句子等内容进行注释或说明。批注通常出现在被说明文字的右侧空白处,批注默认用一个圆角的方框来显示,方框内包括添加批注的用户和批注的内容,而且被插入批注的文字会被一个括号括起来,括号与批注方框之间会用一根点虚线连接起来。

4.2　实现步骤

4.2.1　搜集资料为撰写报告做准备

小李要为公司撰写 2018 年的企业文化分析报告,首先要搜集整理 2018 年公司运营的整体情况及问题等相关资料,为后面进行报告的撰写做好准备工作。

4.2.2　创建报告模板

如果小李每次都使用一个格式撰写同类型的报告时,就可以借助模板,用模板创建一个新的文档,新的文档保存为报告模板,以后可以按照这个模板的样式撰写报告,这样就不用每次都做格式了。

创建报告模板,通常有两种方法,一种方法是使用现有的报告模板创建新的报告模板,另一种是自定义创建全新的报告模板。

1. 使用现有的报告模板创建新的报告模板

使用现有的报告模板创建新的报告模板,并对其进行一定的编辑,保存为"公司调研报告 1.docx"。

(1) 启动 Word 2016 软件,此时已经是在新建模板的界面了,如图 4-1 所示。

(2) 在"搜索联机模板"文本框中输入"报告",单击 按钮,此时,若联网搜索成功,在

图 4-1 “启动 Word 2016”窗口

“新建”窗口中,即可显示与此类型相关的所有模板的名称,向下移动滚动条,找到“报告(行政风格设计)”模板,如图 4-2 所示。

图 4-2 “新建”窗口

（3）单击“报告（行政风格设计）”模板，此时弹出该模板的介绍窗口，如图 4-3 所示。

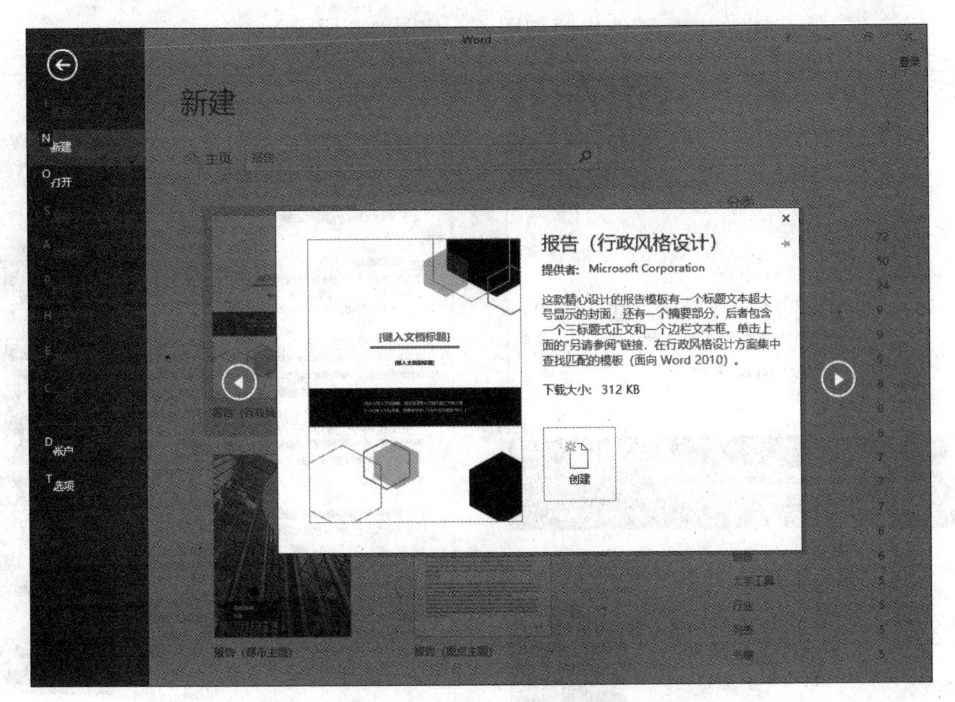

图 4-3　单击“报告（行政风格设计）”模板弹出窗口

（4）单击弹出窗口中的 按钮，即可从网上下载“报告（行政风格设计）”模板，如图 4-4 所示。

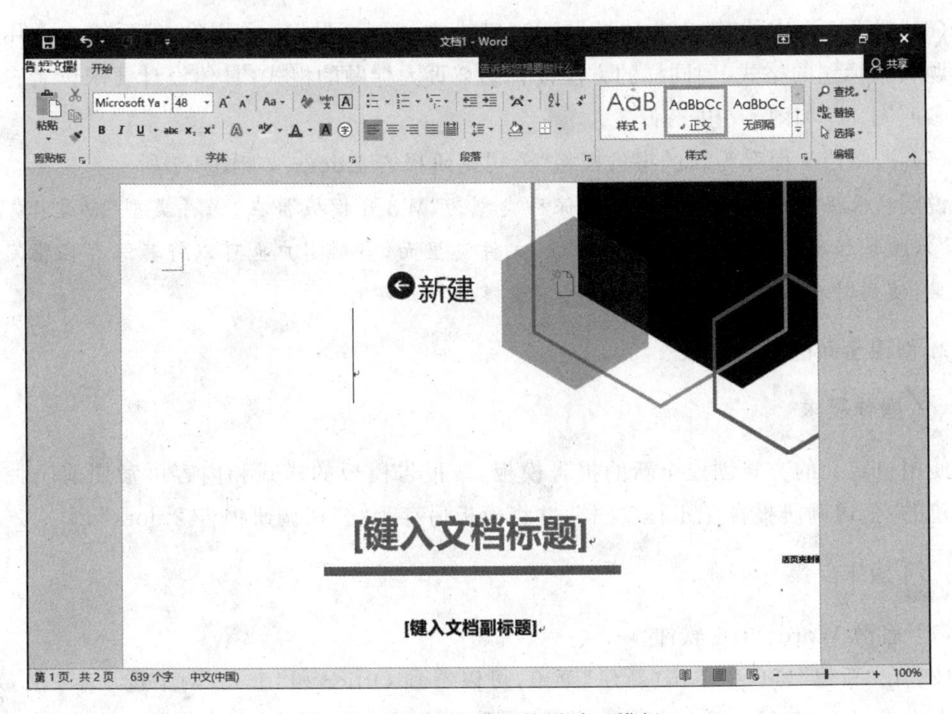

图 4-4　“报告（行政风格设计）”模板

(5) 此时,可以对"报告(行政风格设计)"模板进行编辑,并利用此模板创建一个名为"文档 1"的 Word 文档,"文档 1"的内容如图 4-5 和图 4-6 所示。

图 4-5 "报告(行政风格设计)"模板创建的文档第 1 页

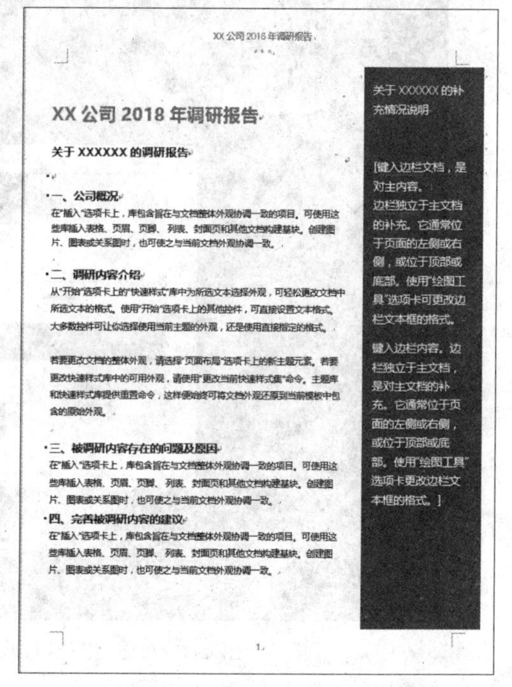

图 4-6 "报告(行政风格设计)"模板创建的文档第 2 页

(6) 把第 1 页中的"键入文档标题"和"键入文档副标题"字样删除,然后输入常用的报告标题和副标题的格式,用同样的方法设置第 2 页大标题的格式(具体设计要求读者自行定义或参照图 4-5 和图 4-6 进行设置)。

(7) 把文档 1 保存为新的报告模板"公司调研报告 1.dotx",如图 4-7 所示。

说明:根据模板编辑创建的模板保存类型为"Word 模板"(在"保存类型"中选择"Word 模板"),默认保存在"自定义 Office 模板"文件夹里面,当然用户也可以将其保存在指定的文件夹里,使用时在指定的文件夹里找到相应模板打开即可。

2. 创建全新的报告模板

使用自定义的方式创建全新的报告模板,新报告模板的样式和内容可参照前一种方法中创建的"公司调研报告 1.dotx"文档,并将模板另存为"公司调研报告 2.dotx"。

(1) 启动 Word 2016 软件。

(2) 在"新建"窗口中单击"新建"菜单,可以看到 Office 和"个人"两个选项卡,在 Office 选项卡中可以看到"可用模板"列表,其中包括"空白文档",单击"空白文档",即可新建一个

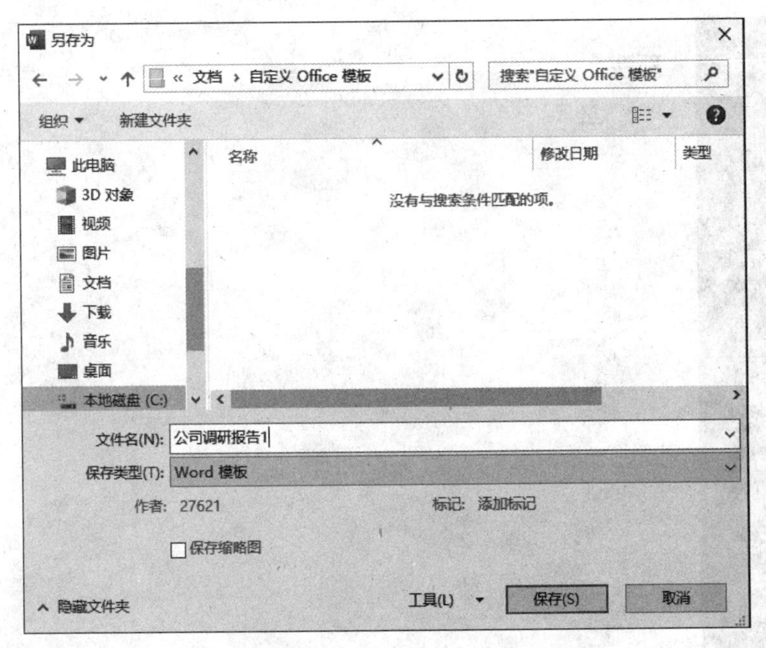

图 4-7　根据现有模板创建的报告模板"公司调研报告 1.dotx"

空白的模板，如图 4-8 所示。在"个人"选项卡中可以看到当前用户自定义的模板（我们可以看到前面创建的报告模板"公司调研报告 1.dotx"），如图 4-9 所示。

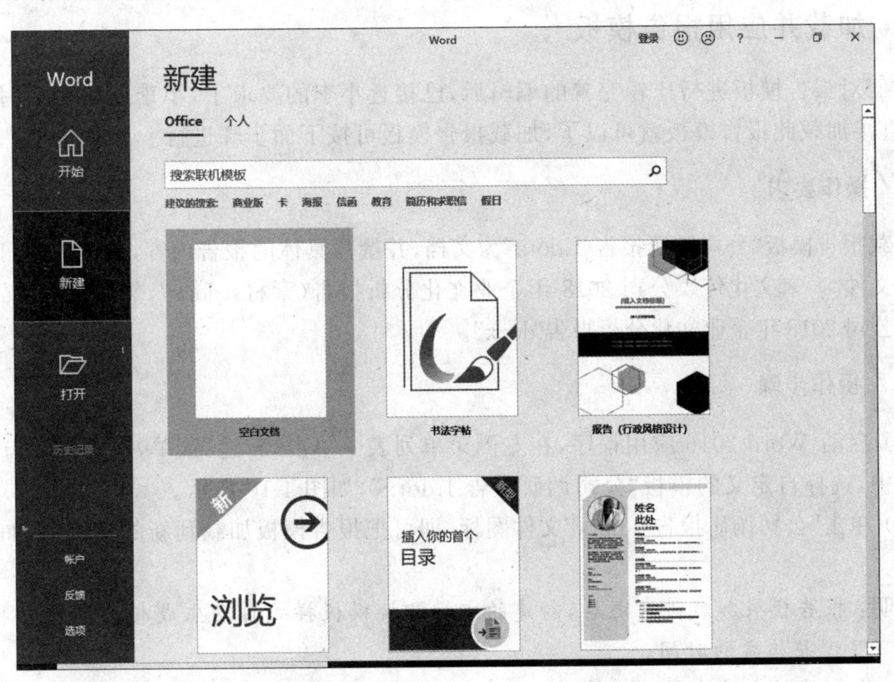

图 4-8　新建空模板

（3）在新建的空白模板中根据实际要求和撰写报告的格式（具体要求读者可自行定义或参照前面创建的"公司调研报告 1.dotx"）对模板进行设计和排版，最后将模板另存为"公

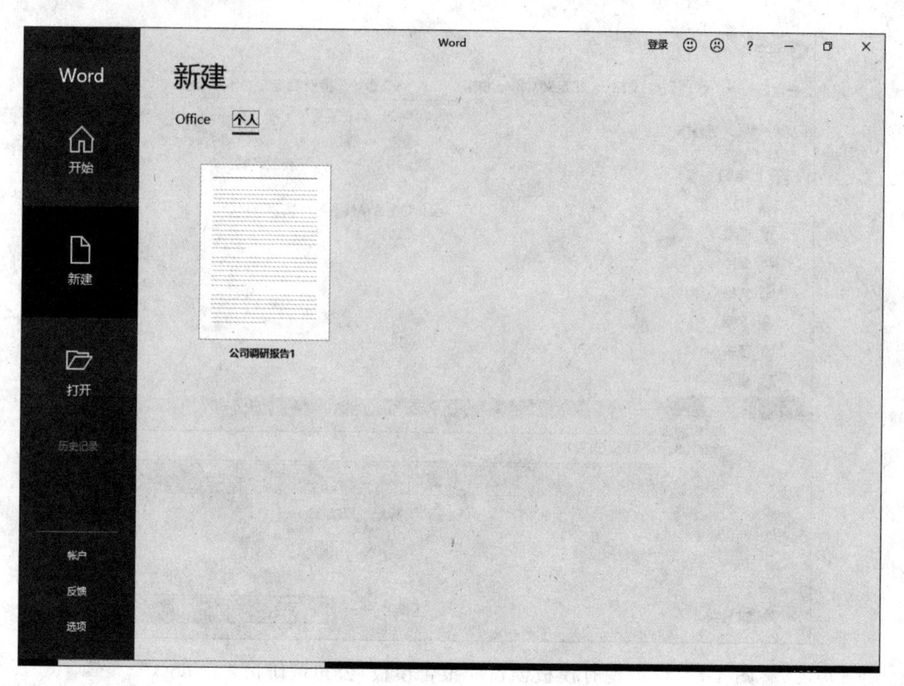

图 4-9　用户自定义的模板

司调研报告 2.dotx”。

4.2.3　加载并应用报告模板

前面对报告模板进行比较完善的编辑后，已接近小李的要求了，小李以后要撰写类似的报告，直接加载此报告模板就可以了，加载报告模板可按下面步骤进行。

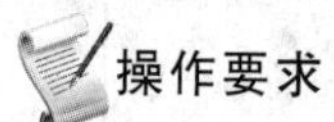

操作要求

加载报告模板“公司调研报告 1.dotx”为文档，并撰写具体的报告内容，具体内容可参考素材中的文件“××文化传媒公司 2018 年企业文化分析报告(素材).docx”，然后保存为“××文化传媒公司 2018 年企业文化分析报告.docx”。

操作步骤

(1) 启动 Word 2016 应用程序，在左侧菜单列表中单击“新建”菜单，在右侧窗口“个人”选项卡中，选择自定义的模板“公司调研报告 1.dotx”，如图 4-10 所示。

(2) 单击“公司调研报告 1.dotx”文件图标，即可把报告模板加载到新的文档中，如图 4-11 所示。

说明：报告模板加载进来之后，新建的文档即按模板样式自动生成相应的内容和格式，大大节省了调整格式的时间。

(3) 在新建的文档中撰写具体的报告内容，文档内容的输入参照素材中的文件“××文化传媒公司 2018 年企业文化分析报告(素材).docx”，效果如图 4-12 和图 4-13 所示。

(4) 把撰写好具体内容的文档保存为“××文化传媒公司 2018 年企业文化分析报告.docx”。

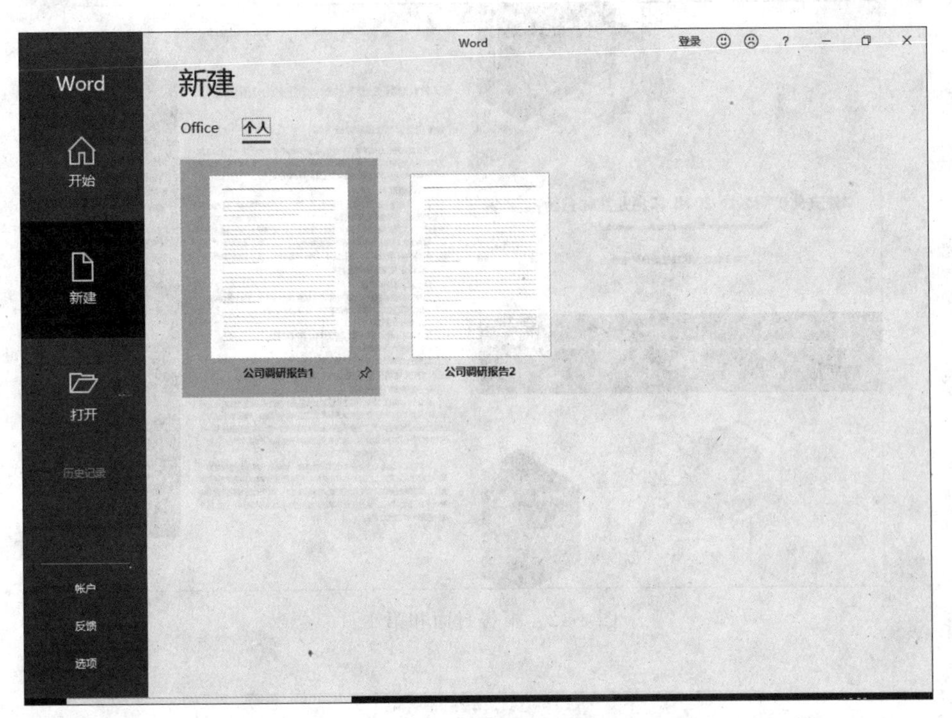

图 4-10　选择自定义模板

图 4-11　加载模板到新建的文档

XX 文化传媒公司 2018 年企业文化分析报告

关于企业文化管理的分析报告

[对XX文化传媒公司企业文化管理体系进行实地调研，分析存在的问题并提出建议性解决办法。]

XX 文化传媒公司 2018 年企业文化分析报告

XX 文化传媒公司 2018 年企业文化分析报告

关于企业文化管理的分析报告

企业文化是企业的灵魂，是推动企业发展的不竭动力，是一个企业区别于其他企业的核心标志。为了更好地了解企业文化的本质及其作用，本人于X年X月至X月X日对XX文化传播有限公司进行调研。

一、公司概况

xx 文化传播有限公司成立于2001 年，位于XX市XX区XX路，法定代表人是刘某某，注册资本(万元)100，公司是以商务礼仪庆典、活动广告策划为主的综合文化传播公司。旗下拥有专业艺术院校的演员组成的专业表演团队，拥有强大的演出阵容及丰富的文艺演出节目，可从事各类大中型文艺晚会、公司年会、开业庆典、生日宴会、产品展览展示、商业促销活动等。

二、公司企业文化简要介绍

(一) 企业使命和宗旨

顾客的满意满意是我们服务的标准，顾客满意的服务才是合格的服务，不断增强公司的实力，提高公司的效益，保证公司稳健成长。

(二) 企业经营理念

团结务实，勇于创新，强烈的责任心，诚信经营。

(三) 企业核心价值观

为客户创造服务，与员工共创辉煌。

三、XX 文化传媒公司企业文化管理问题及其原因

(一)管理制度不够健全

企业文化中可以看出，对于企业利益与品质的保证较多的，相对员工利益的保证就十分欠缺。陈旧的制度导致员工工作缺乏动力，很多员工认为自己在公司的发展空间小，不能够很好的体现自身的价值，根据调研很多人都没有受企业任何专业的培训，这也暴露的体制不能够很好实施的缺点。

(二)员工对企业文化的认识不足

很多员工认为企业文化是公司高层的事情，与自己没有多大的利益关系。公司在企业文化上的宣传力度很欠缺，在调研过程中有的高层说到工作繁忙，很难有时间去做文化建设的宣传和配合工作，对于如何宣传企业文化感到束手无策，有些人认为企业效率好，企业文化就会自然形成，这也是现在到很绝大多公司的想法。

1

关于企业文化管理的补充情况说明

企业文化管理体系建立的根本目的，是让企业所有员工理解并实施，在工作中表现、在行为中体现，所以，在企业文化管理体系建立之后，更重要的是对企业文化的实施及考核。

图 4-12　报告封面和第 1 页

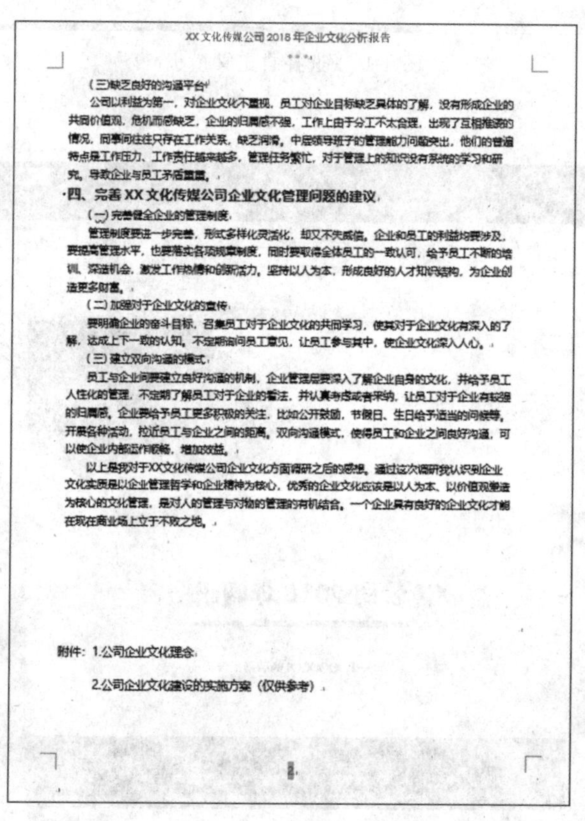

XX 文化传媒公司 2018 年企业文化分析报告

(三)缺乏良好的沟通平台

公司以利益为第一，对企业文化不重视，员工对企业目标缺乏具体的了解，没有形成企业的共同价值观，危机感缺乏，企业的归属感不强，工作上由于分工不太合理，出现了互相推诿的情况，同事间往往只存在工作关系，缺乏润滑，中层领导班子的管理能力问题突出，他们的普遍特点是工作压力、工作责任越来越多，管理任务繁忙，对于管理上的知识没有系统的学习和研究，导致企业与员工矛盾重重。

四、完善 XX 文化传媒公司企业文化管理问题的建议

(一) 完善健全企业的管理制度

管理制度要进一步完善，形式多样化灵活化，却又不失威信。企业和员工的利益均要涉及，要提高管理水平，也要落实各项规章制度，同时要取得全体员工的一致认可，给予员工不断的培训、深造机会，激发工作热情和创新活力，坚持以人为本，形成良好的人才知识结构，为企业创造更多财富。

(二) 加强对于企业文化的宣传

要明确企业的奋斗目标，召集员工对于企业文化的共同学习，使其对于企业文化有深入的了解，达成上下一致的认知，不定期询问员工意见，让员工参与其中，使企业文化深入人心。

(三) 建立双向沟通的模式

员工与企业间要建立良好沟通的机制，企业管理层要深入了解企业自身的文化，并给予员工人性化的管理，不定期了解员工对于企业的看法，并认真考虑或者采纳，让员工对于企业有较强的归属感，企业要给予员工更多积极的关注，比如公开鼓励，节假日、生日给予适当的问候等，开展各种活动，拉近员工与企业之间的距离，双向沟通模式，使得员工和企业之间良好沟通，可以使企业内部运作顺畅，增加效益。

以上是我对于XX文化传媒公司企业文化方面调研之后的感想，通过这次调研我认识到企业文化实质是以企业管理哲学和企业精神为核心，优秀的企业文化应该是以人为本、以价值观塑造为核心的文化管理，是对人的管理与对物的管理的有机结合，一个企业具有良好的企业文化才能在现在商业场上立于不败之地。

附件：1.公司企业文化理念

2.公司企业文化建设的实施方案（仅供参考）

2

图 4-13　报告第 2 页

4.2.4　图书校对与修订

小李接到部门的通知，要对文件“关于对公司管理制度进行全面修订的通知(素材).docx”进行修改和校对。为了便于对比修改前后的内容，小李采用“修订”功能进行修改。为了提高工作效率和避免出错，小李已经学习了关于图书校对和修订的业务知识，所以现在这项工作小李做得得心应手。下面介绍小李对文件的修订过程。

小李首先对修订选项、修订用户等进行设定，然后进行校对和修订。

1. 设置修订选项

操作要求

设置修订选项，要求修订时插入的内容显示为带单下画线的红色字、删除的内容为鲜绿色字并带删除线、修订行外框线为蓝色。

操作步骤

(1) 打开文件“关于对公司管理制度进行全面修订的通知(素材).docx”。

(2) 单击“审阅”选项卡，可以看到该选项卡下面有“校对”“批注”“修订”和“更改”等栏目组，如图 4-14 所示。

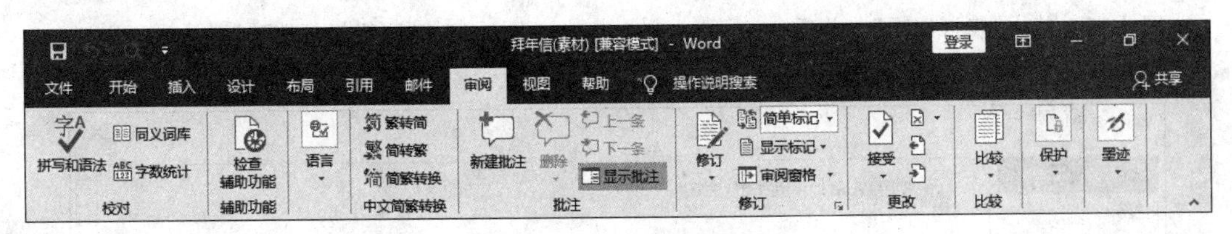

图 4-14　“审阅”选项卡

(3) 单击“修订”组右下角的 图标，打开“修订选项”对话框，如图 4-15 所示。

(4) 此时单击“修订选项”对话框中的“高级选项(A)…”按钮，弹出相应的对话框，在该对话框中参照如图 4-16 所示进行设置，然后单击“确定”按钮即可完成设置。

说明：“修订选项”对话框可以对校对过程中增加的内容、删除的内容、进行修改的所在行、插入的批注等设置不同的颜色，或者加上/下画线、删除线等，以进行突出显示。同时，如果在修订过程中更改过表格结构或更改了文档内容的格式，也可对更改过的地方或内容设置不同的颜色，以突出显示。

2. 设置修订用户

操作要求

设置修订用户的用户名及其缩写为“小李”。

操作步骤

打开文件“关于对公司管理制度进行全面修订的通知(素材).docx”。

(1) 单击“修订选项”对话框中的“更改用户名(N)…”按钮，弹出“Word 选项”对话框，如图 4-17 所示。

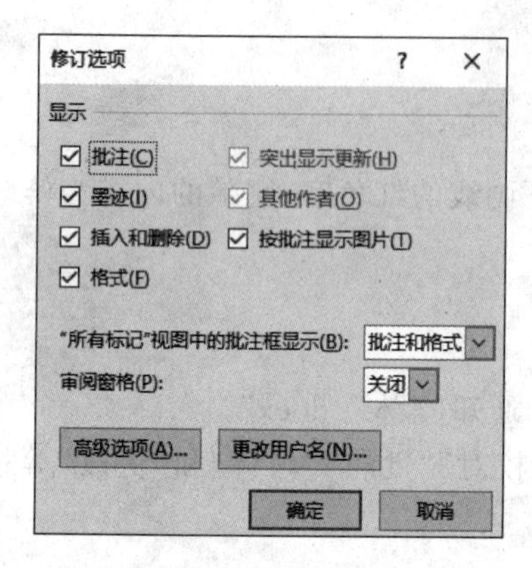

图 4-15　单击"修订选项"菜单项

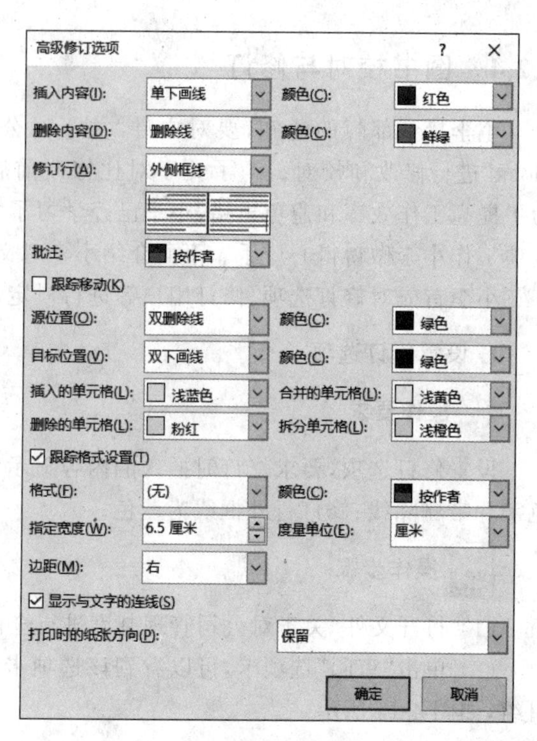

图 4-16　"高级修订选项"对话框

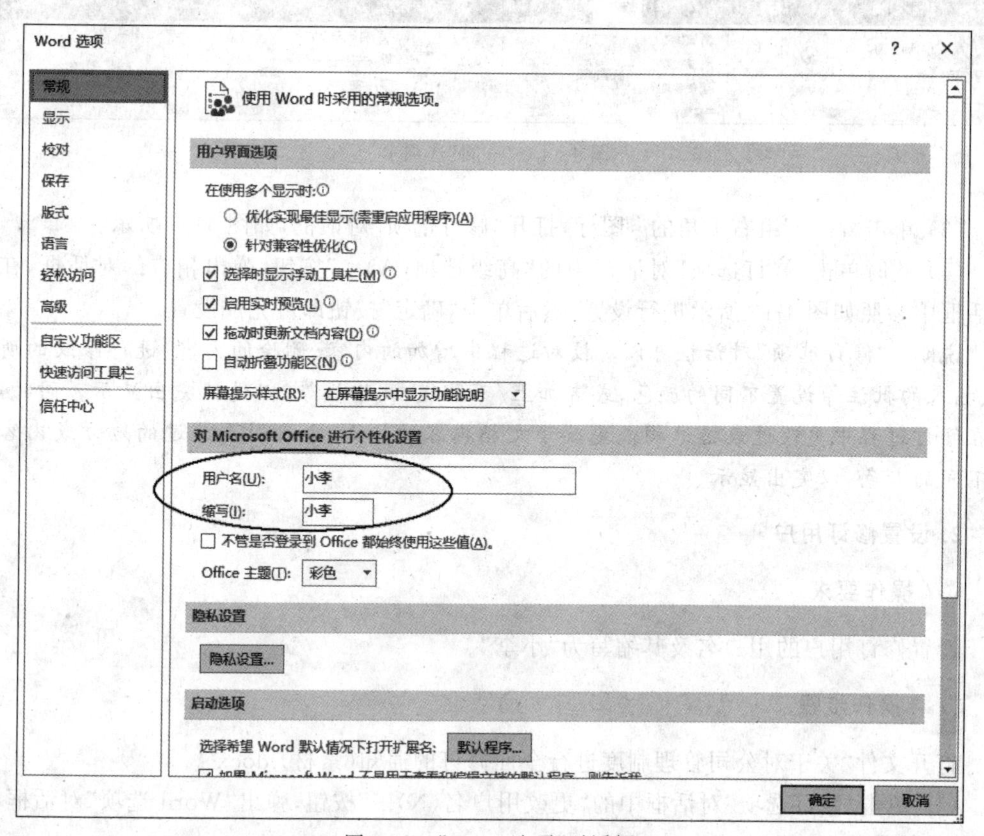

图 4-17　"Word 选项"对话框

（2）在该对话框的“用户名(U)：”和“缩写(I)：”文本框中都输入用户的名称“小李”，单击“确定”按钮完成设置。

3. 使用修订功能修订文档

操作要求

在“修订”状态下删除正文第一段第一行“加强制度建设”这六个字，添加正文倒数第一段第一句，内容为“要求各部门高度重视，务必按时完成此项工作”。

操作步骤

（1）进入修订状态。打开文件“关于对公司管理制度进行全面修订的通知（素材）.docx”，单击“审阅”选项卡，然后再单击“修订”组中的“修订”图标（也可直接使用 Ctrl＋Shift＋E 组合键），此时“修订”组中的“修订”图标按钮会处于选中状态，如图 4-18 所示。

图 4-18　文档进入“修订”状态

（2）删除内容。选中正文第一段第一行“加强制度建设”这六个字，按 Delete 键删除。此时可以看到，这六个字并没有消失，而是在它们上面加上了删除线，而且颜色变成了鲜绿色，同时，在进行了修订的行的左侧出现了一条竖线（这些变化是因为先前对修订格式进行了预先设置），如图 4-19 所示。

为进一步完善公司制度体系建设，~~加强制度建设~~，提高企业基础管理水平，逐步形成规范管理、科学发展的长效机制。经研究决定全面启动2020年公司制度汇编工作。为保证此项工作顺利开展，现将有关事宜通知如下：

图 4-19　使用修订功能进行删除操作后的效果

插入新内容。将光标置于正文倒数第一段段首，然后输入需插入的内容“要求各部门高度重视，务必按时完成此项工作”。此时可以看到，插入的内容为带下画线的红色字。效果如图 4-20 所示。

要求各部门高度重视，务必按时完成此项工作。对未按时间节点完成的或完成质量不达标的，处罚责任单位负责人200元，每推迟一天上报处罚责任单位100元。审核制度过程中发现管理制度中存在明显的错项、缺项，处罚责任单位负责人50元/处。

图 4-20　使用修订功能在文档中插入新的内容并设置格式后的效果

关于“修订”说明如下。设置修订状态。当文档进行较多地方的修订之后，由于标记修订的符号和内容较多，会使文档显得有些繁乱，此时可以设置修订的状态。修订的状态有 4 种，单击“修订”组中右上角的下拉列表框即可进行切换，如图 4-21 所示。

（1）修订后操作。对文档进行修订后，可以接受指定的修订，也可拒绝指定的修订。接受修订时，可以接受指定的修订，也可以执行一次性接受文档所有修订等操作，如图 4-22 所示。

拒绝修订时，可以拒绝指定的修订，也可以执行一次性拒绝所有修订等操作，如图 4-23 所示。小李在上面所做的两处修订均被领导采纳。因此只需要执行“接受对文档的所有修订”操作即可。

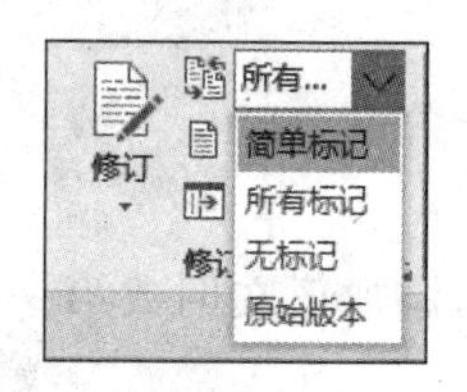

图 4-21　设置修订状态

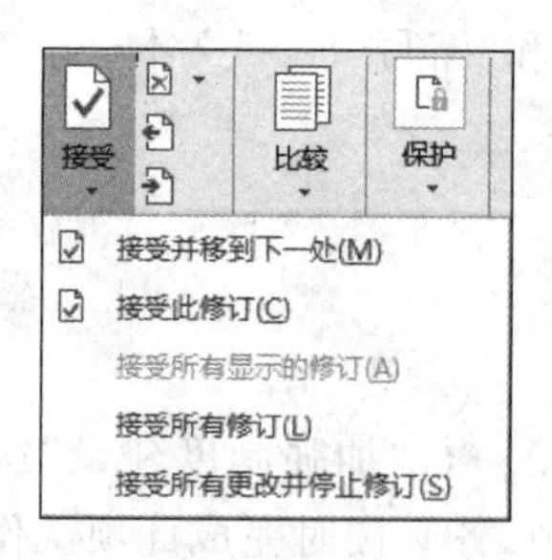

图 4-22　接受修订

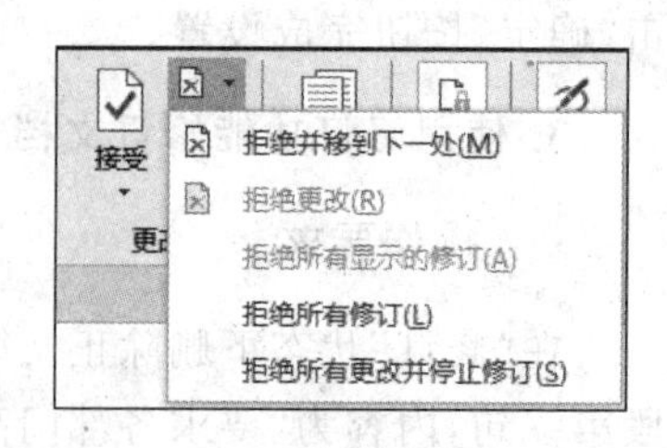

图 4-23　拒绝修订

(2) 退出修订状态。只需再次单击“修订”组中的“修订”按钮即可退出修订状态(也可直接使用 Ctrl+Shift+E 组合键)。

4. 使用批注修改文档

当文档的某些内容,甚至是某个词要进行特殊说明时,可使用批注。此外,在校对文档时,对文档某些地方做了改动,为了说明为什么要做此改动,也可以在改动的地方插入批注。例如,在前面操作中,小李为了说明为什么要删除“关于对公司管理制度进行全面修订的通知(素材).docx”正文第一段中的“加强制度建设”这几个字,而在这些字后面插入批注。

在“关于对公司管理制度进行全面修订的通知(素材).docx”正文第一段中删除的“加强制度建设”这六个字后面插入批注,批注内容为“这几个字意思与前面重复,请删除”。

(1) 选中“加强制度建设”这几个字,然后在“审阅”选项卡的“批注”栏目中单击“新建批注”图标,即可在该位置新建一个批注。批注刚新建时,如图 4-24 所示。

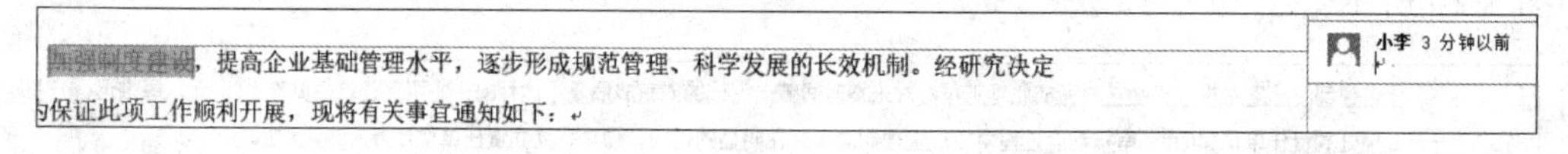

图 4-24　刚新建的批注

(2) 批注创建好之后,就可以在批注中输入内容,本例中,要在批注中输入“这几个字意思与前面重复,请删除”这句话。如果要删除批注,只需要在批注上右击,在弹出的快捷菜单中选择“删除批注(M)”菜单项即可。

5. 使用查找与替换修改文档

在进行文档的校对和修订时,如果要在文档中查找某个词语,或者发现某个词需要修改,而且这些词大量出现在文档中,这时使用“查找和替换”功能就可以方便地解决此类问题。例如,小李在校对“关于对公司管理制度进行全面修订的通知(素材).docx”时发现信中“部门”这个词用得不恰当,应该改为“单位”,为确保把这些词全部修改过来,最佳的办法就是使用“查找和替换”功能。

操作要求

将“关于对公司管理制度进行全面修订的通知(素材).docx”中的词“部门”更改为“单位”。

操作步骤

(1) 打开文档“关于对公司管理制度进行全面修订的通知(素材).docx”,单击“开始”选项卡,在“编辑”组中单击“替换”按钮(或者直接使用 Ctrl+H 组合键),如图 4-25 所示。

(2) 此时系统会自动弹出“查找和替换”对话框,如图 4-26 所示。在该对话框的“查找内容(N):”框中输入“部门”,在“替换为(I):”框中输入“单位”,然后单击“全部替换(A)”按钮即可完成替换。

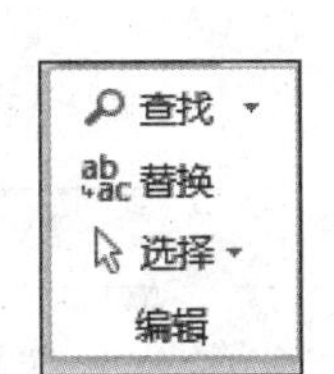

图 4-25　单击“替换”按钮

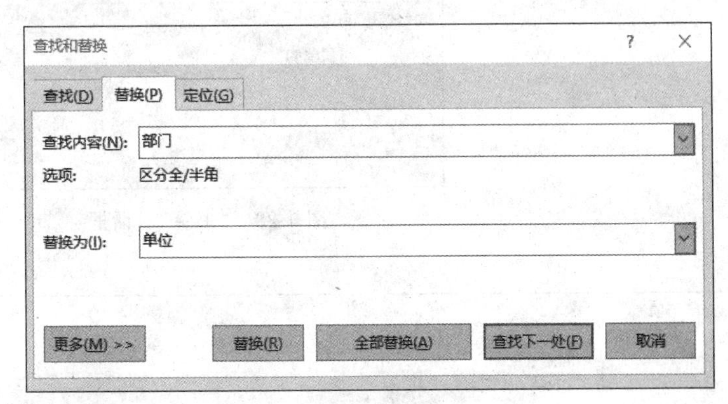

图 4-26　“查找和替换”对话框

替换成功后,会弹出一个提示对话框,提示已完成的替换次数,如图 4-27 所示。

6. 使用书签定位修改文档

在校对和修订文档时,如果文档相当长,达数十页甚至上百页,不可能一次校对完成,此时要对校对的位置做标记,方便下次快速定位到该位置。

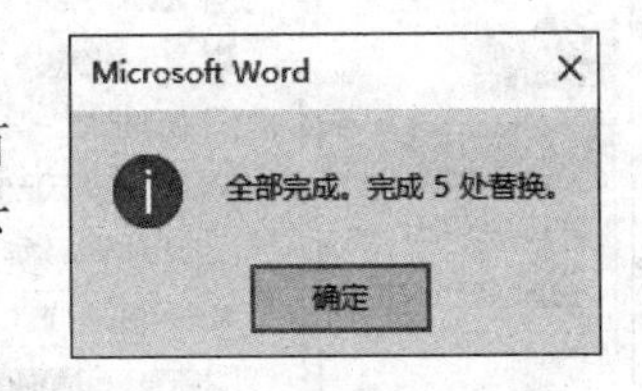

图 4-27　显示替换的结果

操作要求

给“××文化传媒公司 2018 年企业文化分析报告(素材).docx”里的词“附件”插入一个名为“附件列表”的书签。

操作步骤

(1) 插入书签。打开文档“××文化传媒公司 2018 年企业文化分析报告(素材).docx”,把光标定位在报告的最后一段开头,然后单击“插入”选项卡,在“链接”组中单击“书签”按钮,打开“书签”对话框,在该对话框的“书签名(B):”文本框中输入书签名称“附件列表”,如图 4-28 所示。最后单击“添加(A)”按钮即可完成插入书签的操作。

(2) 在文档中显示书签。在“Word 选项”对话框的“高级”选项右侧,选中“显示书签(K)”前面的复选框,如图 4-29 所示,然后单击“确定”按钮,即可在文档中看到插入的书签(文字“附件”上的中括号就是插入的书签),如图 4-30 所示。

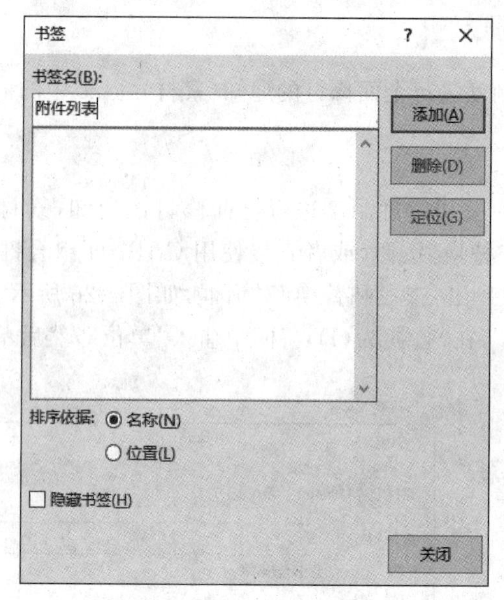

图 4-28 “书签”对话框

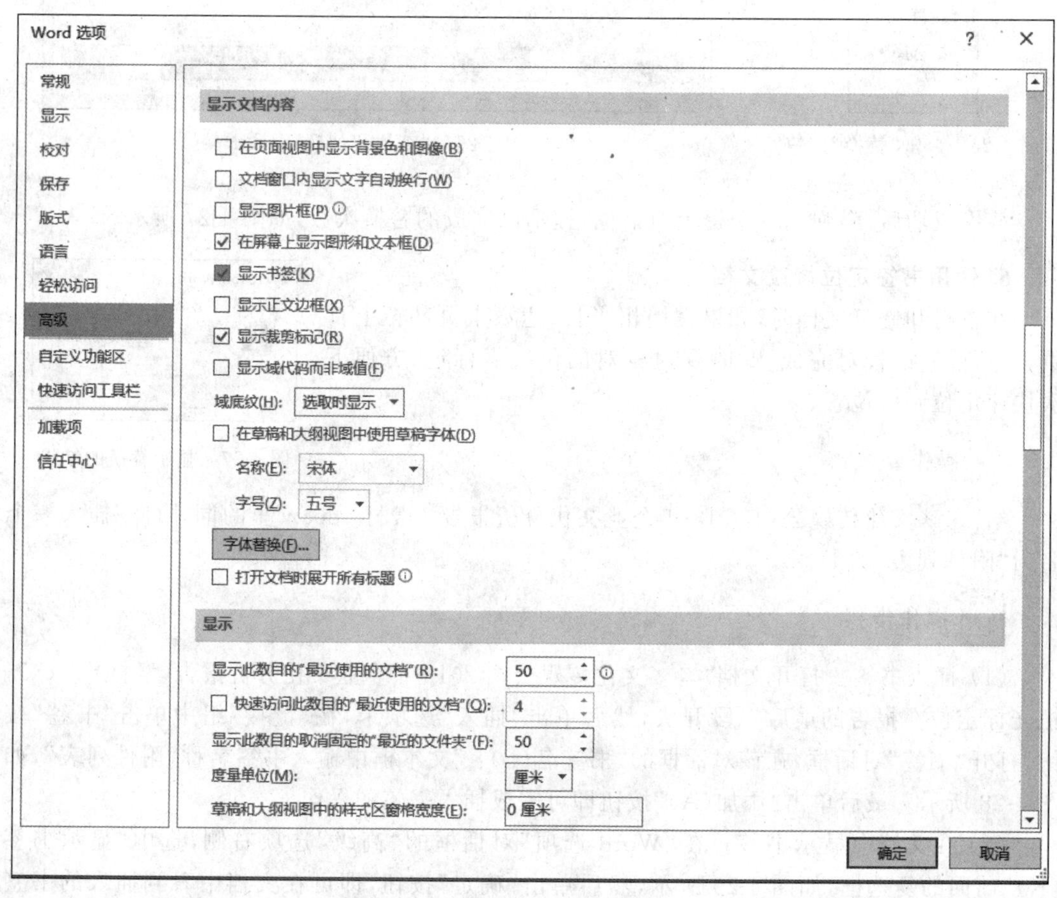

图 4-29 设置“显示书签”选项

[附件]：1.公司企业文化理念

2.公司企业文化建设的实施方案（仅供参考）

图 4-30　在文档中显示的书签

对“书签”的说明如下。

（1）书签的默认状态是不可见的。

（2）使用书签定位。使用书签定位有两种方法。

第一种方法：可在前面介绍的“查找和替换”对话框中选中“定位(G)”选项卡，在“定位目标(O)：”列表框中选中“书签”，然后在“请输入书签名称(E)：”下拉列表框中输入或选中书签名称，例如“附件列表”，如图 4-31 所示，再单击“定位(T)”按钮，文档即可跳转到指定书签所在位置。

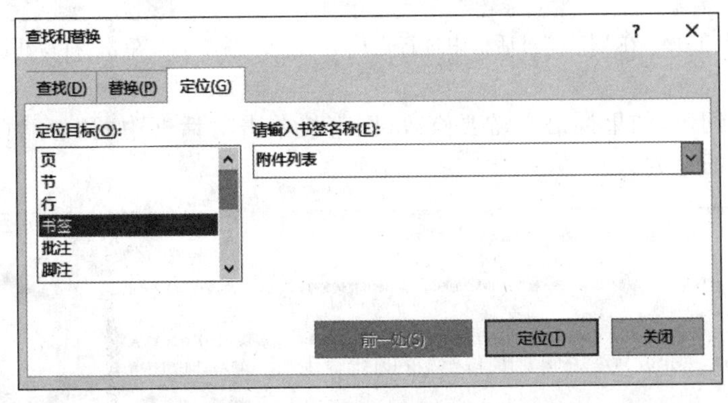

图 4-31　在“查找和替换”对话框中使用书签定位

第二种方法：在“插入”选项卡的“链接”组中单击“书签”按钮，会弹出如图 4-32 所示的对话框，在书签名称列表中选中“附件列表”，然后单击“定位(G)”按钮，即可跳转到书签所在位置。

7. 使用拼写和语法修改文档

在 Word 中默认定义了中英文书写的有关语法规则，如果用户在编辑文档时使用了一些特殊的词语或语句，当这些语句与 Word 默认的语法规则不相符时，Word 就会在这些词语下面显示红色的波浪线，以提示用户注意更改。小李在修改的“关于对公司管理制度进行全面修订的通知(素材)”文档中也出现了类似的情况，为了消除这些波浪线和进行更好的修改，他需要使用拼写和语法功能。

操作步骤

（1）打开文档“关于对公司管理制度进行全面修订的通知(素材)”，在“审阅”选项卡的“校对”类型栏目中单击“拼写和语法”按钮，如图 4-33 所示。

（2）单击“拼写和语法”按钮后系统会自动在正文的右侧弹出“语法”任务窗格，正文中不符合 Word 语法规则的词语加红色波浪线所在的段落会有浅灰色阴影覆盖，“语法”任务窗格中会逐一显示不符合 Word 语法规则的词语，如图 4-34 所示。可以直接在对话框中修

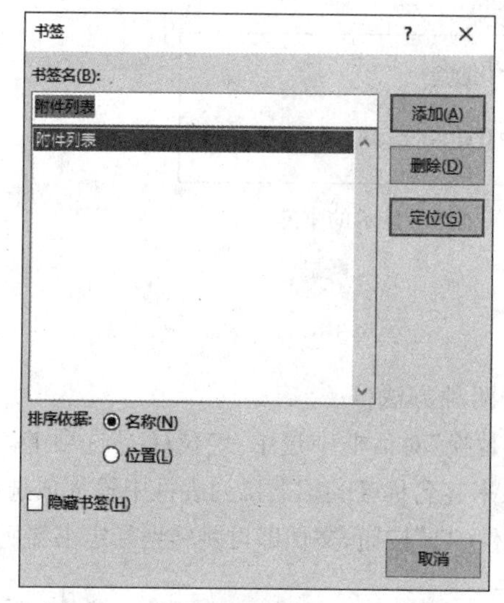

图 4-32　在“书签”对话框中进行定位

图 4-33　单击“拼写和语法”按钮

改不符合规则的词语，如果词语不需要修改，则直接单击对话框中的“忽略(I)”按钮跳转到下一个需要修改的地方。

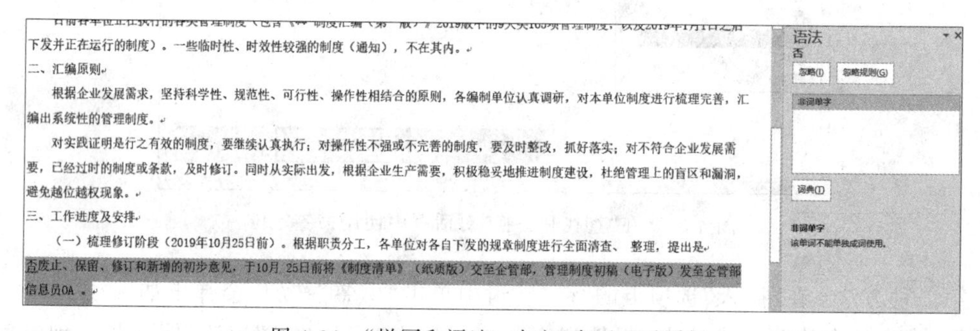

图 4-34　“拼写和语法：中文(中国)”对话框

拼写和语法校对完之后，该对话框会自动关闭，并弹出另一个提示对话框，用于显示校对的结果，如图 4-35 所示。

图 4-35　显示拼写和语法的结果

用户还可以使用“Word 选项”对话框中的“校对”选项卡来定义“拼写和语法”检查的规则，如图 4-36 所示。

在“Word 选项”对话框的“校对”选项卡中单击“自动更正选项(A)”按钮，打开如图 4-37 所示的“自动更正”对话框，该对话框也可以设置自动更正的内容。

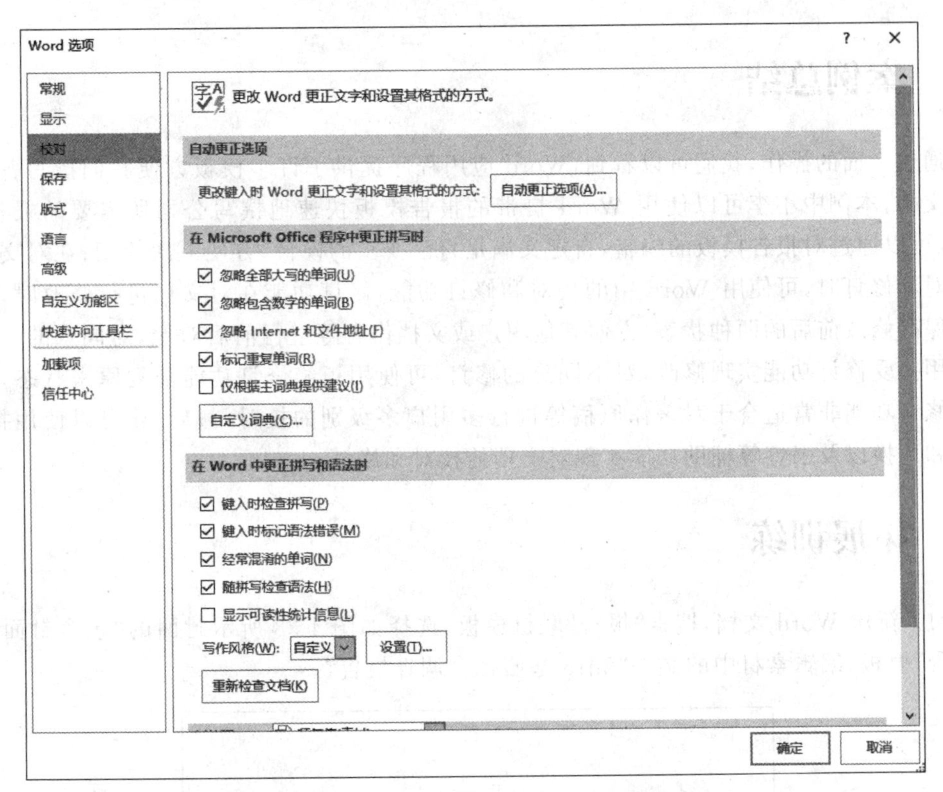

图 4-36　“Word 选项”对话框中的“校对”选项卡内容

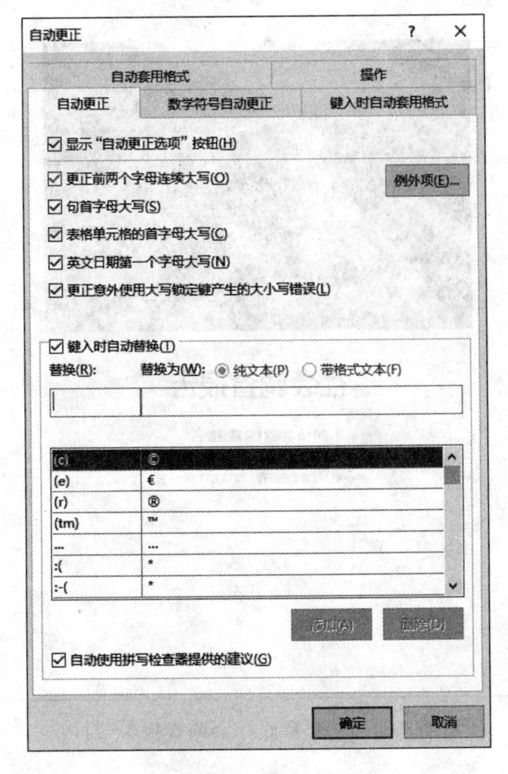

图 4-37　“自动更正”对话框

4.3 案例总结

通过上面的操作，我们可以看到，Word 应用程序提供了许多模板方便我们撰写各种类型的文档，本例中小李可以使用 Word 自带的报告模板快速地撰写公司所需要的报告，同时，也可以通过对报告模板的编辑，自定义满足自己要求的模板，方便下次使用；在对文档进行校对和修订时，可使用 Word 中的校对和修订功能，修订功能在对文档进行修改时，可以同时保存修改前后的两种状态，方便其他用户或文档作者等进行前后对照，对同意的修订可以使用接受修订功能实现修改，对不同意的修订，可使用拒绝修订功能恢复原来状态，因此图书修订功能非常适合于对著作原稿等进行多用户多级别的校对，最后，还可以使用批注、查找和替换以及书签等辅助功能实现对文档的校对和修订。

4.4 拓展训练

(1) 新建 Word 文档，搜索"报告"联机模板，选择如图 4-38 所示封面的"包含封面的学生报告"模板，编辑素材中的文件"2018 寒假社会调查报告"。

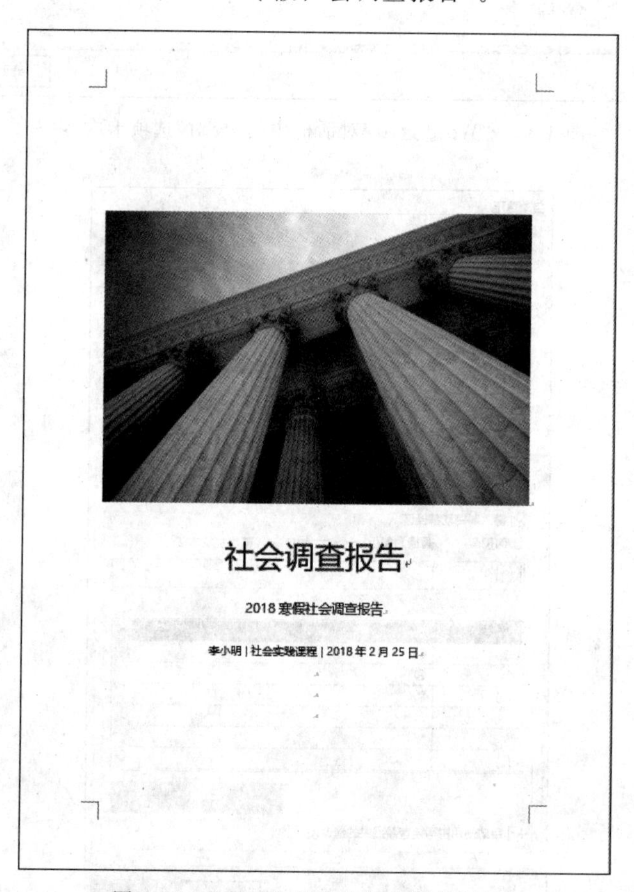

图 4-38 "2018 寒假社会调查报告"封面

(2) 打开案例 2 素材中的文件“2020 届毕业生就业调查报告(完成稿件).docx”,对此调查报告进行如下操作。

① 设置文档修订用户名称为“小李”,并进入文档修订状态,把文档正文开头的“今年”修改为“2020 年”。

② 进入修订状态,删除摘要中的文字“就业形势”。

③ 接受步骤(1)中进行的修订,拒绝步骤(2)中进行的修订,然后退出修订状态。

④ 使用“查找和替换”功能,把文档中所有“西部地区”替换成“我国西北地区”。

⑤ 为就业调查报告中的文字“人才的需求与市场竞争情况”(在第 2 页第 8 段)添加批注,批注内容为“此处人才需要与市场竞争的情况参考的是 2018 年的数据”。

⑥ 给文档最后一段的内容“附调查统计数据”插入名为“调查统计数据”的书签,并保存文档。

案例 5
邀请函的制作(邮件合并)

5.1 案例简介

5.1.1 问题描述

某公司是中国专业化考试与测评服务公司,由于近期对原有考试系统进行了升级,为使客户能更好地使用升级后的考试系统,需要为各地的客户进行一次考试系统培训。业务部小陈遇到了一个难题:由于时间紧,经理要求她根据已有的"客户联系方式"和各地安排好的会议地点,给每位客户发一封"邀请函",形式如图 5-1 所示;"邀请函"制作完成后,还要根据"客户联系方式"给每位客户制作一个信封,把"邀请函"邮寄给客户,信封的形式如图 5-2 所示。如何能够既快速、又准确地制作邀请函和信封呢?

邀请函

尊敬的__________:

您好!

感谢您一直以来对我司的大力支持和理解,为我司提出了宝贵意见,为了更好地为您提供优质的服务,达到共同发展、共同进步的目的,我司对××××考试系统进行了一次全面升级,分别在各地举办了一次系统培训研讨会,诚邀您的参与!

会议主题:××××考试系统研讨会

会议时间:2019 年 3 月 20 日

会议地点:

我们衷心希望通过此次会议,能为各考点提供一个更高效、更安全、更简单、更人性化的考试平台。

谨此会议之际,衷心祝愿您和您的家人团圆美满,幸福安康!

测评软件系统(北京)有限公司

二〇一九年二月十一日

图 5-1 "邀请函"最终效果图

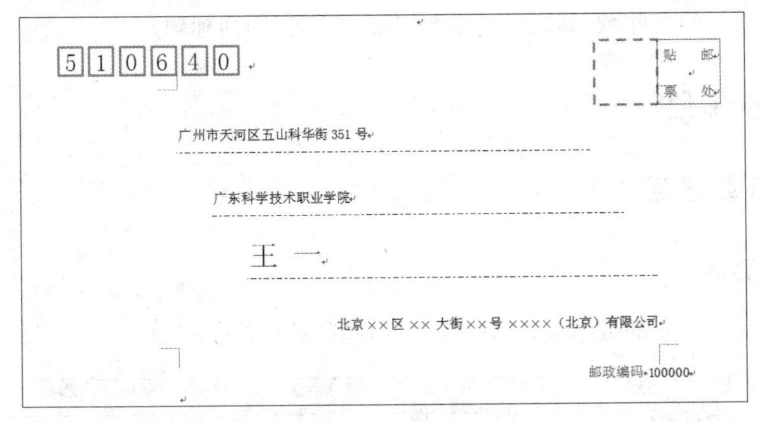

图 5-2　“信封”最终效果图

5.1.2　解决方法

仔细分析这份邀请函和信封，变化的内容只有姓名、称谓、会议地点、收信人的地址及邮政编码，而邀请函的大部分内容和信封中的寄信人地址及邮政编码是固定不变的。可以将这些变化的内容先存储于数据库文件中(可以是 dBase、Access、Excel 和 Word 文件等，本书考虑到数据源创建与编辑的方便，采用 Excel 文件)，然后利用 Microsoft Word 2016 的“邮件合并”功能将固定不变的内容和变化的内容组合起来生成“邀请函”和“信封”，这样既方便又快捷。

利用“邮件合并”功能制作邀请函的方法如下。

(1) 建立数据源文档，用来存放“邀请函”中变化的内容。数据源就是数据记录表，可以用 Excel 2016 来制作。

(2) 建立模板文档，用来存放“邀请函”中固定不变的内容。模板文档只是一个普通的 Word 文档，可以用 Word 2016 来制作。

(3) 在模板文档中需要变化的内容处插入合并域。

(4) 将数据源合并到模板文档中。

信封的制作可利用信封制作向导来生成批量信封。

5.1.3　相关知识

(1) 数据源。数据源就是数据记录表，其中包含要合并到模板文档中的数据信息。创建数据源主要是建立数据表。数据表可以是 Word 文档的表格，也可以是 Excel 表格。在制作数据表的过程中需要注意两点：①制作的表格前不能有空行或表格标题；②表格必须有列标题。

(2) 域。域是一个相对严格的组织，通常人们将归于一类的对象划分成一个组织，这个组织就形成一个域。邮件合并中用到的数据源可看成是一个域的集合体，在数据源中，有行与列，第一行为列标题，第二行以后的行都是属于记录，而每一个列标题就是一个域名，如“省”域、“市”域等。在 Word 中应用邮件合并制作邀请函时，邀请函中变化的内容是根据数据源的记录变化而变化的，而这些变化的内容实际上是根据数据源的域在变化，因此在

Word 模板中插入的合并域,其实也就是数据源的域名(即列标题)。

5.2 实现步骤

5.2.1 准备数据源

操作要求

制作如图 5-3 所示的数据表,并命名为"客户联系方式.xlsx"。

	A	B	C	D	E	F	G	H
1	省	市	机构名称	单位联系人	性别	联系电话	地址	邮政编码
2	广东省	广州市	广东科学技术职业学院	王 一	男	020-85292018	广州市天河区五山科华街351号	510640
3	广东省	广州市	广东外语职业艺术学院	李 二	男	020-85292019	广州市天河区燕岭路322号	510641
4	广东省	广州市	广州高级技工职业学校	张 三	男	020-85292020	广州市广州大道南63号	510642
5	广东省	广州市	广东理工职业学院	刘 四	女	020-85292021	广州市花都区迎宾大道北117号	510643
6	广东省	广州市	广州经济管理职业技术学院	陈 五	女	020-85292022	广州市沙太南路大源金龙路832号	510644
7	广东省	广州市	广州番禺技术职业学院	杨 六	男	020-85292023	广州番禺区沙湾镇643号	510645
8	广东省	佛山市	佛山信息职业技术学校	黄 七	男	020-85292024	佛山市南海区桂丹路桃李路	510646
9	广东省	珠海市	珠海市中级技工学校	赵 八	男	0756-6382657	珠海市吉大白莲路42号	510647
10	广东省	珠海市	珠海城市技术职业学校	吴 九	女	0756-6382658	珠海市拱北水荫路32号	510648
11	广东省	珠海市	广东科学技术职业学院珠海校区	周 十	男	0756-6382659	珠海市珠海大道南	510649
12	广东省	珠海市	北京农业大学珠海校区	徐十一	女	0756-6382660	珠海市香洲大道北65号	510650
13	广东省	河源市	河源技术职业学院	孙十二	男	0762-5847323	广东省河源市桂园北路321号	510651
14	广东省	湛江市	湛江市中级技术学校	马十三	女	0759-4705373	湛江赤坎区寸银路142号	510652
15	广东省	清远市	清远技术职业学校	朱十四	女	0759-4705374	清远市清城区东城街蟠龙路	510653
16	广东省	惠州市	惠州职业中级学校	胡十五	男	0752-2726235	惠州市南坛西路2号	510654
17	广东省	肇庆市	肇庆职业学院	郭十六	男	0758-2835242	肇庆市端州区红桂路89号	510655

图 5-3 "客户联系方式"数据表

操作步骤

请读者参考"客户联系方式(素材).xlsx"自行制作该数据表。

说明:数据表的列标题前不能有空行或表格标题。为区别工作表名,读者可以对工作表表名 Sheet1 重新命名为方便记忆的名称,如"客户联系方式"等。

5.2.2 建立邀请函模板

操作要求

在 Word 2016 中,新建如图 5-4 所示的邀请函,并根据图中的字体、段落设置要求进行相应的设置,保存为"邀请函(模板).docx"。

操作步骤

请读者自行完成操作。

5.2.3 利用邮件合并制作邀请函

操作要求

利用邮件合并功能,将"客户联系方式.xlsx"数据源文档中的数据导入"邀请函(模板).docx"文档中,生成每个客户的邀请函。

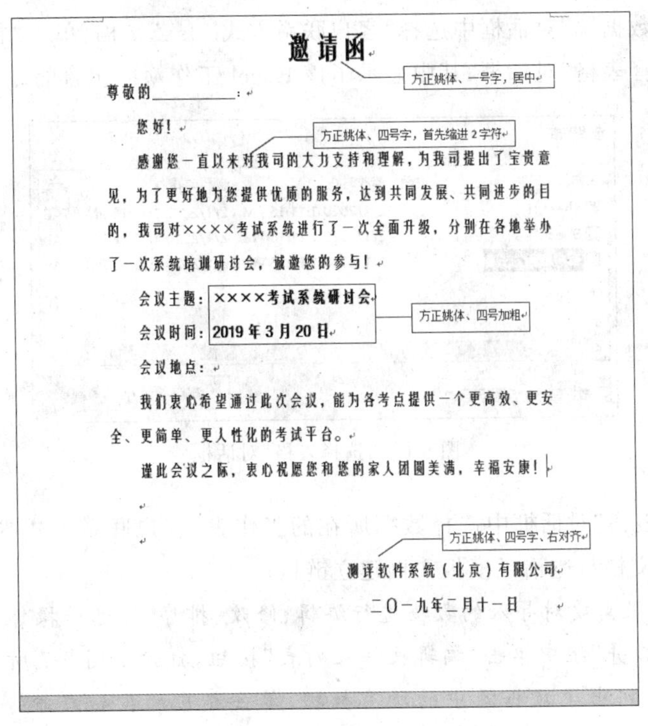

邀请函

尊敬的________：

您好！

感谢您一直以来对我司的大力支持和理解，为我司提出了宝贵意见，为了更好地为您提供优质的服务，达到共同发展、共同进步的目的，我司对××××考试系统进行了一次全面升级，分别在各地举办了一次系统培训研讨会，诚邀您的参与！

会议主题：××××考试系统研讨会

会议时间：2019 年 3 月 20 日

会议地点：

我们衷心希望通过此次会议，能为各考点提供一个更高效、更安全、更简单、更人性化的考试平台。

谨此会议之际，衷心祝愿您和您的家人团圆美满，幸福安康！

测评软件系统（北京）有限公司

二〇一九年二月十一日

图 5-4　“邀请函”模板

操作步骤

(1) 打开“邀请函(模板).docx”文档。在“邮件”选项卡的“开始邮件合并”组中单击“选择收件人”按钮,选择“使用现有列表”命令,打开如图 5-5 所示的“选取数据源”对话框。

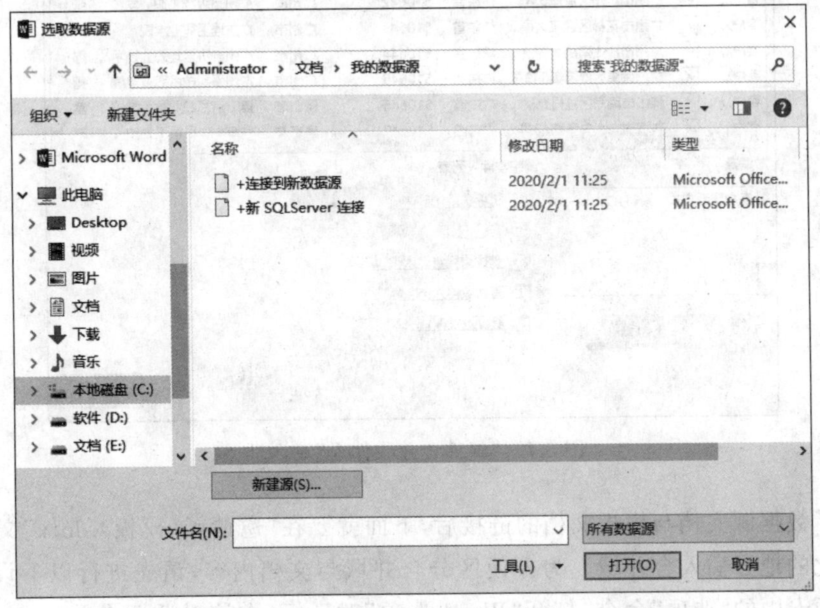

图 5-5　“选取数据源”对话框

(2) 在"选取数据源"对话框中选择"客户联系方式.xlsx"文档，单击"打开"按钮，打开如图 5-6 所示的"选择表格"对话框，其中显示了该 Excel 工作簿中包含的 3 个工作表。

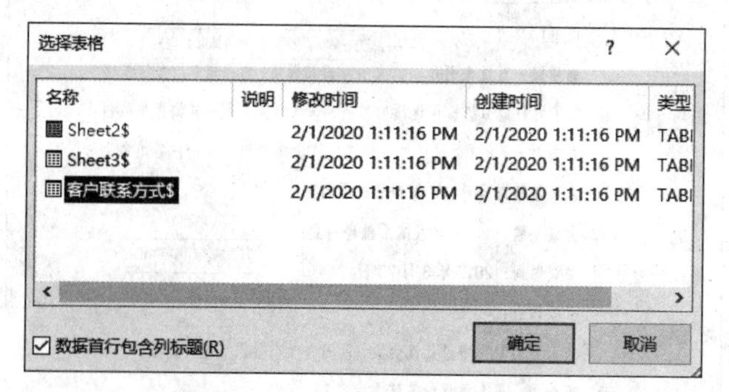

图 5-6 "选择表格"对话框

(3) 在"选择表格"对话框中选择数据所在的工作表"客户联系方式 $"，单击"确定"按钮，即可将数据源文档与邀请函模板文档建立链接。

说明：用户如果需要对导入的数据进行编辑、修改、排序、筛选等操作，可以在"邮件"选项卡的"开始邮件合并"组中单击"编辑收件人列表"按钮，打开如图 5-7 所示的"邮件合并收件人"对话框，这里列出了数据源中的所有数据，单击相应的按钮或命令即可进行相应的操作。

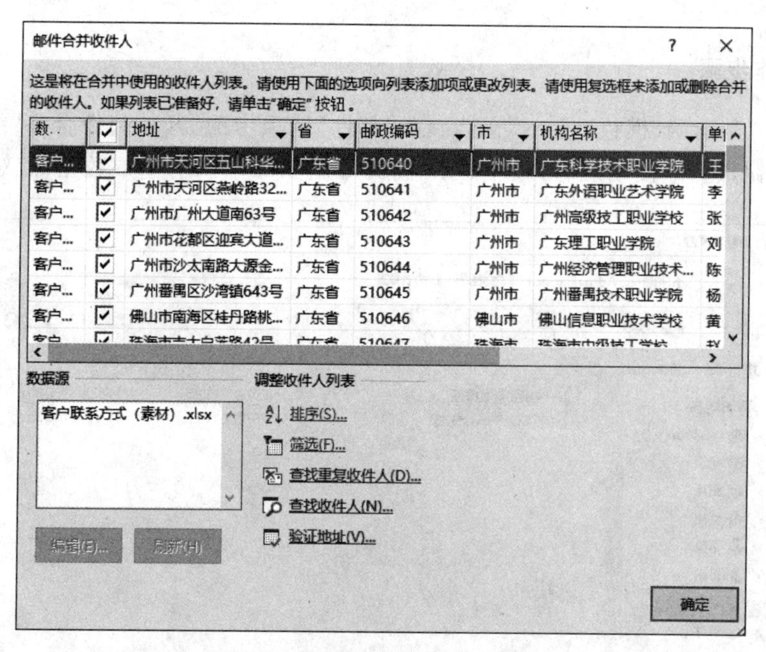

图 5-7 "邮件合并收件人"对话框

建立了数据源文档与模板文档的链接后，下面就要在"邀请函(模板).dotx"文档中需要有信息变化的地方插入合并域。为方便区分合并域与文档内容，请先进行以下设置：单击"文件"选项卡中的"选项"命令，打开"Word 选项"对话框；在该对话框中单击"高级"，打开

“高级”选项卡,在其中的“显示文档内容”组中选中“显示域代码而非域值”选项,并在“域底纹”下拉列表框中选择“始终显示”,单击“确定”按钮。

(4) 插入“单位联系人”域。

① 将插入点置于模板文档中需要放置“单位联系人”的位置,在“邮件”选项卡的“编写和插入域”组中单击“插入合并域”按钮右边的下拉箭头,打开如图 5-8 所示的下拉菜单。

② 在“插入合并域”下拉菜单中选择“单位联系人”命令,将“单位联系人”域插入到模板文档中,效果如图 5-9 所示。

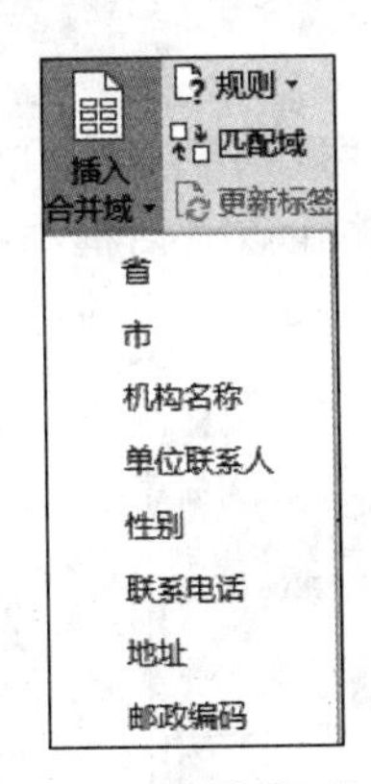

图 5-8　“插入合并域”菜单命令

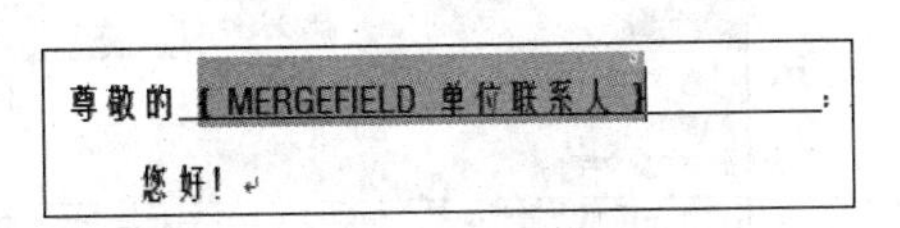

图 5-9　插入的“单位联系人”域

(5) 插入称谓。

① 客户的称谓是通过客户的性别进行判断的,我们可以通过“客户联系方式.xlsx”表中的性别进行自动判断和填充。将插入点置于“单位联系人”域文字后,在“邮件”选项卡的“编写和插入域”组中单击“规则”按钮,打开“规则”下拉菜单,如图 5-10 所示。

② 在“规则”下拉菜单中选择“如果...那么...否则(I)...”命令,打开“插入 Word 域：IF”对话框,并在该对话框中按如图 5-11 所示选择或输入相关的内容,单击“确定”按钮,在“单位联系人”域后插入称谓。

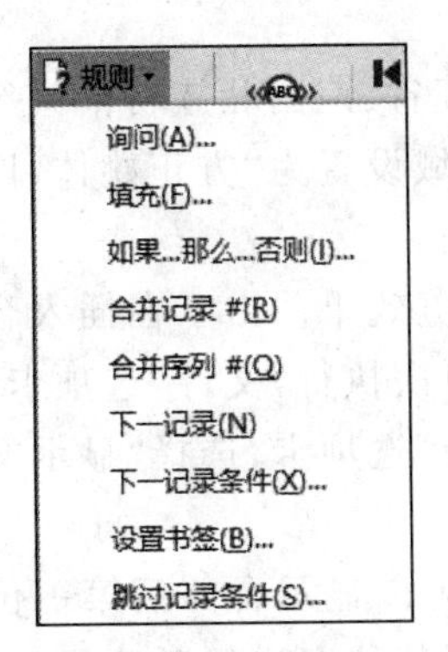

图 5-10　“规则”菜单命令

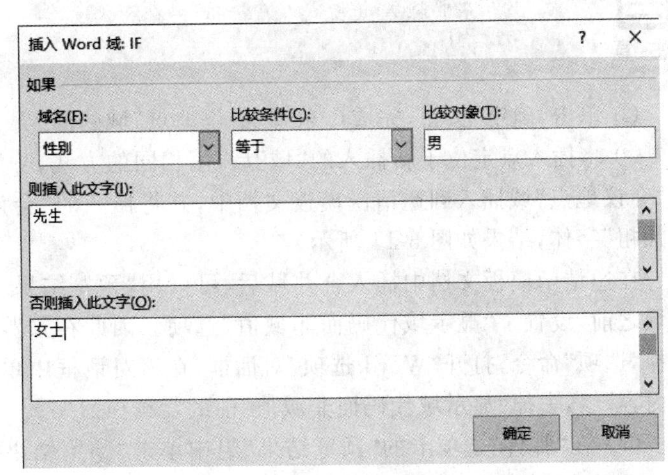

图 5-11　“插入 Word 域：IF”对话框

（6）插入“会议地点”域：各省份的会议地点是不同的，如图 5-12 所示。各省份的会议地点已存储在“会议地点.xlsx”文档中。

省份	会议地点
广东省	广州市广州大道北8号广州总统大酒店五楼综合会议室
江苏省	南京市鼓楼区中山南路78号江苏大酒店三楼会议厅
广西壮族自治区	桂林市滨江东路19号桂林桂江酒店八楼会议厅
北京市	北京市海淀区四里河路北京西苑饭店鸿运厅10号厅
湖北省	荆州市沙市区金龙泉大道8号荆州鸿运酒店三楼会议室
浙江省	湖州市学森街4号浙江酒店五楼
山东省	青岛市烟台路南83号青岛大酒店七楼会议厅

图 5-12　会议地点对应表

① 将插入点置于邀请函模板文档中的“会议地点：”后，在“规则”下拉菜单中选择“如果...那么...否则(I)...”命令，打开“插入 Word 域：IF”对话框，并在该对话框中按如图 5-13 所示选择或输入相关的内容。

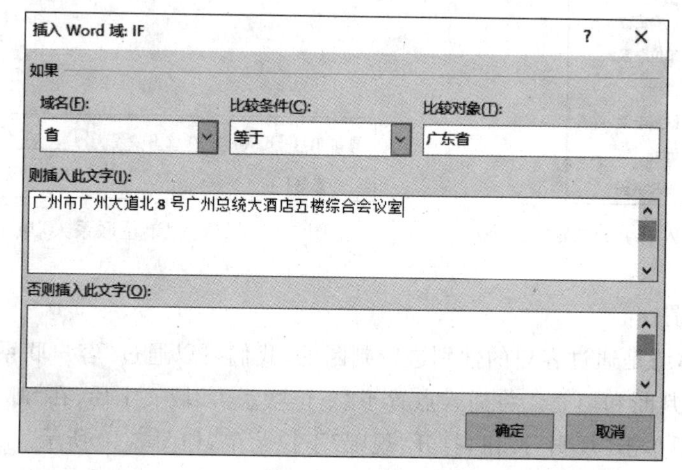

图 5-13　“插入 Word 域：IF”对话框

在“否则插入此文字”编辑框中不输入文字。

② 单击“确定”按钮，完成广东省“会议地点”域的插入。

③ 将插入点定位于新插入的“域”后，用相同的方法，分别将江苏省、广西壮族自治区等的“会议地点”域插入到邀请函模板文档中，并将插入的“会议地点”域设置为“方正姚体、四号加粗”字体，结果如图 5-14 所示。

在邀请函模板文档中插入合并域后，可以用“预览结果”命令预览效果。由于在插入合并域之前，设置了“显示域代码而非域值”选项。因此在预览前，须再次执行“文件”选项卡，选择“选项”命令，打开“Word 选项”对话框，在该对话框中单击“高级”选项卡，选择“显示文档内容”组，去掉“显示域代码而非域值”前的复选项。

（7）在“邮件”选项卡的“预览结果”组中单击“预览结果”按钮，可以显示合并后第一位客户的邀请函效果。单击“上一记录”和“下一记录”按钮可以预览到其他客户的邀请函，结果如图 5-15 所示。

会议地点：{ IF { MERGEFIELD 省 } = "广东省" "广州市广州大道北 8 号广州总统大酒店五楼综合会议室" "" }{ IF { MERGEFIELD 省 } = "江苏省" "南京市鼓楼区中山南路 78 号江苏大酒店三楼会议厅" "" }{ IF{MERGEFIELD 省}= "广西壮族自治区" "桂林市滨江东路19号桂林桂江酒店八楼会议厅" "" }{ IF { MERGEFIELD 省 } = "北京市" "北京市海淀区四里河路北京西苑饭店鸿运厅 10 号厅" "" }{ IF { MERGEFIELD 省 } = "湖北省" "荆州市沙市区金龙泉大道 8 号荆州鸿运酒店三楼会议室" "" }{ IF { MERGEFIELD 省 } = "浙江省" "湖州市学森街 4 号浙江酒店五楼" "" }{ IF { MERGEFIELD 省 } = "山东省" "青岛市烟台路南 83 号青岛大酒店七楼会议厅" "" }

图 5-14　插入的"会议地点"域

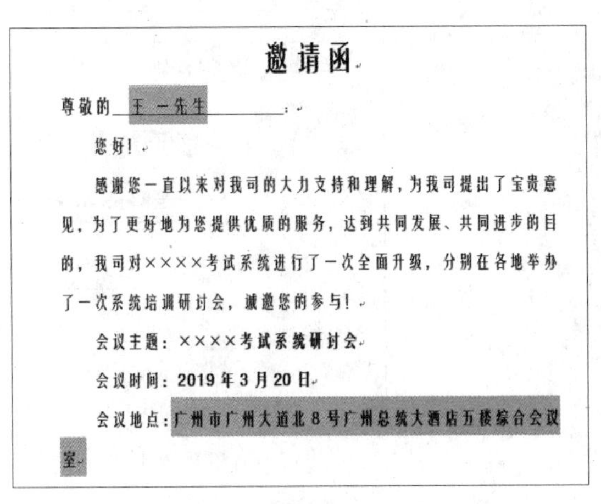

邀请函

尊敬的 王一先生 ：

您好！

感谢您一直以来对我司的大力支持和理解，为我司提出了宝贵意见，为了更好地为您提供优质的服务，达到共同发展、共同进步的目的，我司对××××考试系统进行了一次全面升级，分别在各地举办了一次系统培训研讨会，诚邀您的参与！

会议主题：××××考试系统研讨会

会议时间：2019 年 3 月 20 日

会议地点：广州市广州大道北 8 号广州总统大酒店五楼综合会议室

图 5-15　预览"邀请函"结果

(8) 在"邮件"选项卡的"完成"组中单击"完成并合并"按钮，打开"完成并合并"下拉菜单，如图 5-16 所示。在"完成并合并"下拉菜单中选择"编辑单个文档"命令，打开如图 5-17 所示"合并到新文档"对话框，选中"全部"单选钮，单击"确定"按钮，将所有记录合并，每条记录生成一位客户的邀请函，并自动生成新文档"信函 1.docx"，另存该文档为"邀请函.docx"。

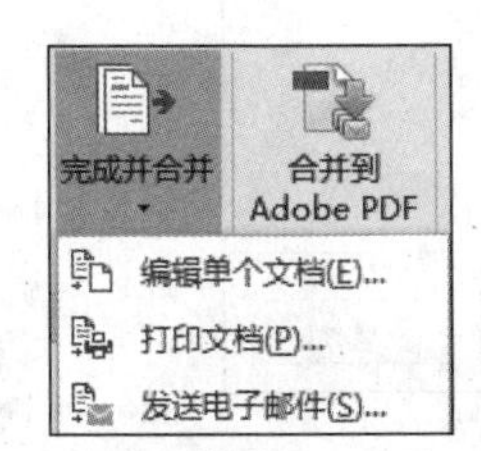

图 5-16　"完成并合并"菜单命令

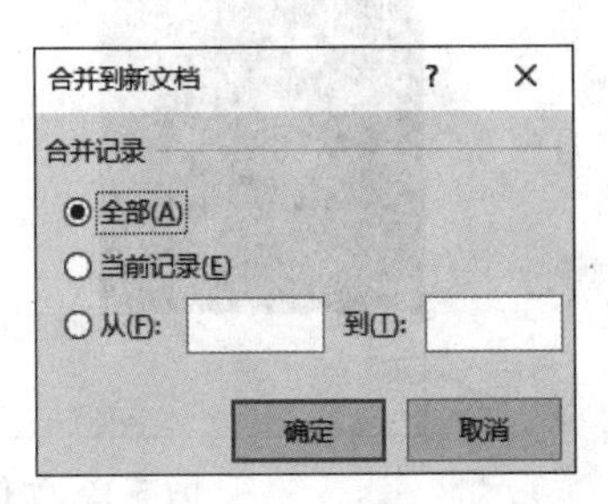

图 5-17　"合并到新文档"对话框

5.2.4　制作信封

操作要求

利用"信封制作"向导制作信封，信封标准为国内信封-ZL(230×120)，并在信封底部输入寄信人的地址信息，如图 5-18 所示。

操作步骤

(1) 在"邮件"选项卡的"创建"组中单击"中文信封"按钮，打开"制作信封向导"对话框，如图 5-19 所示。

(2) 单击"下一步"按钮，在"信封样式"下拉列表中，选择"国内信封-ZL(230×120)"，如图 5-20 所示。

510640

贴 邮
票 处

广州市天河区五山科华街 351 号

广东科学技术职业学院

王 一

北京××区××大街××号××××（北京）有限公司

邮政编码 100000

图 5-18 “信封”模板样张

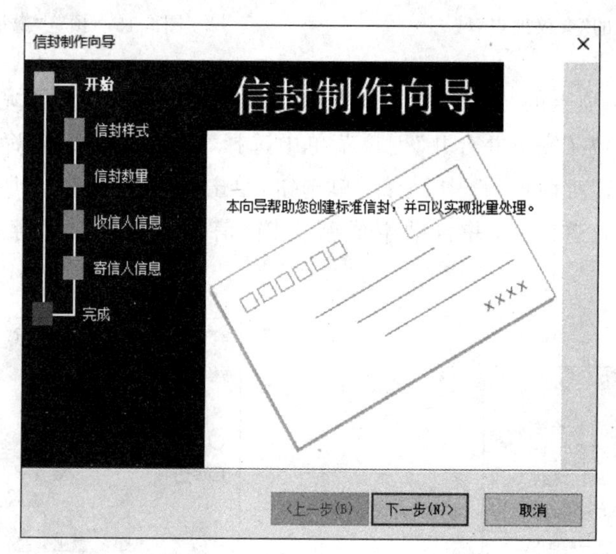

图 5-19 “信封制作向导”步骤一

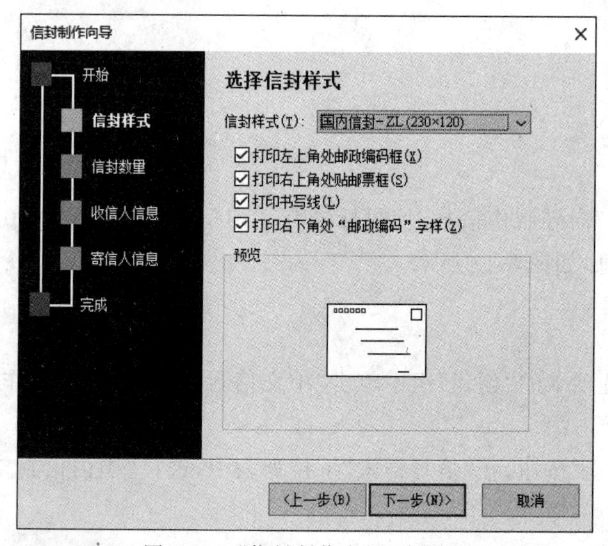

图 5-20 “信封制作向导”步骤二

(3) 单击"下一步"按钮,打开如图5-21所示对话框,并选择"基于地址簿文件,生成批量信封"单选钮。

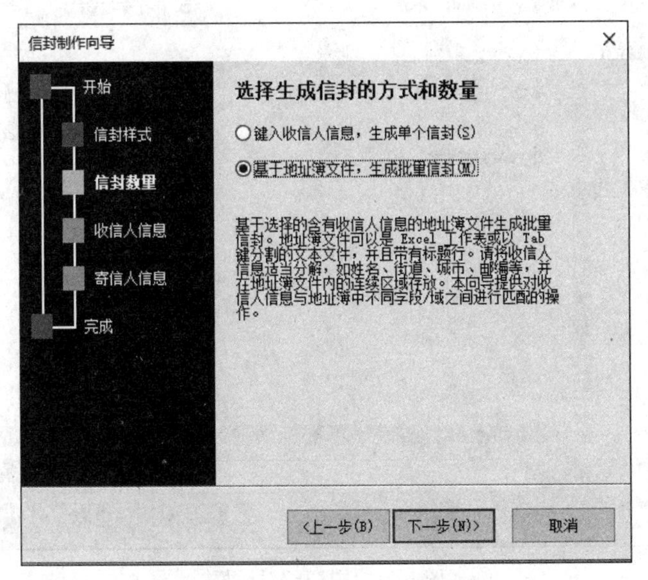

图5-21　"信封制作向导"步骤三

(4) 单击"下一步"按钮,打开如图5-22所示对话框,单击"选择地址簿"按钮,打开图5-23所示"打开"对话框。

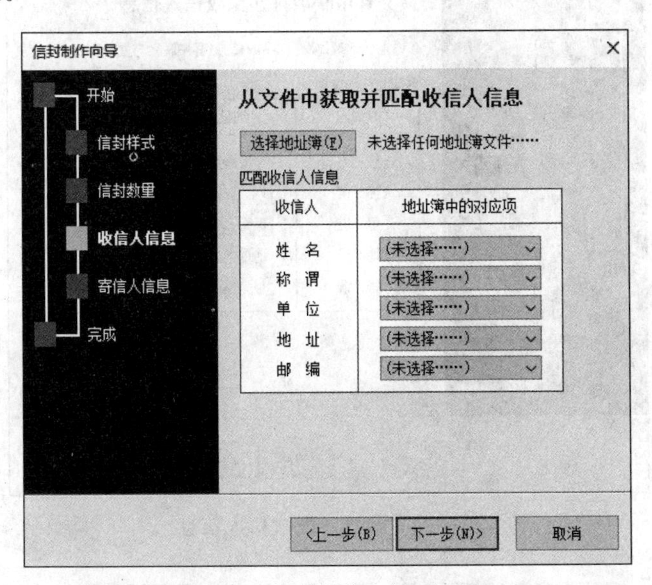

图5-22　"信封制作向导"步骤四

(5) 在"打开"对话框中选择"文件类型"为Excel,并选择"客户联系方式.xlsx"文件,单击"打开"按钮,返回"信封制作向导"步骤四。按如图5-24所示在"匹配收信人信息"中选择收信人各项信息在地址簿中的对应项。

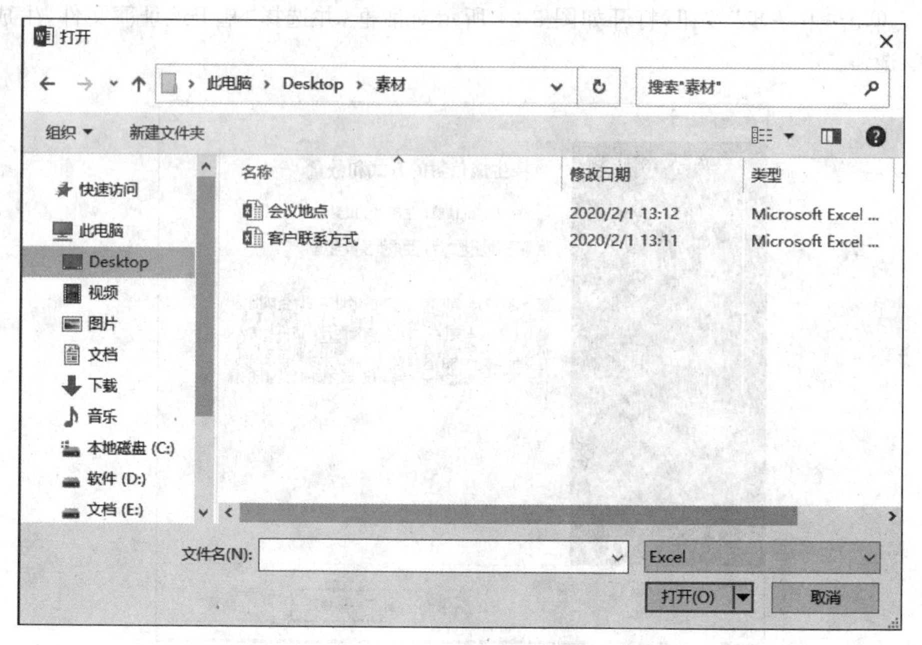

图 5-23 “打开”对话框

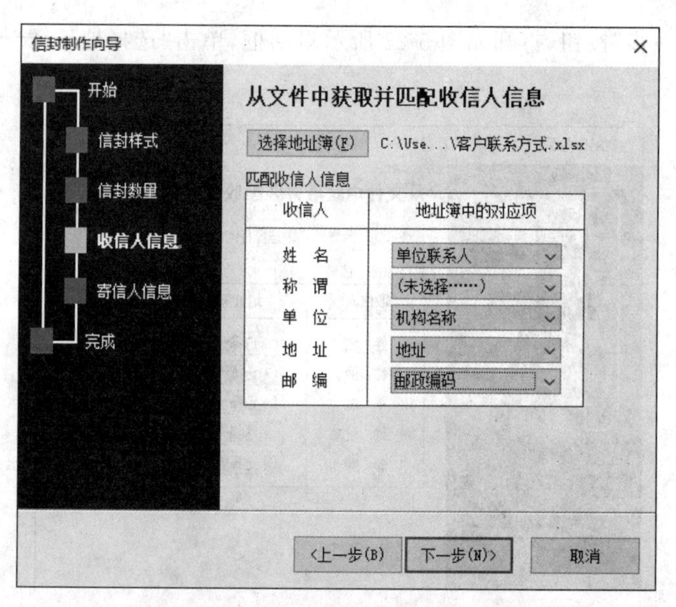

图 5-24 选择匹配收信人信息

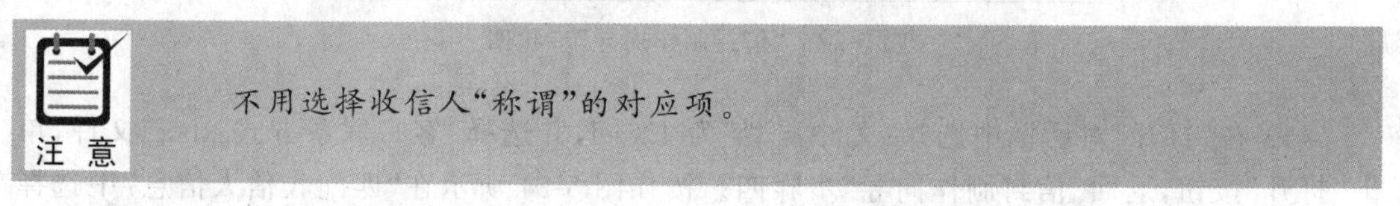

不用选择收信人“称谓”的对应项。

(6) 单击“下一步”按钮，打开如图 5-25 所示对话框，在该对话框中输入寄信人信息。

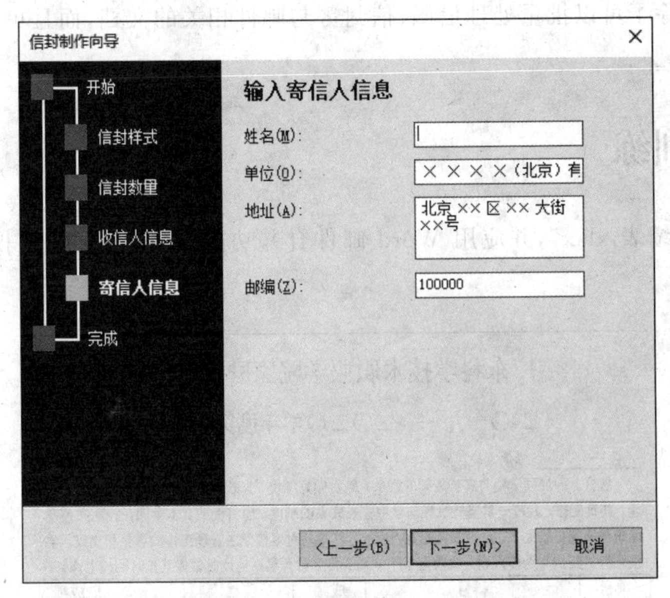

图 5-25　“信封制作向导”步骤五

(7) 单击“下一步”按钮,打开如图 5-26 所示对话框,单击“完成”按钮,系统自动生成“文档 1.docx”文档,另存该文档为“信封.docx”。

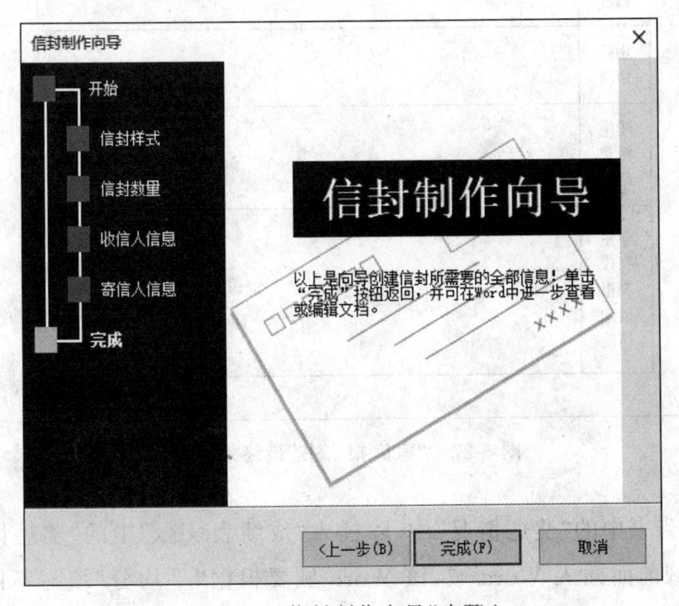

图 5-26　“信封制作向导”步骤六

5.3　案例总结

通过邀请函、信封的案例操作,可以体会到 Word 中的“邮件合并”功能不仅减少了制作大量相同内容模板中插入不同内容的时间,而且减小了出错的概率,大大提高了操作效率。

“邮件合并”功能除了可以批量处理信函、信封等与邮件相关的文档，而且可以批量制作家庭报告书、工资条等。

5.4 拓展训练

(1) 利用“成绩表.xlsx”，并应用 Word 邮件合并功能，制作家庭报告书，效果如图 5-27 所示。要求如下。

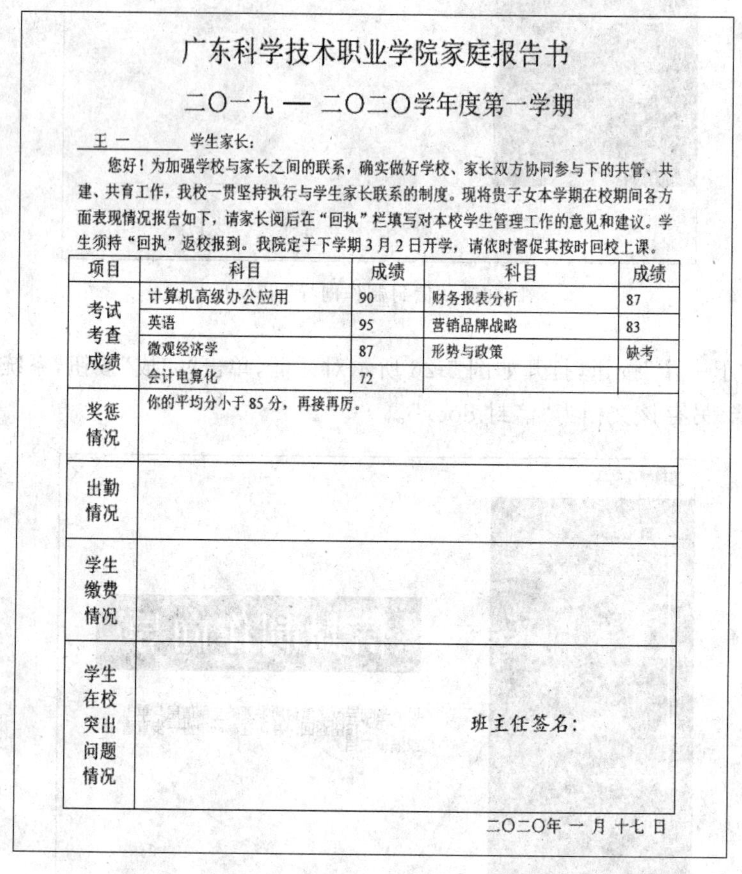

广东科学技术职业学院家庭报告书

二〇一九 — 二〇二〇学年度第一学期

王一　　　　学生家长：

您好！为加强学校与家长之间的联系，确实做好学校、家长双方协同参与下的共管、共建、共育工作，我校一贯坚持执行与学生家长联系的制度。现将贵子女本学期在校期间各方面表现情况报告如下，请家长阅后在“回执”栏填写对本校学生管理工作的意见和建议。学生须持“回执”返校报到。我院定于下学期 3 月 2 日开学，请依时督促其按时回校上课。

项目	科目	成绩	科目	成绩
考试考查成绩	计算机高级办公应用	90	财务报表分析	87
	英语	95	营销品牌战略	83
	微观经济学	87	形势与政策	缺考
	会计电算化	72		
奖惩情况	你的平均分小于 85 分，再接再厉。			
出勤情况				
学生缴费情况				
学生在校突出问题情况	班主任签名：			

二〇二〇年 一 月 十七 日

图 5-27 “家庭报告书”最终效果图

① 在家庭报告书中的“奖惩情况”中，除插入“成绩表.xlsx”中的“奖惩情况”域外，还需要在“奖惩情况”域前面插入 Word 域，该 Word 域要根据“平均分”填写不同的内容：如果“平均分”在 85 分及以上，填写“你的平均分大于等于 85 分，成绩优秀”；如果“平均分”在 85 分以下，填写“你的平均分小于 85 分，再接再厉”。

② 根据效果图所示，读者自行设置字体、段落格式。

(2) 利用“通讯录.xlsx”，并应用 Word 邮件合并功能，给每位学生制作一个信封，效果如图 5-28 所示。

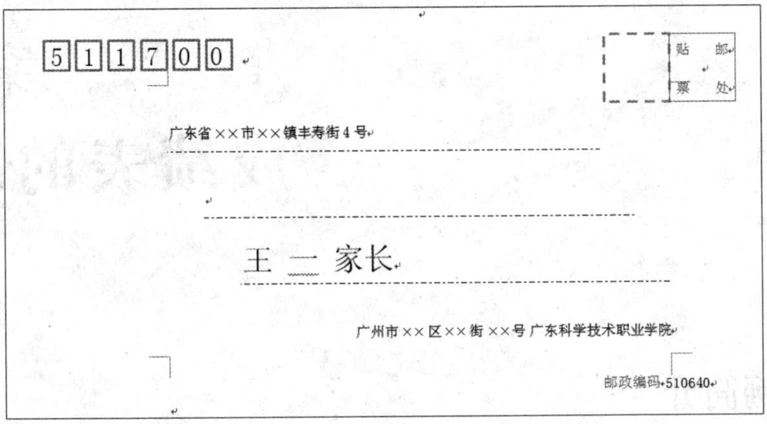

511700

贴　邮
票　处

广东省××市××镇丰寿街4号

王 一 家长

广州市××区××街××号 广东科学技术职业学院

邮政编码:510640

图 5-28　“信封”最终效果图

案例 6
成绩表的制作

6.1 案例简介

6.1.1 问题描述

小黄在校期间品学兼优，得到老师们的欣赏，毕业后留校在教务处从事教务管理助理工作。每学期期末，各任课教师都必须把包括课程成绩表（见图 6-1）和课程成绩分析表（见图 6-2）的电子文件交到教务处。这些电子文件的收集工作现在由小黄负责。小黄收齐全部任课教师的相关电子文件后，要把每门课的“课程成绩表”按班级汇总成为 Excel 工作簿“××班成绩表.xlsx”，并在工作簿中添加一张名为“成绩一览表”的工作表（见图 6-3）和一张名为“成绩等级表”的工作表（见图 6-4）。在这些工作表中能按要求快速准确地查找出某些学生的成绩。

××学院成绩表

____学年第___学期

开课部门:		班级：19工商16	任课教师:		学分:	
课程名称：大学英语		课程性质:	考核方式:		填表日期:	
学号	姓名	性别	平时成绩	期末成绩	总评成绩	备注
0802191601	王 一	男	78	85	82	
0802191602	李 二	男	90	98	95	
0802191603	张 三	女	62	53	57	
0802191604	刘 四	男	69	78	74	
0802191605	陈 五	女	75	70	72	
0802191606	杨 六	女	82	96	90	
0802191607	黄 七	男	78	82	80	
0802191608	赵 八	男	50	56	54	

图 6-1 “大学英语”课程成绩表

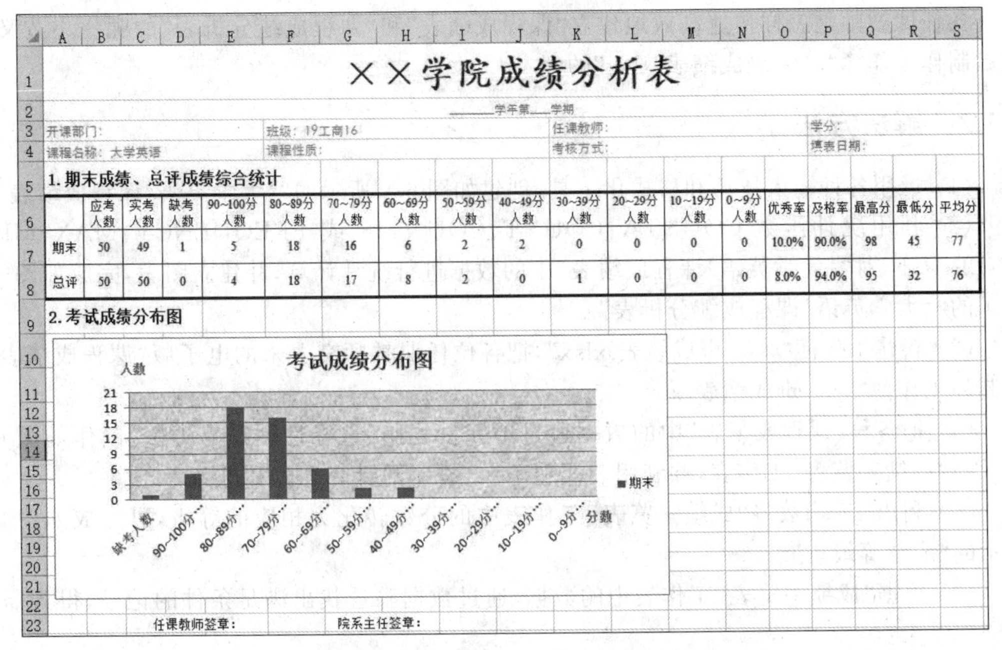

××学院成绩分析表

______学年第___学期

开课部门: 班级: 19工商16 任课教师: 学分:

课程名称: 大学英语 课程性质: 考核方式: 填表日期:

1. 期末成绩、总评成绩综合统计

	应考人数	实考人数	缺考人数	90~100分人数	80~89分人数	70~79分人数	60~69分人数	50~59分人数	40~49分人数	30~39分人数	20~29分人数	10~19分人数	0~9分人数	优秀率	及格率	最高分	最低分	平均分
期末	50	49	1	5	18	16	6	2	2	0	0	0	0	10.0%	90.0%	98	45	77
总评	50	50	0	4	18	17	8	2	0	1	0	0	0	8.0%	94.0%	95	32	76

2. 考试成绩分布图

任课教师签章: 院系主任签章:

图 6-2 “大学英语”课程成绩分析表

工商16班成绩表.xlsx - Excel 登录

文件 开始 插入 页面布局 公式 数据 审阅 视图 帮助 操作说明搜索

粘贴 剪贴板 宋体 12 字体 对齐方式 数字 条件格式 套用表格格式 单元格样式 样式 单元格 编辑

K15

	A	B	C	D	E	F	G	H	I
1	学号	姓名	性别	大学英语	计算机基础	体育	邓小平理论	总分	名次
2	0802191601	王 一	男	82	82	81	87	332	7
3	0802191602	李 二	男	95	60	73	88	316	23
4	0802191603	张 三	女	57	84	87	85	313	25
5	0802191604	刘 四	男	74	78	78	91	321	19
6	0802191605	陈 五	女	72	91	87	90	340	4
7	0802191606	杨 六	女	90	81	87	69	327	14
8	0802191607	黄 七	男	80	81	91	80	332	7
9	0802191608	赵 八	男	54	54	57	85	250	49

图 6-3 成绩一览表

	A	B	C	D	E	F	G
1	学号	姓名	性别	大学英语	计算机基础	体育	邓小平理论
2	0802191601	王 一	男	B	B	B	B
3	0802191602	李 二	男	A	D	C	B
4	0802191603	张 三	女	E	B	B	B
5	0802191604	刘 四	男	C	C	C	A
6	0802191605	陈 五	女	C	A	B	A
7	0802191606	杨 六	女	A	B	B	D
8	0802191607	黄 七	男	B	B	A	B
9	0802191608	赵 八	男	E	E	E	B

图 6-4 成绩等级表

各任课教师是怎样快速高效地建立“课程成绩表”和“课程成绩分析表”的呢？小黄又是怎么制作工作簿“××班成绩表.xlsx”的呢？

6.1.2 解决方法

（1）运用各种输入技巧和格式化工具，创建如图 6-1 所示的“‘大学英语’课程成绩表”。

（2）利用统计函数 COUNTA、COUNT、COUNTIF 或 FREQUENCY、MAX、MIN、AVERAGE，对“‘大学英语’课程成绩表”中的数据进行统计计算，并建立图表，完成如图 6-2 所示的“‘大学英语’课程成绩分析表”。

（3）新建工作簿“××班成绩表.xlsx”，把各位任课教师交上来的电子版“课程成绩表”，复制到工作簿“××班成绩表.xlsx”上。

（4）把各科“课程成绩表”中的数据通过单元格复制、选择性粘贴等方法，制作如图 6-3 所示的“成绩一览表”工作表，并利用公式和 RANK 函数计算总分和排名等。

（5）利用 IF 函数将“成绩一览表”工作表中的分数转化为相应的等级，可完成如图 6-4 所示的“成绩等级表”。

（6）根据“成绩一览表”工作表中的数据，通过数据筛选找出满足条件的记录，得到需要的筛选结果。

6.1.3 相关知识

1. 数据类型

Excel 的数据类型有多种，常用的有数值型、文本型、日期型等。

（1）数值型数据。数值型数据即数字，是指仅包含下列字符的常数值：0、1、2、3、4、5、6、7、8、9、＋、－、/、(、)、￥、$、%、.、E 数值型数据在单元格中显示时，默认的对齐方式是右对齐。在一般情况下，若输入的数值太大或太小，如数字长度超过 11 位，Excel 将以科学记数法的形式显示，且只保留 15 位的数字精度，15 位以后的数字显示为 0。

（2）文本型数据。文本型数据包括汉字、字母、数字字符、空格及键盘能输入的其他符号，或者是它们的组合。如粤 A、A007B、#00236、abc、Excel 2016、100Mbps 等。文本默认的对齐方式是左对齐。

（3）日期型数据。Excel 内置了一系列的日期与时间格式（见图 6-5），当输入的数据与这些格式相匹配时，系统会自动使之变成日期或时间的显示格式。

2. 输入技巧

快速输入有很多技巧，如利用填充柄可进行自动填充，建立自定义序列，设定数据有效性，使用 Ctrl＋Enter 组合键在多个不相邻单元格中输入相同的数据，利用“查找与替换”功能快速修改数据等。

3. 单元格的操作

单元格中数据的操作包括数据的移动、复制、删除，格式的复制、清除等。

单元格格式的设置有数字类型、对齐方式、字体、边框、底纹、保护等。

单元格地址有相对地址、绝对地址和混合地址三种。

4. 公式与函数

公式是对单元格中数值进行计算的等式。通过公式可以对单元格中的数值进行加、减、

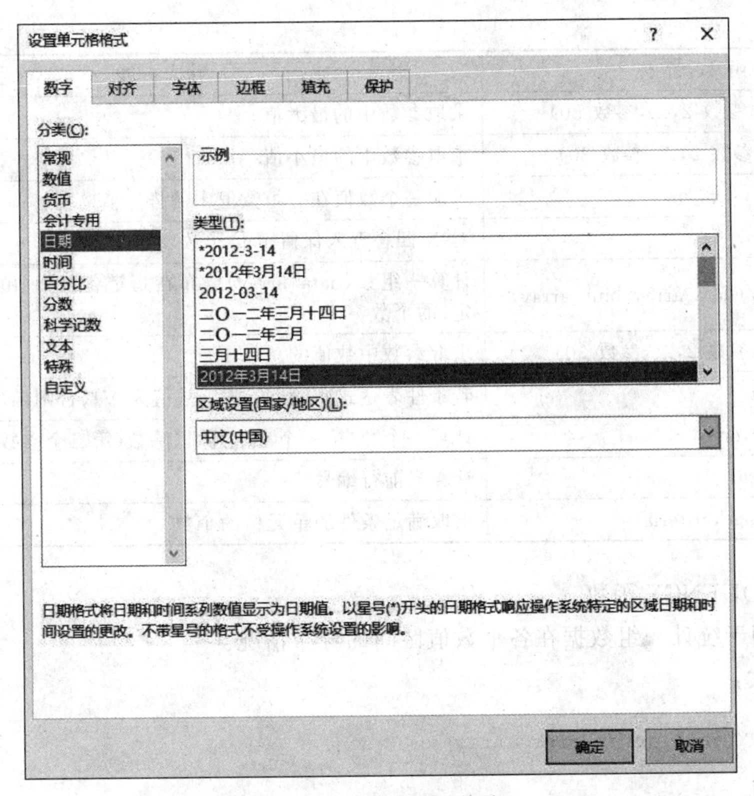

图 6-5　日期与时间格式

乘、除等各类数学运算。

公式以"="号开头,以区别常量数据。一个公式中可以包含有数字、字符、单元格引用、函数和运算符等。

公式可以复制。常用拖动填充柄来复制,也可以用菜单命令进行复制。

公式中的单元格引用有相对引用、绝对引用和混合引用三种,按 F4 键可在这三种引用之间进行转换。在进行公式复制时,需特别注意这三种引用的使用。当公式中包含了单元格地址的相对引用时,复制结果会随引用地址的变化而变化。

函数是 Excel 预定义的内置公式,分为十大类型,即财务、日期与时间、数学和三角函数、统计、查询和引用、数据库、文本、逻辑、信息和工程,每一类型又有若干个不同的函数。

函数的语法格式:

函数名(参数 1,参数 2,...)

本章用到的函数及其功能如表 6-1 所示。

表 6-1　函数功能

函数名称	功　能
AVERAGE(参数 1,参数 2,…,参数 30)	求取参数中数值的平均值
COUNT(参数 1,参数 2,…,参数 30)	求取参数中数值型数据的个数
COUNTA(参数 1,参数 2,…,参数 30)	求取参数中非空单元格的个数

续表

函数名称	功　能
MAX(参数 1,参数 2,…,参数 30)	求取参数中的最大值
MIN(参数 1,参数 2,…,参数 30)	求取参数中的最小值
Rank(number, ref, order)	求取一个数值在一组数值中的排序值
ROUND(X, n)	对 X 四舍五入保留 n 位小数
FREQUENCY(data_array,bins_array)	计算一组数(data_array)分布在指定各区间(由 bins_array 确定)的个数
SUM(参数 1,参数 2,…,参数 30)	求取参数中数值的总和
IF(X,V1,V2)	若条件表达式 X 为真,则函数值为 V1,否则函数值为 V2
MOD(number,divisor)	计算一个数(第一个参数)除以除数(第二个参数)之后的余数
ROW(reference)	计算当前行编号
COUNTIF(range,criteria)	求取满足条件的单元格的个数

1) FREQUENCY 函数

功能:用于统计一组数据在各个数值区间的分布情况。

函数格式:

```
FREQUENCY(data_array,bins_array)
```

参数意义:

data_array 必须设置。指参与统计的数组。

bins_array 必须设置。指放置数组分段点的单元格区域。数组分段点要根据要求事先设定。例如如果考试成绩以百分记,则可以将 0～100 分为 0～9,10～19,…,90～100 共 10 个数组,每个数组的最大值作为分段点,其中最大分段点 100 可以省略。

2) RANK 函数

功能:返回一个数字在数字列表中的排位,重复数的排位相同。

函数格式:

```
RANK(number,ref,order)
```

参数意义:

number 必须设置。指需要找到排位的数字。

ref 必须设置。指数字列表数组或对数字列表的引用,即为某列数组或对某列数组的引用。ref 中的非数值型参数将被忽略。

order 可选设置。为一数字,指明排位的方式。如果 order 为 0 或省略,按降序排列;如果 order 不为 0,则按升序排列。

3) MOD 函数

功能:返回两数相除的余数。

函数格式:

```
MOD(number,divisor)
```

参数意义：

number 必须设置。指被除数。

divisor 必须设置。指除数。

4）ROW 函数

功能：返回引用的行号。

函数格式：

```
ROW(reference)
```

参数意义：

reference 可选设置。指需要得到其行号的单元格或单元格区域。如果省略 reference,则是对函数 ROW 所在单元格行号的引用。

5）IF 函数

功能：对比较条件式(logical_test)进行测试,如果条件成立,则取第一个值(value_if_true),否则取第二个值(value_if_false)。

函数格式：

```
IF(logical_test,value_if_true,value_if_false)
```

参数意义：

logical_test 必须设置。其计算结果可能为 TRUE 或 FALSE 的任意值或表达式。例如,A10=100 就是一个逻辑表达式;如果单元格 A10 中的值等于 100,则表达式的计算结果为 TRUE;否则为 FALSE。此参数可使用任何比较运算符。

value_if_true 可选设置。指当 logical_test 参数的计算结果为 TRUE 时所要返回的值。例如,如果此参数的值为文本字符串"优秀",并且 logical_test 参数的计算结果为 TRUE,则 IF 函数返回文本"优秀"。如果 logical_test 的计算结果为 TRUE,并且省略 value_if_true 参数(即 logical_test 参数后仅跟一个逗号),IF 函数将返回 0。

value_if_false 可选设置。指当 logical_test 参数的计算结果为 FALSE 时所要返回的值。例如,如果此参数的值为文本字符串"符合条件",并且 logical_test 参数的计算结果为 FALSE,则 IF 函数返回文本"符合条件"。如果 logical_test 的计算结果为 FALSE,并且省略 value_if_false 参数(即 value_if_true 参数后没有逗号),则 IF 函数返回逻辑值 FALSE。如果 logical_test 的计算结果为 FALSE,并且省略 value_if_false 参数的值(即 value_if_true 参数后有逗号),则 IF 函数返回值 0。

IF 函数经常嵌套使用,最多可以使用 64 个 IF 函数作为 value_if_true 和 value_if_false 参数进行嵌套,以构造更详尽的测试,或判断更多种结果。

5. 图表

图表是工作表的一种图形表示,用于直观地表达数据之间的关系,显示数据变化的趋势,可以更加清晰、直观和生动地表现数据。

Excel 内置有丰富的图表类型,每种图表类型中又提供了若干子类型,包括平面图表、立体图表等。不同类型的图表可用于不同特性的数据，可以根据需要选择最合适的图表类型以使数据显得醒目、生动。例如，柱形图是用柱形块表示数据的图表，通常用于反映数据之间的相对差异，或显示某一段时间内数据的变化。分类在水平轴方向，数据在垂直轴方向，以强调相对于时间的变化。

图表既可以插入到工作表中，生成嵌入图表，也可以生成一张单独的工作表。图表与其源数据相链接，如果改变源数据，图表中对应部分也会随之自动更新。

图表制作完成后，如果觉得不满意，可以更改图表类型、数据源、图表选项和图表位置等，所以在图表制作过程的任意一个步骤出错，都不必重新开始，只要再次进入该步骤进行修改即可。

图表创建、修改完成后，可以对其外观进行格式化操作，即对图表的各个对象进行修饰，使图表显得更为美观。

6. 工作表的操作

工作表的操作包括工作表的移动、复制、插入、删除、重命名等。

7. 条件格式

"条件格式"用于设置当单元格中的数值满足设定条件时其单元格的格式，以突出显示满足条件的数据。

在"条件格式"的设置中，还可使用公式作格式条件，对选定单元格中的数据或条件进行测试。公式最后的求值结果必须可以判断出逻辑值为"真"或"假"。只有当单元格中的值满足条件或公式返回逻辑值"真"时，格式才应用于选定的单元格。

8. 排序

排序分单关键字排序和多关键字排序两种。对于单关键字排序，可使用"数据"选项卡的"排序和筛选"组中的"升序"按钮 A↓Z 或"降序"按钮 Z↓A 快速地对数据表的某一列进行排序，对于多关键字排序，即对多列进行排序，就必须使用"排序"对话框设置。

9. 数据筛选

所谓"数据筛选"，是指根据给定条件，从数据表中查找满足条件的记录并显示出来，而不满足条件的记录则暂时隐藏起来。

Excel 提供了自动筛选和高级筛选两种命令来筛选数据。

1）自动筛选

自动筛选适合于简单条件的筛选，可快速筛选出符合条件的记录。

(1) 在进行多次自动筛选时，后一次筛选的对象是前一次筛选的结果，最后的筛选结果受所有筛选条件的影响，它们之间的逻辑关系是"与"的关系。

(2) 自动筛选可以实现同一字段之间的"与"运算和"或"运算；通过多次筛选，也可以实现不同字段之间的"与"运算，但却无法实现多个字段之间的"或"运算。

(3) 如果要取消对某一列的自动筛选，只要单击该列字段旁的下拉列表箭头，在下拉列表中选中"全选"复选框；如果要取消对所有列的自动筛选，只要单击"数据"选项卡的"排序和筛选"组中的"清除"按钮即可；如果要撤销数据清单中的自动筛选箭头，并取消所有的自动筛选设置，只要再次单击"筛选"按钮即可。

2）高级筛选

"高级筛选"适合于复杂条件的筛选。在使用"高级筛选"命令之前，必须先建立条件区域。这是高级筛选的特点和难点。

建立条件区域必须注意以下几点。

(1) 条件区域与数据表区域之间必须有空白行或空白列隔开。

(2) 条件区域至少应该有两行,第一行用来放置字段名,下面的行放置筛选条件。

(3) 条件区域的字段名必须与数据表中的字段名完全一致,最好通过复制得到。

(4) 同一条件行的条件互为“与”(AND)的关系,表示筛选的结果必须同时满足这些条件。

6.2 实现步骤

6.2.1 课程成绩表的创建

1. 新建 Excel 工作簿

新建 Excel 工作簿,并命名为“《大学英语》课程成绩及分析表.xlsx”。

2. 建立“‘大学英语’课程成绩表”

一般来说,表格由三部分组成,包括表首、表体和表尾。表首是表格的标题,有时还带有日期和其他副标题。表体是表格的实体,表现表格的内容、用途和数据关系。表尾是补充说明或签章等。实际应用时,应按要求或需要设计表格。

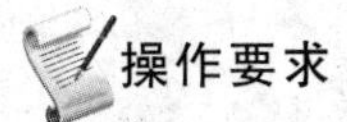

在工作表 Sheet1 中建立“‘大学英语’课程成绩表”,设置如图 6-1 所示的表格标题、副标题和表体列标题的内容。表尾为“任课教师签章:”和“院系主任签章:”。

操作步骤

(1) 在 A1 单元格中输入表格标题“××学院成绩表”。

(2) 在 A2 单元格中输入表格副标题“________学年第________学期”,在 A3:G4 单元格区域输入如图 6-1 所示的内容。

(3) 在 A5:G5 单元格区域中输入如图 6-1 所示的列标题。

(4) 在 A57 和 E57 单元格中输入表尾“任课教师签章:”和“院系主任签章:”。

3. 输入“学号”列的数据

在 A6:A55 单元格区域中输入学号,第一个学号为 0802191601。

(1) 在 A6 单元格中输入 '0802191601。

说明:在输入数字前先输入半角单引号。

(2) 拖动填充柄到 A55 单元格。

4. 输入“姓名”列数据

将文件“姓名及‘大学英语’分数(素材).xlsx”中提供的姓名输入到 B6:B55 单元格区域中。

说明:在各种表格中经常需要输入一个班级的学号、姓名等内容,对于这种重复工作,可以用“自定义序列”的方法来简化操作。

5. 输入“性别”列数据

将文件“姓名及‘大学英语’分数(素材).xlsx”中提供的性别输入到 C6:C55 单元格区域中。

(1) 在单元格 C6 中输入“男”,再双击“填充柄”,把该列内容全部填充为“男”。

(2) 选中所有应该修改为“女”的单元格,输入“女”,最后按 Ctrl+Enter 组合键。这样,所有被选中的单元格内容都同时变为“女”。

6. 输入“平时成绩”“期末成绩”列的数据

将文件“姓名及‘大学英语’分数(素材).xlsx”中提供的分数输入到 D6:E55 单元格区域中。

7. 计算“总评成绩”

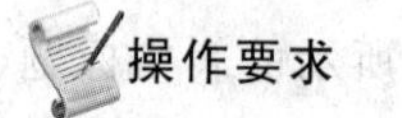

总评成绩=平时成绩×40%+期末成绩×60%,“总评成绩”四舍五入取为整数。

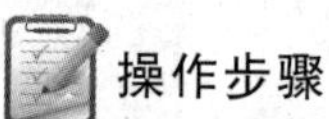

(1) 在 F6 单元格中输入公式=ROUND(D6*40%+E6*60%,0)。

(2) 双击填充柄进行公式复制。

说明:

① “总评成绩”取为整数用 ROUND 函数,若用数值格式来取整,显示的数值与实际的数值是不一样的,可能会造成后续计算的结果有出入。

② 当期末考试为缺考时,“总评成绩”的公式调整为=ROUND(D18*40%,0)。

8. 设置表格标题和副标题的格式

将表格标题居中放置在 A1:G1 区域内,字体设置为华文楷体、28 号、加粗、标准色深蓝,行高为 40.5。副标题字体为华文细黑、10 号、标准色浅蓝,行高为 15,效果如图 6-1 所示。

(1) 选中 A1:G1 区域,在“开始”选项卡的“对齐方式”组中单击“合并后居中”按钮,如图 6-6 所示。

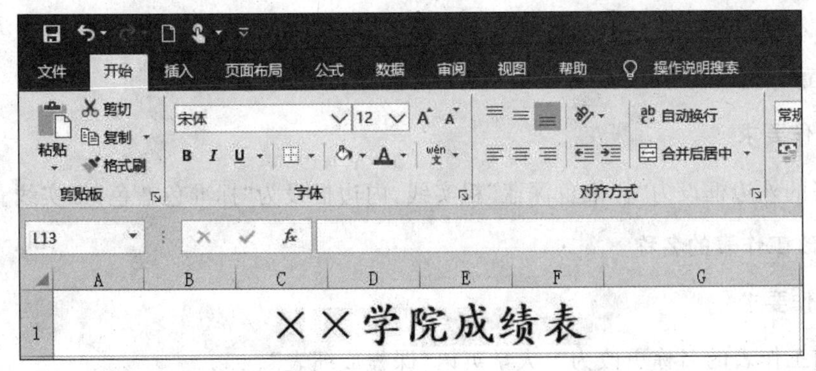

图 6-6　在“开始”选项卡的“对齐方式”组中单击“合并后居中”按钮

(2) 选中单元格 A1,在“开始”选项卡的“字体”组中设置表格标题字体为华文楷体、28 号、加粗、标准色深蓝。

(3) 把鼠标指针移到第一行行号的下边框,此时鼠标指针变为 ,向下拖动鼠标,当鼠标指针上方显示“高度: 40.50(54 像 素)”时,释放鼠标。

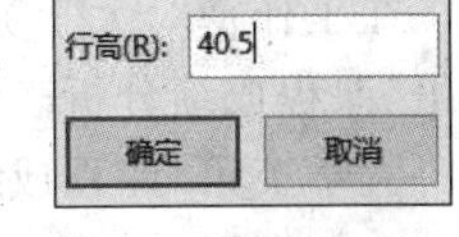

图 6-7　“行高”对话框

说明:行高的设置也可用下面的方法:在“开始”选项卡的“单元格”组中单击“格式”按钮,在其下拉列表中选择“行高”命令,打开“行高”对话框,如图 6-7 所示,在文本框中输入 40.5,最后单击“确定”按钮。

(4) 用同样的方法设置副标题。(操作步骤略)

9. 设置表格列标题的格式

将各列标题居中放置于单元格,字体为宋体、12 号、加粗、标准色蓝色,行高设置为 30,并设置填充颜色为“水绿色淡色 80%”。将列标题“平时成绩、期末成绩、总评成绩”在单元格内分两行显示。

(1) 选中 A5:G5 区域,在“开始”选项卡的“对齐方式”组中单击“垂直居中”按钮 和“居中”按钮 ,然后在“开始”选项卡的“字体”组中设置字体格式和填充颜色。

(2) 设置行高。

(3) 双击“平时成绩”所在单元格 D5,将鼠标指针定位在“平时”之后,按 Alt+Enter 组合键,单元格中的文本“平时成绩”被强制分成两行。

(4) 用同样的方法,对列标题“期末成绩”和“总评成绩”进行分行设置。

10. 设置表格内其他数据的格式

将 A6:G55 区域的数据格式设置为宋体、10 号,水平和垂直均居中。行高为 15,“备注”列列宽为 20,其他各列列宽为 9。

操作步骤略。

说明：列宽的设置可用鼠标拖动的方法，也可用打开“列宽”对话框设置的方法。

11. 设置表格的内外边框

操作要求

将表格的外边框设为“标准色深蓝”粗实线，内边框设为“标准色蓝色”细实线。

12. 更改工作表的名称

操作要求

将当前工作表的名称更改为“‘大学英语’课程成绩表”。

以上操作结果如图 6-1 所示。

6.2.2 课程成绩分析表的创建

1. 建立“‘大学英语’课程成绩分析表”

操作要求

在工作簿“‘大学英语’课程成绩及分析表.xlsx”的 Sheet2 工作表中，按要求设计“‘大学英语’课程成绩分析表”。这里可参照图 6-2，表格标题的格式、副标题和表尾的内容及格式与“‘大学英语’课程成绩表”基本相同。

2. 设置“Sheet2”工作表的页面方向和工作表名称

操作要求

把 Sheet2 工作表的纸张方向设置为“横向”，工作表标签改名为“‘大学英语’课程成绩分析表”。

3. 制作“1. 期末成绩、总评成绩综合统计”表格

操作要求

创建如图 6-8 所示的“1.期末成绩、总评成绩综合统计”表格，单元格 A5 的格式设置为宋体、12 号、加粗、标准色深蓝，行高为 25.5，文本水平对齐方式为“常规”，垂直对齐方式为“居中”；区域 A6:S8 的格式设置为宋体、10 号，水平和垂直对齐方式均为“居中”，行高为 25.5，区域 A6:N6 设置自动换行，区域 O6:S8 的列宽设置为 4.88，其他列宽为“自动调整列宽”；区域 A6:S8 的外边框设为标准色深蓝色粗实线，内边框设为标准色蓝色细实线。

	A	B	C	D	E	F	G	H	I	J	K	L	M	N	O	P	Q	R	S
5	1. 期末成绩、总评成绩综合统计																		
6		应考人数	实考人数	缺考人数	90~100分人数	80~89分人数	70~79分人数	60~69分人数	50~59分人数	40~49分人数	30~39分人数	20~29分人数	10~19分人数	0~9分人数	优秀率	及格率	最高分	最低分	平均分
7	期末																		
8	总评																		

图 6-8 期末成绩、总评成绩综合统计项目

操作步骤

(1) 在 A5 中输入文本“1.期末成绩、总评成绩综合统计”，并设置其格式为宋体、12 号、

加粗、标准色深蓝,行高为25.5,文本水平对齐方式为"常规",垂直对齐方式为"居中"。

(2) 在B6:S6区域中和A7:A8区域中输入如图6-8所示的文本内容。

(3) 设置区域A6:S8的格式为宋体、10号,水平和垂直对齐方式均为"居中",行高为25.5,列宽为"自动调整列宽"。

(4) 设置区域A6:N6为"自动换行"。

(5) 设置区域O6:S8的列宽为4.88。

(6) 设置区域A6:S8的外边框为标准色深蓝色粗实线,内边框设为标准色蓝色细实线。操作效果如图6-8所示。

4. 计算期末和总评的"应考人数"

操作步骤

(1) 在单元格B7中输入公式=COUNTA("大学英语"课程成绩表!E6:E55)。

(2) 在单元格B8中输入公式=COUNTA("大学英语"课程成绩表!F6:F55)。

说明:输入公式最好用"插入函数"的命令,单元格引用的输入最好用鼠标选择的方法,而不是由键盘录入。

5. 计算期末和总评的"实考人数"

操作步骤

(1) 在单元格C7中输入公式=COUNT("大学英语"课程成绩表!E6:E55)。

(2) 在单元格C8中输入公式=COUNT("大学英语"课程成绩表!F6:F55)。

6. 利用公式计算"缺考人数"

"缺考人数"="应考人数"-"实考人数"。

7. 计算期末成绩各分数段的人数

操作要求

利用FREQUENCY函数计算期末成绩各分数段的人数,计算结果放置在单元格区域E7:N7中。

操作步骤

(1) 在区域U11:U19中建立统计需要的数组分段点(9,19,29,39,49,59,69,79,89),如图6-9所示。

(2) 选定放置统计结果的单元格区域V11:V20。

(3) 键入公式=FREQUENCY("大学英语"课程成绩表!E6:E55,U11:U19),或使用命令打开"函数参数"对话框设置两个参数,如图6-10所示。

(4) 按下Ctrl+Shift+Enter组合键,统计结果如图6-9所示。

(5) 把计算结果手工输入表格区域E7:N7内,如图6-11所示。

说明:FREQUENCY函数的计算参数和计算结果都必须是垂直列(见图6-9)。

8. 计算总评成绩各分数段的人数

可用同样的方法计算总评成绩各分数段的人数,也可用COUNTIF函数来计算,操作步骤略。

V11 | {=FREQUENCY("大学英语"课程成绩表!E6:E55,U11:U19)}

	T	U	V	W	X	Y	Z	AA	AB
10		分段点	计算结果						
11	0	9	0						
12	0	19	0						
13	0	29	0						
14	1	39	0						
15	0	49	2						
16	2	59	2						
17	8	69	6						
18	17	79	16						
19	18	89	18						
20	4		5						

图 6-9　运用 FREQUENCY 函数所需的分段点设置和计算

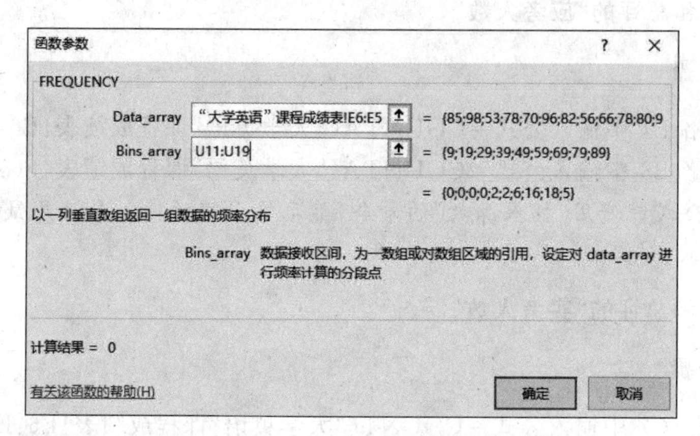

图 6-10　FREQUENCY 函数的参数设置

9. 计算"优秀率"和"及格率"

**操作要求**

利用公式计算"优秀率"和"及格率"，数字格式设置为"百分比"，保留一位小数。优秀率为 90～100 分的人数除以应考人数，及格率为 60 分及 60 分以上的人数除以应考人数。

操作步骤略。

10. 计算"最高分""最低分"和"平均分"

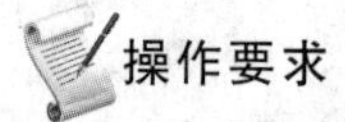**操作要求**

利用 MAX、MIN、AVERAGE 函数计算"最高分""最低分"和"平均分"，数值取为整数。

操作步骤略。

以上计算和格式设置的结果如图 6-11 所示。

11. 创建"考试成绩分布图"

**操作要求**

把期末成绩的各分数段人数和缺考人数制作成图表，图表类型为"簇状柱形图"，图表标题为"考试成绩分布图"，系列为"期末"，分类(X)轴为"分数"，数值(Y)轴为"人数"。如图 6-12 所示。

1. 期末成绩、总评成绩综合统计

	应考人数	实考人数	缺考人数	90~100分人数	80~89分人数	70~79分人数	60~69分人数	50~59分人数	40~49分人数	30~39分人数	20~29分人数	10~19分人数	0~9分人数	优秀率	及格率	最高分	最低分	平均分
期末	50	49	1	5	18	16	6	2	2	0	0	0	0	10.0%	90.0%	98	45	77
总评	50	50	0	4	18	17	8	2	0	1	0	0	0	8.0%	94.0%	95	32	76

图 6-11　期末成绩、总评成绩综合统计结果

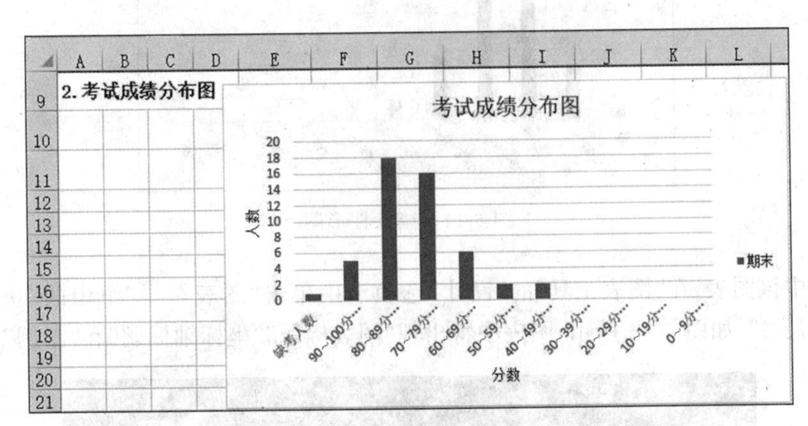

图 6-12　制作“考试成绩分布图”

操作步骤

(1) 在单元格 A9 中输入文本“2.考试成绩分布图”，并把单元格 A5 的格式用格式刷复制到单元格 A9，设置其行高值为 25.5。

(2) 选中区域 D6:N7，在“插入”选项卡的“图表”组中单击“柱形图”按钮，在其下拉列表中选择“二维柱形图”中的“簇状柱形图”，如图 6-13 所示。

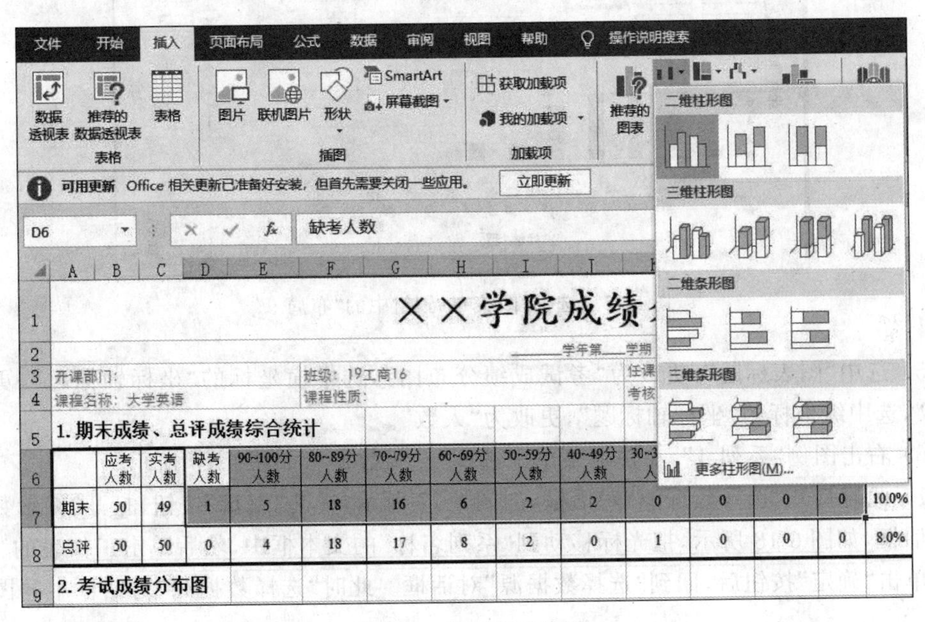

图 6-13　选择图表类型

(3) 此时在工作表中插入了一幅“簇状柱形图”,如图 6-14 所示。用鼠标拖动的方法,将图移动到合适的位置。

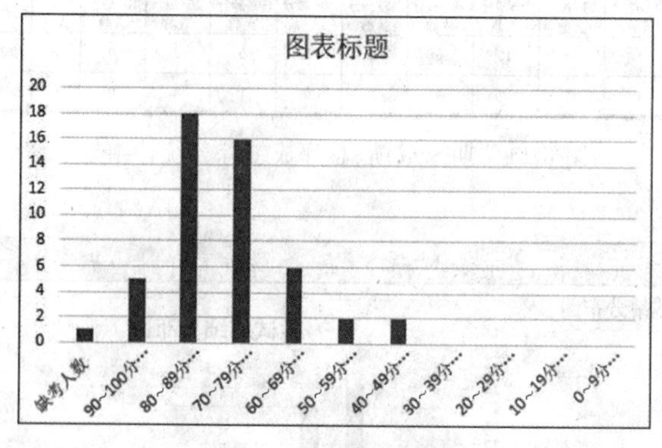

图 6-14　簇状柱形图

(4) 选中该图表,在“图表工具”的“设计”选项卡中单击“图表布局”组中的“快速布局”按钮,选择“布局 9”,如图 6-15 所示,图表中将出现“图表标题”“坐标轴标题”和“图例”等对象。

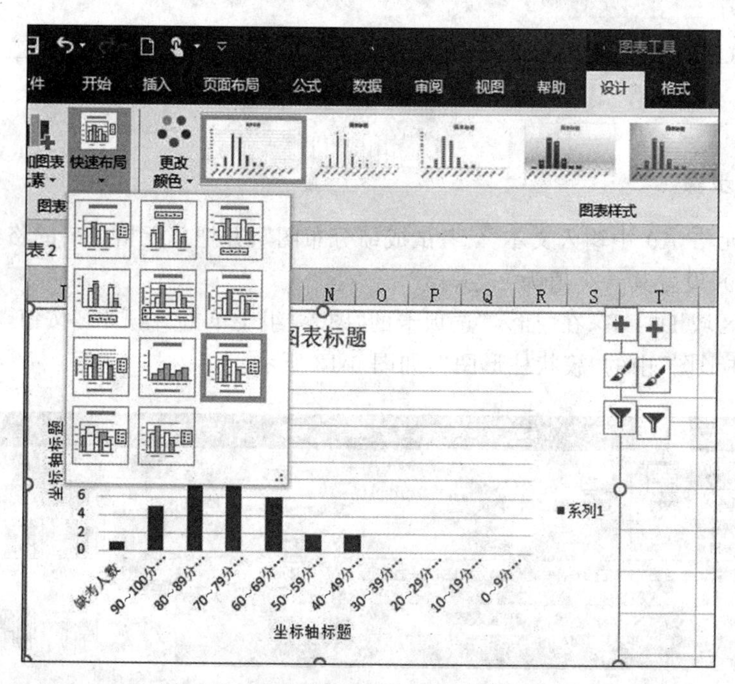

图 6-15　选择“图表布局”组中的“布局 9”

(5) 选中“图表标题”,更改为“考试成绩分布图”,选中横坐标的“坐标轴标题”,更改为“分数”,选中纵坐标的“坐标轴标题”,更改为“人数”。

(6) 右击图例“系列 1”,在快捷菜单中选择“选择数据”,如图 6-16 所示。

(7) 此时打开“选择数据源”对话框,如图 6-17 所示,单击“编辑”按钮,打开“编辑数据系列”对话框,如图 6-18 所示,把光标移动到“系列名称”的文本框中,然后单击工作表的 A7 单元格,单击“确定”按钮后,回到“选择数据源”对话框。此时“选择数据源”对话框中的图例项

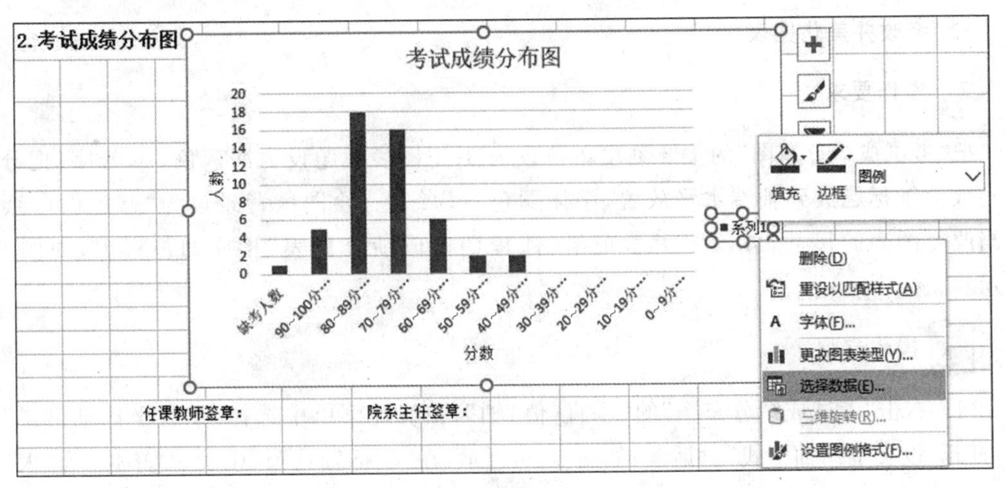

图 6-16　选择“选择数据”

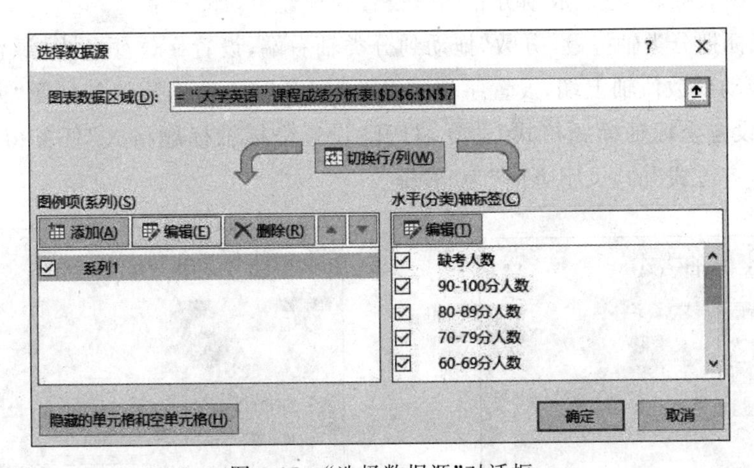

图 6-17　“选择数据源”对话框

更改为“期末”，单击“选择数据源”对话框中的“确定”按钮，如图 6-18 所示。

图 6-18　设置“编辑数据系列”对话框

（8）右击“垂直(值)轴”，在快捷菜单中选择“设置坐标轴格式”，打开“设置坐标轴格式”任务窗格，选择“坐标轴选项”选项，设置“边界”“单位”数值，图表效果如图 6-12 所示。

12. 修改并美化图表

操作要求

把“考试成绩分布图”的主要刻度单位设为 3；把图表标题设为深蓝色，16 号字；把分类轴和数值轴标题放到轴端水平放置，字体颜色设为绿色；绘图区背景设为“蓝色面巾纸”；适当改变图表的尺寸，放到“‘大学英语’课程期末成绩分析表”相应的位置上，如图 6-2 所示。

操作步骤

(1) 右击“考试成绩分布图”的“垂直(值)轴”，在快捷菜单中选择“设置坐标轴格式”命令，打开“设置坐标轴格式”对话框，如图 6-19 所示，在“坐标轴选项”中设置“单位”为“大”值 3.0。

(2) 选中图表标题“考试成绩分布图”，设置为深蓝色，16 号字。

(3) 用鼠标把分类轴标题“分数”拖动到分类轴右端，设置字体颜色为“绿色”；把数值轴标题“人数”拖动到数值轴上端，设置字体颜色为“绿色”，再右击数值轴标题“人数”，在快捷菜单中选择“设置坐标轴标题格式”命令，打开“设置坐标轴标题格式”任务窗格，如图 6-20 所示，选择“对齐方式”的“文字方向”为“横排”。

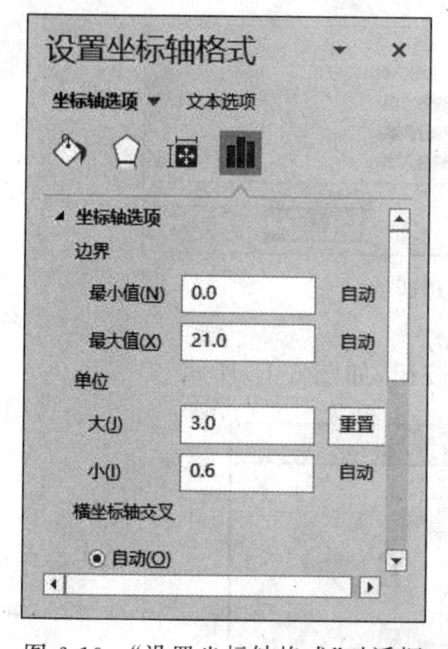

图 6-19 “设置坐标轴格式”对话框

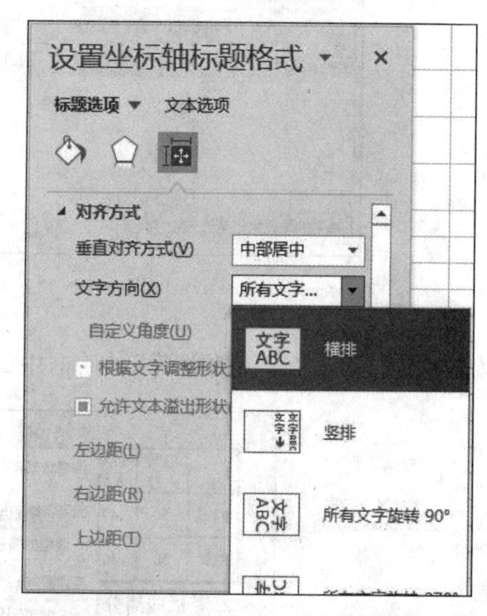

图 6-20 选择“文字方向”为“横排”

(4) 右击图表的绘图区，在快捷菜单中选择“设置绘图区格式”命令，打开“设置绘图区格式”任务窗格，如图 6-21 所示，选择“填充与线条”选项，选中“填充”→“图片或纹理填充”单选钮，在“纹理”下拉列表中选择“蓝色面巾纸”。

(5) 适当改变图表的尺寸，放到“‘大学英语’课程成绩分析表”相应的位置上，操作效果如图 6-22 所示。

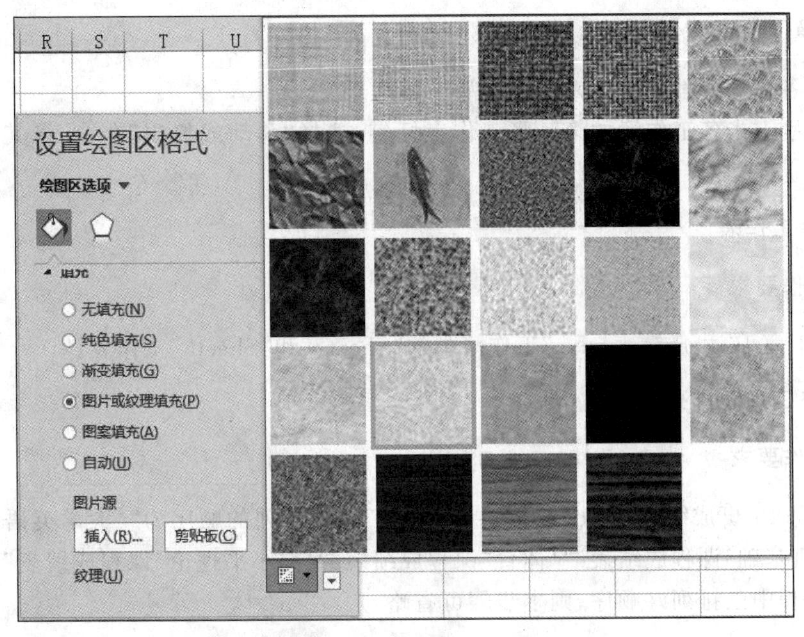

图 6-21　选择“填充”为“纹理”中的“蓝色面巾纸”

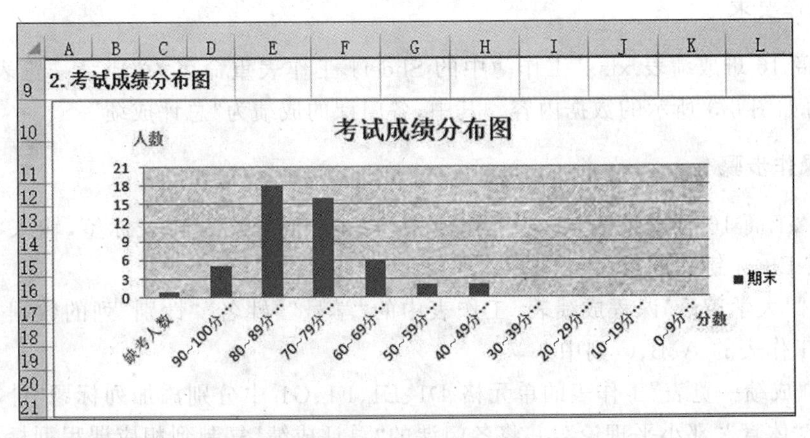

图 6-22　美化后的“考试成绩分布图”

6.2.3 “班级成绩表”工作簿的制作

1. 新建 Excel 工作簿“工商 16 班成绩表.xlsx”并复制各“课程成绩表”

操作要求

假设工商 16 班某学期共有四门课，四位任课教师交上来的电子文件分别是“‘大学英语’课程成绩及分析表.xlsx”“‘计算机基础’课程成绩及分析表(素材).xlsx”“‘体育’课程成绩及分析表(素材).xlsx”“‘邓小平理论’课程成绩及分析表(素材).xlsx”。将以上各工作簿的第一张工作表(即各门课的“课程成绩表”)复制到“工商 16 班成绩表.xlsx”工作簿中。

操作步骤

(1) 将各位任课教师交上来的工作簿一一打开。

(2) 分别右击各工作簿的第一张工作表标签,选择“移动或复制”命令,将其复制到“工商 16 班成绩表.xlsx”工作簿中。

2. 删除工作表

操作要求

删除“工商 16 班成绩表.xlsx”工作簿中的“Sheet2”和“Sheet3”工作表。

3. 调整工作表排列的顺序

操作要求

在“工商 16 班成绩表.xlsx”工作簿中,调整工作表排列的顺序为“‘大学英语’课程成绩表”“‘计算机基础’课程成绩表”“‘体育’课程成绩表”“‘邓小平理论’课程成绩表”。(若在工作表复制过程中已排列好顺序,则本步骤可省略。)

4. 创建“成绩一览表”工作表

操作要求

将“工商 16 班成绩表.xlsx”工作簿中的 Sheet1 工作表重命名为“成绩一览表”,在该工作表上填写如图 6-3 所示的数据内容。其中,各门课的成绩为“总评成绩”。

操作步骤

(1) 在“工商 16 班成绩表.xlsx”工作簿中,双击“Sheet1”工作表标签,输入“成绩一览表”,然后按 Enter 键完成重命名。

(2) 将“‘大学英语’课程成绩表”工作表中的“学号”“姓名”“性别”列的数据复制到“成绩一览表”工作表的 A、B、C 列中。

(3) 在“成绩一览表”工作表的单元格 D1、E1、F1、G1 中分别添加列标题“计算机基础”“大学英语”“体育”“邓小平理论”,并将各门课的“总评成绩”复制到相应课程列标题的下面,如图 6-23 所示。

	A	B	C	D	E	F	G
1	学号	姓名	性别	计算机基础	大学英语	体育	邓小平理论
2	0802191601	王 一	男	82	82	81	87
3	0802191602	李 二	男	60	95	73	88
4	0802191603	张 三	女	84	57	87	85
5	0802191604	刘 四	男	78	74	78	91
6	0802191605	陈 五	女	91	72	87	90

图 6-23 “成绩一览表”工作表数据

说明:各门课“总评成绩”列数值的复制要用“选择性粘贴”,只复制数值。

(4) 将后四列的格式设置成与前三列相同。

5. 调整各科成绩的排列顺序

操作要求

在如图 6-23 所示的“成绩一览表”工作表中，将各科成绩的排列顺序调整为“大学英语”“计算机基础”“体育”“邓小平理论”。

操作步骤

(1) 将鼠标指针指向 E 列列号，然后单击选择 E 列。

(2) 把鼠标指针移到 E 列数据的边框，当鼠标指针变为形状后，按住 Shift 键的同时，拖动选中区域到目标位置(D:D)，先释放鼠标，再放开 Shift 键。此时实现了 D、E 两列数据的互换。

说明：也可以在剪切 E 列数据后，选中 D 列数据，利用“插入剪切的单元格”的命令实现两列数据的互换。

6. 添加并计算“总分”和“名次”

操作要求

在“成绩一览表”工作表的单元格 H1、I1 中分别添加列标题“总分”和“名次”，并计算每位学生的“总分”和“名次”，如图 6-3 所示。

操作步骤

(1) 在“成绩一览表”工作表的单元格 H1、I1 中分别添加列标题“总分”和“名次”，并设置其格式与前面列标题相同。

(2) 选中单元格 H2，在“公式”选项卡的“函数库”组中，单击“自动求和”按钮，按 Enter 键后即求出第 1 个学生的“总分”。然后双击单元格 H2 的填充柄复制公式，求出其他学生的“总分”。

(3) 选中单元格 I2，输入公式＝RANK(H2，$H$2：$H$51)，即求出第 1 个学生的“名次”。然后双击单元格 I2 的填充柄复制公式，求出其他学生的“名次”。

说明：

① 最好使用“插入函数”的命令来输入函数。

② 使用 RANK 函数时，注意绝对地址的使用。

③ 用 F4 键可切换绝对地址、相对地址、混合地址。

7. 设置隔行显示底纹的效果

为了使数据的显示便于查看，常采用间隔一行显示底纹的效果。这里将应用 MOD 和 ROW 函数。

操作要求

将“成绩一览表”中各记录之间设置隔行显示底纹的效果，偶数行数据设置为浅绿色底纹；其他格式可按照自己的喜好设置。

操作步骤

(1) 选中单元格区域 A2:I51。

(2) 在“开始”选项卡的“样式”组中单击“条件格式”按钮,在其下拉列表中选择“管理规则”命令,将打开“条件格式规则管理器”对话框,如图 6-24 所示。

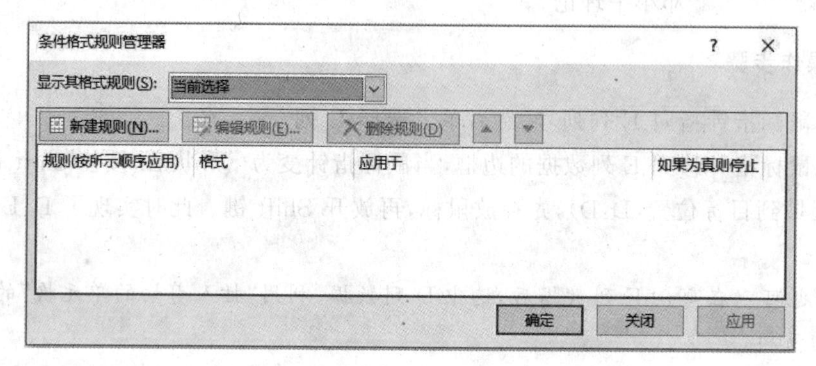

图 6-24 “条件格式规则管理器”对话框

(3) 单击“新建规则”按钮,打开“新建格式规则”对话框,如图 6-25 所示。

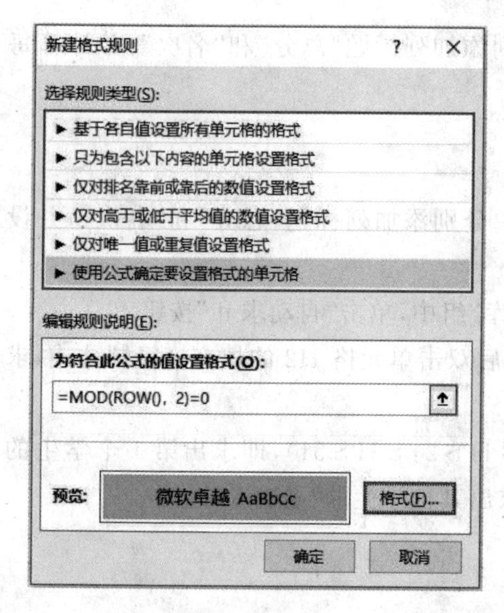

图 6-25 “新建格式规则”对话

(4) 在“选择规则类型”下,单击“使用公式确定要设置格式的单元格”。在“编辑规则说明”下的“为符合此公式的值设置格式 ”文本框中输入公式=MOD(ROW(),2)=0,如图 6-25 所示。

说明:

① 公式必须以等号“=”开头且必须返回逻辑值 TRUE 或 FALSE。

② 公式=MOD(ROW(),2)表示将当前行行号除以 2 求余数。对于偶数行来说余数将为“0”,对于奇数行来说余数将为“1”。

③ 公式=MOD(ROW(),2)=0 表示当公式的值等于 0 时(相当于 TRUE),即满足条件,可设置其格式(即可对每个偶数行设置格式)。

(5) 单击“格式”按钮,打开“设置单元格格式”对话框。

(6) 设置单元格的填充色为浅绿色,单击“确定”按钮。

(7) 返回到“新建格式规则”对话框,单击“确定”按钮。

(8) 返回到“条件格式规则管理器”对话框,单击“确定”按钮。操作效果如图 6-3 所示。

8. 创建“成绩等级表”

这里将运用逻辑函数中的 IF 函数。IF 函数可以嵌套使用,是一个非常实用的函数。

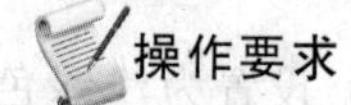

操作要求

将“成绩一览表”中的学生成绩,用 A、B、C、D、E 五个等级来表示:大于等于 90 分为 A,大于等于 80 分为 B,大于等于 70 分为 C,大于等于 60 分为 D,小于 60 分为 E,如图 6-4 所示。

操作步骤

(1) 将“成绩一览表”复制一份,复制得到的工作表改名为“成绩等级表”。

(2) 在“成绩等级表”中清除各科成绩数据,清除“总分”和“名次”列的全部。

(3) 在单元格 D2 中输入公式＝IF(成绩一览表!D2＞＝90,"A",IF(成绩一览表!D2＞＝80,"B",IF(成绩一览表!D2＞＝70,"C",IF(成绩一览表!D2＞＝60,"D","E"))))。

说明:该公式用如下步骤输入可以减少出错概率。

① 单击插入函数按钮 fx ,打开“插入函数”对话框,选择逻辑函数中的 IF 函数,单击“确定”按钮,打开“函数参数”对话框。

② 把插入点移到 Logical_test 框中,单击“成绩一览表”的 D2 单元格,接着输入＞＝90;在 Value_if_true 框中输入"A";把插入点移到 Value_if_false 框中,单击编辑栏左边的 IF 函数,如图 6-26 所示,再次打开“函数参数”对话框。

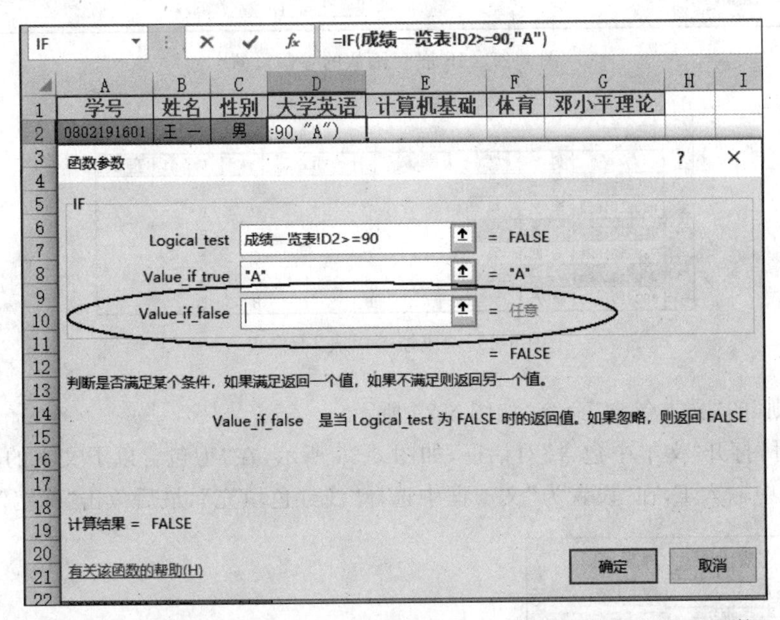

图 6-26　把插入点移到 Value_if_false 框中并单击编辑栏左边的 IF 函数

③ 重复步骤②三次,当然输入内容须作相应变化,直到把公式输入完毕。最后一次的“函数参数”对话框设置如图 6-27 所示。

(4) 把公式复制到放置各科成绩的单元格。操作结果如图 6-28 所示。

9. 根据条件设置单元格底纹

操作要求

在“成绩等级表”工作表中,将所有等级为 E 的单元格设置为“浅红色”。

操作步骤

(1) 选中单元格区域 D2:G51。

(2) 在“开始”选项卡的“样式”组中单击“条件格式”按钮,在其下拉列表中选择“突出显

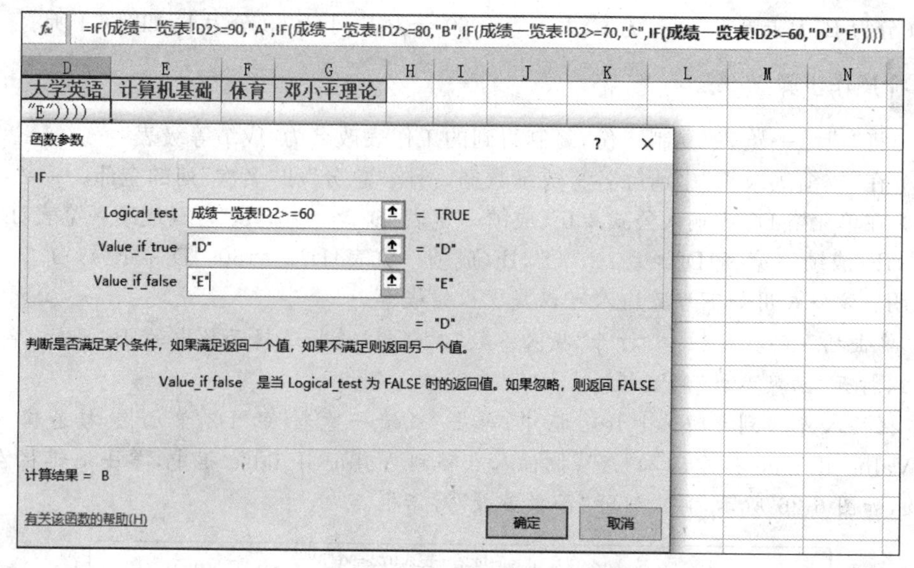

图 6-27　IF 嵌套函数的参数设置

	A	B	C	D	E	F	G
1	学号	姓名	性别	大学英语	计算机基础	体育	邓小平理论
2	0802191601	王 一	男	B	B	B	B
3	0802191602	李 二	男	A	D	C	B
4	0802191603	张 三	女	E	B	B	B
5	0802191604	刘 四	男	C	C	C	A
6	0802191605	陈 五	女	C	A	B	A
7	0802191606	杨 六	女	A	B	B	D

图 6-28　“成绩等级表”工作表

示单元格规则”的“文本包含”命令，如图 6-29 所示。

（3）此时，打开“文本中包含”对话框，如图 6-30 所示，在“为包含以下文本的单元格设置格式”文本框中输入 E，在“设置为”文本框中选择“浅红色填充”，最后单击“确定”按钮。

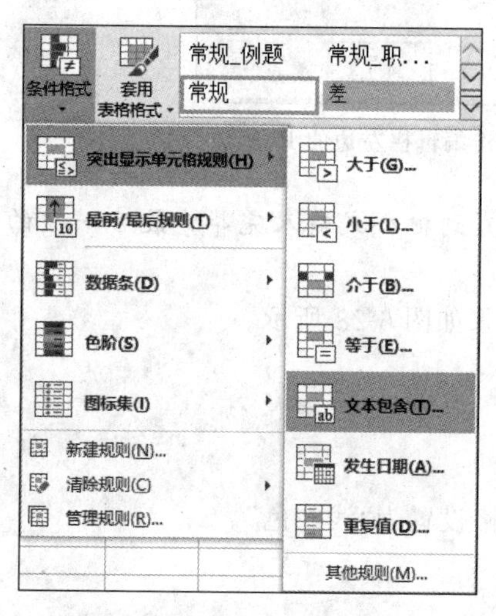

图 6-29　选择“文本包含”命令

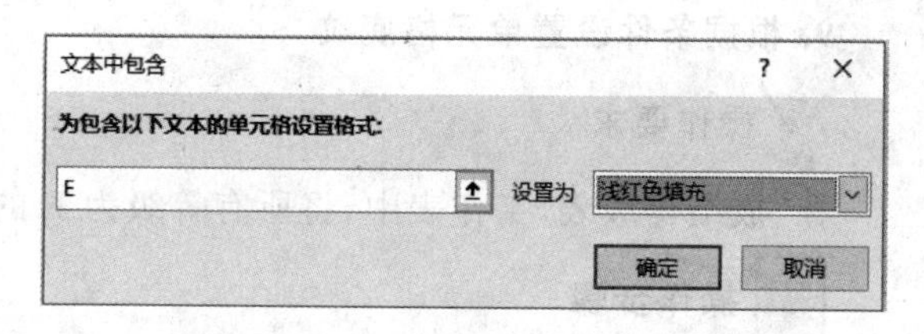

图 6-30　“文本中包含”对话框的设置

操作结果如图 6-4 所示。

6.2.4　成绩一览表的排序和筛选

1. 复制“成绩一览表”工作表

**操作要求**

将“成绩一览表”工作表复制三份，分别改名为“排序”“自动筛选”和“高级筛选”。

2. 排序

**操作要求**

在“排序”工作表中，以“总分”“大学英语”“计算机基础”为主要关键字、次要关键字、第三关键字降序排列。

**操作步骤**

(1) 单击“排序”工作表数据区域中的任一单元格。

(2) 在“数据”选项卡的“排序与筛选”组中单击“排序”按钮，打开“排序”对话框，单击“添加条件”按钮两次，选择“主要关键字”为“总分”，第 1 个“次要关键字”为“大学英语”，第 2 个“次要关键字”为“计算机基础”，“次序”均选择“降序”，如图 6-31 所示。

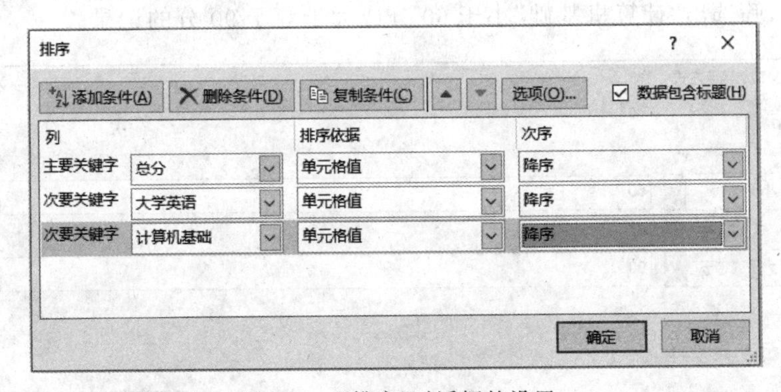

图 6-31　“排序”对话框的设置

单击“确定”按钮，排序后的结果如图 6-32 所示。

	A	B	C	D	E	F	G	H	I
1	学号	姓名	性别	大学英语	计算机基础	体育	邓小平理论	总分	名次
2	0802191635	董三五	女	90	90	92	87	359	1
3	0802191614	朱十四	男	81	91	85	91	348	2
4	0802191636	袁三六	男	81	81	88	91	341	3
5	0802191605	陈 五	女	72	91	87	90	340	4
6	0802191644	程四四	女	89	88	88	74	339	5
7	0802191626	许二六	女	82	92	87	76	337	6
8	0802191633	肖三三	女	85	85	81	81	332	7

成绩一览表　排序　自动筛选　高级筛选　成绩等级表 ...

图 6-32　“排序”工作表

3. 自动筛选

在“自动筛选”工作表中筛选出“名次”在前 7 名，“计算机基础”小于 60 分或大于等于 90 分的女生的记录。

（1）单击“自动筛选”工作表数据区域中的任一单元格。

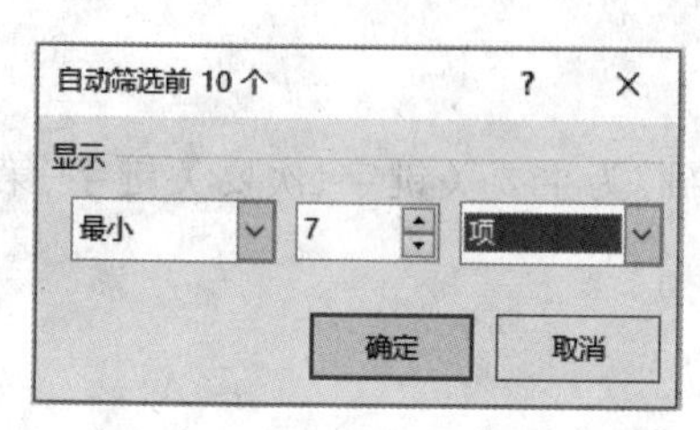

图 6-33　设置自动筛选“名次”在前 7 名的条件

（2）在“数据”选项卡的“排序与筛选”组中单击“筛选”按钮，此时工作表的各列标题右侧出现下拉按钮，单击“名次”右侧的下拉按钮，在下拉列表中选择“数字筛选”的“前 10 项”选项，打开“自动筛选前 10 个”对话框，如图 6-33 所示，按图示进行设置，筛选出“名次”在前 7 名的记录。

（3）在第一次筛选的结果中，单击“计算机基础”右侧的下拉按钮，在下拉列表中选择“数字筛选”的“介于”选项，打开“自定义自动筛选方式”对话框，按如图 6-34 所示进行设置，筛选出“计算机基础”小于 60 分或大于等于 90 分的记录。

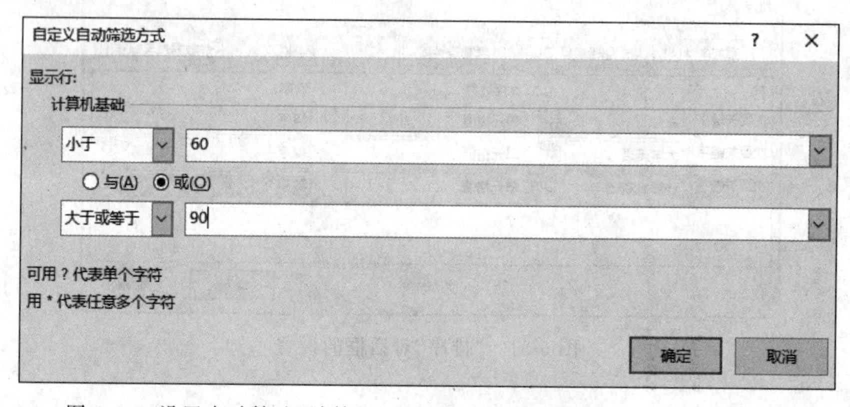

图 6-34　设置自动筛选“计算机基础”小于 60 分或大于等于 90 分的条件

（4）在第二次筛选的结果中，单击“性别”右侧的下拉按钮，在下拉列表中只选中“女”复选框，然后单击“确定”按钮，筛选出女生的记录。

自动筛选的最后结果如图 6-35 所示。

	A	B	C	D	E	F	G	H	I
1	学号	姓名	性别	大学英语	计算机基础	体育	邓小平理论	总分	名次
6	0802191605	陈 五	女	72	91	87	90	340	4
27	0802191626	许二六	女	82	92	87	76	337	6
36	0802191635	董三五	女	90	90	92	87	359	1

图 6-35　自动筛选结果

4. 高级筛选

操作要求

在“高级筛选”工作表中，筛选出“计算机基础”分数大于 90 分的女生和“大学英语”分数大于 90 分的男生的记录。

操作步骤

（1）在单元格区域 K1:M3 中建立条件区域，如图 6-36 所示。

（2）在“数据”选项卡的“排序与筛选”组中单击“高级”按钮，打开“高级筛选”对话框，如图 6-37 所示，按图示进行设置，然后单击“确定”按钮。

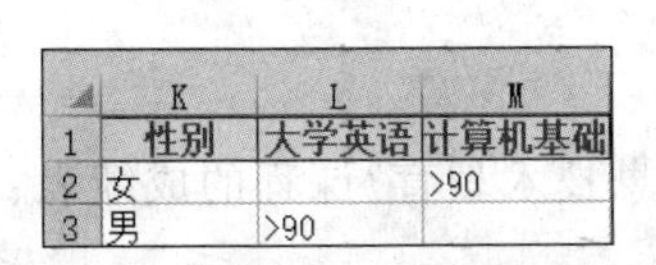

	K	L	M
1	性别	大学英语	计算机基础
2	女		>90
3	男	>90	

图 6-36　高级筛选的条件区域

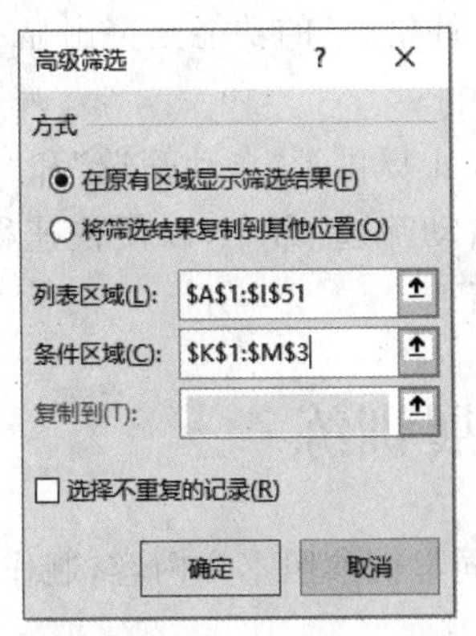

图 6-37　“高级筛选”对话框的设置

高级筛选的结果如图 6-38 所示。

	A	B	C	D	E	F	G	H	I
1	学号	姓名	性别	大学英语	计算机基础	体育	邓小平理论	总分	名次
3	0802191602	李 二	男	95	60	73	88	316	23
6	0802191605	陈 五	女	72	91	87	90	340	4
13	0802191612	孙十二	男	91	66	80	84	321	19
27	0802191626	许二六	女	82	92	87	76	337	6

图 6-38　高级筛选结果

6.3　案例总结

本案例通过“成绩表的制作”这个大家容易理解和熟悉的项目，进行了 Excel 基础知识的应用学习，使我们认识到 Excel 软件可以帮助我们方便快捷地制作表格，利用公式和函数可对表格中的数据进行自动计算和统计等，在日常生活和工作的各个领域中都是非常实用的软件。

在进行 Excel 软件的基础应用时请注意以下几个方面。

（1）在 Excel 的工作表中输入数据时，应注意输入技巧的熟练应用和积累。对于一系列的数据可以利用自动填充、自定义序列等功能，提高输入效率。应注意数据的分类，对于学号、身份证号码等数据须设置为文本型。

（2）要善于运用公式和函数进行计算，在进行公式复制时，须特别注意相对引用、绝对引用和混合引用这三种引用的使用。

（3）函数的输入有多种方法，对于一些简单而又常用的函数，如 SUM、AVERAGE COUNT、MAX、MIN 函数，可直接单击“自动求和”按钮或其下拉箭头来输入。对于参数较多的函数，则尽量使用“插入函数”和“函数参数”对话框来输入，可减少符号的输入，也可减少输入错误。

（4）图表也是工作表，它比数据更易于表达数据之间的关系以及数据变化的趋势，可以更加清晰、直观和生动地表现数据。

制作图表时，需特别注意正确选择数据源。应根据数据关系的表达需要，选择合适的图表类型。

（5）“条件格式”的功能是突出显示满足设定条件的单元格。“条件格式”可以复制到其他的单元格中。

（6）Excel 提供了“自动筛选”和“高级筛选”两种命令来筛选数据。对于简单条件的筛选可应用“自动筛选”命令，以便快速得到筛选结果。对于复杂条件的筛选则应用“高级筛选”命令进行。

6.4 拓展训练

（1）请同学们参照本章内容，制作自己班的《信息技术教育》课程的成绩表、成绩分析表和班级成绩表。

（2）在“‘大学英语’课程成绩分析表”工作表中，用 COUNTIF 函数计算总评成绩各分数段的人数。

（3）新建一个工作簿，命名为“班级成绩表”，并按要求完成下面小题。

① 在工作表 Sheet1 中录入如图 6-39 所示的数据，并将 Sheet1 命名为“成绩统计 A”。

	A	B	C	D	E	F	G	H
1	××班成绩表							
2	学号	姓名	性别	大学英语	计算机应用	高等数学	应用文写作	名次
3	06503201	杨妙闻	女	73	91.9	71	64	
4	06503202	舒新连	男	60	86	66	43	
5	06503203	洪庆辉	男	47	72.6	79	71	
6	06503204	李小静	女	75	75.1	95	99	
7	06503205	陈敏	男	87	90.3	97	89	
8	06503206	庞丽芬	女	93	81.2	43	68	
9	06503207	赵婷静	女	95	84.5	31	65	
10	06503208	金聪	男	43	96.6	71	56	
11	06503209	廖学鄂	男	49	83.6	84	74	
12	06503210	闫美玲	女	缺考	90.9	35	缺考	
13	06503211	王新平	男	47	97.8	79	98	
14	06503212	刘份森	男	97	81.6	74	85	
15	06503213	黄泽惠	女	75	76.3	85	80	
16	06503214	张斯华	女	94	61	94	51	
17	06503215	兆平安	男	89	53.4	56	77	
18	06503216	彭族鸿	男	69	66.4	70	87	
19	06503217	陈巧花	女	82	91.9	71	47	
20	06503218	吴雅安	女	91	81.5	72	75	
21	06503219	何根军	男	82	58.7	90	77	
22	06503220	彭高玉	女	36	56.8	缺考	96	

图 6-39 录入数据

② 在“成绩统计 A”中合并和水平居中单元格 A1:H1；设置 A1 行高为 23.25，设置表格

标题“××班成绩表”的字体 18 号，黑体，加粗，蓝色；选中 A2：H22，设置实线细边框，边框颜色均为紫色，设置字体为 10 号，宋体，水平居中；选中 A2：H2，设置字体为加粗，底纹为浅绿色。

③ 把工作表“成绩统计 A”复制 2 份，保存为工作表“高级筛选”和“及格率”。

④ 在“成绩统计 A”工作表的“名次”列左边插入 1 个新列，录入列名为“个人平均分”。

⑤ 使用条件格式，把表中所有科目中小于 60 分的成绩的字体设置为红色，倾斜加粗。

⑥ 使用函数计算该班的“个人平均分”（保留 2 位小数），按个人平均分计算全班排名。

⑦ 在单元格区域 D24：G28 中，使用频度分布函数，计算各科目成绩在指定分数段的人数分布情况。

⑧ 使用排序功能，对整个成绩表数据按个人平均分从高到低排序，并查看前面计算的排名是否与排序结果相符。工作表“成绩统计 A”最终效果如图 6-40 所示。

	A	B	C	D	E	F	G	H	I
1	××班成绩表								
2	学号	姓名	性别	大学英语	计算机应用	高等数学	应用文写作	个人平均分	名次
3	06503205	陈敏	男	87	90.3	97	89	90.83	1
4	06503204	李小静	女	75	75.1	95	99	86.03	2
5	06503212	刘份森	男	97	81.6	74	85	84.40	3
6	06503211	王新平	男	*47*	97.8	79	98	80.45	4
7	06503218	吴雅安	女	91	81.5	72	75	79.88	5
8	06503213	黄泽惠	女	75	76.3	85	80	79.08	6
9	06503219	何根军	男	82	*58.7*	90	77	76.93	7
10	06503214	张斯华	女	94	61	94	*51*	75.00	8
11	06503201	杨妙闻	女	73	91.9	71	64	74.98	9
12	06503216	彭族鸿	男	69	66.4	70	87	73.10	10
13	06503217	陈巧花	女	82	91.9	71	*47*	72.98	11
14	06503209	廖学鄂	男	*49*	83.6	84	74	72.65	12
15	06503206	庞丽芬	女	93	81.2	*43*	68	71.30	13
16	06503207	赵婷静	女	95	84.5	*31*	65	68.88	14
17	06503215	兆平安	男	89	*53.4*	*56*	77	68.85	15
18	06503203	洪庆辉	男	*47*	72.6	79	71	67.40	16
19	06503208	金聪	男	*43*	96.6	71	*56*	66.65	17
20	06503202	舒新连	男	60	86	66	*43*	63.75	18
21	06503210	闫美玲	女	缺考	90.9	*35*	缺考	62.95	19
22	06503220	彭高玉	女	*36*	*56.8*	缺考	96	62.93	20
23									
24	各科目成绩小于60分的人数：			5	3	4	4		
25	各科目成绩介于60至69.99分的人数			2	2	1	3		
26	各科目成绩介于70至79.99分的人数			3	3	8	5		
27	各科目成绩介于80至89.99分的人数			4	6	2	4		
28	各科目成绩大于等于90分的人数			5	6	4	3		

成绩统计A | 高级筛选 | 及格率 ...

图 6-40 “成绩统计 A”工作表

⑨ 切换到“高级筛选”，删除“名次”列，使用高级筛选功能，筛选各科成绩均在 60 分以上的学生数据，并将结果显示在 A24 单元格处。筛选效果如图 6-41 所示。

⑩ 切换到“及格率”工作表，删除“名次”列，在单元格区域 C24：G28 中输入如图 6-42 所示的内容。

⑪ 使用函数计算出各科应考人数、参考人数和各科及格人数，使用公式计算出各科及格率（及格率＝及格人数/应考人数，及格率使用百分比表示并保留 2 位小数），计算结果如图 6-43 所示。

⑫ 选中 C24：G24 和 C28：G28 单元格，并使用选中的单元格数据在本工作表中生成分

	A	B	C	D	E	F	G
24	学号	姓名	性别	大学英语	计算机应用	高等数学	应用文写作
25	06503205	陈敏	男	87	90.3	97	89
26	06503204	李小静	女	75	75.1	95	99
27	06503212	刘份森	男	97	81.6	74	85
28	06503218	吴雅安	女	91	81.5	72	75
29	06503213	黄泽惠	女	75	76.3	85	80
30	06503201	杨妙闻	女	73	91.9	71	64
31	06503216	彭旗鸿	男	69	66.4	70	87

图 6-41　高级筛选结果

	A	B	C	D	E	F	G
24			科目	大学英语	计算机应用	高等数学	应用文写作
25			应考人数				
26			参考人数				
27			及格人数				
28			及格率				

图 6-42　“及格率”工作表中录入的内容

	A	B	C	D	E	F	G
24			科目	大学英语	计算机应用	高等数学	应用文写作
25			应考人数	20	20	20	20
26			参考人数	19	20	19	19
27			及格人数	14	17	15	15
28			及格率	70.00%	85.00%	75.00%	75.00%

图 6-43　计算结果

离型三维饼图,效果如图 6-44 所示。

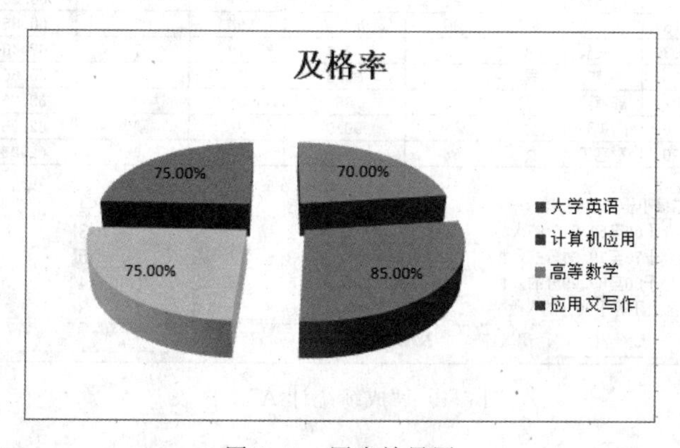

图 6-44　图表效果图

案例 7
人事管理与工资计算

7.1 案例简介

7.1.1 问题描述

人事部负责工资计算工作的梁阿姨退休了，由小张来接替梁阿姨的工作。人事部主任根据小张的自我介绍，得知小张非常熟悉 Excel 软件，对 Excel 函数的使用得心应手，于是在给小张说明了公司的人事管理规定和工资计算办法后，要求小张应用 Excel 软件，创建能详细记录职工信息资料和各项统计数据、能查询职工个人资料、能直观地看到工资明细数据和统计数据等电子表格，并制作和邮寄电子工资条等，完善公司的人事管理与工资计算工作。

人事部主任告诉小张，公司职工的工资收入包括基本工资、补贴和奖金三部分，其中基本工资包括工龄工资、学历工资和职务工资，补贴分为一线岗位补贴和二线岗位补贴，奖金按考核分数发放，缺勤要扣费等。

7.1.2 解决方法

(1) 小张根据公司规定和职工档案资料，创建包括职工的编号、姓名、身份证号码、性别、年龄、出生日期、任职部门、职务、工作时间、工龄、学历等详细信息的“职工信息表”。

(2) 根据“职工信息表”建立“职工信息统计”工作表，获得职工的人员结构数据。

(3) 设计“职工信息查询表”，以便能通过职工编号快速查询职工的个人信息。

(4) 创建“工资计算”工作表，用于计算职工的各项工资数据。

(5) 建立并打印“工资统计表”，统计各部门各工资项目的合计数据，用于上报。

(6) 制作并打印工资条，以便在发放工资的同时发放工资条，让职工对自己的收入一目了然。

(7) 通过邮件合并功能，制作各职工的电子工资条，然后应用 Outlook 发送电子工资条。

7.1.3 相关知识

1. 函数应用

本章用到的主要函数如下。

1) LEN 函数

功能：返回文本字符串中的字符数。

函数格式：

```
LEN(text)
```

参数意义：

text 必须设置，指要查找其长度的文本。空格将作为字符进行计数。

2）MID 函数

功能：返回文本字符串中从指定位置开始的特定数目的字符，该数目由用户指定。

函数格式：

```
MID(text,start_num,num_chars)
```

参数意义：

text 必须设置。指要提取字符的文本字符串。

start_num 必须设置。文本中要提取的第一个字符的位置。文本中第一个字符的 start_num 为 1，以此类推。

num_chars 必须设置。指定从文本中返回字符的个数。

3）DATE 函数

功能：返回表示特定日期的连续序列号。例如，公式＝DATE(2019,7,8)返回序列号 43654，该序列号表示 2019-7-8。如果在输入该函数之前单元格格式为“常规”，则结果将使用日期格式，而不是数字格式。若要更改单元格格式，可在“开始”选项卡的“数字”组中选择其他数字格式。

函数格式：

```
DATE(year,month,day)
```

参数意义：

year 必须设置。year 参数的值可以包含一到四位数字。Excel 将根据计算机所使用的日期系统来解释 year 参数。默认情况下，Microsoft Excel for Windows 将使用 1900 日期系统，而 Microsoft Excel for Macintosh 将使用 1904 日期系统。

当 year 介于 0(零)到 1899 之间(包含这两个值)时，则 Excel 会将该值与 1900 相加来计算年份。例如，DATE(119,1,2)将返回 2019 年 1 月 2 日(1900＋119)。

当 year 介于 1900 到 9999 之间(包含这两个值)时，则 Excel 将使用该数值作为年份。例如，DATE(2019,1,2)将返回 2019 年 1 月 2 日。

如果 year 小于 0 或大于等于 10000，则 Excel 将返回错误值＃NUM!。

month 必须设置。一个正整数或负整数，表示一年中从 1 月至 12 月的各个月。

如果 month 大于 12，则 month 从指定年份的一月开始累加该月份数。例如，DATE(2019,14,2)返回表示 2020 年 2 月 2 日的序列号。

如果 month 小于 1，month 则从指定年份的前一年开始递减该月份数，例如，DATE(2019,－3,2)返回表示 2018 年 9 月 2 日的序列号。

day 必须设置。一个正整数或负整数，表示一月中从 1 日到 31 日的各天。

如果 day 大于指定月份的天数，则 day 从指定月份的第一天开始累加该天数。例如，DATE(2019,1,35)返回表示 2019 年 2 月 4 日的序列号。

如果 day 小于 1,则 day 从指定月份的前一月最后一天开始递减该天数,例如,DATE(2019,6,－15)返回表示 2019 年 5 月 16 日的序列号。

说明:Excel 将日期存储为可用于计算的序列号。默认情况下,1900 年 1 月 1 日的序列号是 1,而 2020 年 1 月 1 日的序列号是 43 831,这是因为它距 1900 年 1 月 1 日有 43 831 天。Microsoft Excel for the Macintosh 使用另外一个日期系统作为其默认日期系统。

4) VLOOKUP 函数

功能:查找单元格区域首列满足条件的元素,并求取该元素所在行中指定列的值。

函数格式:

```
VLOOKUP(lookup_value,table_array,col_index_num,[range_lookup])
```

参数意义:

lookup_value 必须设置。指要在 table_array 指定区域的第一列中搜索的值。

lookup_value 参数可以是值或引用。

table_array 必须设置。包含数据的单元格区域。可以使用对区域(例如,A2:D8)或区域名称的引用。table_array 第一列中的值必须是 lookup_value 搜索的值。这些值可以是文本、数字或逻辑值,文本不区分大小写。

col_index_num 必须设置。table_array 参数中必须返回的匹配值的列号。col_index_num 参数为 1 时,返回 table_array 第一列中的值 col_index_num 为 2 时,返回 table_array 第二列中的值,以此类推。

range_lookup 可选设置。一个逻辑值,指定希望 VLOOKUP 查找精确匹配值还是近似匹配值。

如果 range_lookup 为 TRUE 或被省略,则返回精确匹配值或近似匹配值。如果找不到精确匹配值,则返回小于 lookup_value 的最大值。

注 意

如果 range_lookup 为 TRUE 或被省略,则必须按升序排列 table_array 第一列中的值;否则,VLOOKUP 可能无法返回正确的值。

如果 range_lookup 为 FALSE,则不需要对 table_array 第一列中的值进行排序。

如果 range_lookup 为 FALSE,VLOOKUP 将只查找精确匹配值。如果 table_array 的第一列中有两个或更多值与 lookup_value 匹配,则使用第一个找到的值。如果找不到精确匹配值,则返回错误值 #N/A。

VLOOKUP 函数的各参数的含义解释如下:

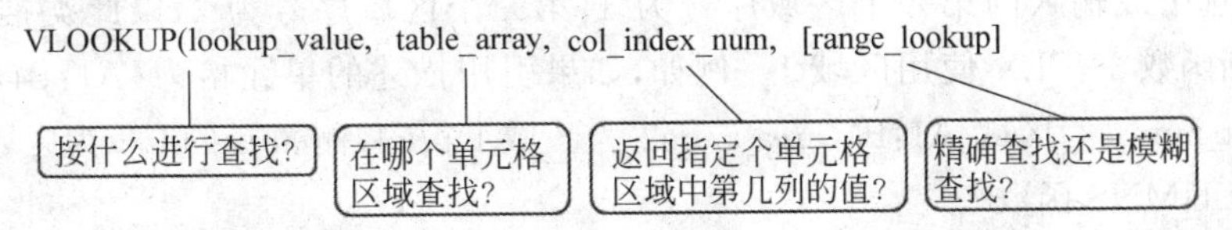

使用 VLOOKUP 函数时注意:要查找的对象(参数 1)一定要定义在单元格区域(参数 2)的第一列。

5) SUMIF 函数

功能:求取区域中满足条件的数值的总和。

函数格式：

```
SUMIF(range,criteria,[sum_range])
```

参数意义：

range 必须设置。用于条件计算的单元格区域。每个区域中的单元格都必须是数字或名称、数组或包含数字的引用。空值和文本值将被忽略。

criteria 必须设置。用于确定对哪些单元格求和的条件，其形式可以为数字、表达式、单元格引用、文本或函数。例如，条件可以表示为 32、">32"、B5、"32"、"苹果" 或 TODAY()。

注意

任何文本条件或任何含有逻辑或数学符号的条件都必须使用半角双引号括起来。如果条件为数字，则无须使用双引号。

sum_range 可选设置。指需要求和的实际单元格(如果要对未在 range 参数中指定的单元格求和)。如果 sum_range 参数被省略，Excel 会对在 range 参数中指定的单元格(即应用条件的单元格)求和。

6) INDEX 函数

INDEX 函数用于返回表格或区域中的值或值的引用。INDEX 函数有两种形式：数组形式和引用形式。这里仅介绍引用形式。

功能：返回指定的行与列交叉处的单元格引用。

函数格式：

```
INDEX(reference,row_num,[column_num],[area_num])
```

参数意义：

reference 必须设置。指对一个或多个单元格区域的引用。

如果为引用输入一个不连续的区域，必须将其用括号括起来。

如果引用中的每个区域只包含一行或一列，则相应的参数 row_num 或 column_num 分别为可选项。例如，对于单行的引用，可以使用函数 INDEX(reference,column_num)。

row_num 必须设置。为引用 reference 指定区域中某行的行号，函数从该行返回一个引用。

column_num 可选设置。为引用 reference 指定区域中某列的列标，函数从该列返回一个引用。

area_num 可选设置。为选择引用中的一个区域，以从中返回 row_num 和 column_num 的交叉区域。选中或输入的第一个区域序号为 1，第二个区域序号为 2，以此类推。如果省略 area_num，则函数 INDEX 使用区域 1。例如，如果引用描述的单元格为(A1:B4,D1:E4,G1:H4)，则 area_num1 为区域 A1:B4，area_num2 为区域 D1:E4，而 area_num3 为区域 G1:H4。

7) COLUMNS 函数

功能：返回数组或引用的列数。

函数格式：

```
COLUMNS(array)
```

参数意义：

array 必须设置。指需要得到其列数的数组、数组公式或对单元格区域的引用。

2. 数据有效性

数据有效性是一种 Excel 功能，用于定义可以在单元格中输入或应该在单元格中输入哪些数据，以防止用户输入无效数据。使用数据有效性还可以控制用户输入到单元格的数据或值的类型。例如，可将数据输入限制在某个日期范围、使用列表限制选择或者确保只输入正整数。

当然，也可以允许用户输入无效数据，但当用户尝试在单元格中输入无效数据时会向其发出警告。此外，还可以提供一些消息，以定义期望在单元格中输入的内容，以及帮助用户更正错误的说明。

3. 自定义单元格数字格式

自定义单元格数字格式可以使单元格中数值与文本共存，数据却仍然是数值型数据，可以使数值表示更加灵活。

4. 打印预览和打印

打印预览可以预览打印效果，若发现有问题或有不满意之处，可在“视图”选项卡的“工作簿视图”组中单击“普通”按钮，返回普通视图进行修改。

启动“打印”命令后可打开如 7-1 所示的“打印”界面，按需要进行设置，如设置打印份

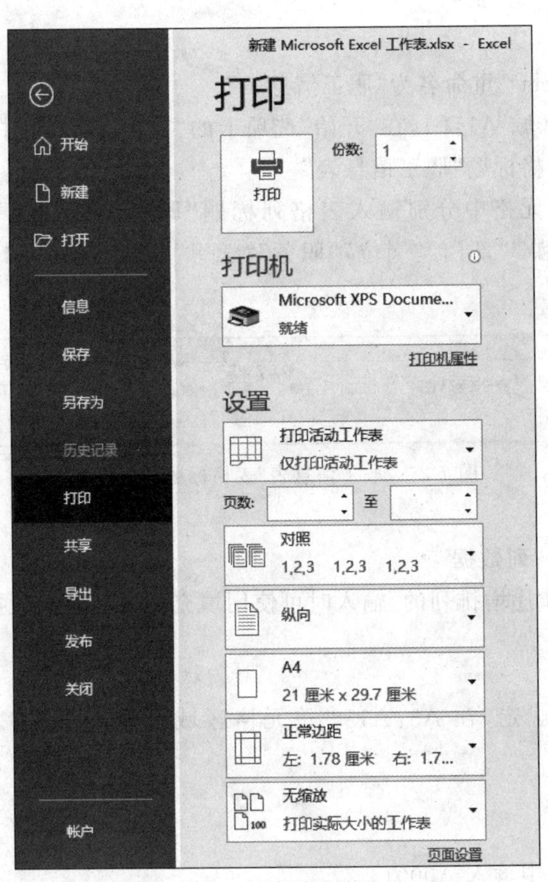

图 7-1　“打印”界面

数、打印机名称、打印范围、纸张方向、纸张大小、纸张边距、工作表的缩放等。

5. 邮件制作和发送

使用 Excel 工作表作为数据源，运用 Word 的邮件合并功能来制作邮件，并通过 Outlook 发送邮件。

6. 工作表的保护

工作表的保护功能可使工作表中的数据或公式不被更改。

7.2 实现步骤

7.2.1 职工信息表的创建

职工信息表用于记录公司职工的基本信息资料，包括职工的编号、姓名、身份证号码、性别、年龄、工作部门、职务、工作时间、工龄、学历等信息。

1. 新建 Excel 工作簿

新建 Excel 工作簿，并命名为“人事管理与工资计算.xlsx”。

2. 创建“职工信息表”

操作步骤

(1) 将工作表 Sheet1 重命名为“职工信息表”。

(2) 选中单元格区域 A1:L1，在“开始”选项卡的“对齐方式”组中单击“合并后居中”按钮，然后在其中输入表格标题“职工信息表”。

(3) 在 A2:L2 单元格中分别输入表格列标题“职工编号”“姓名”“身份证号码”“性别”“出生年月日”“年龄”“部门”“岗位”“职务”“学历”“工作日期”和“工龄”，效果如图 7-2 所示。

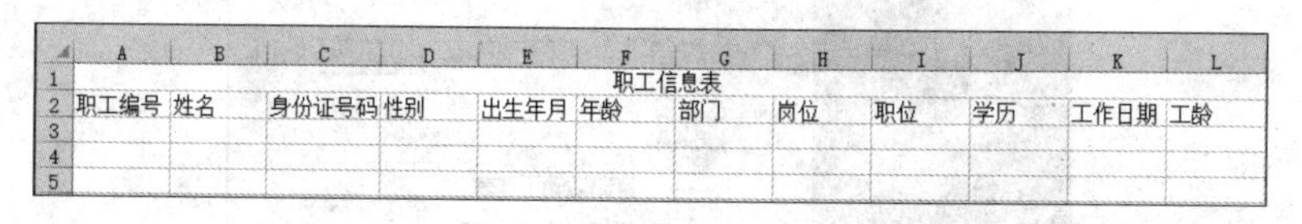

	A	B	C	D	E	F	G	H	I	J	K	L
1	职工信息表											
2	职工编号	姓名	身份证号码	性别	出生年月	年龄	部门	岗位	职位	学历	工作日期	工龄
3												
4												
5												

图 7-2 “职工信息表”表格标题和列标题

3. 输入“职工编号”列数据

职工编号是有规律递增排列的，输入时可使用填充柄自动填充数据。

操作要求

根据公司的编号规定，在 A3:A152 单元格区域中输入职工编号，第一个职工编号为 A0001。

操作步骤

(1) 在 A3 单元格中输入 A0001。

(2) 拖动填充柄到 A152 单元格。

4. 输入“姓名”列数据

操作要求

将公司职工的姓名(见素材文件“职工基础资料(素材).xlsx”)分别输入到 B3:B152 单元格区域中。

5. 输入“身份证号码”列数据

操作要求

将公司职工的身份证号码(见素材文件“职工基础资料(素材).xlsx”)分别输入到 C3:C152 单元格区域中。

操作步骤

(1) 将“身份证号码”列的单元格格式设置为“文本”格式。

(2) 在 C3:C152 单元格区域中分别输入每个职工的身份证号码。

(3) 适当调整“身份证号码”列的列宽,使其能容纳所输入的身份证号码,效果如图 7-3 所示。

	A	B	C	D	E	F	G	H	I	J	K	L
1						职工信息表						
2	职工编号	姓名	身份证号码	性别	出生年月	年龄	部门	岗位	职位	学历	工作日期	工龄
3	A0001	余五一	440102197508121811									
4	A0002	潘五二	210124198308162291									
5	A0003	杜五三	210502199512020944									
6	A0004	戴五四	210411199404282942									
7	A0005	夏五五	440106198508121511									
8	A0006	钟五六	622723199602013412									

图 7-3　输入“文本”格式的身份证号码

在身份证号中,隐含着公民的部分个人信息,如性别、出生年月日和证件办理所在地等。

公民身份号码是特征组合码,由十七位数字本体码和一位校验码组成。排列顺序从左至右依次为:六位数字地址码,八位数字出生日期码,三位数字顺序码和一位数字校验码。地址码:表示编码对象常住户口所在县(市、旗、区)的行政区划代码,按 GB/T 2260 的规定执行;出生日期码:第 7、8、9、10 位为出生年份(四位数),第 11、12 位为出生月份,第 13、14 位为出生日期;顺序码:第 17 位代表性别(奇数为男,偶数为女);第 18 位为效验位。

因此,可以利用 Excel 软件的函数,从身份证号码中提取个人性别、出生年月等信息。

6. 输入“性别”列数据

操作要求

在公司职工的身份证号码中提取性别信息,分别放在 D3:D152 单元格区域中。

操作步骤

(1) 在单元格 D3 中输入公式=IF(C3="","",IF(LEN(C3)<>18,"错误",IF(MOD

(MID(C3,17,1),2)=0,"女","男")))。

(2) 按 Enter 键,此时,D3 单元格中显示计算结果“男”,而在编辑栏显示完整公式,如图 7-4 所示。

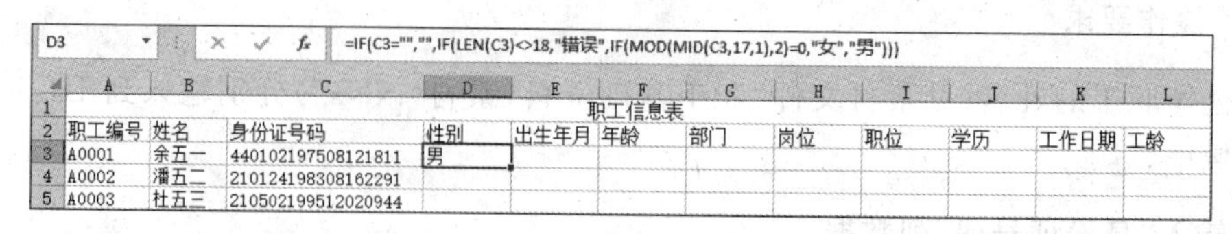

D3 =IF(C3="","",IF(LEN(C3)<>18,"错误",IF(MOD(MID(C3,17,1),2)=0,"女","男")))

	A	B	C	D	E	F	G	H	I	J	K	L
1	职工信息表											
2	职工编号	姓名	身份证号码	性别	出生年月	年龄	部门	岗位	职位	学历	工作日期	工龄
3	A0001	余五一	440102197508121811	男								
4	A0002	潘五二	210124198308162291									
5	A0003	杜五三	210502199512020944									

图 7-4　输入提取性别信息的公式

(3) 重新选中单元格 D3,双击其填充柄复制公式,从而输入其他职工的性别。

说明:

① 单元格 D3 中的公式由三个 IF 函数构成,其中第一个 IF 函数用于计算,若 C3 单元格为空,则 D3 为空,否则,由第二个 IF 函数计算。

② 第二个 IF 函数用于计算,若 C3 单元格的字符串长度不等于 18,则 D3 单元格显示为“错误”,否则,由第三个 IF 函数计算。

③ 第三个 IF 函数是公式的核心部分,其中参数 MOD(MID(C3,17,1),2)=0 是一个逻辑判断语句,若该逻辑条件成立,则在 D3 单元格中将显示“女”,反之则将显示“男”。

④ 函数 MID(C3,17,1)用于计算,如果 LEN 函数提取的 C3 单元格中的字符长度等于 18,则由 MID 函数从字符串的指定位置(第 17 位,即倒数第 2 位)提取 1 个字符。

⑤ MOD 函数将提取的字符与 2 相除,获取两者的余数。如果两者能够除尽,说明余数是 0(即逻辑条件成立,在 D3 单元格中将显示“女”);如果两者不能除尽,说明余数是 1(即逻辑条件不成立,在 D3 单元格中将显示“男”)。

输入函数公式时所使用的标点符号全部为英文半角符号。

7. 输入“出生年月日”列数据

在公司职工的身份证号码中提取出生年月日信息,分别放在 E3:E152 单元格区域中。

(1) 在单元格 E3 中输入公式“=IF(OR(C3="",LEN(C3)<>18),"",DATE(MID(C3,7,4),MID(C3,11,2),MID(C3,13,2)))”。

(2) 按 Enter 键,此时,E3 单元格中显示计算结果 27618,而在编辑栏显示完整公式。

(3) 设置 E3 单元格格式为“短日期”,E3 单元格中显示 1975-8-12,如图 7-5 所示。

(4) 使用双击填充柄的方法复制公式,从而输入其他职工的出生年月日。

说明: 单元格 E3 中的公式表示,如果 C3 单元格为空或者 C3 单元格的字符串长度不等于 18,则 D3 为空,否提取第 7、8、9、10 位作为年份,提取第 11、12 位作为月份,提取第 13、

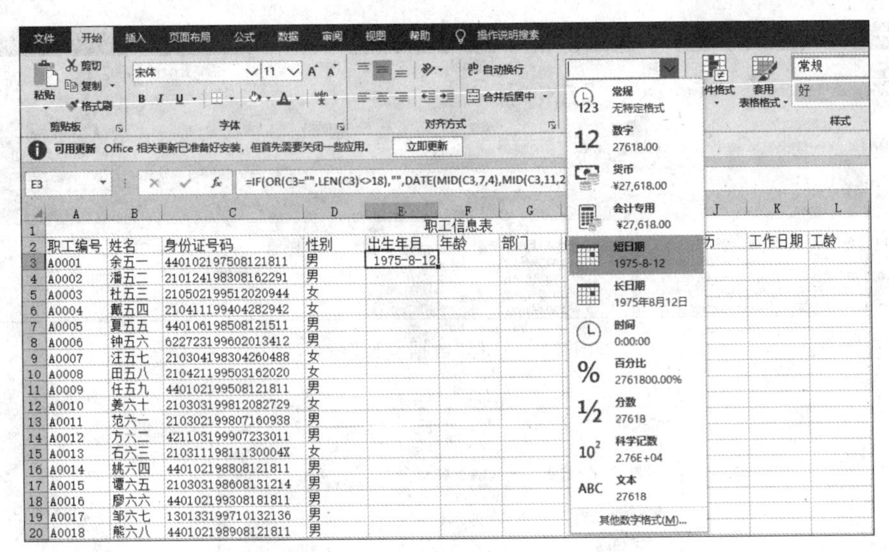

	A	B	C	D	E	F	G	…	K	L
1						职工信息表				
2	职工编号	姓名	身份证号码	性别	出生年月	年龄	部门	历	工作日期	工龄
3	A0001	余五一	440102197508121811	男	1975-8-12					
4	A0002	潘五二	210124198308162291	男						
5	A0003	杜五三	210502199512020944	女						
6	A0004	戴五四	210411199404282942	女						
7	A0005	夏五五	440106198508121511	男						
8	A0006	钟五六	622723199602013412	男						
9	A0007	汪五七	210304198304260488	女						
10	A0008	田五八	210421199503162020	女						
11	A0009	任五九	440102199508121811	男						
12	A0010	姜六十	210303199812082729	女						
13	A0011	范六一	210302199807160938	男						
14	A0012	方六二	421103199907233011	男						
15	A0013	石六三	21031119811130004X	女						
16	A0014	姚六四	440102198808121811	男						
17	A0015	谭六五	210303198608131214	男						
18	A0016	廖六六	440102199308181811	男						
19	A0017	邹六七	130133199710132136	男						
20	A0018	熊六八	440102198908121811	男						

图 7-5　输入提取出生年月日的公式并设置数据格式

14 位作为日期。

8. 输入“年龄”列数据

操作步骤

(1) 在单元格 F3 中输入公式＝YEAR(NOW())－YEAR(E3)。

(2) 按 Enter 键，此时，F3 单元格中显示计算结果 1900-2-14，而在编辑栏显示完整公式。

(3) 设置 F3 单元格格式为“常规”，双击填充柄复制公式，从而输入其他职工的年龄。

9. 输入“部门”列数据

为了提高数据输入的准确性以及减少输入工作量，在输入“部门”“职务”“学历”列数据时，设置数据验证来帮助输入。

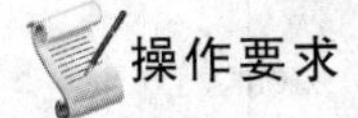

操作要求

通过设置数据验证的方法，在 G3:G152 单元格区域中输入每个职工的工作部门。该公司的工作部门包括总部、人事部、财务部、销售部、客服部、技术部、业务部、后勤部、开发部。每位职工的工作部门见素材文件“职工基础资料(素材).xlsx”。

操作步骤

(1) 在“名称框”中输入 G3:G152，然后按 Enter 键，即可快速选中 G3:G152 单元格区域。

(2) 选择“数据”选项卡，单击“数据工具”组中的“数据验证”下拉按钮，在打开的下拉列表中选择“数据验证”命令，如图 7-6 所示。

(3) 在打开的“数据验证”对话框中单击“允许”列表框的下拉按钮，在打开的下拉列表中选择“序列”；在“来源”文本框中输入“总部,人事部,财务部,销售部,客服部,技术部,业务部,后勤部,开发部”，如图 7-7 所示。注意在“来源”文本框中的每个选项之间要以半角逗号分隔。

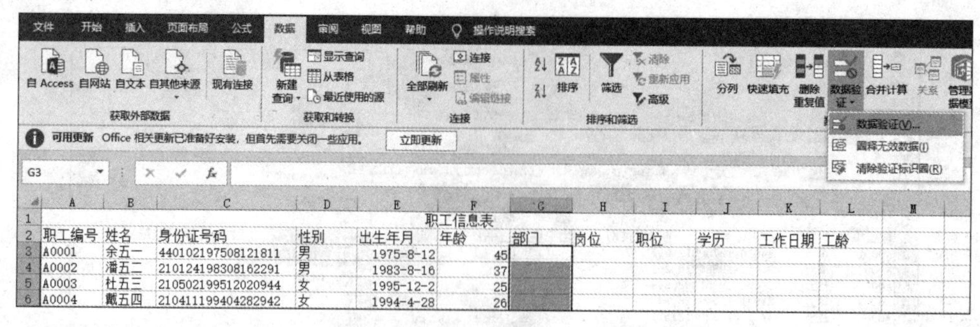

图 7-6 选择“数据验证”命令

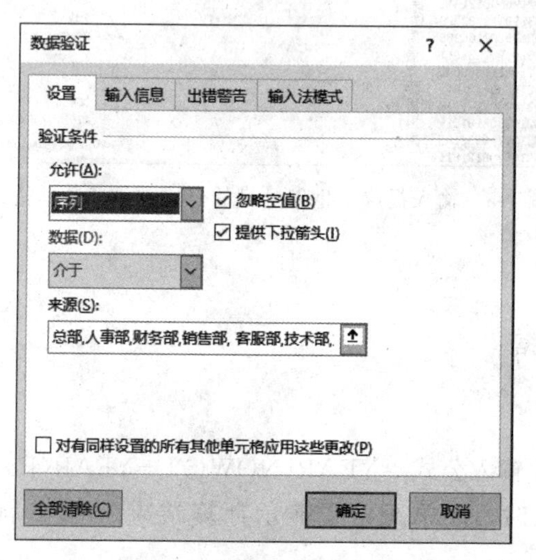

图 7-7 “数据验证”对话框

(4) 单击“数据验证”对话框中的“确定”按钮。

(5) 选择 G3 单元格，其右边出现一个下拉按钮，单击该按钮即可打开包含 9 个部门的下拉列表，单击其中的某个部门选项即可快捷地输入数据，如图 7-8 所示。

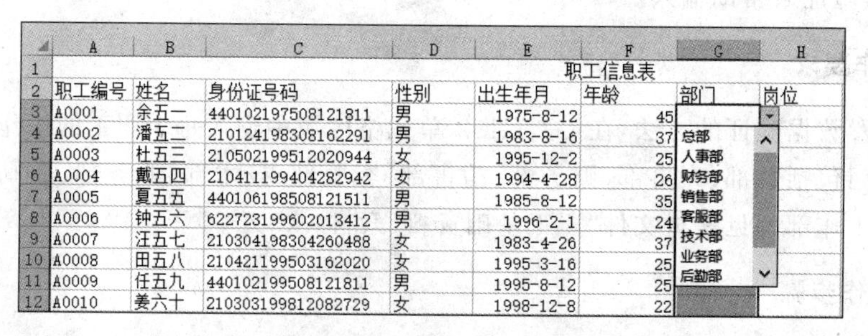

图 7-8 通过下拉列表框输入“部门”列数据

10. 输入“职务”列和“学历”列数据

**操作要求**

参照设置“部门”列数据验证的方法，在 I3:I152 单元格区域中输入每个职工的职务，在

J3:J152单元格区域中输入每个职工的学历。该公司的职务包括总经理、部门经理、总工程师、工程师、助理工程师、业务主管、业务员、技工、文员、普通职工。公司职工的学历包括博士、硕士、本科、大专、中专、高中、初中。每位职工的职务和学历见素材文件“职工基础资料(素材).xlsx”。

操作效果如图7-9所示。

J3　硕士

	A	B	C	D	E	F	G	H	I	J	K	L
1	职工信息表											
2	职工编号	姓名	身份证号码	性别	出生年月	年龄	部门	岗位	职位	学历	工作日期	工龄
3	A0001	余五一	440102197508121811	男	1975-8-12	45	总部		总经理	硕士		
4	A0002	潘五二	210124198308162291	男	1983-8-16	37	销售部		部门经理	博士		
5	A0003	杜五三	210502199512020944	女	1995-12-2	25	客服部		部门经理	硕士		
6	A0004	戴五四	210411199404282942	女	1994-4-28	26	客服部		普通职工	本科		
7	A0005	夏五五	440106198508121511	男	1985-8-12	35	技术部		部门经理	大专		
8	A0006	钟五六	622723199602013412	男	1996-2-1	24	客服部		普通职工	中专		
9	A0007	汪五七	210304198304260488	女	1983-4-26	37	业务部		部门经理	高中		
10	A0008	田五八	210421199503162020	女	1995-3-16	25	后勤部		部门经理	初中		
11	A0009	任五九	440102199508121811	男	1995-8-12	25	总部		业务主管	本科		

图7-9　输入“学历”列数据

11. 输入“岗位”列数据

操作要求

将公司职工的岗位(见素材文件“职工基础资料(素材).xlsx”)分别输入到H3:H152单元格区域中。

操作步骤

(1) 在单元格H3中输入“一线”,再双击填其充柄,把该列内容全部填充为“一线”。

(2) 选中所有应该修改为“二线”的单元格,输入“二线”,最后按Ctrl+Enter组合键。这样,所有被选中的单元格内容都同时变为“二线”。

12. 输入“工作日期”列数据

操作步骤

将公司职工参加工作的日期(见素材文件“职工基础资料(素材).xlsx”)分别输入到K3:K152单元格区域中,并设置单元格的格式为“短日期”数字格式。

操作步骤略,操作效果如图7-10所示。

	A	B	C	D	E	F	G	H	I	J	K	L
1	职工信息表											
2	职工编号	姓名	身份证号码	性别	出生年月	年龄	部门	岗位	职位	学历	工作日期	工龄
3	A0001	余五一	440102197508121811	男	1975-8-12	45	总部	一线	总经理	硕士	1995-7-19	
4	A0002	潘五二	210124198308162291	男	1983-8-16	37	销售部	一线	部门经理	博士	2001-3-7	
5	A0003	杜五三	210502199512020944	女	1995-12-2	25	客服部	二线	部门经理	本科	2014-7-3	
6	A0004	戴五四	210411199404282942	女	1994-4-28	26	客服部	二线	普通职工	本科	2013-8-6	
7	A0005	夏五五	440106198508121511	男	1985-8-12	35	技术部	一线	部门经理	大专	2007-9-13	

图7-10　输入“工作日期”列数

13. 输入“工龄”列数据

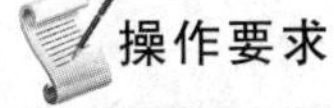

操作要求

根据工作日期计算每个职工的工龄,分别放在L3:L152单元格区域中。

(1) 在单元格 L3 中输入公式“=IF(K3="","",YEAR(NOW())-YEAR(K3))”。

(2) 按 Enter 键,此时,L3 单元格中显示计算结果 25,而在编辑栏显示完整公式。

(3) 使用双击填充柄的方法复制公式,从而输入其他职工的工龄,如图 7-11 所示。

L3 =IF(K3="","",YEAR(NOW())-YEAR(K3))

	A	B	C	D	E	F	G	H	I	J	K	L
1						职工信息表						
2	职工编号	姓名	身份证号码	性别	出生年月	年龄	部门	岗位	职位	学历	工作日期	工龄
3	A0001	余五一	440102197508121811	男	1975-8-12	45	总部	一线	总经理	硕士	1995-7-19	25
4	A0002	潘五二	210124198308162291	男	1983-8-16	37	销售部	一线	部门经理	博士	2001-3-7	19
5	A0003	杜五三	210502199512020944	女	1995-12-2	25	客服部	二线	部门经理	本科	2014-7-3	6
6	A0004	戴五四	210411199404282942	女	1994-4-28	26	客服部	二线	普通职工	本科	2013-8-6	7
7	A0005	夏五五	440106198508121511	男	1985-8-12	35	技术部	一线	部门经理	大专	2007-9-13	13
8	A0006	钟五六	622723199602013412	男	1996-2-1	24	客服部	二线	普通职工	大专	2017-12-2	3

图 7-11　计算职工“工龄”

14. 设置表格标题的格式

适当设置表格标题的格式,例如,可以设为宋体、加粗、20 号、粉红色(自定义),填充色为浅绿;行高为 28.5。

15. 设置表格格式

使用“套用表格格式”命令,快速设置表格格式。

(1) 在“名称框”中输入 A2:L152,快速选中该单元格区域。

(2) 在“开始”选项卡的“样式”组中单击“套用表格格式”下拉按钮,打开颜色列表,如图 7-12 所示。

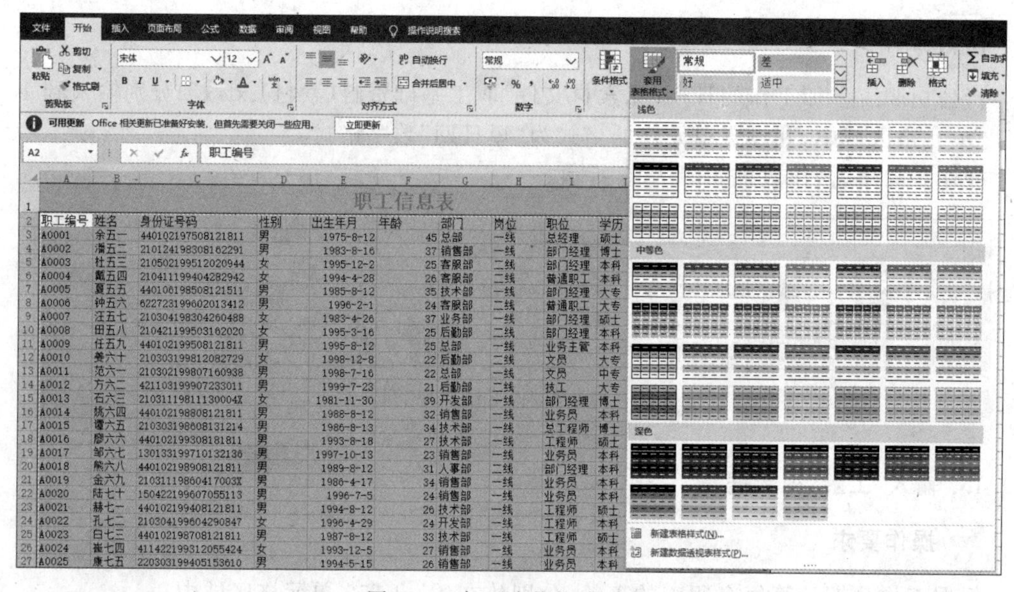

图 7-12　打开表格格式列表

（3）单击所需套用的表格格式，例如选择“天蓝，表样式浅色 20”，将打开“套用表格式”对话框，其中可重新选择表数据的来源（即表格区域），并指定是否包含标题，如图 7-13 所示。

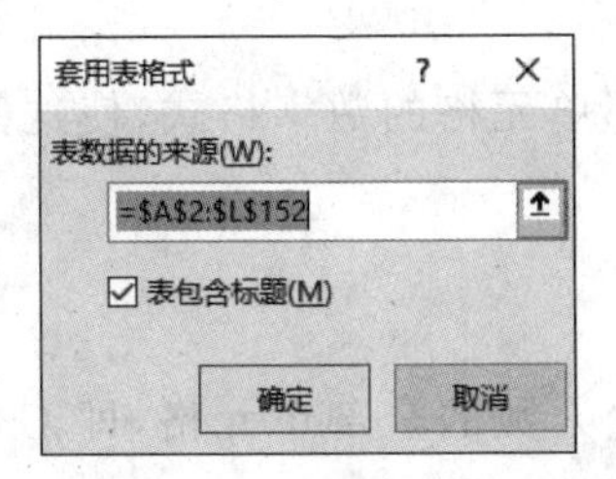

图 7-13　“套用表格式”对话框

（4）单击“确定”按钮，表格自动套用所选格式，效果如图 7-14 所示。

职工信息表

职工编号	姓名	身份证号码	性别	出生年月	年龄	部门	岗位	职位	学历	工作日期	工龄
A0001	余五一	440102197508121811	男	1975-8-12	45	总部	一线	总经理	硕士	1995-7-19	25
A0002	潘五二	210124198308162291	男	1983-8-16	37	销售部	一线	部门经理	博士	2001-3-7	19
A0003	杜五三	210502199512020944	女	1995-12-2	25	客服部	二线	部门经理	本科	2014-7-3	6
A0004	戴五四	210411199404282942	女	1994-4-28	26	客服部	二线	普通职工	本科	2013-8-6	7
A0005	夏五五	440106198508121511	男	1985-8-12	35	技术部	一线	部门经理	大专	2007-9-13	13
A0006	钟五六	622723199602013412	男	1996-2-1	24	客服部	二线	普通职工	大专	2017-12-2	3
A0007	汪五七	210304198304260488	女	1983-4-26	37	业务部	一线	部门经理	硕士	2003-1-16	17
A0008	田五八	210421199503162020	女	1995-3-16	25	后勤部	二线	部门经理	本科	2015-2-16	5

图 7-14　自动套用表格格式的效果

7.2.2　职工信息的统计

职工信息的统计包括职工人数、各部门职工人数比例、职工学历比例、职工年龄比例和职工性别比例等的统计。

1. 创建“职工信息统计”工作表

操作步骤

（1）打开“人事管理与工资计算.xlsx”工作簿。

（2）将工作表 Sheet2 重命名为“职工信息统计”。

（3）在“职工信息统计”工作表中建立统计信息的相关表格，并设置其框线、对齐方式等格式，效果如图 7-15 所示。

职工信息统计

职工总人数	

部门人数统计表

部门	人数	所占比例
总部		
人事部		
财务部		
销售部		
客服部		
技术部		
业务部		
后勤部		
开发部		
合计		

学历统计表

学历	人数	所占比例
博士		
硕士		
本科		
大专		
中专		
高中		
初中		
合计		

年龄统计表

年龄	人数	所占比例
20以下		
20~30		
30~40		
40~50		
50以上		
合计		

性别统计表

性别	人数	所占比例
男		
女		
合计		

图 7-15　“职工信息统计”表格

2. 设置“人数”列的格式

操作要求

设置放置“人数”数据的全部单元格的数字格式，使这些单元格在输入数字后显示“×人”，如图 7-23 所示。

操作步骤

(1) 按住 Ctrl 键，选中放置人数的全部单元格，即 C3、C7：C16、G7：G14、K7：K12 和 O7：O9。

(2) 打开“设置单元格格式”对话框，选择“数字”选项卡，单击“分类”列表框中的“自定义”选项，然后在“类型”文本框中输入“# 人”，如图 7-16 所示。单击“确定”按钮，关闭对话框。

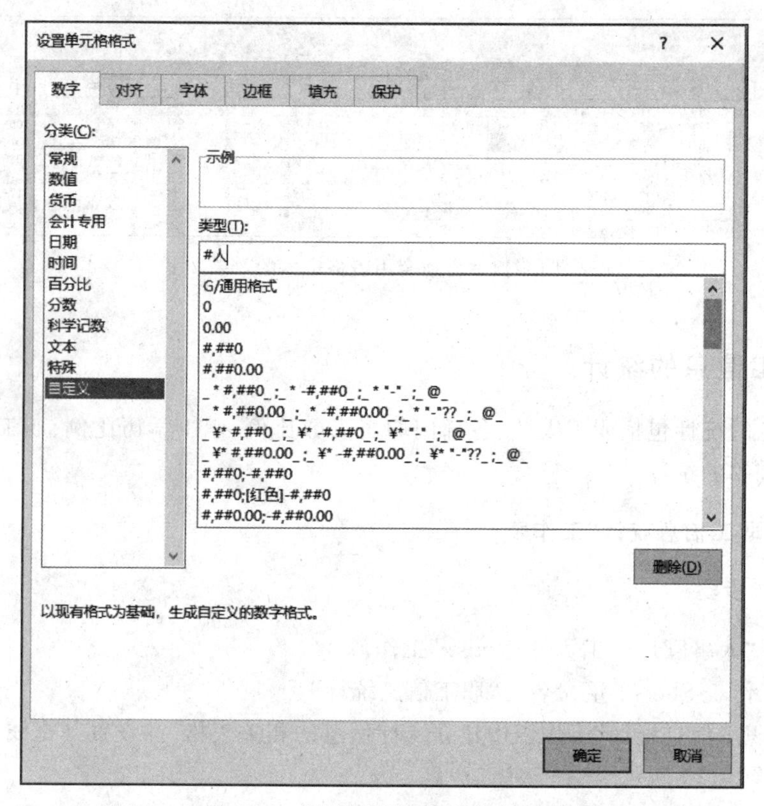

图 7-16 “设置单元格格式”对话框

3. 设置“所占比例”列的格式

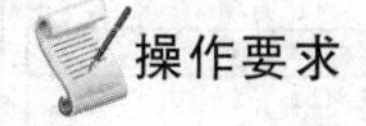

操作要求

设置放置“所占比例”数据的全部单元格的数字格式为“百分比”。

操作步骤

(1) 按住 Ctrl 键，选中放置“所占比例”数据的全部单元格，即 D7：D16，H7：H14，L7：

L12 和 P7:P9。

(2) 打开“设置单元格格式”对话框，选择“数字”选项卡，单击“分类”列表框中“百分比”选项，然后设置其小数位数为2位，单击“确定”按钮，关闭对话框。

4. 统计“职工总人数”

 **操作步骤**

(1) 在C3单元格中输入公式“=COUNTIF(职工信息表!B3:B200,"*")”。

说明：

① 该步骤可在C3单元格插入COUNTIF函数，打开其“函数参数”对话框进行设置，如图7-17所示。

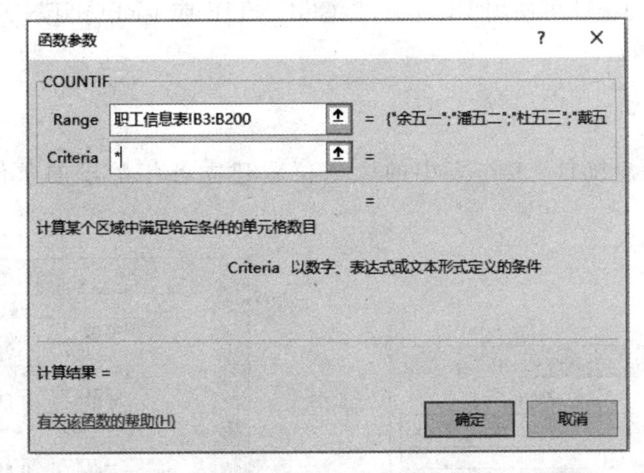

图7-17 “COUNTIF函数参数”对话框设置

② 公式中的单元格区域B3:B200范围比职工信息表中的“姓名”列区域B3:B152大，目的是将来可以添加职工记录。

(2) 按Enter键，得到结果“150人”。

5. 统计各部门人数

 **操作步骤**

(1) 在C7单元格中输入公式“=COUNTIF(职工信息表!$G$3:$G$200,B7)”。

说明：公式中的单元格区域$G$3:$G$200是绝对引用，目的是接下来可进行公式复制。

(2) 按Enter键，得到结果“5人”。

(3) 选中C7单元格，拖动填充柄到C15单元格，进行公式复制，得到如图7-18所示的结果。

	A	B	C	D
5		部门人数统计表		
6		部门	人数	所占比例
7		总部	5人	
8		人事部	5人	
9		财务部	4人	
10		销售部	30人	
11		客服部	19人	
12		技术部	29人	
13		业务部	18人	
14		后勤部	21人	
15		开发部	19人	
16		合计		

图7-18 各部门人数计算结果

6. 统计各种学历的人数

由于该统计方法与统计部门人数的方法类似，可采用公式复制的方法。

操作步骤

(1) 选中 C7 单元格,按下 Ctrl+C 组合键,复制该单元格的公式,然后选择 G7 单元格,按下 Ctrl+V 组合键,粘贴该公式。

(2) 把公式中的单元格区域$G$3:$G$200 改为$J$3:$J$200,即把其中的字母 G 改为 J,最后一个参数改为 F7。

(3) 按 Enter 键,得到结果 6 人。

(4) 选中 G7 单元格,拖动其填充柄到 G13 单元格,进行公式复制,得到如图 7-19 所示的结果。

7. 统计各年龄段的人数

各年龄段人数的统计可使用 DCOUNT、COUNTIF 或 FREQUENCY 函数。这里选用 DCOUNT 数据库函数。

操作步骤

(1) 在"职工信息统计"工作表中的合适位置建立各年龄段的条件区域,如图 7-20 所示。

	E	F	G	H
5		学历统计表		
6		学历	人数	所占比例
7		博士	6人	
8		硕士	10人	
9		本科	42人	
10		大专	61人	
11		中专	20人	
12		高中	4人	
13		初中	7人	
14		合计		
15				

图 7-19　各学历人数计算结果

	J	K	L
13			
14		年龄	
15		<20	
16			
17		年龄	年龄
18		>=20	<30
19			
20		年龄	年龄
21		>=30	<40
22			
23		年龄	年龄
24		>=40	<50
25			
26		年龄	
27		>=50	

图 7-20　各年龄段的条件区域

说明:条件区域中的各字段名"年龄"必须与"职工信息表"中的字段名格式一致,最好通过复制得到。

(2) 选定 K7 单元格,然后单击"插入函数"按钮 fx,打开"插入函数"对话框。在"或选择类别"框中选择"数据库",在"选择函数"列表框中选择 DCOUNT 函数,单击"确定"按钮,弹出"函数参数"对话框。在对话框中设置各项内容,如图 7-21 所示。

(3) 单击"确定"按钮,得到年龄"20 以下"的计算结果为"人"。

(4) 选中 K7 单元格,拖动填充柄到 K11 单元格,进行公式复制。

(5) 选中 K8 单元格,将其公式中的最后一个参数改为 K17:L18,按 Enter 键,得到年龄为 20~30 的计算结果为"44 人"。

(6) 选中 K9 单元格,将其公式中的最后一个参数改为 K20:L21,按 Enter 键,得到年龄为 30~40 的计算结果为"70 人"。

(7) 选中 K10 单元格,将其公式中的最后一个参数改为 K23:L24,按 Enter 键,得到年

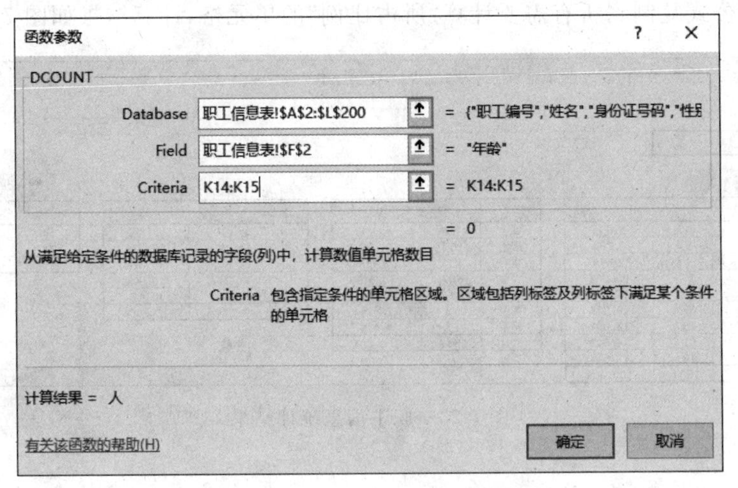

图 7-21　DCOUNT 函数参数对话框

龄为 40～50 的计算结果为“24 人”。

(8) 选中 K11 单元格，将其公式中的最后一个参数改为 K26:K27，按 Enter 键，得到年龄为“50 以上”的计算结果为“12 人”，如图 7-22 所示。

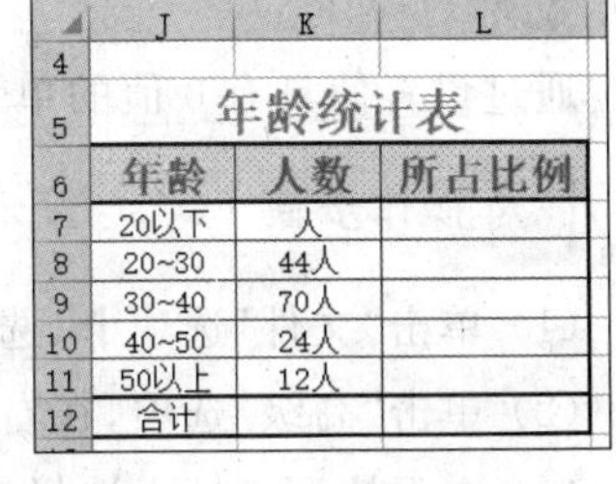

	J	K	L
4			
5	年龄统计表		
6	年龄	人数	所占比例
7	20以下	人	
8	20~30	44人	
9	30~40	70人	
10	40~50	24人	
11	50以上	12人	
12	合计		

图 7-22　各年龄段人数计算结果

8. 统计各性别的人数

由于该统计方法也与统计部门人数的方法类似，故仍采用公式复制的方法。

操作步骤

(1) 选 C7 单元格，按下 Ctrl+C 组合键，复制该单元格的公式，然后选择 O7 单元格，按下 Ctrl+V 组合键，粘贴该公式。

(2) 把公式中的单元格区域 $G$3:$G$200 改为 $D$3:$D$200，即把其中的字母 G 改为 D；最后一个参数改为 N7。

(3) 按 Enter 键，得到男性的人数为“87 人”。

(4) 选中 O7 单元格，拖动填充柄到 O8 单元格，进行公式复制，得到女性的人数为“63 人”。

9. 计算“合计”项人数

用“自动求和”按钮 Σ 计算各“合计”项人数。

10. 计算“所占比例”数据

操作要求

用简单的公式计算各种人数的“所占比例”。

操作步骤

(1) 在 D7 中输入公式 =C7/$C$3。

(2) 把该公式复制到所有需要计算“所占比例”的单元格，计算结果如图 7-23 所示。

职工信息统计

职工总人数	150人

部门人数统计表

部门	人数	所占比例
总部	5人	3.33%
人事部	5人	3.33%
财务部	4人	2.67%
销售部	30人	20.00%
客服部	19人	12.67%
技术部	29人	19.33%
业务部	18人	12.00%
后勤部	21人	14.00%
开发部	19人	12.67%
合计	150人	100.00%

学历统计表

学历	人数	所占比例
博士	6人	4.00%
硕士	10人	6.67%
本科	42人	28.00%
大专	61人	40.67%
中专	20人	13.33%
高中	4人	2.67%
初中	7人	4.67%
合计	150人	100.00%

年龄统计表

年龄	人数	所占比例
20以下	人	0.00%
20~30	44人	29.33%
30~40	70人	46.67%
40~50	24人	16.00%
50以上	12人	8.00%
合计	150人	100.00%

年龄
<20

性别统计表

性别	人数	所占比例
男	87人	58.00%
女	63人	42.00%
合计	150人	100.00%

图 7-23 职工信息统计结果

11. 设置单元格中的 0 值为不显示

在年龄统计表中，“20 以下”人数的计算结果为 0，显示为“人”，所占比例显示为 0.00%，显得不够正规。通过设置可使其不显示。

操作要求

通过设置使具有 0 值的单元格不显示任何内容。

操作步骤

(1) 单击“文件”选项卡，选择“选项”命令，打开“Excel 选项”窗口。

(2) 单击“高级”选项，在右窗格找到“此工作表的显示选项”组。

(3) 在下拉列表框中选择工作表为“职工信息统计”，在其下的选项中取消“在具有零值的单元格中显示零”复选框的选择，如图 7-24 所示。

(4) 单击“确定”按钮，年龄“20 以下”的计算结果不显示。

设置后的效果如图 7-25 所示。

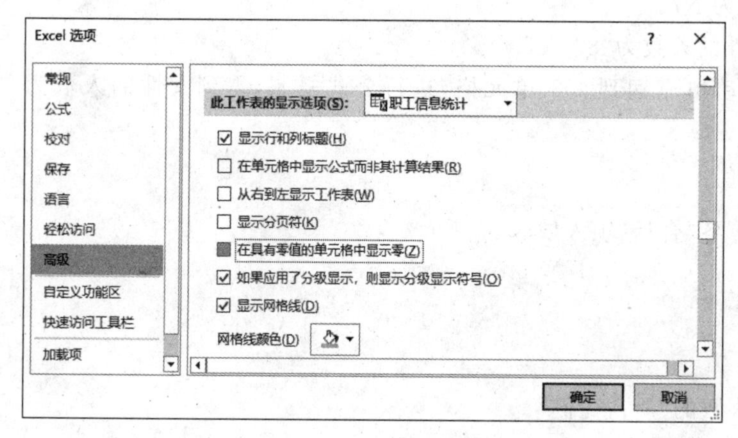

图 7-24 “Excel 选项”窗口

年龄统计表

年龄	人数	所占比例
20以下		
20~30	44人	29.33%
30~40	70人	46.67%
40~50	24人	16.00%
50以上	12人	8.00%
合计	150人	100.00%

图 7-25 设置“0 值不显示”后的效果

7.2.3　职工信息查询表的建立

为了方便快捷地查询职工的个人信息，可以创建如图7-26所示的“职工信息查询表”，在该表中，只要输入职工编号，便能查询到职工的个人信息。

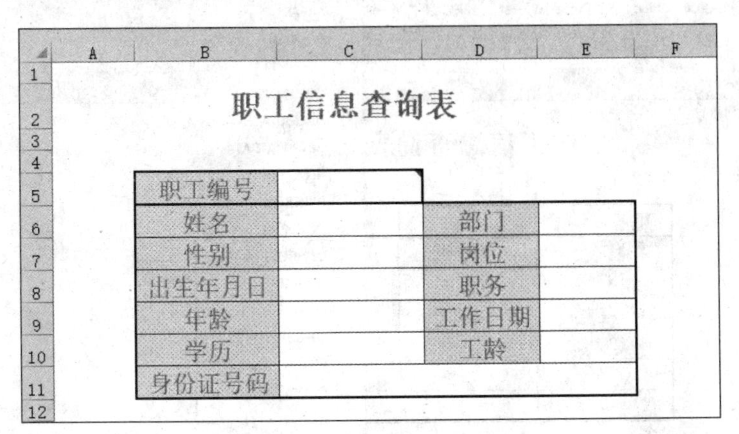

图7-26　“职工信息查询表”工作表

1. 创建“职工信息查询”工作表

操作步骤

(1) 打开“人事管理与工资计算.xlsx”工作簿。

(2) 将工作表Sheet3重命名为“职工信息查询”。

(3) 在“职工信息查询”工作表中建立如图7-26所示的“职工信息查询表”，并设置单元格格式(格式不限)，以美化表格。

(4) 将C8单元格和E9单元格的数字格式设为“短日期”。

(5) 在C5单元格插入批注，批注内容为“请在此输入职工编号”，并设置批注的字体为宋体、9号。

(6) 打开“Excel选项”窗口(见图7-24)，取消“显示网格线”复选框的选择。以上操作效果如图7-26所示。

2. 设置查询姓名的公式

操作步骤

(1) 选中C6单元格。

(2) 选择“公式”选项卡，单击“函数库”组中的“查找与引用”下拉按钮，在展开的下拉列表中选择VLOOKUP函数，如图7-27所示。

(3) 在打开的“函数参数”对话框中设置参数，如图7-28所示。

(4) 单击“确定”按钮，在编辑栏显示完整公式“=VLOOKUP($C$5,职工信息表!$A$2:$L$200,2,0)”，而在C6单元格则显示#N/A。

说明：

① 该公式表示按C5单元格中的内容，在“职工信息表!$A$2:$L$200”中，查找第

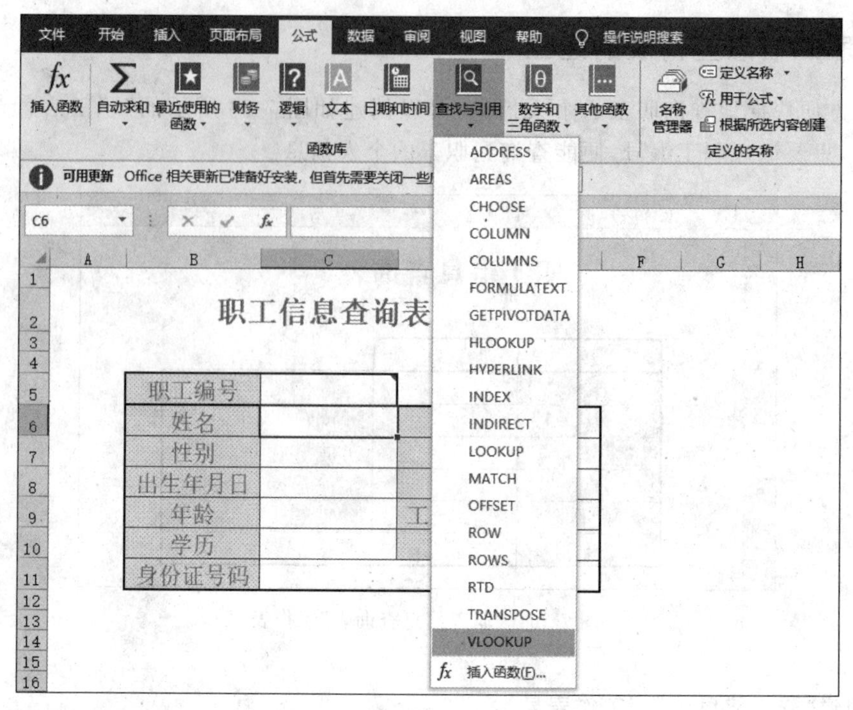

图 7-27　选择 VLOOKUP 函数

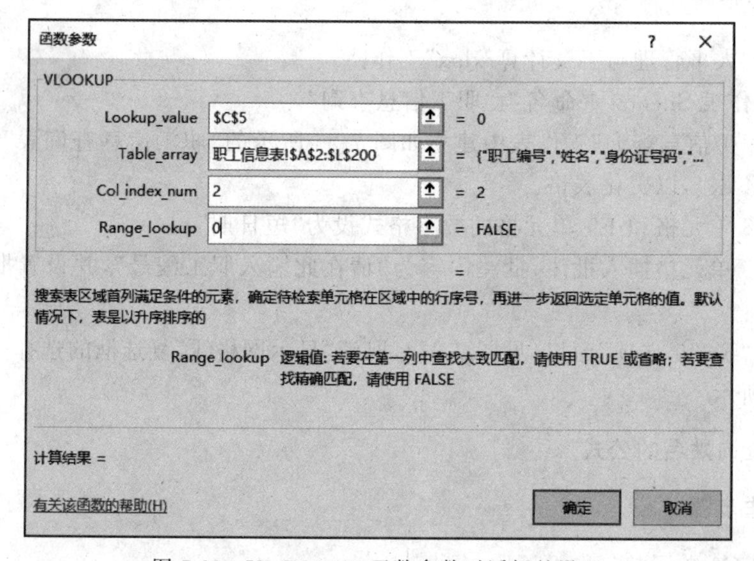

图 7-28　VLOOKUP 函数参数对话框的设置

2 列即"姓名"列的数据。

② 在 C6 单元格中显示的＃N/A，是一种错误符号，是由于 C5 单元格内未输入内容所致。

(5) 将 C6 单元格内的公式更改为"＝IF(＄C＄5＝"","",VLOOKUP(＄C＄5,职工信息表!＄A＄2:＄L＄200,2,0))"。

说明：更改公式后，当 C5 单元格内未输入内容时，C6 单元格中不显示内容，从而避免显示错误符号。

3. 复制公式

将C6单元格中的公式复制到单元格区域C7:C11和E6:E10中的每一个单元格。

操作步骤略。

4. 修改公式

(1) 由于C7单元格中查询的是职工性别，而"性别"列的数据在"职工信息表"的第4列，故将C7单元格中的公式修改为"=IF(＄C＄5="","",VLOOKUP(＄C＄5,职工信息表!＄A＄2:＄L＄200,4,0))"。

(2) 同理，将查询"出生日期"的C8单元格中的公式修改为"=IF(＄C＄5="","",VLOOKUP(＄C＄5,职工信息表!＄A＄2:＄L＄200,5,0))"。

(3) 将查询"年龄"的C9单元格中的公式修改为"=IF(＄C＄5="","",VLOOKUP(＄C＄5,职工信息表!＄A＄2:＄L＄200,6,0))"。

(4) 将查询"学历"的C10单元格中的公式修改为"=IF(＄C＄5="","",VLOOKUP(＄C＄5,职工信息表!＄A＄2:＄L＄200,10,0))"。

(5) 将查询"身份证号码"的C11单元格中的公式修改为"=IF(＄C＄5="","",VLOOKUP(＄C＄5,职工信息表!＄A＄2:＄L＄200,3,0))"。

(6) 将查询"部门"的E6单元格中的公式修改为"=IF(＄C＄5="","",VLOOKUP(＄C＄5,职工信息表!＄A＄2:＄L＄200,7,0))"。

(7) 将查询"岗位"的E7单元格中的公式修改为"=IF(＄C＄5="","",VLOOKUP(＄C＄5,职工信息表!＄A＄2:＄L＄200,8,0))"。

(8) 将查询"职务"的E8单元格中的公式修改为"=IF(＄C＄5="","",VLOOKUP(＄C＄5,职工信息表!＄A＄2:＄L＄200,9,0))"。

(9) 将查询"工作日期"的E9单元格中的公式修改为" =IF(＄C＄5="","",VLOOKUP(＄C＄5,职工信息表!＄A＄2:＄L＄200,11,0))"。

(10) 将查询"工龄"的E10单元格中的公式修改为"=IF(＄C＄5="","",VLOOKUP(＄C＄5,职工信息表!＄A＄2:＄L＄200,12,0))"。

5. 保护工作表

为保护该工作表中的公式不被更改，可将该工作表保护起来。

保护工作表，使工作表中除了C5单元格以外的所有单元格均不能操作。

操作步骤

(1) 选中C5单元格，然后打开"设置单元格格式"对话框，在"保护"选项卡中取消"锁定"复选框的选定，如图7-29所示。

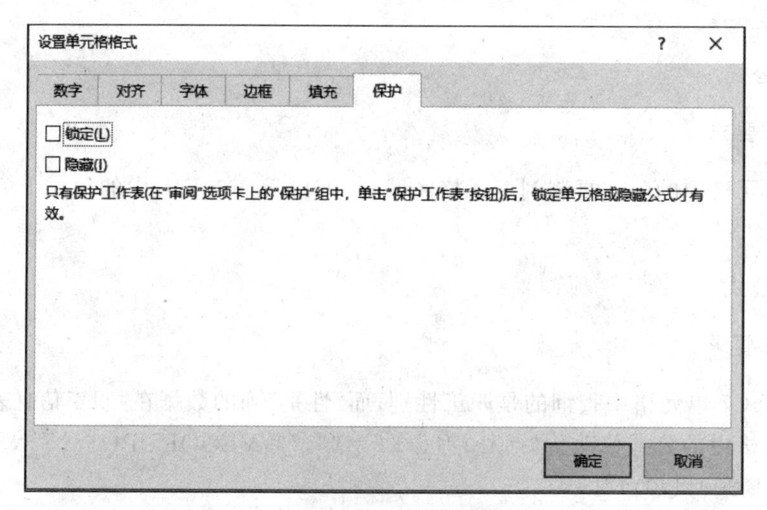

图 7-29　取消“锁定”复选框的选定

(2) 在“审阅”选项卡的“保护”组中单击“保护工作表”按钮，打开“保护工作表”对话框，如图 7-30 所示，使用默认设置，并在文本框输入密码，单击“确定”按钮。

(3) 在打开的“确认密码”对话框中再次输入密码，如图 7-31 所示，单击“确定”按钮，即可按要求保护工作表。

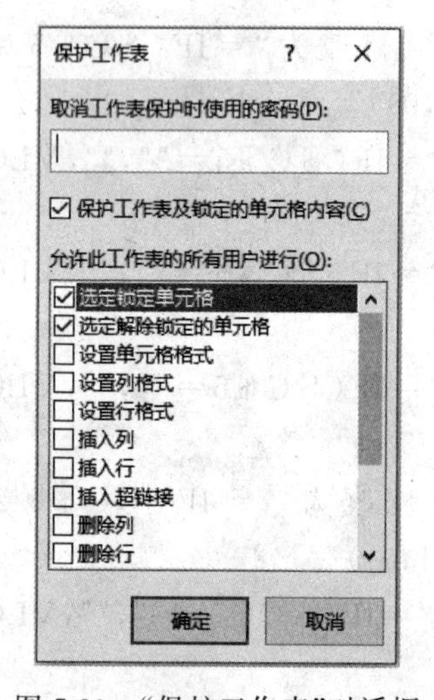

图 7-30　“保护工作表”对话框

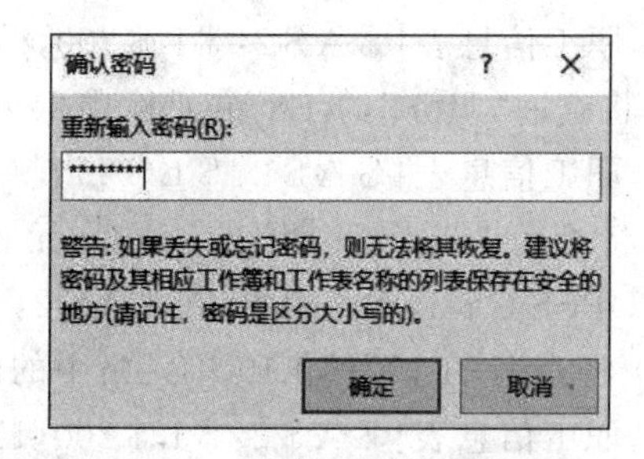

图 7-31　“确认密码”对话框

说明：

① 按以上操作进行工作表的保护后，只允许在 C5 输入职工编号来查看职工信息，其他操作均无效。

② 如果在工作表中执行了不被允许的操作，将弹出如图 7-32 所示的说明框，说明操作不被接受。

③ 如果要撤销工作表的保护，则在“审阅”选项卡的“更改”组中单击“撤销保护工作表”按钮，打开“撤销保护工作表”对话框，在文本框输入设置的密码，单击“确定”按钮即可。

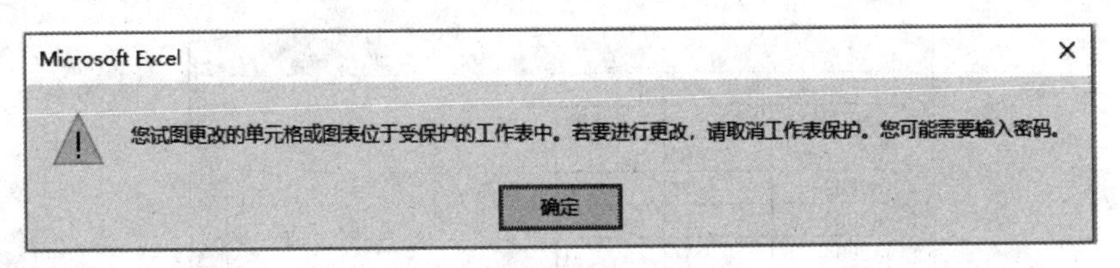

图 7-32　工作表保护说明

7.2.4　工资计算表的建立

1. 制作三个基础数据工作表

根据公司的规定，结合后续计算的需要，在“人事管理与工资计算.xlsx”工作簿中，制作“工资、补贴和奖金对照表”“职工考核及考勤”和“个人所得税征收办法”3 个工作表。

1）制作“工资、补贴和奖金对照表”工作表

操作步骤

（1）打开“人事管理与工资计算.xlsx”工作簿，插入一张新工作表，并将新工作表重命名为“工资、补贴和奖金对照表”。

（2）在“工资、补贴和奖金对照表”工作表中建立如图 7-33 所示的表格内容及格式。

	A	B	C	D	E	F
1	工龄工资		职务工资		学历工资	
2	工龄(年)	工龄工资	职务	职务工资	学历	学历工资
3	工龄>=20	2000	总经理	10000	博士	2000
4	20>工龄>=15	1500	部门经理	7000	硕士	1500
5	15>工龄>=10	1000	总工程师	7000	本科	1200
6	10>工龄>=5	500	工程师	4000	大专	1000
7	5>工龄>=1	300	助理工程师	3200	中专	800
8			业务主管	3500	高中	800
9			业务员	2700	初中	500
10			技工	2700		
11			文员	2500		
12			普通职工	2500		
13						
14	补贴		考核等级与奖金		缺勤扣费	
15	岗位	补贴	考核分数	奖金	每缺勤1次扣100元	
16	一线	1000	分数>=90	12000		
17	二线	600	90>分数>=80	8000		
18			80>分数>=70	4000		
19			70>分数>=60	2000		
20			分数<60	-500		

图 7-33　“工资、补贴和奖金对照表”工作表

2）建立“职工考核及考勤”工作表

操作步骤

（1）在“人事管理与工资计算.xlsx”工作簿中插入一张新工作表，并将新工作表重命名为“职工考核及考勤”。

（2）在“职工考核及考勤”工作表中建立如图 7-34 所示的表格，并将职工的考核分数和缺勤次数（见素材文件“职工基础资料（素材）.xlsx”）输入其中。

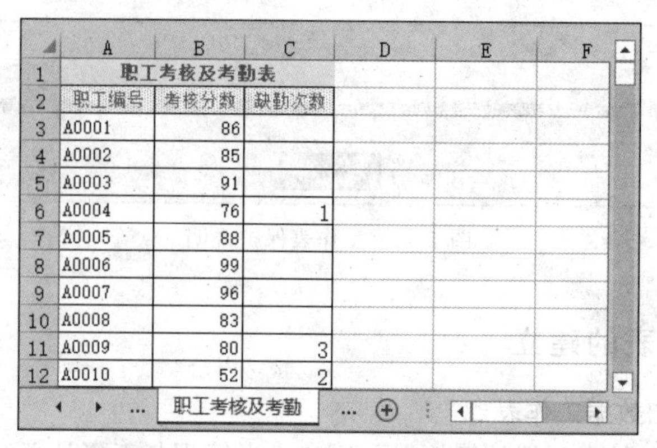

职工考核及考勤表		
职工编号	考核分数	缺勤次数
A0001	86	
A0002	85	
A0003	91	
A0004	76	1
A0005	88	
A0006	99	
A0007	96	
A0008	83	
A0009	80	3
A0010	52	2

图 7-34 “职工考核及考勤”工作表

3）建立“个人所得税征收办法”工作表

操作步骤

（1）在“人事管理与工资计算.xlsx”工作簿中插入一张新工作表，并将新工作表重命名为“个人所得税征收办法”。

（2）根据国家个人所得税征收办法，建立如图 7-35 所示的“个人所得税征收办法”工作表内容。

个人所得税征收办法

工资（薪金）所得，按月征收，对每月收入超过5000元以上的部分征税，适用3%至45%的7级超额累进税率。即：
纳税所得额（计税工资）=每月工资（薪金）所得 － 5000元（不计税部分）
应纳所得税（月）=应纳税所得额（月）×适用“税率”－速算扣除数。

	0	起扣金额：		5000
级数	应纳税所得额（月）	级别	税率	速算扣除数
1	不超过3000元部分	0	3%	0
2	超过3000至12000元部分	3000	10%	210
3	超过12000至25,000元部分	12000	20%	1410
4	超过25,000至35,000元部分	25000	25%	2660
5	超过35,000至55,000元部分	35000	30%	4410
6	超过55,000至80,000元部分	55000	35%	7160
7	超过80,000元部分	80000	45%	15160

图 7-35 “个人所得税征收办法”工作表

2. 工资计算表的建立

1）创建“工资计算”工作表

操作要求

根据公司的工资计算项目和计算方法，设计如图 7-36 所示的“工资计算”工作表。

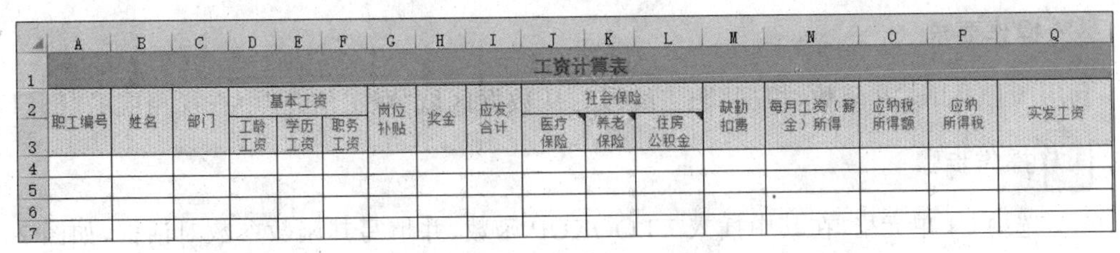

工资计算表

职工编号	姓名	部门	基本工资			岗位补贴	奖金	应发合计	社会保险			缺勤扣费	每月工资（薪金）所得	应纳税所得额	应纳所得税	实发工资
			工龄工资	学历工资	职务工资				医疗保险	养老保险	住房公积金					

图 7-36　“工资计算”工作表

操作步骤

(1) 在“人事管理与工资计算.xlsx”工作簿中插入一张新工作表，并将新工作表重命名为“工资计算”。

(2) 输入如图 7-36 所示的“工资计算”工作表内容，并适当设置表格格式(格式不限)。

(3) 在单元格 J3、K3、L3 中分别插入批注，批注内容分别为“医疗保险＝基本工资×2%”“养老保险＝基本工资×8%”“住房公积金＝基本工资×12%”。

(4) 将单元格区域 J4:J200,L4:L200,N4:Q200 的单元格格式设置为保留 2 位小数。

2) 用复制的方法输入“职工编号”和“姓名”列的数据

“工资计算”工作表中的“职工编号”和“姓名”列的数据与“职工信息表”中的数据一致，因此可复制并粘贴过来。粘贴时选用“粘贴链接”命令，可使“工资计算”工作表中的“职工编号”和“姓名”列的数据随“职工信息表”中数据的变化而变化。

操作步骤

(1) 复制“职工信息表”的 A3:B152 单元格数据。

(2) 选中“工资计算”工作表的 A4 单元格，右击后从快捷菜单中单击“粘贴选项”中的“粘贴链接”按钮。

3) 输入“部门”列数据

因为计算中需多次引用“职工信息表”工作表中的＄A＄3:＄L＄200 数据区域，为了简化以后的操作，把该区域的名称定义为“职工信息”，如图 7-37 所示。

职工信息　A0001

	职工编号	姓名	身份证号码	性别	出生年月	年龄	部门	岗位	职位	学历	工作日期	工龄
3	A0001	余五一	440102197508121811	男	1975-8-12	45	总部	一线	总经理	硕士	1995-7-19	25
4	A0002	潘五二	210124198308162291	男	1983-8-16	37	销售部	一线	部门经理	博士	2001-3-7	19
5	A0003	杜五三	210502199512020944	女	1995-12-2	25	客服部	二线	部门经理	本科	2014-7-3	6
6	A0004	戴五四	210411199404282942	女	1994-4-28	26	客服部	二线	普通职工	本科	2013-8-6	7
7	A0005	夏五五	440106198508121511	男	1985-8-12	35	技术部	一线	部门经理	大专	2007-9-13	13
8	A0006	钟五六	622723199602013412	男	1996-2-1	24	客服部	二线	普通职工	大专	2017-12-2	3
9	A0007	汪五七	210304198304260488	女	1983-4-26	37	业务部	一线	部门经理	硕士	2003-1-16	17
10	A0008	田五八	210421199503162020	女	1995-3-16	25	后勤部	二线	部门经理	本科	2015-2-16	5

图 7-37　将“职工信息表!＄A＄3:＄L＄200”数据区域的名称定义为“职工信息”

说明：

① 因为以后可能增加职工记录，因此选用比单元格区域＄A＄3:＄L＄153 范围更大的单元格区域＄A＄3:＄L＄200。

② 注意，这里将“职工编号”定义在了第一列。

操作要求

利用 VLOOKUP 函数,根据“职工编号”,从数据区域“职工信息”中查找相应的“部门”。

操作步骤

(1) 选中 C4 单元格,在其中插入 VLOOKUP 函数,并填写其函数参数对话框,如图 7-38 所示。单击“确定”按钮后,在 C4 单元格将显示计算结果“总部”,在编辑栏显示完整公式“=VLOOKUP(A4,职工信息,7,0)”。

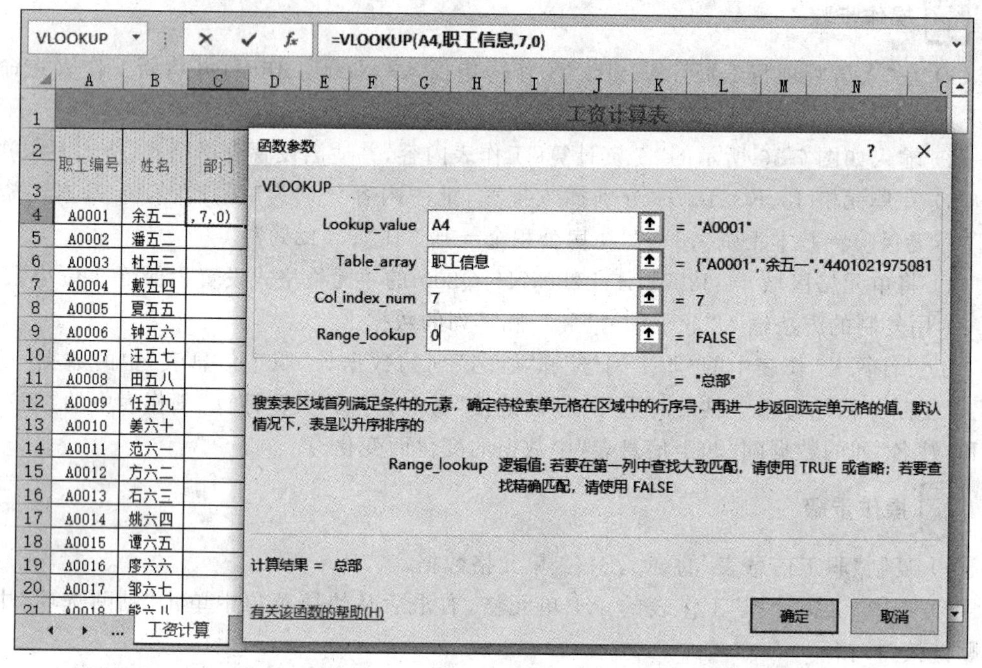

图 7-38　利用 VLOOKUP 函数引用“部门”列数据

(2) 再次选中 C4 单元格,双击填充柄,将公式复制到 C5:C153 单元格。

(3) 依次计算出每个职工的工作部门。

4) 计算“工龄工资”列数据

根据“工资、补贴和奖金对照表”可知,“工龄工资”共有 5 种情况,故可用 IF 函数的嵌套来计算“工龄工资”。

操作步骤

(1) 选中 D4 单元格,单击插入函数按钮 f_x,打开“插入函数”对话框,选择逻辑函数中的 IF 函数,单击“确定”按钮,打开“函数参数”对话框。

(2) 将插入点移到 Logical_test 框中,单击“职工信息表”工作表的 L3 单元格,接着通过键盘输入>=20;在 Value_if_true 框中输入 2000;将插入点移到 Value_if_false 框中,单击编辑栏左边的 IF 函数,如图 7-39 所示,再次打开“函数参数”对话框。

(3) 重复步骤(2)两次,但在“函数参数”对话框中输入的内容需作相应变化,直到把公式输入完毕。最后一次的“函数参数”对话框设置以及完整公式如图 7-40 所示。

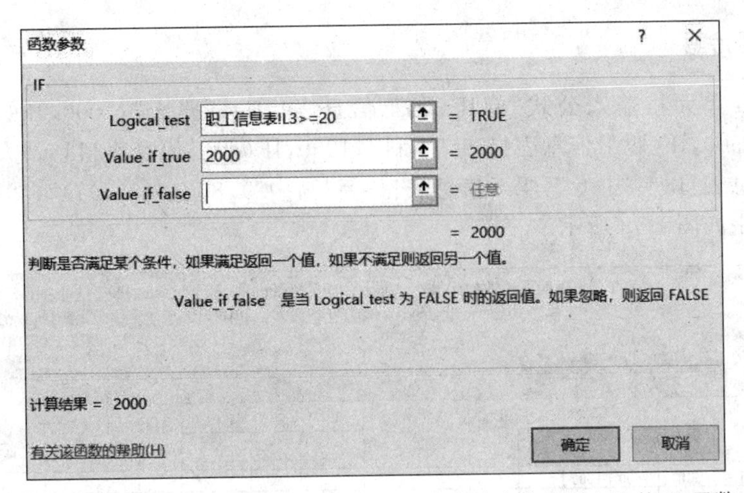

图 7-39　把插入点移到 Value_if_false 框中并单击编辑栏左边的 IF 函数

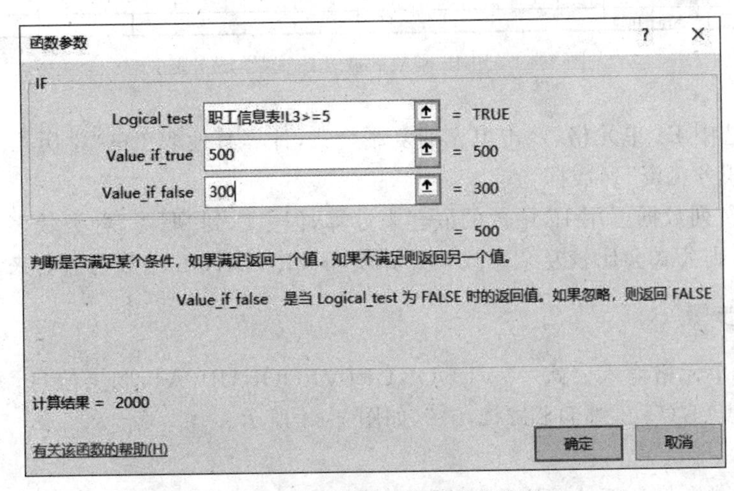

图 7-40　IF 嵌套函数的参数设置

(4) 单击“函数参数”对话框的“确定”按钮，完成公式输入。

(5) 再次选中 D4 单元格，双击填充柄进行公式复制，计算出其他职工的“工龄工资”，计算结果如图 7-41 所示。

	A	B	C	D	E	F	G	H	I	J	K	L	M	N	O	P	Q
1	工资计算表																
2	职工编号	姓名	部门	基本工资			岗位补贴	奖金	应发合计	社会保险			缺勤扣费	每月工资（薪金）所得	应纳税所得额	应纳所得税	实发工资
3				工龄工资	学历工资	职务工资				医疗保险	养老保险	住房公积金					
4	A0001	余五一	总部	2000													
5	A0002	潘五二	销售部	1500													
6	A0003	杜五三	客服部	500													
7	A0004	戴五四	客服部	500													
8	A0005	夏五五	技术部	1000													
9	A0006	钟五六	客服部	300													

图 7-41　“工龄工资”列数据的计算结果

5）计算“学历工资”列数据

类似于“工龄工资”数据的计算方法，用 IF 函数的嵌套来计算“学历工资”。

操作步骤

(1) 在 E4 单元格输入公式“=IF(职工信息表!J3="博士",2000,IF(职工信息表!J3="硕士",1500,IF(职工信息表!J3="本科",1200,IF(职工信息表!J3="大专",1000,IF(OR(职工信息表!J3="中专",职工信息表!J3="高中"),800,500)))))”,然后按 Enter 键确定,计算结果如图 7-42 所示。

E4 =IF(职工信息表!J3="博士",2000,IF(职工信息表!J3="硕士",1500,IF(职工信息表!J3="本科",1200,IF(职工信息表!J3="大专",1000,IF(OR(职工信息表!J3="中专",职工信息表!J3="高中"),800,500)))))

工资计算表

职工编号	姓名	部门	基本工资			岗位补贴	奖金	应发合计	社会保险			缺勤扣费	每月工资（薪金）所得	应纳税所得额	应纳所得税
			工龄工资	学历工资	职务工资				医疗保险	养老保险	住房公积金				
A0001	余五一	总部	2000	1500											
A0002	潘五二	销售部	1500												
A0003	杜五三	客服部	500												
A0004	戴五四	客服部	500												
A0005	夏五五	技术部	1000												

图 7-42　用 IF 函数的嵌套计算“学历工资”

(2) 再次选中 E4 单元格,双击填充柄复制公式,计算其他职工的“学历工资”。

6) 计算“职务工资”列数据

“职务工资”列数据可用 IF 函数的嵌套来计算,但考虑到“职务”种类较多,若用 IF 函数的嵌套来计算,则公式会比较复杂。故本计算使用 VLOOKUP 函数的嵌套来计算。

操作步骤

(1) 在 F4 单元格输入公式“=VLOOKUP(VLOOKUP(A4,职工信息,9,0),工资、补贴和奖金对照表!$C$3:$D$12,2,0)”,如图 7-44 所示。

说明:

① 该公式中使用了两个 VLOOKUP 函数,第 2 个 VLOOKUP 函数即“VLOOKUP(A4,职工信息,9,0)”表示根据“职工编号”,从数据区域“职工信息”中查找出相应的“职务”。查找出来的“职务”是第 1 个 VLOOKUP 函数的第 1 个参数。

第 1 个 VLOOKUP 函数表示根据找到的“职务”,从“工资、补贴和奖金对照表!$C$3:$D$12”中,查找该“职务”对应的“职务工资”。

② 该公式可按以下方法来输入。在 F4 单元格插入 VLOOKUP 函数,在其函数参数对话框中先设置第 2~4 个参数,再将插入点移入其第 1 个参数的输入框中,然后单击编辑栏左边的 VLOOKUP 函数,如图 7-43 所示;再次打开函数参数对话框,按照如图 7-44 所示进行设置,完成公式的输入。

(2) 再次选中 F4 单元格,双击填充柄复制公式,计算其他职工的“职务工资”,计算结果如图 7-44 所示。

7) 计算“岗位补贴”列数据

操作步骤

(1) 在 G4 单元格中输入公式“=IF(职工信息表!H3="一线",1000,600)”。

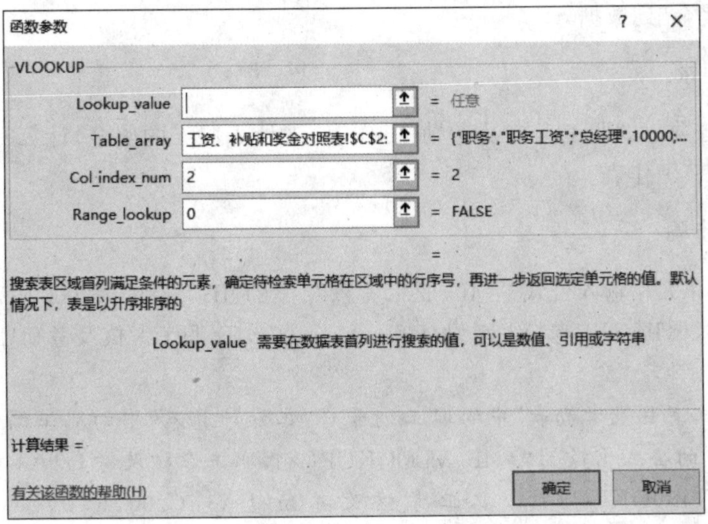

函数参数

VLOOKUP

Lookup_value = 任意

Table_array 工资、补贴和奖金对照表!$C$2: = {"职务","职务工资";"总经理",10000;...

Col_index_num 2 = 2

Range_lookup 0 = FALSE

=

搜索表区域首列满足条件的元素，确定待检索单元格在区域中的行序号，再进一步返回选定单元格的值。默认情况下，表是以升序排序的

Lookup_value 需要在数据表首列进行搜索的值，可以是数值、引用或字符串

计算结果 =

有关该函数的帮助(H)　确定　取消

图 7-43　用 VLOOKUP 函数查找出相应的“职务”

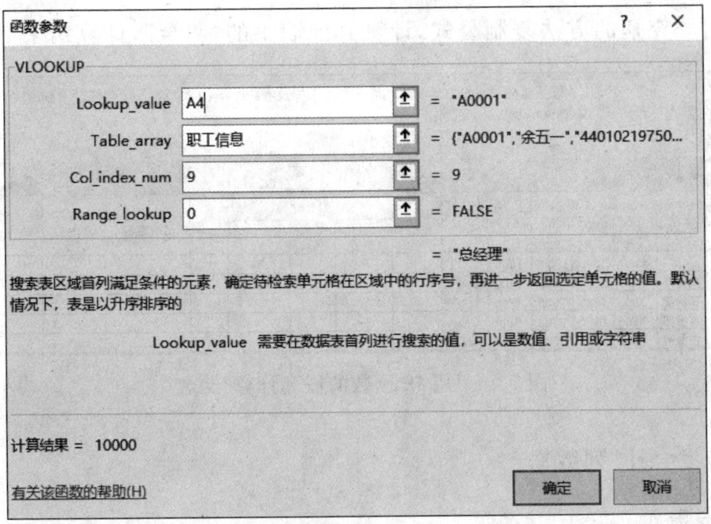

函数参数

VLOOKUP

Lookup_value A4 = "A0001"

Table_array 职工信息 = {"A0001","余五一","44010219750...

Col_index_num 9 = 9

Range_lookup 0 = FALSE

= "总经理"

搜索表区域首列满足条件的元素，确定待检索单元格在区域中的行序号，再进一步返回选定单元格的值。默认情况下，表是以升序排序的

Lookup_value 需要在数据表首列进行搜索的值，可以是数值、引用或字符串

计算结果 = 10000

有关该函数的帮助(H)　确定　取消

图 7-44　用 VLOOKUP 函数的嵌套查找“职务”对应的“职务工资”

(2) 用双击填充柄的方法复制公式，计算其他职工的“岗位补贴”，计算结果如图 7-45 所示。

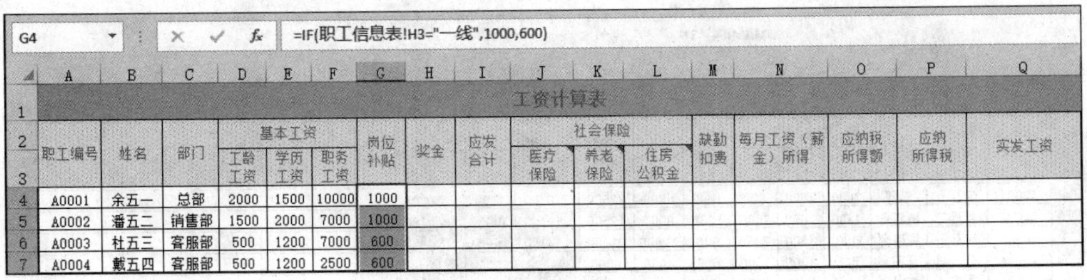

G4　=IF(职工信息表!H3="一线",1000,600)

工资计算表																
职工编号	姓名	部门	基本工资			岗位补贴	奖金	应发合计	社会保险			缺勤扣费	每月工资（薪金）所得	应纳税所得额	应纳所得税	实发工资
			工龄工资	学历工资	职务工资				医疗保险	养老保险	住房公积金					
A0001	余五一	总部	2000	1500	10000	1000										
A0002	潘五二	销售部	1500	2000	7000	1000										
A0003	杜五三	客服部	500	1200	7000	600										
A0004	戴五四	客服部	500	1200	2500	600										

图 7-45　用 IF 函数计算“岗位补贴”

8）计算“奖金”列数据

操作要求

根据考核分数(见“职工考核及考勤”工作表)来计算职工的奖金,计算标准见“工资、补贴和奖金对照表”工作表。

操作步骤

(1) 在 H4 单元格输入公式“＝IF(职工考核及考勤!B3＞＝90,12000,IF(职工考核及考勤!B3＞＝80,8000,IF(职工考核及考勤!B3＞＝70,4000,IF(职工考核及考勤!B3＞＝60,2000,－500))))”。

说明:“职工考核及考勤表”中的职工编号与“工资计算表”中的职工编号是一致的,否则 H4 单元格中的公式需改为“＝IF(VLOOKUP(A4,职工考核及考勤!A3:C200,2,0)＞＝90,12000,IF(VLOOKUP(A4,职工考核及考勤!A3:C200,2,0)＞＝80,8000,IF(VLOOKUP(A4,职工考核及考勤!A3:C200,2,0)＞＝70,4000,IF(VLOOKUP(A4,职工考核及考勤!A3:C200,2,0)＞＝60,2000,－500))))”。

(2) 用双击填充柄的方法复制公式,计算其他职工的“奖金”,计算结果如图 7-46 所示。

H4 =IF(职工考核及考勤!B3>=90,12000,IF(职工考核及考勤!B3>=80,8000,IF(职工考核及考勤!B3>=70,4000,IF(职工考核及考勤!B3>=60, 2000,-500))))

	A	B	C	D	E	F	G	H	I	J	K	L	M	N	O	P	Q
1	工资计算表																
2	职工编号	姓名	部门	基本工资			岗位补贴	奖金	应发合计	社会保险			缺勤扣费	每月工资（薪金）所得	应纳税所得额	应纳所得税	实发工资
3				工龄工资	学历工资	职务工资				医疗保险	养老保险	住房公积金					
4	A0001	余五一	总部	2000	1500	10000	1000	8000									
5	A0002	潘五二	销售部	1500	2000	7000	1000	8000									
6	A0003	杜五三	客服部	500	1200	7000	600	12000									
7	A0004	戴五四	客服部	500	1200	2500	600	4000									
8	A0005	夏五五	技术部	1000	1000	7000	1000	8000									

图 7-46　用 IF 函数的嵌套计算“奖金”

9）计算“应发合计”列数据

操作步骤

(1) 用“自动求和”按钮,在 I4 单元格输入公式＝SUM(D4:H4)。

(2) 用双击填充柄的方法复制公式,计算其他职工的“应发合计”,计算结果如图 7-47 所示。

J4 =SUM(D4:F4)*2%

	A	B	C	D	E	F	G	H	I	J	K	L	M	N	O	P	Q
1	工资计算表																
2	职工编号	姓名	部门	基本工资			岗位补贴	奖金	应发合计	社会保险			缺勤扣费	每月工资（薪金）所得	应纳税所得额	应纳所得税	实发工资
3				工龄工资	学历工资	职务工资				医疗保险	养老保险	住房公积金					
4	A0001	余五一	总部	2000	1500	10000	1000	8000	22500	270.00	1080	1620.00					
5	A0002	潘五二	销售部	1500	2000	7000	1000	8000	19500	210.00	840	1260.00					
6	A0003	杜五三	客服部	500	1200	7000	600	12000	21300	174.00	696	1044.00					
7	A0004	戴五四	客服部	500	1200	2500	600	4000	8800	84.00	336	504.00					
8	A0005	夏五五	技术部	1000	1000	7000	1000	8000	18000	180.00	720	1080.00					

图 7-47　计算“应发合计”和“社会保险”各项

10) 计算“医疗保险”“养老保险”和“住房公积金”列数据

操作步骤

(1) 在 J4 单元格输入公式＝SUM(D4:F4) * 2%。

(2) 在 K4 单元格输入公式＝SUM(D4:F4) * 8%。

(3) 在 L4 单元格输入公式＝SUM(D4:F4) * 12%。

(4) 选中单元格区域 J4:L4,双击填充柄复制公式,计算其他职工的“医疗保险”“养老保险”和“住房公积金”,计算结果如图 7-47 所示。

11) 计算“缺勤扣费”列数据

操作要求

计算“缺勤扣费”列数据,每缺勤 1 次扣费 100 元。

操作步骤

(1) 在 M4 单元格输入公式“＝VLOOKUP(A4,职工考核及考勤!A3:C200,3,0) * 100”。

(2) 用双击填充柄的方法复制公式,计算其他职工的“缺勤扣费”,计算结果如图 7-48 所示。

12) 计算“每月工资(薪金)所得”列数据

操作要求

计算“每月工资(薪金)所得”列数据,计算公式为“每月工资(薪金)所得＝应发合计－社会保险－缺勤扣费”。

操作步骤

(1) 在 N4 单元格输入公式＝I4－SUM(J4:M4)。

(2) 双击 N4 单元格的填充柄复制公式,计算其他职工的“每月工资(薪金)所得”,计算结果如图 7-48 所示。

N4　=I4-SUM(J4:M4)

	A	B	C	D	E	F	G	H	I	J	K	L	M	N	O	P	Q
1	工资计算表																
2	职工编号	姓名	部门	基本工资			岗位补贴	奖金	应发合计	社会保险			缺勤扣费	每月工资（薪金）所得	应纳税所得额	应纳所得税	实发工资
3				工龄工资	学历工资	职务工资				医疗保险	养老保险	住房公积金					
4	A0001	余五一	总部	2000	1500	10000	1000	8000	22500	270.00	1080	1620.00	0	19530.00			
5	A0002	潘五二	销售部	1500	2000	7000	1000	8000	19500	210.00	840	1260.00	0	17190.00			
6	A0003	杜五三	客服部	500	1200	7000	600	12000	21300	174.00	696	1044.00	0	19386.00			
7	A0004	戴五四	客服部	500	1200	2500	600	4000	8800	84.00	336	504.00	100	7776.00			
8	A0005	夏五五	技术部	1000	1000	7000	1000	8000	18000	180.00	720	1080.00	0	16020.00			

图 7-48　计算“每月工资(薪金)所得”

13) 计算“应纳税所得额”列数据

操作要求

计算“应纳税所得额”列数据,计算公式为“应纳税所得额(计税工资)＝每月工资(薪金)

所得－5000 元(不计税部分)”。

操作步骤

(1) 在 O4 单元格输入公式＝IF(N4＞5000,N4－5000,0)。

(2) 用双击填充柄的方法复制公式,计算其他职工的“应纳税所得额”,计算结果如图 7-49 所示。

O4　=IF(N4>5000,N4-5000,0)

	A	B	C	D	E	F	G	H	I	J	K	L	M	N	O	P	Q
1	工资计算表																
2	职工编号	姓名	部门	基本工资			岗位补贴	奖金	应发合计	社会保险			缺勤扣费	每月工资(薪金)所得	应纳税所得额	应纳所得税	实发工资
3				工龄工资	学历工资	职务工资				医疗保险	养老保险	住房公积金					
4	A0001	余五一	总部	2000	1500	10000	1000	8000	22500	270.00	1080	1620.00	0	19530.00	14530.00		
5	A0002	潘五二	销售部	1500	2000	7000	1000	8000	19500	210.00	840	1260.00	0	17190.00	12190.00		
6	A0003	杜五三	客服部	500	1200	7000	600	12000	21300	174.00	696	1044.00	0	19386.00	14386.00		
7	A0004	戴五四	客服部	500	1200	2500	600	4000	8800	84.00	336	504.00	100	7776.00	2776.00		
8	A0005	夏五五	技术部	1000	1000	7000	1000	8000	18000	180.00	720	1080.00	0	16020.00	11020.00		

图 7-49　计算“应纳税所得额”

14) 计算“应纳所得税”列数据

操作要求

计算“应纳所得税”列数据,计算公式为“应纳所得税(月)＝应纳税所得额(月)×适用税率－速算扣除数”。

操作步骤

(1) 在 P4 单元格输入公式“＝O4 * VLOOKUP(O4,个人所得税征收办法!＄C＄5:＄E＄13,2,1)－VLOOKUP(O4,个人所得税征收办法!＄C＄5:＄E＄13,3,1)”。

说明:

① 公式中运用的是 VLOOKUP 函数的模糊查找功能,即其最后一个参数为 1 或 TRUE。前面的计算运用的都是 VLOOKUP 函数的精确查找功能,即其最后一个参数为 0 或 FALSE。

在用 VLOOKUP 函数进行模糊查找时,如果在其 Table_array(即第 2 个参数)所指定区域的第 1 列中找不到 Lookup_value(即第一个参数),则将在 Table_array 所指定区域的第 1 列中找小于等于 Lookup_value 的最大值。

在本步骤公式中,“VLOOKUP(O4,个人所得税征收办法!＄C＄5:＄E＄13,2,1)”＝20%,其含义就是,在“个人所得税征收办法!＄C＄5:＄E＄13”的第 1 列中找不到 O4 单元格中的值 14530.00,则在该列中找小于 14530.00 的最大值即 12000,再根据第 3 个参数“2”,得到答案为“20%”。

② 也可用 IF 函数来计算“应纳所得税”。

(2) 用双击填充柄的方法复制公式,计算其他职工的“应纳所得税”,计算结果如图 7-50 所示。

15) 计算“实发工资”列数据

操作要求

计算“实发工资”列数据,计算公式为“实发工资＝每月工资(薪金)所得－应纳所得税”。

P4　=O4*VLOOKUP(O4,个人所得税征收办法!$C$5:$E$13,2,1) – VLOOKUP(O4,个人所得税征收办法!$C$5:$E$13,3,1)

工资计算表																
职工编号	姓名	部门	基本工资			岗位补贴	奖金	应发合计	社会保险			缺勤扣费	每月工资（薪金）所得	应纳税所得额	应纳所得税	实发工资
			工龄工资	学历工资	职务工资				医疗保险	养老保险	住房公积金					
A0001	余五一	总部	2000	1500	10000	1000	8000	22500	270.00	1080	1620.00	0	19530.00	14530.00	1496.00	
A0002	潘五二	销售部	1500	2000	7000	1000	8000	19500	210.00	840	1260.00	0	17190.00	12190.00	1028.00	
A0003	杜五三	客服部	500	1200	7000	600	12000	21300	174.00	696	1044.00	0	19386.00	14386.00	1467.20	
A0004	戴五四	客服部	500	1200	2500	600	4000	8800	84.00	336	504.00	100	7776.00	2776.00	83.28	
A0005	夏五五	技术部	1000	1000	7000	1000	8000	18000	180.00	720	1080.00	0	16020.00	11020.00	892.00	
A0006	钟五六	客服部	300	1000	2500	600	12000	16400	76.00	304	456.00	0	15564.00	10564.00	846.40	
A0007	汪五七	业务部	1500	1500	7000	1000	12000	23000	200.00	800	1200.00	0	20800.00	15800.00	1750.00	
A0008	田五八	后勤部	500	1200	7000	600	8000	17300	174.00	696	1044.00	0	15386.00	10386.00	828.60	

图 7-50　计算“应纳所得税”

用 ROUND 函数使“实发工资”列数据保留 2 位小数。

操作步骤

（1）在 Q4 单元格输入公式＝ROUND(N4－P4,2)。

（2）用双击填充柄的方法复制公式，计算其他职工的“实发工资”，计算结果如图 7-52 所示。

16）将“实发工资”列的数据格式设置为带 RMB 符号

人民币符号一般为“￥”，但在很多正式场合下人民币的标准表示形式是 RMB。然而，在 Excel 的“设置单元格格式”对话框中，其“数字”选项卡的“货币”选项中并没有 RMB 这个符号。因此，需要用“设置单元格格式”对话框的“数字”选项卡的“自定义”数字格式来实现。

操作步骤

（1）在名称框输入 Q4:Q200，按 Enter 键，快速选中该区域。

（2）打开“设置单元格格式”对话框，选择“数字”选项卡中的“自定义”分类项，在右边的“类型”框中选择“＃,＃＃0.00;－＃,＃＃0.00”，如图 7-51 所示。

（3）将光标移到编辑框的最前面，输入"RMB"，再将光标移到“－”前，输入"RMB"。

（4）单击“确定”按钮，设置该格式后的显示效果如图 7-52 所示。

7.2.5　“工资统计”工作表的建立与打印

1. 建立“工资统计”工作表

操作要求

根据公司工资统计的需要，设计如图 7-53 所示的“工资统计”工作表，并设置单元格区域 B3:B12 的数字格式为“＃"人"”，单元格区域 C3:J12 的数字格式为“"RMB"＃,＃＃0.00;"RMB"－＃,＃＃0.00”；设置“工资统计”工作表的页面设置，纸张大小为 A4，页边距为“普通”，纸张方向为“横向”。

2. 计算各部门的“人数”

操作步骤

（1）在 B3 单元格输入公式“＝COUNTIF('工资计算'!＄C＄4:＄C＄200,A3)”。

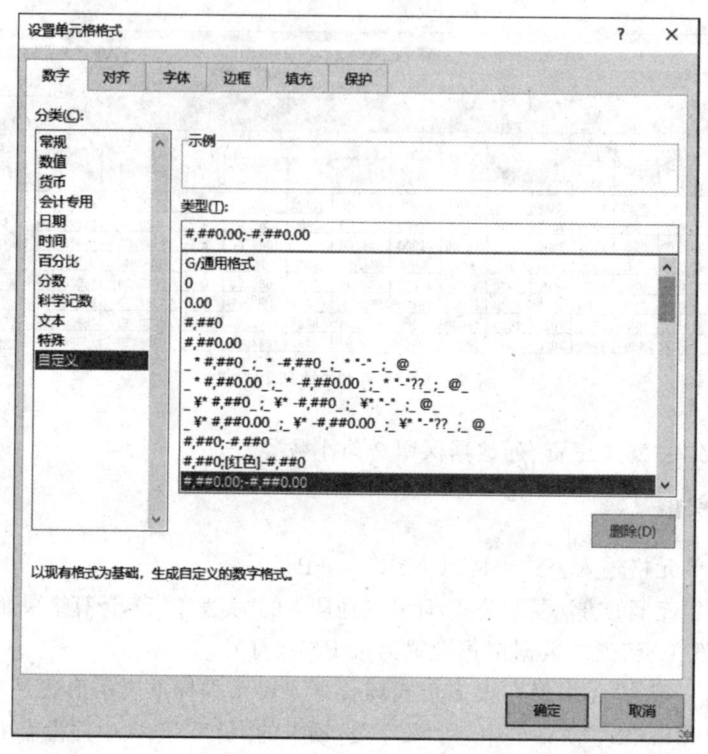

图 7-51　自定义单元格的数字格式

工资计算表																
职工编号	姓名	部门	基本工资			岗位补贴	奖金	应发合计	社会保险			缺勤扣费	每月工资（薪金）所得	应纳税所得额	应纳所得税	实发工资
			工龄工资	学历工资	职务工资				医疗保险	养老保险	住房公积金					
A0001	余五一	总部	2000	1500	10000	1000	8000	22500	270.00	1080	1620.00	0	19530.00	14530.00	1496.00	RMB18034.00
A0002	潘五二	销售部	1500	2000	7000	1000	8000	19500	210.00	840	1260.00	0	17190.00	12190.00	1028.00	RMB16162.00
A0003	杜五三	客服部	500	1200	7000	600	12000	21300	174.00	696	1044.00	0	19386.00	14386.00	1467.20	RMB17918.80
A0004	戴五四	客服部	500	1200	2500	600	4000	8800	84.00	336	504.00	100	7776.00	2776.00	83.28	RMB7692.72
A0005	夏五五	技术部	1000	1000	7000	1000	8000	18000	180.00	720	1080.00	0	16020.00	11020.00	892.00	RMB15128.00
A0006	钟五六	客服部	300	1000	2500	600	12000	16400	76.00	304	456.00	0	15564.00	10564.00	846.40	RMB14717.60
A0007	汪五七	业务部	1500	1500	7000	1000	12000	23000	200.00	800	1200.00	0	20800.00	15800.00	1750.00	RMB19050.00
A0008	田五八	后勤部	500	1200	7000	600	8000	17300	174.00	696	1044.00	0	15386.00	10386.00	828.60	RMB14557.40
A0009	任五九	总部	500	1200	3500	1000	8000	14200	104.00	416	624.00	300	12756.00	7756.00	565.60	RMB12190.40
A0010	姜六十	后勤部	300	1000	2500	600	-500	3900	76.00	304	456.00	200	2864.00	0.00	0.00	RMB2864.00

图 7-52　“工资计算”工作表最后效果

工资统计表									
部门	人数	基本工资合计	岗位补贴合计	奖金合计	应发合计	缺勤扣费合计	纳税合计	实发工资合计	平均实发工资
总部									
财务部									
开发部									
后勤部									
技术部									
客服部									
人事部									
销售部									
业务部									
合计									

图 7-53　“工资统计”工作表

（2）使用填充柄复制公式，计算其他部门的“人数”，计算结果如图 7-54 所示。

B3　=COUNTIF('工资计算'!$C$4:$C$200,A3)

	A	B	C	D	E
1					工资统
2	部门	人数	基本工资合计	岗位补贴合计	奖金合计
3	总部	5人			
4	财务部	4人			
5	开发部	19人			
6	后勤部	21人			
7	技术部	29人			
8	客服部	19人			
9	人事部	5人			
10	销售部	30人			
11	业务部	18人			
12	合计				

图 7-54　各部门“人数”的计算

3. 计算各部门的“岗位补贴合计”“奖金合计”“应发合计”“缺勤扣费合计”“纳税合计”“实发工资合计”

操作步骤

（1）在 D3 单元格输入公式“=SUMIF('工资计算'!$C$4:$C$200,$A3,'工资计算'!G$4:G$200)”。

（2）向右拖动填充柄，将 D3 单元格的公式复制到单元格区域 E3:H3，如图 7-55 所示。

D3　=SUMIF('工资计算'!$C$4:$C$200,$A3,'工资计算'!G$4:G$200)

	A	B	C	D	E	F	G	H	I	J
1					工资统计表					
2	部门	人数	基本工资合计	岗位补贴合计	奖金合计	应发合计	缺勤扣费合计	纳税合计	实发工资合计	平均实发工资
3	总部	5人		RMB4200.00	RMB24000.00	RMB58500.00	RMB606.00	RMB2424.00		
4	财务部	4人								
5	开发部	19人								
6	后勤部	21人								

图 7-55　将 D3 单元格的公式复制到单元格区域 E3:H3

（3）将 G3 单元格的公式修改为“=SUMIF('工资计算'!$C$4:$C$200,$A3,'工资计算'!M$4:M$200)”。

（4）将 H3 单元格的公式修改为“=SUMIF('工资计算'!$C$4:$C$200,$A3,'工资计算'!P$4:P$200)”。

（5）选中 H3 单元格，向右拖动填充柄，将其公式复制到单元格 I3。

（6）选中单元格区域 D3:I3，拖动填充柄到 I11，计算结果如图 7-56 所示。

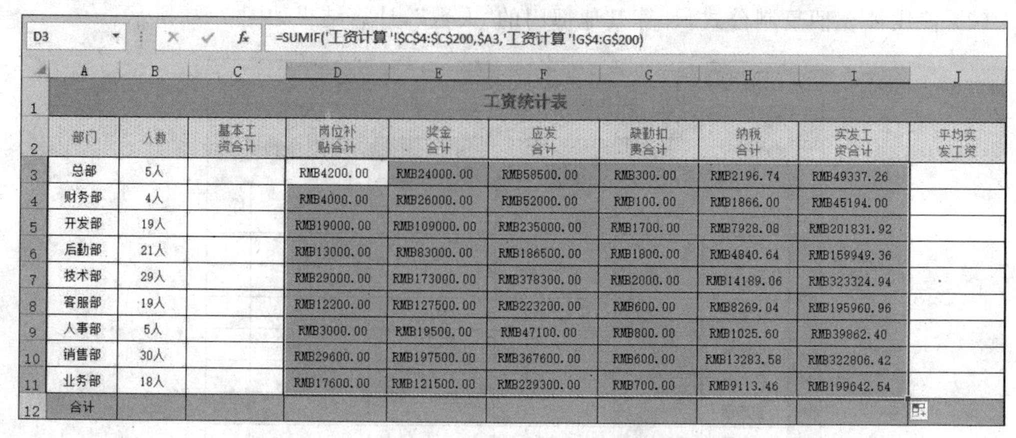

D3 =SUMIF('工资计算 '!$C$4:$C$200,$A3,'工资计算 '!G$4:G$200)

	A	B	C	D	E	F	G	H	I	J
1	工资统计表									
2	部门	人数	基本工资合计	岗位补贴合计	奖金合计	应发合计	缺勤扣费合计	纳税合计	实发工资合计	平均实发工资
3	总部	5人		RMB4200.00	RMB24000.00	RMB58500.00	RMB300.00	RMB2196.74	RMB49337.26	
4	财务部	4人		RMB4000.00	RMB26000.00	RMB52000.00	RMB100.00	RMB1866.00	RMB45194.00	
5	开发部	19人		RMB19000.00	RMB109000.00	RMB235000.00	RMB1700.00	RMB7928.08	RMB201831.92	
6	后勤部	21人		RMB13000.00	RMB83000.00	RMB186500.00	RMB1800.00	RMB4840.64	RMB159949.36	
7	技术部	29人		RMB29000.00	RMB173000.00	RMB378300.00	RMB2000.00	RMB14189.06	RMB323324.94	
8	客服部	19人		RMB12200.00	RMB127500.00	RMB223200.00	RMB600.00	RMB8269.04	RMB195960.96	
9	人事部	5人		RMB3000.00	RMB19500.00	RMB47100.00	RMB800.00	RMB1025.60	RMB39862.40	
10	销售部	30人		RMB29600.00	RMB197500.00	RMB367600.00	RMB600.00	RMB13283.58	RMB322806.42	
11	业务部	18人		RMB17600.00	RMB121500.00	RMB229300.00	RMB700.00	RMB9113.46	RMB199642.54	
12	合计									

图 7-56 单元格区域 D3:I11 的计算结果

4. 计算各部门"基本工资合计"

操作步骤

（1）在 C3 单元格输入公式＝F3－D3－E3。

（2）使用填充柄复制公式，计算其他部门的"基本工资合计"。

5. 计算各部门的"平均实发工资"

操作步骤

（1）在 J3 单元格输入公式＝I3/B3。

（2）使用填充柄复制公式，计算其他部门的"平均实发工资"。

6. 计算"合计"项

操作步骤

（1）用"自动求和"按钮，在 B12 单元格输入公式＝SUM(B3:B11)。

（2）向右拖动填充柄，将 B12 单元格的公式复制到 C12:J12。

（3）将单元格区域 C12:J12 的数字格式重新设置为""RBM"＃，＃＃0.00;"RBM"－＃，＃＃0.00"，并适当调整各列列宽，计算结果和调整效果如图 7-57 所示。

7. 打印预览和打印

操作步骤

（1）启用"打印预览"命令查看打印效果，可按需要作适当调整。

（2）启用"打印"命令，打开"打印"窗口，如图 7-58 所示，设置打印选项后进行打印。

7.2.6 工资条的制作及打印

职工每个月的薪金收入一般由公司发放的工资条告知。职工的工资条由公司统一制作在 Excel 工作表上，打印后再裁剪成每个职工的工资条。制作"工资条"工作表时要注意，每

	A	B	C	D	E	F	G	H	I	J
1	工资统计表									
2	部门	人数	基本工资合计	岗位补贴合计	奖金合计	应发合计	缺勤扣费合计	纳税合计	实发工资合计	平均实发工资
3	总部	5人	RMB30300.00	RMB4200.00	RMB24000.00	RMB58500.00	RMB300.00	RMB2196.74	RMB49337.26	RMB9867.45
4	财务部	4人	RMB22000.00	RMB4000.00	RMB26000.00	RMB52000.00	RMB100.00	RMB1866.00	RMB45194.00	RMB11298.50
5	开发部	19人	RMB107000.00	RMB19000.00	RMB109000.00	RMB235000.00	RMB1700.00	RMB7928.08	RMB201831.92	RMB10622.73
6	后勤部	21人	RMB90500.00	RMB13000.00	RMB83000.00	RMB186500.00	RMB1800.00	RMB4840.64	RMB159949.36	RMB7616.64
7	技术部	29人	RMB176300.00	RMB29000.00	RMB173000.00	RMB378300.00	RMB2000.00	RMB14189.06	RMB323324.94	RMB11149.14
8	客服部	19人	RMB83500.00	RMB12200.00	RMB127500.00	RMB223200.00	RMB600.00	RMB8269.04	RMB195960.96	RMB10313.73
9	人事部	5人	RMB24600.00	RMB3000.00	RMB19500.00	RMB47100.00	RMB800.00	RMB1025.60	RMB39862.40	RMB7972.48
10	销售部	30人	RMB140500.00	RMB29600.00	RMB197500.00	RMB367600.00	RMB600.00	RMB13283.58	RMB322806.42	RMB10760.21
11	业务部	18人	RMB90200.00	RMB17600.00	RMB121500.00	RMB229300.00	RMB700.00	RMB9113.46	RMB199642.54	RMB11091.25
12	合计	150人	RMB764900.00	RMB131600.00	RMB881000.00	RMB1777500.00	RMB8600.00	RMB62712.20	RMB1537909.80	RMB90692.14

图 7-57 “工资统计表”计算结果

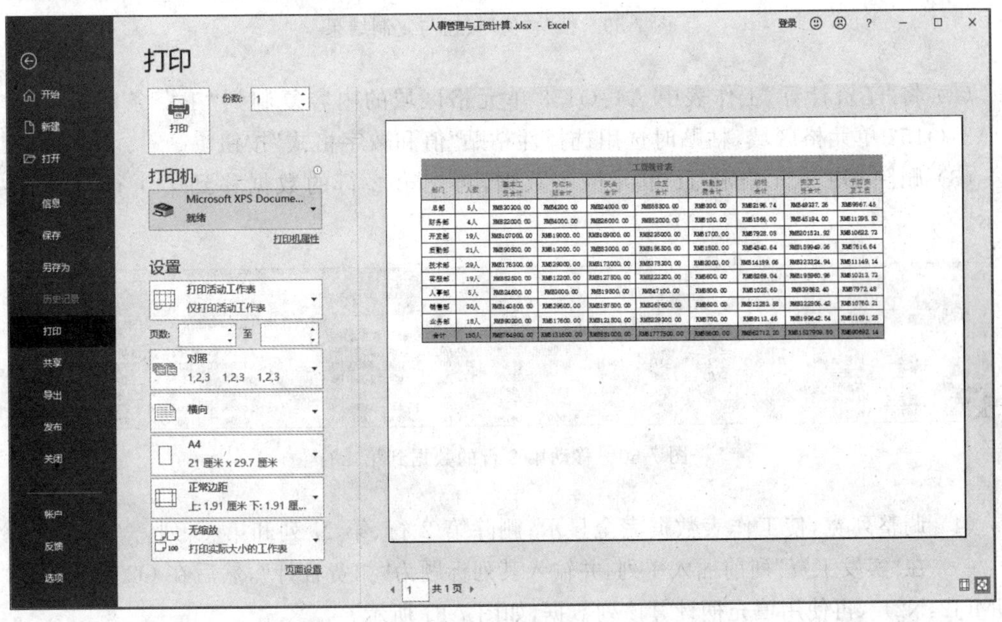

图 7-58 “打印”窗口

张工资条的数值都应该带有相应的标题；为便于裁剪，工资条之间应隔有空行。

1.“工资条数据”工作表的制作

1）新建“工资条数据”工作表

在“人事管理与工资计算.xlsx”工作簿中新建一个工作表，并命名为“工资条数据”，该工作表用于存放制作工资条的数据。

2）设计并计算工资条数据

根据“工资计算”工作表的内容，设计并输入“工资条数据”工作表的内容，其中包含职工

姓名、工作部门、各项收入、各项扣费以及实发工资等内容。

操作步骤

（1）将“工资计算”工作表中 A2:Q3 单元格区域的内容（列标题部分）复制到“工资条数据”工作表的 A1:Q2 单元格区域，粘贴时选用“值”按钮，结果如图 7-59 所示。

图 7-59　粘贴“值”按钮与复制结果

（2）将“工资计算”工作表中 A4:Q153 单元格区域的内容复制到“工资条数据”工作表的 A3:Q152 单元格区域，粘贴时选用选择性粘贴“值和数字格式”按钮。

（3）删除 D1 单元格和 J1 单元格的数据，再把第 2 行的数据移到第 1 行，如图 7-60 所示。

D2　工龄工资

	A	B	C	D	E	F	G	H	I	J	K	L	M	N	O	P	Q
1	职工编号	姓名	部门				岗位补贴	奖金	应发合计				缺勤扣费	每月工资（薪金	应纳税所得	应纳所得税	实发工资
2				工龄工资	学历工资	职务工资				医疗保险	养老保险	住房公积金					
3	A0001	余五一	总部	2000	1500	10000	1000	8000	22500	270.00	1080	1620.00	0	19530.00	14530.00	1496.00	RMB18034.00
4	A0002	潘五二	销售部	1500	2000	7000	1000	8000	19500	210.00	840	1260.00	0	17190.00	12190.00	1028.00	RMB16162.00
5	A0003	杜五三	客服部	500	1200	7000	600	12000	21300	174.00	696	1044.00	0	19386.00	14386.00	1467.20	RMB17918.80
6	A0004	戴五四	客服部	500	1200	2500	600	4000	8800	84.00	336	504.00	100	7776.00	2776.00	83.28	RMB7692.72
7	A0005	夏五五	技术部	1000	1000	7000	1000	8000	18000	180.00	720	1080.00	0	16020.00	11020.00	892.00	RMB15128.00
8	A0006	钟五六	客服部	300	1000	2500	600	12000	16400	76.00	304	456.00	0	15564.00	10564.00	846.40	RMB14717.60

图 7-60　移动第 2 行的数据到第 1 行

（4）调整列宽，使工作表数据完全显示；删除第 2 行、第 N 列和第 O 列。

（5）在“实发工资”列前插入 1 列，并输入其列标题为“扣费合计”，然后在 O2 输入公式“=SUM(J2:N2)”，再使用填充柄计算该列数据，如图 7-61 所示。

O2　=SUM(J2:N2)

	A	B	C	D	E	F	G	H	I	J	K	L	M	N	O	P
1	职工编号	姓名	部门	工龄工资	学历工资	职务工资	岗位补贴	奖金	应发合计	医疗保险	养老保险	住房公积金	缺勤扣费	应纳所得税	扣费合计	实发工资
2	A0001	余五一	总部	2000	1500	10000	1000	8000	22500	270.00	1080	1620.00	0	1496.00	4466.00	RMB18034.00
3	A0002	潘五二	销售部	1500	2000	7000	1000	8000	19500	210.00	840	1260.00	0	1028.00	3338.00	RMB16162.00
4	A0003	杜五三	客服部	500	1200	7000	600	12000	21300	174.00	696	1044.00	0	1467.20	3381.20	RMB17918.80
5	A0004	戴五四	客服部	500	1200	2500	600	4000	8800	84.00	336	504.00	100	83.28	1107.28	RMB7692.72
6	A0005	夏五五	技术部	1000	1000	7000	1000	8000	18000	180.00	720	1080.00	0	892.00	2872.00	RMB15128.00
7	A0006	钟五六	客服部	300	1000	2500	600	12000	16400	76.00	304	456.00	0	846.40	1682.40	RMB14717.60

图 7-61　计算“扣费合计”列数据

2. “工资条”的制作

1）新建“工资条”工作表

操作要求

在“人事管理与工资计算.xlsx”工作簿中新建一个工作表，并命名为“工资条”，该工作表用于制作工资条。

2）输入“工资条”工作表的内容

操作要求

输入“工资条”工作表的内容，每个工资条包括3行，第1行为各工资项的标题，第2行为每个职工工资的具体数据，第3行为空行。

操作步骤

(1) 引用“工资条数据”工作表第1行的内容：在“工资条”工作表的A1单元格中输入公式“=IF(MOD(ROW(),3)=0,"",IF(MOD(ROW(),3)=1,工资条数据!A$1,INDEX(工资条数据!$A:A,(ROW()+4)/3,COLUMN())))”，再把该公式复制到B1:P1单元格区域，如图7-62所示。

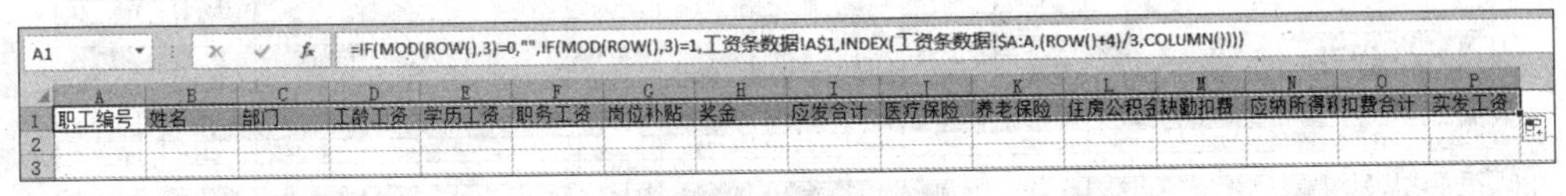

图7-62　引用“工资条数据”工作表第1行的内容

说明：

① 公式中的“=IF(MOD(ROW(),3)=0,"",”部分表示，如果本行行号除以3，其余数等于0，则显示为空。

② 公式中的“IF(MOD(ROW(),3)=1,工资条数据!A$1,”部分表示，如果本行行号除以3，其余数等于1，则显示为“工资条数据!A$1”单元格的值。采用混合引用是为了保证公式横向复制时，其行数不变，列数作相应变化；在纵向复制时，行数和列数均不发生变化。

③ “工资条数据!$A:A”在该公式中相当于“工资条数据!$A$1:$P$151”。

④ 公式中的“INDEX(工资条数据!$A:A,(ROW()+4)/3,COLUMN())”部分用于把“工资条数据”工作表第2,3,4,…行的内容引用到“工资条”工作表中的第2,5,8,…行。

该部分的思路为，当MOD(ROW(),3)的值为0和1时，其引用是不变的，即都是引用空行和列标题行，只有MOD(ROW(),3)的值为2时，情况才比较复杂，因为引用的是各职工的工资数据，其引用值需随行数的不同而作相应变化。通过观察，发现“工资条”工作表中的第2行对应“工资条数据”工作表第2行的内容，“工资条”工作表中的第5行对应“工资条数据”工作表第3行的内容，“工资条”工作表中的第8行对应“工资条数据”工作表第4行的内容，因此可由公式(ROW()+4)/3来得到引用行号。

COLUMN()用于引用列号。

(2) 引用“工资条数据”工作表第2行的内容：选中A1:P1单元格区域，拖动填充柄直到第3行，如图7-63所示。

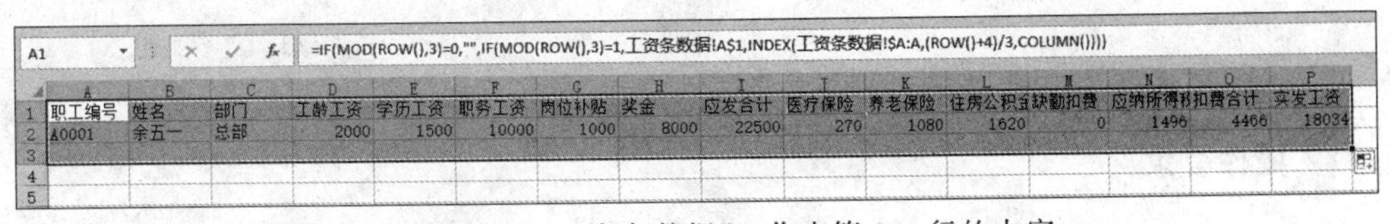

图7-63　引用“工资条数据”工作表第2、3行的内容

(3) 设置"工资条"工作表的页面布局:"纸张大小"为 A4,"纸张方向"为"横向","页边距"为"窄",适当调整各列列宽,使表格内容位于打印范围之内。

(4) 选中 A1:P2 单元格区域,设置其对齐方式为"水平居中",所有边框均设置边框线。

(5) 选中 A1:P1 单元格区域,设置其填充色为紫色,个性色 4,淡色 80%。

(6) 选中 A1:P3 单元格区域,向下拖动填充柄复制公式直到第 450 行。至此,"工资条"工作表制作完成,效果如图 7-64 所示。

	A	B	C	D	E	F	G	H	I	J	K	L	M	N	O	P
1	职工编号	姓名	部门	工龄工资	学历工资	职务工资	岗位补贴	奖金	应发合计	医疗保险	养老保险	住房公积金	缺勤扣费	应纳所得税	扣费合计	实发工资
2	A0001	余五一	总部	2000	1500	10000	1000	8000	22500	270	1080	1620	0	1496	4466	18034
3																
4	职工编号	姓名	部门	工龄工资	学历工资	职务工资	岗位补贴	奖金	应发合计	医疗保险	养老保险	住房公积金	缺勤扣费	应纳所得税	扣费合计	实发工资
5	A0002	潘五二	销售部	1500	2000	7000	1000	8000	19500	210	840	1260	0	1028	3338	16162
6																
7	职工编号	姓名	部门	工龄工资	学历工资	职务工资	岗位补贴	奖金	应发合计	医疗保险	养老保险	住房公积金	缺勤扣费	应纳所得税	扣费合计	实发工资
8	A0003	杜五三	客服部	500	1200	7000	600	####	21300	174	696	1044	0	1467.2	3381.2	17918.8
9																
10	职工编号	姓名	部门	工龄工资	学历工资	职务工资	岗位补贴	奖金	应发合计	医疗保险	养老保险	住房公积金	缺勤扣费	应纳所得税	扣费合计	实发工资
11	A0004	戴五四	客服部	500	1200	2500	600	4000	8800	84	336	504	100	83.28	1107.28	7692.72
12																
13	职工编号	姓名	部门	工龄工资	学历工资	职务工资	岗位补贴	奖金	应发合计	医疗保险	养老保险	住房公积金	缺勤扣费	应纳所得税	扣费合计	实发工资
14	A0005	夏五五	技术部	1000	1000	7000	1000	8000	18000	180	720	1080	0	892	2872	15128
15																
16	职工编号	姓名	部门	工龄工资	学历工资	职务工资	岗位补贴	奖金	应发合计	医疗保险	养老保险	住房公积金	缺勤扣费	应纳所得税	扣费合计	实发工资
17	A0006	钟五六	客服部	300	1000	2500	600	####	16400	76	304	456	0	846.4	1682.4	14717.6
18																
19	职工编号	姓名	部门	工龄工资	学历工资	职务工资	岗位补贴	奖金	应发合计	医疗保险	养老保险	住房公积金	缺勤扣费	应纳所得税	扣费合计	实发工资
20	A0007	汪五七	业务部	1500	1500	7000	1000	####	23000	200	800	1200	0	1750	3950	19050
21																

图 7-64 "工资条"工作表

3) 打印"工资条"工作表

使用"打印预览"命令,预览"工资条"工作表的打印效果,若无问题,即可打印。

4) 裁剪工资条

将打印出来的"工资条"工作表裁剪成每个职工的工资条。

7.2.7 电子版工资条的制作与邮寄

工资条的发放也可以通过发送电子邮件的方式来进行。向每个职工发送电子版工资条需用到 Microsoft Office 的 Word、Excel 和 Outlook 3 个软件。

1. 添加职工的电子邮箱信息

操作要求

在"工资条数据"工作表的第 Q 列添加每位职工的电子邮箱信息,如图 7-65 所示。

	A	B	C	D	E	F	G	H	I	J	K	L	M	N	O	P	Q
1	职工编号	姓名	部门	工龄工资	学历工资	职务工资	岗位补贴	奖金	应发合计	医疗保险	养老保险	住房公积金	缺勤扣费	应纳所得税	扣费合计	实发工资	电子邮箱
2	A0001	余五一	总部	2000	1500	10000	1000	8000	22500	270.00	1080	1620.00	0	1496.00	4466.00	RMB18034.00	YWY@126.COM
3	A0002	潘五二	销售部	1500	2000	7000	1000	8000	19500	210.00	840	1260.00	0	1028.00	3338.00	RMB16162.00	PWE@126.COM
4	A0003	杜五三	客服部	500	1200	7000	600	12000	21300	174.00	696	1044.00	0	1467.20	3381.20	RMB17918.80	DWS@126.COM
5	A0004	戴五四	客服部	500	1200	2500	600	4000	8800	84.00	336	504.00	100	83.28	1107.28	RMB7692.72	DWS@126.COM
6	A0005	夏五五	技术部	1000	1000	7000	1000	8000	18000	180.00	720	1080.00	0	892.00	2872.00	RMB15128.00	XWW@126.COM
7	A0006	钟五六	客服部	300	1000	2500	600	12000	16400	76.00	304	456.00	0	846.40	1682.40	RMB14717.60	ZWL@126.COM
8	A0007	汪五七	业务部	1500	1500	7000	1000	12000	23000	200.00	800	1200.00	0	1750.00	3950.00	RMB19050.00	WWQ@126.COM
9	A0008	田五八	后勤部	500	1200	7000	600	8000	17300	174.00	696	1044.00	0	828.60	2742.60	RMB14557.40	TWB@126.COM

图 7-65 添加职工的电子邮箱信息

2. 制作"工资条主文档.docx"

操作要求

新建一个 Word 文档,命名为"工资条主文档.docx",在该文档中插入一个 8×4 的表格,并输入表格的列标题，自行设计表格格式，如图 7-66 所示。

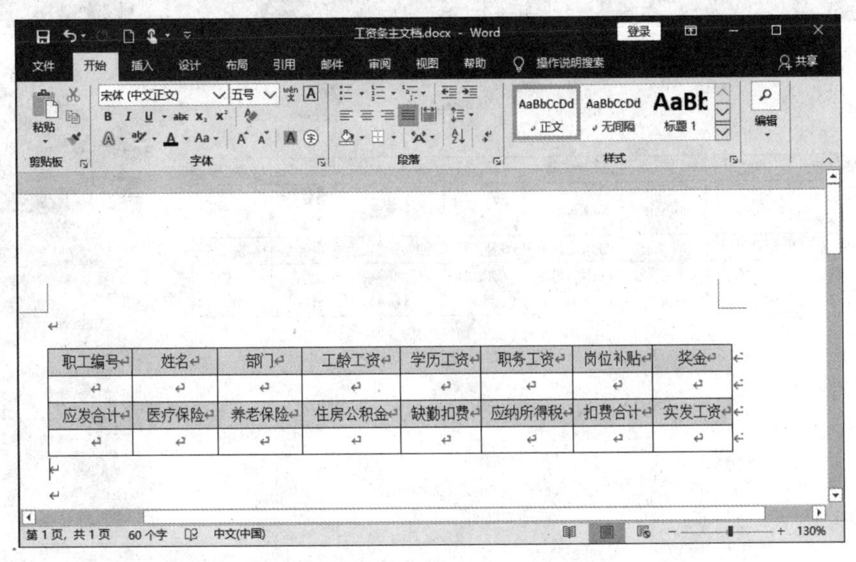

图 7-66　工资条主文档

3. 进行邮件合并

操作要求

使用“工资条主文档.docx”作为主文档，“人事管理与工资计算.xlsx”工作簿的“工资条数据”工作表作为数据源，进行邮件合并。

操作步骤

(1) 在打开的“工资条主文档.docx”中，在“邮件”选项卡的“开始邮件合并”组中单击“开始邮件合并”按钮，在展开的列表中选择“邮件合并分布向导”命令，打开“邮件合并”窗格。

(2) 选择“电子邮件”单选项，然后按照邮件合并的 6 个步骤，使用“人事管理与工资计算.xlsx”工作簿的“工资条数据”工作表作为数据源，进行邮件合并。

4. 保存主文档

操作要求

保存插入合并域之后的“工资条主文档.docx”。插入合并域之后的“工资条主文档.docx”，如图 7-67 所示。

5. 发送电子版工资条

操作步骤

(1) 单击“邮件合并”窗格中的“电子邮件”链接，如图 7-68 所示。

(2) 此时将打开“合并到电子邮件”对话框，按照如图 7-69 所示的内容进行设置，然后单击“确定”按钮，Word 软件将自动合并邮件，并将邮件存放在 Outlook 软件的“发件箱”中。

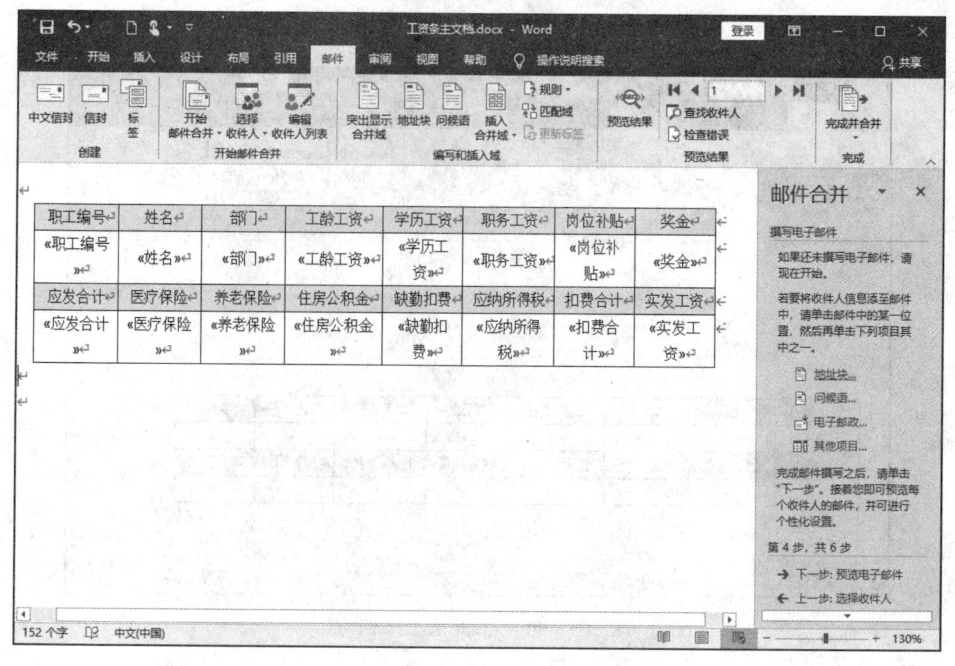

图 7-67 插入合并域之后的“工资条主文档.docx”

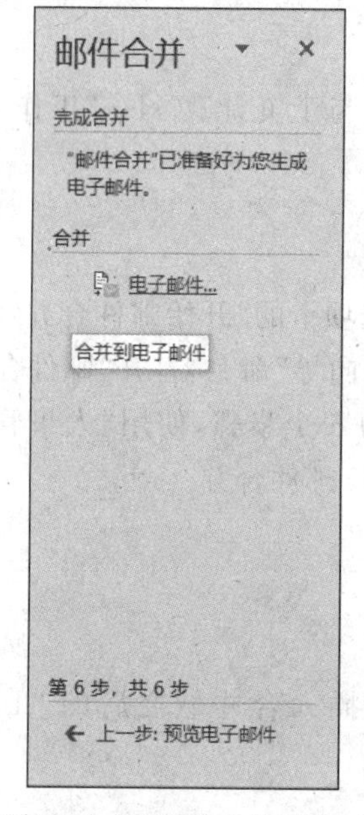

图 7-68 “邮件合并”窗格中的“电子邮件”链接

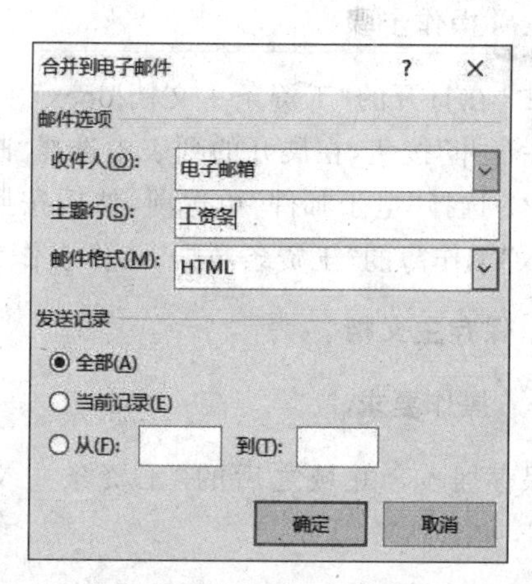

图 7-69 “合并到电子邮件”对话框

(3) 打开 Outlook 软件，可见“发件箱”中有刚才通过 Word 软件合并的所有邮件，如图 7-70 所示。

说明：首次使用 Outlook 软件需进行设置。

(4) 双击收件箱邮件列表中的邮件，可打开邮件窗口查看内容，如图 7-71 所示，确认无误后，即可发送邮件。

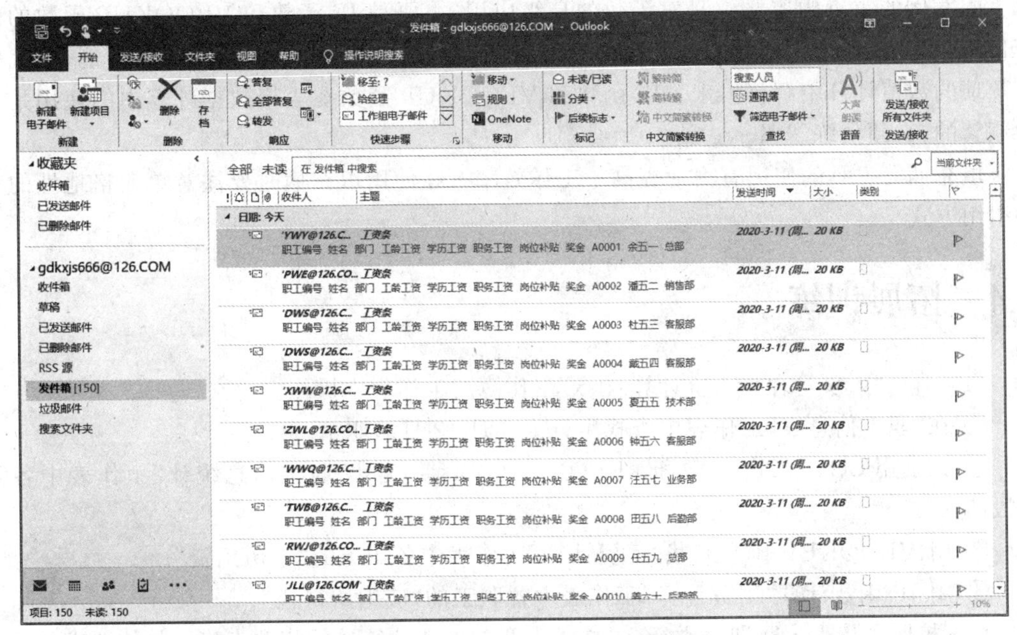

图 7-70　Outlook 软件的发件箱

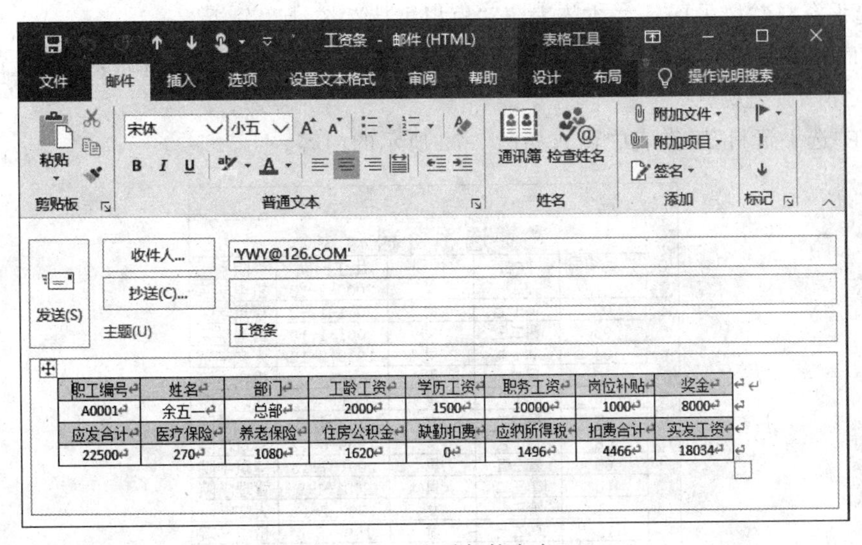

职工编号	姓名	部门	工龄工资	学历工资	职务工资	岗位补贴	奖金
A0001	余五一	总部	2000	1500	10000	1000	8000
应发合计	医疗保险	养老保险	住房公积金	缺勤扣费	应纳所得税	扣费合计	实发工资
22500	270	1080	1620	0	1496	4466	18034

图 7-71　查看邮件内容

（5）单击“发送”按钮，向每位职工发送电子版工资条。

7.3　案例总结

通过本案例的学习，从职工信息表的建立、职工信息统计、职工信息查询、职工工资计算、工资条的制作到电子邮寄，使我们认识到 Excel 软件在人事管理与工资计算方面大有用武之地。

本案例的重点内容之一是对函数的高级应用，主要是 IF 函数和 VLOOKUP 函数的嵌套使用，以及这两个函数与其他函数的嵌套使用，让表格实现了很多自动计算功能，使我们从烦琐的数值计算中解放出来。IF 函数和 VLOOKUP 函数在表格数据计算中的使用是非常频繁的，必须熟练掌握。

填充柄等工具的使用有力地提高了工作效率。在使用填充柄时要注意单元格地址的三种引用方式。

7.4 拓展训练

(1) 请在“人事管理与工资计算.xlsx”工作簿的工作表中操作。

① 在“职工信息表”工作表中查找生日为 8 月 12 日的职工。

② 分别用 COUNTIF 函数和 FREQUENCY 函数统计“职工信息统计”工作表中各年龄段的人数。

③ 用 VLOOKUP 函数查找“工资计算”工作表中各职工的“学历工资”。

④ 用 IF 函数计算“工资计算”工作表中各职工的“应纳所得税”。

(2) 校园主持人大赛即将举行，请你为大赛制作评分统计的相关表格。具体要求如下。

① 新建一名为“主持大赛”的工作簿，内含 8 张工作表，工作表名分别为“主菜单”“比赛规程”“选手资料”“风采展示”“才艺表演”“模拟主持”“统计”“分析”。

② 在“比赛规程”工作表中合并若干单元格，并在其中输入相关规程内容，设置单元格格式，使之清晰、美观。

③ 在“选手资料”工作表中输入如图 7-72 所示的内容。

	A	B	C	D	E
1	参赛选手资料一览表				
2	选手编号	姓名	性别	出生日期	院系
3	01	郑二一	女	2000-9-13	机电学院
4	02	何十七	男	2001-12-2	建筑学院
5	03	谢二三	女	2001-1-16	管理学院
6	04	林十九	男	1999-2-16	人文学院
7	05	罗二十	男	2000-3-2	机电学院
8	06	高十八	男	1999-4-4	建筑学院
9	07	梁二二	女	2000-5-3	人文学院
10	08	郭十六	女	1999-6-12	建筑学院
11	09	董三五	男	2001-7-13	建筑学院
12	10	曾三二	男	2001-1-9	管理学院
13	11	曹三十	女	1999-2-11	人文学院
14	12	韩二七	男	1999-3-4	机电学院
15	13	田三四	女	2001-4-13	建筑学院
16	14	邓二九	男	2001-5-7	人文学院
17	15	许二六	女	2000-6-11	建筑学院
18	16	彭三一	男	2001-7-3	机电学院
19	17	唐二五	男	2001-8-4	机电学院
20	18	肖三三	女	2001-9-11	建筑学院
21	19	冯二八	男	1999-12-12	管理学院
22	20	宋二四	女	2000-1-5	人文学院

图 7-72 “选手资料”工作表

④ 在“风采展示”工作表中输入如图 7-73 所示的内容。用类似的方法，在“才艺表演”和“模拟主持”工作表中输入相关的内容。

⑤ 在“统计”工作表中输入如图 7-74 所示的内容。

风采展示评分一览表

出场序号	选手编号	评委1	评委2	评委3	评委4	评委5	评委6	评委7	评委8	评分
1	08									
2	02									
3	06									
4	04									
5	05									
6	01									
7	07									
8	03									
9	20									
10	17									
11	15									
12	12									
13	19									
14	14									
15	11									
16	16									
17	10									
18	18									
19	13									
20	09									

图 7-73　“风采展示”工作表

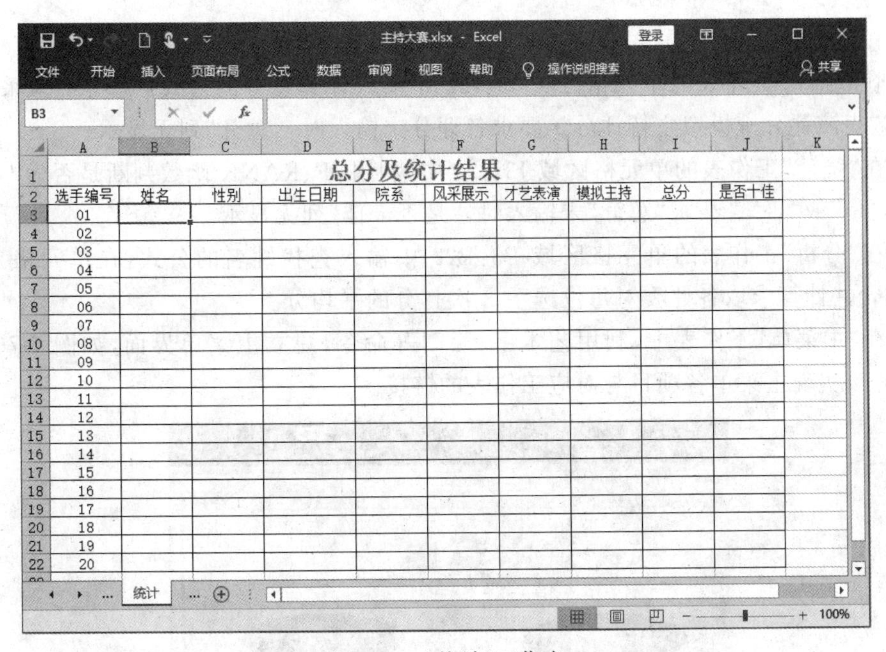

总分及统计结果

选手编号	姓名	性别	出生日期	院系	风采展示	才艺表演	模拟主持	总分	是否十佳
01									
02									
03									
04									
05									
06									
07									
08									
09									
10									
11									
12									
13									
14									
15									
16									
17									
18									
19									
20									

图 7-74　“统计”工作表

⑥ 在“分析”工作表中输入如图 7-75 所示的内容。

⑦ 在“风采展示”“才艺表演”“模拟主持”工作表的单元格区域 L3:L22 中输入计算“评分”的公式,“评分”是去掉一个最高分和一个最低分后的平均分。要求当评委的评分未输入时,“评分”列无显示(用 IF、SUM、MAX、MIN、COUNT 等函数)。

⑧ 在“统计”工作表的单元格区域 B3:H22 中输入查找各数据的公式(用 VLOOKUP

图 7-75 “分析”工作表

函数)。

⑨ 在“统计”工作表的单元格区域 I3:I22 中输入计算总分的公式:总分＝风采展示评分＋才艺表演评分＋模拟主持评分。要求各评分未输入时,“总分”列无显示。

⑩ 在“统计”工作表的单元格区域 J3:J22 中,利用 IF、RANK 函数判断是否为“十佳”选手,填写“是”或“否”。要求“总分”未输入时,“是否十佳”列无显示。

⑪ 在“分析”工作表的单元格区域 B3:B22 中输入查找姓名的公式,在单元格 C3:J22 中,通过合并计算求取各评委对每位选手 3 次打分的平均分。

⑫ 在“主菜单”工作表中,利用艺术字、绘图等命令,建立主菜单界面,如图 7-76 所示。运用超链接实现主菜单各项目与对应工作表的链接。

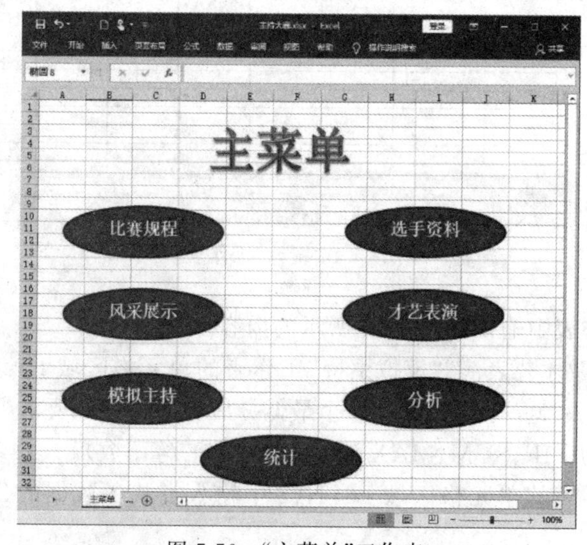

图 7-76 “主菜单”工作表

（3）在第 6 章中的“工商 16 班成绩表.xlsx”工作簿的“成绩一览表”工作表中，建立简易的“成绩查询系统”（见图 7-77），实现如下功能：当输入学号和选择课程后，能查询到相应的数据。

图 7-77　成绩查询系统

案例 8

销售数据管理

8.1 案例简介

8.1.1 问题描述

大学刚毕业的小王开始接手管理父母经营的一家小型食品超市。之前，小王经常利用课余时间帮家里整理销售数据，图 8-1 是小王根据父母的记录制作的食品超市“销售流水账表”，图 8-2 是小王制作的“价格表”。在这两个表格中，销售记录和食品价格都清清楚楚，但是现在小王发现，如果要根据这两个表格来计算销售额和毛利润，计算很不方便，用来统计其他数据的工作量也很大，且容易出错，管理水平很难提高。

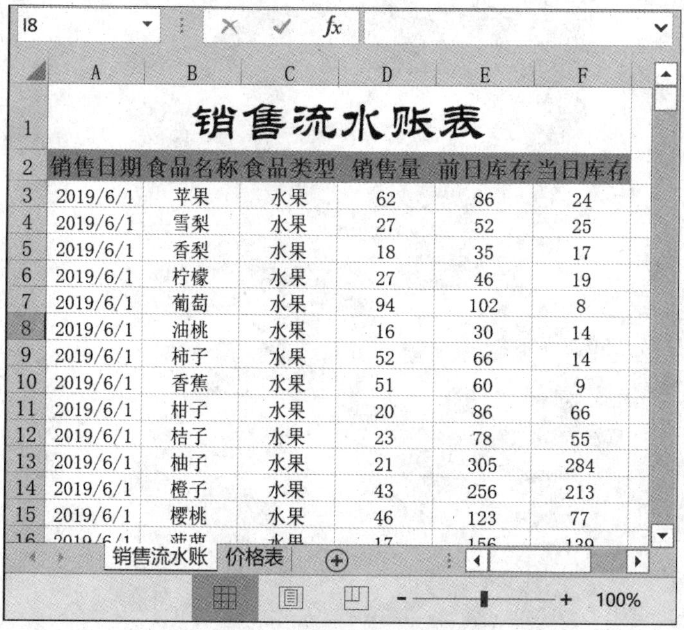

销售流水账表

销售日期	食品名称	食品类型	销售量	前日库存	当日库存
2019/6/1	苹果	水果	62	86	24
2019/6/1	雪梨	水果	27	52	25
2019/6/1	香梨	水果	18	35	17
2019/6/1	柠檬	水果	27	46	19
2019/6/1	葡萄	水果	94	102	8
2019/6/1	油桃	水果	16	30	14
2019/6/1	柿子	水果	52	66	14
2019/6/1	香蕉	水果	51	60	9
2019/6/1	柑子	水果	20	86	66
2019/6/1	桔子	水果	23	78	55
2019/6/1	柚子	水果	21	305	284
2019/6/1	橙子	水果	43	256	213
2019/6/1	樱桃	水果	46	123	77

销售流水账 价格表

图 8-1 销售流水账表

小王决定着手改进销售数据管理。小王首先考虑购买专门的销售管理软件，但专门的销售管理软件价格相对昂贵，小王家的小型食品超市难于承受，也不太实用。小王便开始思考能否用 Excel 软件制作销售数据表格，结合自家食品超市的实际情况，实现销售数据的基本计算和统计。小王思考了一整夜，始终拿不出一个具体的方案，于是第二天一早便回到母

	A	B	C	D	E
1	价格表				
2	序号	食品名称	单位	进价	售价
3	1	苹果	斤	7.5	8
4	2	雪梨	斤	6.5	7
5	3	香梨	斤	8.5	9
6	4	柠檬	个	3.5	4.5
7	5	葡萄	斤	10	12.5
8	6	油桃	斤	7	8
9	7	柿子	斤	8	10
10	8	香蕉	斤	9	9.9
11	9	黄帝柑	斤	5	5.5
12	10	桔子	斤	7	10
13	11	柚子	斤	6	6.5
14	12	橙子	斤	8.8	9.5
15	13	樱桃	斤	45	50
16	14	菠萝	斤	5	5.6
17	15	杨桃	斤	3	3.8

图 8-2 价格表

校，向精通 Excel 软件的老师请教，在老师的指点和帮助下，小王不仅设计出一个能自动计算和统计销售数据的工作表，还制作出一个非常实用的"日常销售记录"工作表。

8.1.2 解决方法

(1) 小王把之前的"销售流水账表"的内容改进成能够自动引用、计算和便于统计、分析各种销售数据的新工作表，如图 8-3 所示。

	A	B	C	D	E	F	G	H	I	J
1	销售记录表									
2	销售日期	食品名称	食品类型	销售量	前日库存	当日库存	进价	售价	销售额	毛利润
3	2019/6/1	苹果	水果	62	86	24				
4	2019/6/1	雪梨	水果	27	52	25				
5	2019/6/1	香梨	水果	18	35	17				
6	2019/6/1	柠檬	水果	27	46	19				
7	2019/6/1	葡萄	水果	94	102	8				
8	2019/6/1	油桃	水果	16	30	14				
9	2019/6/1	柿子	水果	52	66	14				
10	2019/6/1	香蕉	水果	51	60	9				
11	2019/6/1	柑子	水果	20	86	66				
12	2019/6/1	桔子	水果	23	78	55				
13	2019/6/1	柚子	水果	21	305	284				
14	2019/6/1	橙子	水果	43	256	213				
15	2019/6/1	樱桃	水果	46	123	77				
16	2019/6/1	菠萝	水果	17	156	139				
17	2019/6/1	杨桃	水果	85	89	4				
18	2019/6/1	石榴	水果	26	56	30				
19	2019/6/1	盘石榴	水果	27	34	7				

销售流水账 | 价格表 | 销售记录 | 按食品汇总 | 数据透视表

就绪 100%

图 8-3 "销售记录"工作表

(2) 按需要制作若干销售数据统计工作表，然后运用筛选、分类汇总、数据透视表等功能进行数据统计与分析。

(3) 制作"日常销售记录"工作表，如图 8-4 所示。该工作表可以直接选择食品名称、自动填写食品类型，能够自动计算出顾客应交款额，并根据顾客实交款额自动计算出找回款额，用作日常销售记录非常方便。

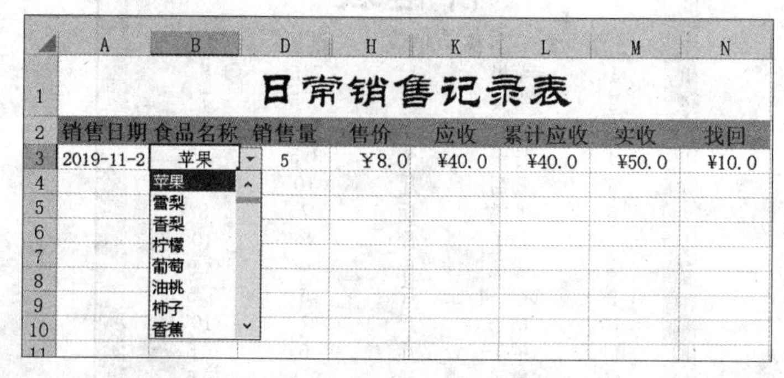

图 8-4 “日常销售记录”工作表

8.1.3 相关知识

1. 函数的应用

本章新用到的主要函数是 ISERROR 函数，其用法介绍如下。

功能：ISERROR 函数是 IS 函数中的一种，此类函数可检验指定值并根据参数取值返回 TRUE 或 FALSE。

函数格式：

```
ISERROR(value)
```

参数意义：

value 必须设置。指要检验的值。当 value 为任意错误值(＃N/A、＃VALUE!、＃REF!、＃DIV/0!、＃NUM!、＃NAME?或 ＃NULL!)时，ISERROR(value)返回 TRUE。例如，ISERROR(＃N/A)= TRUE。

IS 函数在公式中非常有用，可用来检验计算结果。当与函数 IF 结合使用时，这些函数可提供一种用来在公式中查找错误的方法。

2. 分类汇总

分类汇总是通过 SUBTOTA 函数与汇总函数(如 Sum、Count 和 Average 等函数)一起计算得到的。

“分类汇总”可以理解为有两层意思，即按什么分类和对什么汇总。

在进行“分类汇总”之前，首先需要对分类字段所在列进行排序，升序、降序均可，目的是为了把分类字段相同的记录都放在一起(即按什么分类)，然后再对汇总列进行汇总(即对什么汇总)。

“分类汇总”可以嵌套使用，习惯称为“嵌套分类汇总”，即是连续进行两次或两次以上的“分类汇总”，后一次“分类汇总”在前一次“分类汇总”的结果中进行。后一次“分类汇总”时一定要注意清除“替换当前分类汇总”复选框的选中状态。

嵌套分类汇总之前，要对分类字段按多个关键字进行排序，关键字的主次顺序跟分类汇总的顺序一致。

“分类汇总”的结果可以分级显示，单击行编号旁边的分级显示符号或使用“和”符号均可显示或隐藏各个分类汇总的明细数据行。

如果需要删除分类汇总，则在“分类汇总”对话框中，单击“全部删除”按钮即可。

3. 数据透视表

数据透视表是一种对大量数据快速汇总并建立交叉列表的交互式表格，可以显示不同页面以筛选数据，可以根据需要显示或隐藏区域中的明细数据，还可以转换行和列以查看源数据的不同汇总结果。可以说，数据透视表可以将筛选、排序和分类汇总结合在一起，能够简便而迅速地重新组织和统计数据。

Excel 2010 软件的数据透视表操作界面(见图 8-1)中有几个特殊的名称，现说明如下。

(1) 报表筛选，相当于以前版本中的“页字段”，是一种大的分类依据和筛选条件。

(2) 列标签，相当于以前版本中的“列”，其框中的内容将成为数据透视表中的列标题。

(3) 行标签，相当于以前版本中的“行”，其框中的内容将成为数据透视表中的行标题。

(4) 数值，相当于以前版本中的“数据”，指数据透视表中需要汇总的项目，默认情况下以“求和”方式进行汇总。该汇总方式可以更改：单击“数值”列表框中需要设置的数据字段，如“毛利润”，在下拉列表中选择“值字段设置...”命令，如图 8-5 所示。打开“值字段设置”对话框，如图 8-6 所示，选择“值汇总方式”选项卡中的“计算类型”，如“计数”“平均值”等，最后单击“确定”按钮即可。

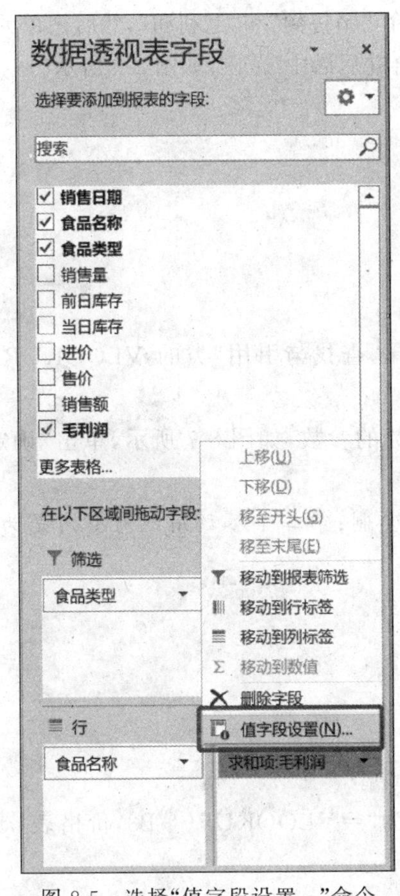

图 8-5　选择“值字段设置...”命令

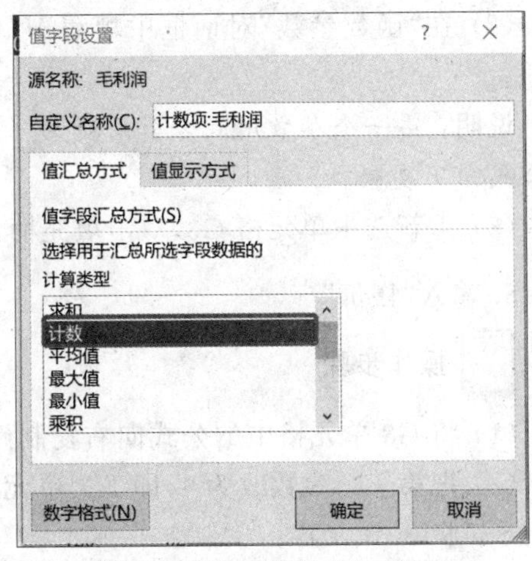

图 8-6　“值字段设置”对话框

如果需要删除数据透视表，则可在要删除的数据透视表的任意位置单击，再在“选项”选项卡的“操作”组中单击“选择”下方的箭头，选择“整个数据透视表”，然后按 Delete 键删除。

8.2 实现步骤

8.2.1 “销售记录”工作表建立

1. 新建 Excel 工作簿

新建 Excel 工作簿，并命名为“销售数据管理.xlsx”。

2. 复制“销售流水账表”工作表和“价格表”工作表

将工作簿“销售流水账表和价格表(素材).xlsx”中的“销售流水账表”工作表和“价格表”工作表复制到“销售数据管理.xlsx”工作簿中。

3. 创建“销售记录”工作表

操作步骤

(1) 在“销售数据管理.xlsx”工作簿中将“销售流水账表”工作表复制一份，并重命名为“销售记录”。

(2) 在“销售记录”工作表中添加列标题“进价”“售价”“销售额”和“毛利润”，然后把单元格 A1 的内容改为“销售记录表”，重新设置单元格 A1 的“合并后居中”范围，如图 8-3 所示。

4. 输入“进价”

利用 VLOOKUP 函数查找每种食品的“进价”。

操作步骤

(1) 选中单元格 G3，打开“插入函数”对话框，选择“查找与引用”类的 VLOOKUP 函数，打开“函数参数”对话框。

(2) 在“函数参数”对话框中填写 VLOOKUP 函数的参数，如图 8-7 所示，单击“确定”按钮。

说明：第一个参数用混合引用是为了将公式向右复制；第二个参数用绝对引用是为了将公式向下复制。

(3) 重新选中单元格 G3，双击填充柄，向下复制公式。

5. 输入“售价”

操作步骤

(1) 将 G3 单元格中的公式向右复制到 H3 单元格中。

(2) 把第三个参数改为 4，即 H3 单元格中的公式为“＝VLOOKUP($B3,价格表!$B$3:$E$139,4,0)”。

(3) 使用双击填充柄的方法，向下复制公式。

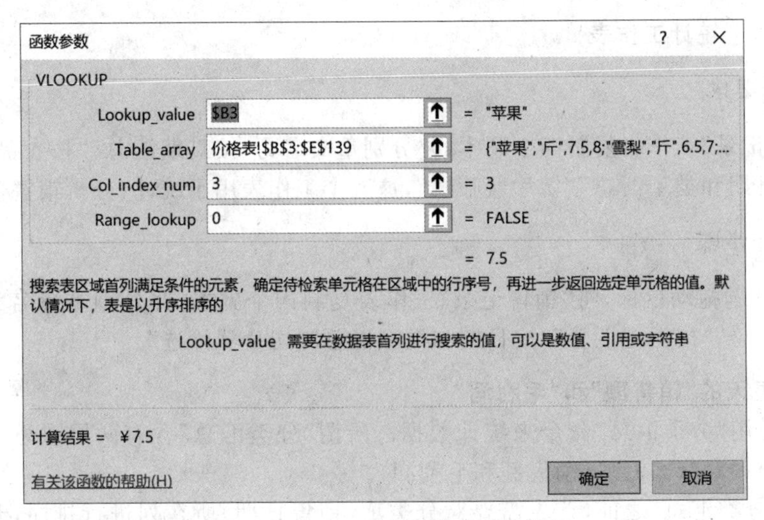

图 8-7 VLOOKUP 函数的参数设置

6. 计算“销售额”和“毛利润”

操作要求

利用公式计算“销售额”和“毛利润”，其中，销售额＝售价×销售量，毛利润＝(售价－进价)×销售量。

7. 设置“进价”“售价”“销售额”和“毛利润”4 列的数字格式

操作要求

将“进价”“售价”“销售额”和“毛利润”4 列的数字格式设为“货币”，保留 1 位小数，效果如图 8-8 所示。

	A	B	C	D	E	F	G	H	I	J
1	销售记录表									
2	销售日期	食品名称	食品类型	销售量	前日库存	当日库存	进价	售价	销售额	毛利润
3	2019/6/1	苹果	水果	62	86	24	¥7.5	¥8.0	¥496.0	¥31.0
4	2019/6/1	雪梨	水果	27	52	25	¥6.5	¥7.0	¥189.0	¥13.5
5	2019/6/1	香梨	水果	18	35	17	¥8.5	¥9.0	¥162.0	¥9.0
6	2019/6/1	柠檬	水果	27	46	19	¥3.5	¥4.5	¥121.5	¥27.0
7	2019/6/1	葡萄	水果	94	102	8	¥10.0	¥12.5	¥1,175.0	¥235.0
8	2019/6/1	油桃	水果	16	30	14	¥7.0	¥8.0	¥128.0	¥16.0
9	2019/6/1	柿子	水果	52	66	14	¥8.0	¥10.0	¥520.0	¥104.0
10	2019/6/1	香蕉	水果	51	60	9	¥9.0	¥9.9	¥504.9	¥45.9

图 8-8 “销售记录”工作表

在“销售记录”工作表中，可以按需要使用“筛选”命令，筛选查找出符合条件的内容。

8.2.2 销售数据的“分类汇总”

小王希望根据“销售记录”工作表统计出每天每种食品、每类食品的“销售额”和“毛利润”，从而找出销售规律，进行销售预测，进而做出发展计划。

1. 建立五个统计工作表

将“销售记录”工作表复制四个副本，并分别重命名为“按日期汇总”“按食品汇总”“按类型汇总”“按日期和类型汇总”“切片器筛选”，这五个工作表用于统计、分析销售数据。

按住 Ctrl 键拖动鼠标，将“销售记录”工作表复制四个副本，并分别重命名为“按日期汇总”“按食品汇总”“按类型汇总”“按日期和类型汇总”“切片器筛选”。

2. 统计每天的“销售额”和“毛利润”

这里将使用“分类汇总”命令来统计数据。所谓“分类汇总”含有两层意思，即按什么分类(销售日期)和对什么汇总(销售额和毛利润)。

在进行“分类汇总”之前，首先需要对分类项(销售日期)所在列进行排序，升序、降序均可，目的是为了把“销售日期”相同的记录都放在一起，然后再对汇总列(“销售额”和“毛利润”)进行汇总。

先对分类项所在列进行排序这一步骤非常重要，否则，不能确保分类项(销售日期)相同的记录都放在了一起，导致汇总统计混乱。

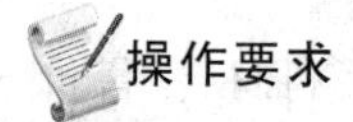

在“按日期汇总”工作表中，使用“分类汇总”命令统计每天的“销售额”和“毛利润”。

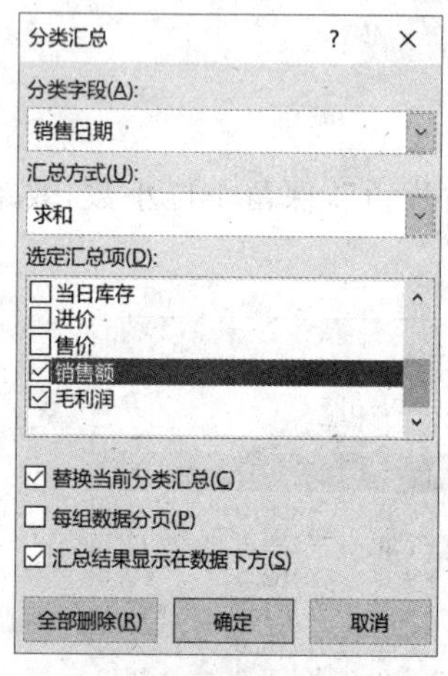

图 8-9 “分类汇总”对话框

(1) 在“按日期汇总”工作表中，选中“销售日期”列的任一单元格，单击“升序”按钮，对“销售日期”列进行升序排序，确保分类项(销售日期)相同的记录都放在一起。

(2) 在“数据”选项卡的“分级显示”组中单击“分类汇总”按钮，打开“分类汇总”对话框，选择“分类字段”为“销售日期”，“汇总方式”为“求和”，“选定汇总项”为“销售额”和“毛利润”，如图 8-9 所示。

(3) 单击“确定”按钮，即可统计出各个销售日的“销售额”和“毛利润”。

(4) 单击左上角的分级显示符号 2，隐藏分类汇总表中的明细数据行，操作结果如图 8-10 所示。

	A	B	C	D	E	F	G	H	I	J
1	销售记录表									
2	销售日期	食品名称	食品类型	销售量	前日库存	当日库存	进价	售价	销售额	毛利润
140	19/6/1 汇总								¥107,669.6	¥17,407.5
278	19/6/2 汇总								¥98,936.5	¥17,097.4
416	19/6/3 汇总								¥97,815.2	¥14,662.5
554	19/6/4 汇总								¥76,668.4	¥12,372.8
692	19/6/5 汇总								¥76,177.3	¥13,012.8
693	总计								¥457,267.0	¥74,553.0

图 8-10 按“销售日期”汇总“销售额”和“毛利润”

8.2.3 统计每种食品的"销售额"和"毛利润"

操作要求

在"按食品汇总"工作表中,使用"分类汇总"命令统计每种食品的"销售额"和"毛利润",并隐藏分类汇总表中的明细数据行。

因方法同上,所以操作步骤略,操作结果如图 8-11 所示。

	A	B	C	D	E	F	G	H	I	J
1	销售记录表									
2	销售日期	食品名称	食品类型	销售量	前日库存	当日库存	进价	售价	销售额	毛利润
8		包心菜 汇总							¥465.0	¥155.0
14		八角 汇总							¥1,065.0	¥355.0
20		白鲳鱼 汇总							¥5,094.4	¥486.4
26		白醋 汇总							¥403.3	¥74.0
32		白萝卜 汇总							¥644.0	¥92.0
38		白糖 汇总							¥495.0	¥94.5
44		冰糖 汇总							¥540.0	¥108.0
50		菠菜 汇总							¥1,602.0	¥162.0

图 8-11 按"食品名称"汇总"销售额"和"毛利润"

说明:在进行"分类汇总"之前,首先要对"食品名称"列进行排序。

8.2.4 找出"毛利润"最大的食品

操作要求

在"按食品汇总"工作表中,将"毛利润"按降序排序,从而找出"毛利润"最大的食品,操作结果如图 8-12 所示。

	A	B	C	D	E	F	G	H	I	J
1	销售记录表									
2	销售日期	食品名称	食品类型	销售量	前日库存	当日库存	进价	售价	销售额	毛利润
8		螃蟹 汇总							¥25,625.0	¥9,225.0
14		银鳕鱼 汇总							¥42,500.0	¥5,100.0
20		蓝梅 汇总							¥13,680.0	¥3,040.0
26		狗肉 汇总							¥10,725.0	¥2,475.0
32		鲤鱼 汇总							¥9,000.0	¥2,000.0
38		黄花鱼 汇总							¥13,755.0	¥1,965.0
44		鳟鱼 汇总							¥13,915.0	¥1,771.0
50		榴莲 汇总							¥7,004.8	¥1,724.8
56		猪排骨 汇总							¥7,968.0	¥1,660.0
62		带鱼 汇总							¥6,520.0	¥1,630.0
68		猪瘦肉 汇总							¥9,100.0	¥1,560.0
74		香菇 汇总							¥7,230.0	¥1,446.0
80		草菇 汇总							¥10,440.0	¥1,305.0

图 8-12 利用排序找出"毛利润"最大的食品

8.2.5 统计各类食品的"销售额"和"毛利润"

操作要求

在"按类型汇总"工作表中,使用"分类汇总"命令统计各类食品的"销售额"和"毛利润",

并隐藏分类汇总表中的明细数据行。

操作步骤略,操作结果如图 8-13 所示。

	A	B	C	D	E	F	G	H	I	J
1	销售记录表									
2	销售日期	食品名称	食品类型	销售量	前日库存	当日库存	进价	售价	销售额	毛利润
128			其他 汇总						¥41,813.6	¥7,309.6
269			肉类 汇总						¥241,754.8	¥38,853.2
445			蔬菜 汇总						¥63,033.9	¥9,085.3
621			水果 汇总						¥89,688.2	¥15,422.2
692			主食 汇总						¥20,976.5	¥3,882.7
693			总计						¥457,267.0	¥74,553.0

图 8-13 按“食品类型”汇总“销售额”和“毛利润”

8.2.6 统计每天各类食品的“销售额”和“ 毛利润”

这里须应用“嵌套分类汇总”功能。所谓“嵌套分类汇总”,即连续进行两次“分类汇总”,第二次“分类汇总”在第一次“分类汇总”的结果中进行。

在“按日期和类型汇总”工作表中,应用“嵌套分类汇总”功能统计每天各类食品的“销售额”和“毛利润”。

(1) 单击“按日期和类型汇总”工作表数据区域中的任一单元格。

(2) 在“数据”选项卡的“排序与筛选”组中单击“排序”按钮,打开“排序”对话框,单击“添加条件”按钮,选择“主要关键字”为“销售日期”,“次要关键字”为“食品类型”,如图 8-14 所示。单击“确定”按钮。

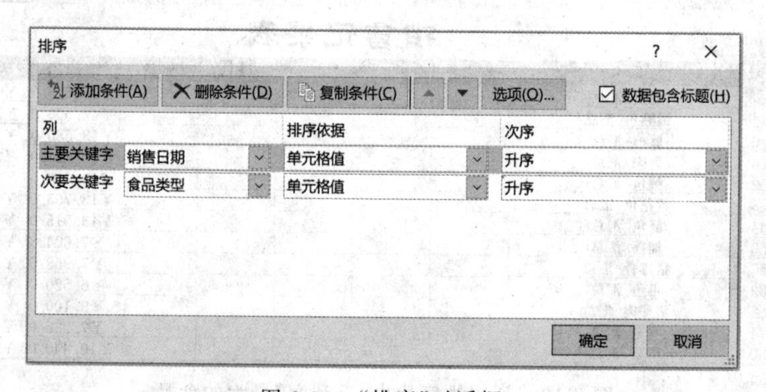

图 8-14 “排序”对话框

(3) 在“数据”选项卡的“分级显示”组中单击“分类汇总”按钮,打开“分类汇总”对话框,选择“分类字段”为“销售日期”,“汇总方式”为“求和”,“选定汇总项”为“销售额”和“毛利润”,这里的设置与图 8-9 相同。

(4) 在第(3)步分类汇总的基础上,用相同的方法再次进行分类汇总。第二次“分类汇总”的设置:“分类字段”选择“食品类型”,“汇总方式”为“求和”,“选定汇总项”为“销售额”

和“毛利润”。撤销“替换当前分类汇总”复选框的选中状态，如图 8-15 所示。单击“确定”按钮。每天各类食品的“销售额”和“毛利润”的分类汇总结果如图 8-16 所示。

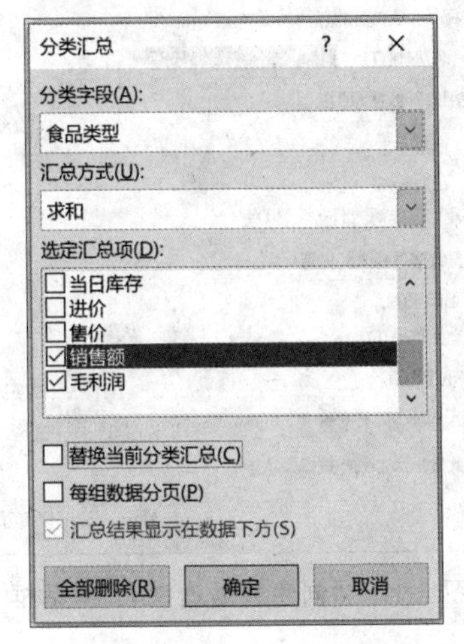

图 8-15　撤销“替换当前分类汇总”复选框的选中状态

	A	B	C	D	E	F	G	H	I	J
1	销售记录表									
2	销售日期	食品名称	食品类型	销售量	前日库存	当日库存	进价	售价	销售额	毛利润
28			其他 汇总						¥11,530.6	¥2,006.2
57			肉类 汇总						¥58,632.8	¥9,542.0
93			蔬菜 汇总						¥13,984.7	¥2,007.4
129			水果 汇总						¥18,695.6	¥2,979.2
144			主食 汇总						¥4,825.9	¥872.7
145	2019/6/1 汇总								¥107,669.6	¥17,407.5
171			其他 汇总						¥6,003.9	¥1,080.6
200			肉类 汇总						¥56,963.8	¥10,027.8
236			蔬菜 汇总						¥11,194.0	¥1,485.0
272			水果 汇总						¥21,109.8	¥3,865.7
287			主食 汇总						¥3,665.0	¥638.3
288	2019/6/2 汇总								¥98,936.5	¥17,097.4

图 8-16　每天各类食品的“销售额”和“毛利润”汇总结果

8.2.7　销售数据的“数据透视表”

8.2.6 小节的“嵌套分类汇总”虽然计算出了每天每种食品的“销售额”和“毛利润”，但其结果界面不够紧凑，不能立体交叉地显示每天各种食品的销售情况，如果使用“数据透视表”功能进行数据统计和分析，则可以轻松地解决这个问题。

在“销售记录”工作表中，用“数据透视表”统计每天每种食品的“毛利润”。

操作步骤

(1) 选中“销售记录”工作表中数据区域的任一单元格。

(2) 在“插入”选项卡的“表格”组中单击“数据透视表”按钮，打开如图 8-17 所示的“创建数据透视表”对话框，并按如图 8-17 所示进行设置。

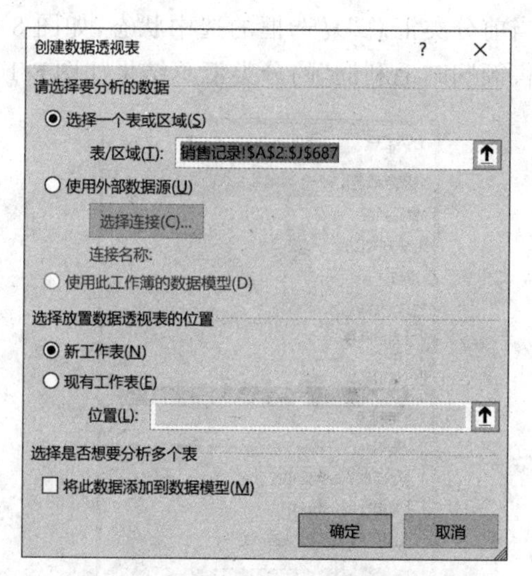

图 8-17 “创建数据透视表”对话框

(3) 单击“确定”按钮，Excel 软件将自动插入一个新工作表 Sheet4，在这张新工作表中显示未设置字段的默认数据透视表，窗口右侧将打开“数据透视表字段列表”任务窗格，其中列出所有字段；功能区也将自动切换到“数据透视表工具”的“选项”选项卡，如图 8-18 所示。

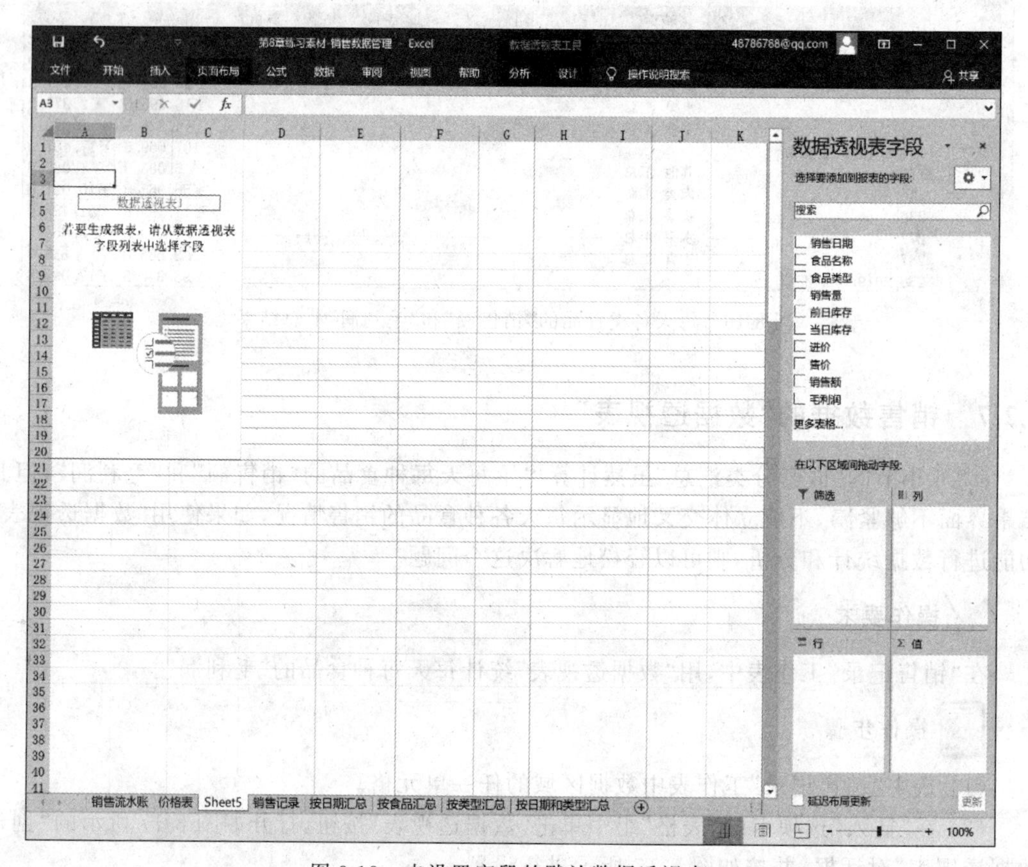

图 8-18 未设置字段的默认数据透视表

（4）在“数据透视表字段列表”任务窗格中，拖动字段“食品名称”到下方的“行”列表框，如图 8-19 所示，这时，可见“选择要添加到报表的字段”列表框中的“食品名称”被选中，“行”列表框中添加了“食品名称”字段，且数据透视表中也添加了“食品名称”字段。

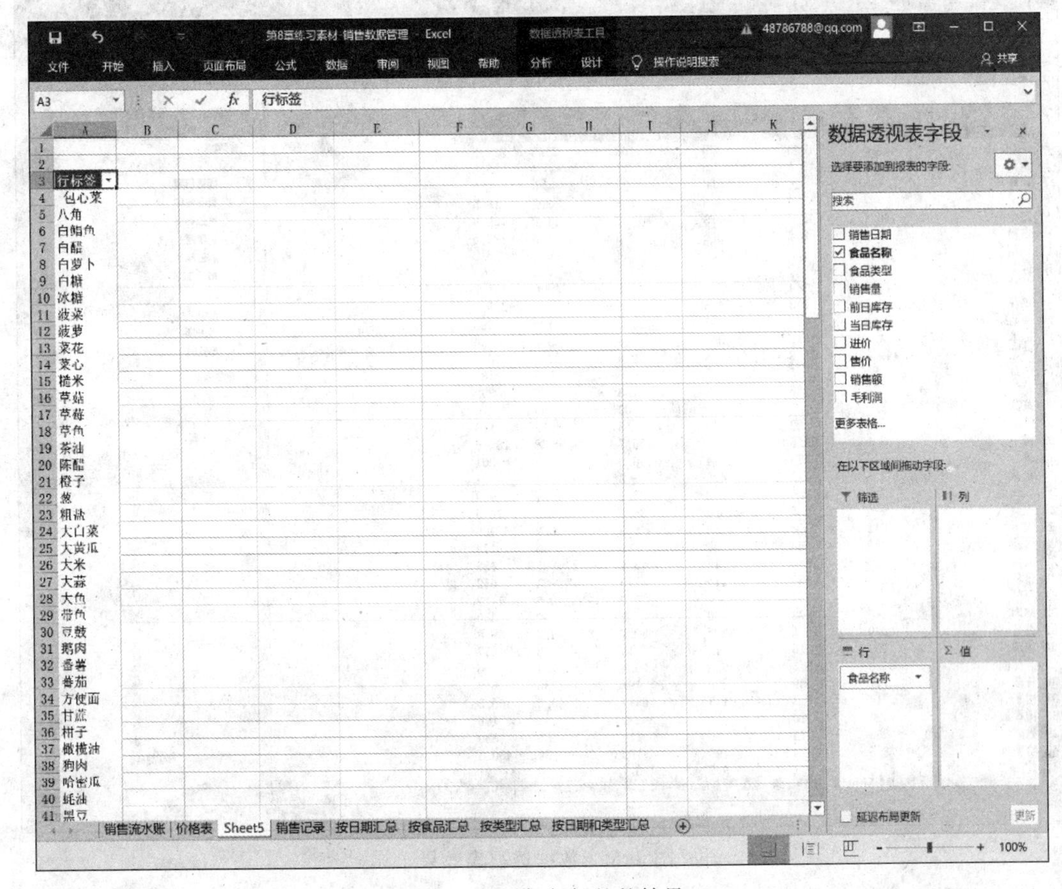

图 8-19　添加行标签的结果

（5）拖动字段“销售日期”到“列”表框，拖动字段“毛利润”到“∑值”列表框，拖动字段“食品类型”到“筛选”列表框，数据透视表效果如图 8-20 所示。

（6）单击数据透视表第 1 行“食品类型”后“全部”旁的下拉按钮，在下拉列表中选择“水果”，如图 8-21 所示。单击“确定”按钮，筛选结果如图 8-22 所示。

说明：

① “筛选”项“食品类型”也可选择多项。

② 单击“行”或“列”旁的下拉按钮，也可进行筛选。

③ 可以更改数据透视表的布局，设置数据透视表格式，美化数据透视表。

（7）对“总计”列按“降序”排序，可以找出“毛利润”最大的食品，如图 8-23 所示。同理，如果对各“销售日期”所在列按降序排序，则可以找出当天“毛利润”最大的食品。

（8）将新工作表 Sheet4 重命名为“数据透视表”，并移动到“按日期和类型汇总”工作表之后。

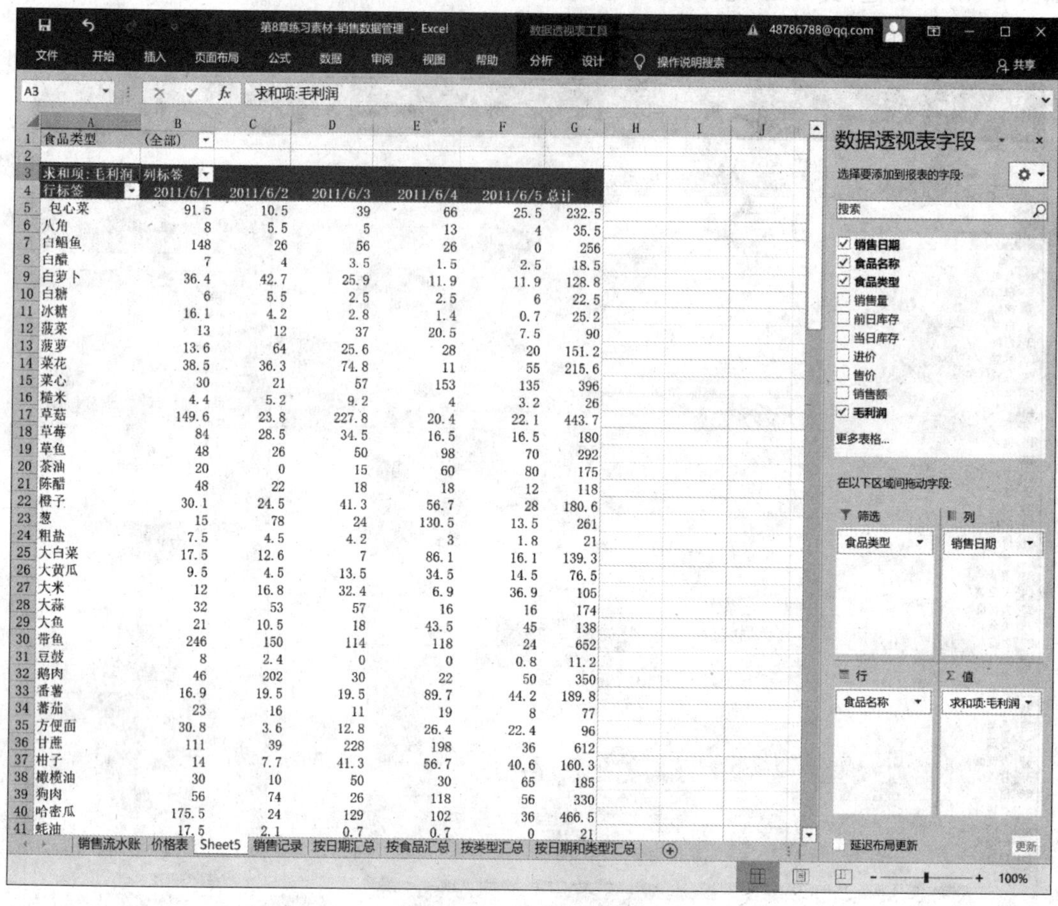

食品类型	(全部)					
求和项:毛利润	列标签					
行标签	2011/6/1	2011/6/2	2011/6/3	2011/6/4	2011/6/5	总计
包心菜	91.5	10.5	39	66	25.5	232.5
八角	8	5.5	5	13	4	35.5
白鲳鱼	148	26	56	26	0	256
白醋	7	4	3.5	1.5	2.5	18.5
白萝卜	36.4	42.7	25.9	11.9	11.9	128.8
白糖	6	5.5	2.5	2.5	6	22.5
冰糖	16.1	4.2	2.8	1.4	0.7	25.2
菠菜	13	12	37	20.5	7.5	90
菠萝	13.6	64	25.6	28	20	151.2
菜花	38.5	36.3	74.8	11	55	215.6
菜心	30	21	57	153	135	396
糙米	4.4	5.2	9.2	4	3.2	26
草菇	149.6	23.8	227.8	20.4	22.1	443.7
草莓	84	28.5	34.5	16.5	16.5	180
草鱼	48	26	50	98	70	292
茶油	20	0	15	60	80	175
陈醋	48	22	18	18	12	118
橙子	30.1	24.5	41.3	56.7	28	180.6
葱	15	78	24	130.5	13.5	261
粗盐	7.5	4.5	4.2	3	1.8	21
大白菜	17.5	12.6	7	86.1	16.1	139.3
大黄瓜	9.5	4.5	13.5	34.5	14.5	76.5
大米	12	16.8	32.4	6.9	36.9	105
大蒜	32	53	57	16	16	174
大鱼	21	10.5	18	43.5	45	138
带鱼	246	150	114	118	24	652
豆豉	8	2.4	0	0	0.8	11.2
鹅肉	46	202	30	22	50	350
番薯	16.9	19.5	19.5	89.7	44.2	189.8
蕃茄	23	16	11	19	8	77
方便面	30.8	3.6	12.8	26.4	22.4	96
甘蔗	111	39	228	198	36	612
柑子	14	7.7	41.3	56.7	40.6	160.3
橄榄油	30	10	50	30	65	185
狗肉	56	74	26	118	56	330
哈密瓜	175.5	24	129	102	36	466.5
蚝油	17.5	2.1	0.7	0.7	0	21

图 8-20　数据透视表效果

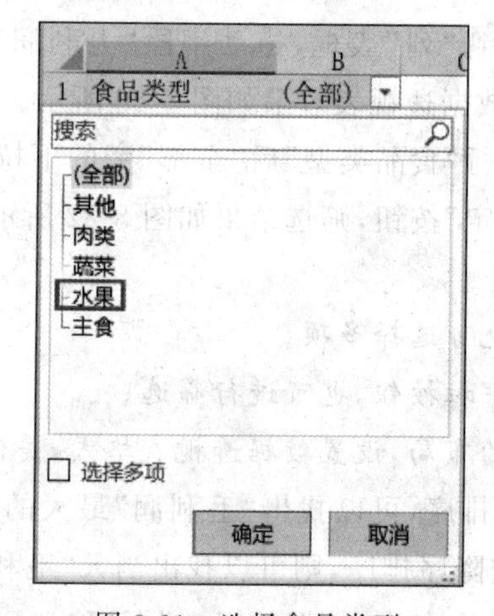

图 8-21　选择食品类型

食品类型	水果					
求和项:毛利润	列标签					
行标签	2011-6-1	2011-6-2	2011-6-3	2011-6-4	2011-6-5	总计
蓝梅	120	1660	580	340	340	3040
樱桃	920	200	1340	200	200	2860
榴莲	53.2	98.8	516.8	342	326.8	1337.6
鹰嘴桃	369	33	369	207	207	1185
水蜜桃	357	150	102	204	204	1017
山竹	536	80	152	28	28	824
椰子	116	26	166	228	186	722
黄皮	120	234	46	170	152	722
甘蔗	111	39	228	198	36	612
杨梅	198	147.4	41.8	81.4	81.4	550
哈密瓜	175.5	24	129	102	36	466.5
芒果	117.5	67.5	60	137.5	50	432.5
龙眼	23.8	183.6	124.1	39.1	35.7	406.3
葡萄	141	141	82.5	30	9	403.5
枇杷	88	80	72	40	40	320
香梨	27	48	25.5	34.5	129	264
油桃	24	154.5	37.5	28.5	0	244.5
荔枝	73.2	96	30	21.6	21.6	242.4
桔子	16.1	15.4	65.1	73.5	60.2	230.3
香瓜	9.6	30	33.6	81.6	67.2	222
盘石榴	27	72	7	59	56	221
李子	103.5	25.5	25.5	31.5	30	216
柿子	52	75	34	45	0	206
西瓜	65	20	98	7	6	196
橙子	30.1	24.5	41.3	56.7	28	180.6
草莓	84	28.5	34.5	16.5	16.5	180
柑子	14	7.7	41.3	56.7	40.6	160.3
菠萝	13.6	64	25.6	28	20	151.2
香蕉	35.7	9.8	13.3	39.2	37.1	135.1
杨桃	59.5	16.8	19.6	13.3	10.5	119.7
苹果	31	31	17.5	26.5	12.5	118.5
石榴	39	21	19.5	18	18	115.5
柚子	10.5	31	28	6.5	6.5	82.5
雪梨	13.5	14.5	26.5	27.5	0	82
柠檬	10.8	26.4	21.2	12.4	4	74.8
总计	4185.1	3975.9	4653.7	3030.5	2495.6	18340.8

数据透视表字段
选择要添加到报表的字段:
搜索
☑ 销售日期
☑ 食品名称
☑ 食品类型
☐ 销售量
☐ 前日库存
☐ 当日库存
☐ 进价
☐ 售价
☐ 销售额
☑ 毛利润
在以下区域间拖动字段:
筛选：食品类型
列：销售日期
行：食品名称
Σ 值：求和项:毛利...
☐ 延迟布局更新　更新

图 8-22　选择“食品类型”为“水果”的筛选结果

	A	B	C	D	E	F	G
1	食品类型	水果					
2							
3	求和项:毛利润	列标签					
4	行标签	2011/6/1	2011/6/2	2011/6/3	2011/6/4	2011/6/5	总计
5	蓝梅	120	1660	580	340	340	3040
6	樱桃	920	200	1340	200	200	2860
7	榴莲	53.2	98.8	516.8	342	326.8	1337.6
8	鹰嘴桃	369	33	369	207	207	1185
9	水蜜桃	357	150	102	204	204	1017
10	山竹	536	80	152	28	28	824
11	椰子	116	26	166	228	186	722
12	黄皮	120	234	46	170	152	722
13	甘蔗	111	39	228	198	36	612

图 8-23　找出“毛利润”最大的食品

8.2.8　销售数据的图表表现

利用图表进行数据分析更加直观，甚至更具有说服力。下面小王想用“条形图”比较各类食品的“销售额”和“毛利润”之间的关系。

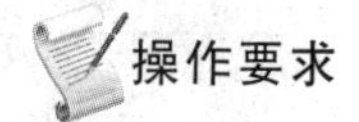

操作要求

在“按类型汇总”工作表中，建立“条形图”比较各类食品的“销售额”和“毛利润”之间的关系。

操作步骤

(1) 在“按类型汇总”工作表中，按住 Ctrl 键分别选取 B2、B128、B269、B445、B621、B692、I2:J2、I128:J128、I269:J269、I445:J445、I621:J621、I692:J692 单元格或单元格区域。

(2) 在“插入”选项卡的“图表”组中单击“条形图”按钮，在下拉列表中选择“二维条形图”下的“簇状条形图”，如图 8-24 所示。

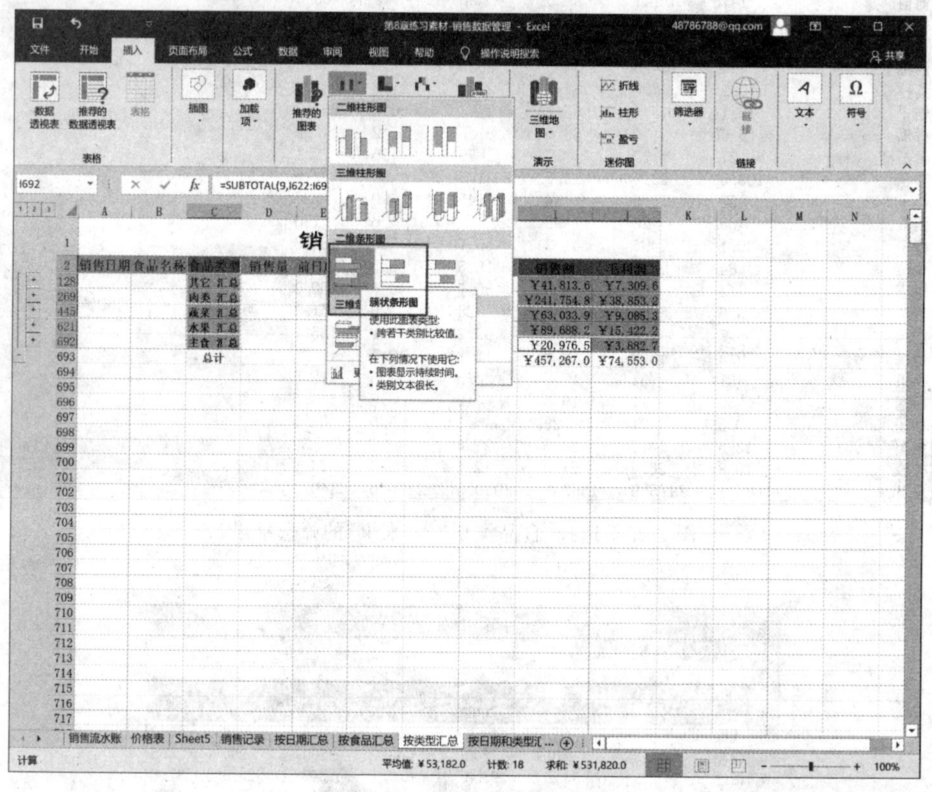

图 8-24　选择“簇状条形图”

(3) 这时在“按类型汇总”工作表中建立了一个图表，如图 8-25 所示。

从图表中可以很直观地看到各类食品的“销售额”和“毛利润”之间的关系，也很明显地看出肉类食品的销售额最大，毛利润也是最大的。

8.2.9　“日常销售记录”工作表的制作

“销售记录”工作表用于计算、统计和分析各种销售数据是很方便的，但用于记录日常的销售数据却很不方便。于是小王打算制作便于日常记录的“日常销售记录”工作表，该工作表可以直接选择食品名称，自动填写食品类型，能够自动计算出顾客应交款额，并根据顾客

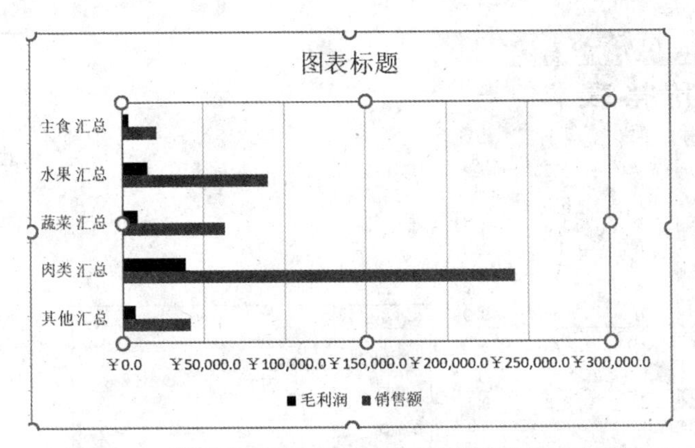

图 8-25　利用“簇状条形图”比较“销售额”和“毛利润”

实交款额自动计算出找回款额。

1. 创建“日常销售记录”工作

操作步骤

（1）创建“销售记录”工作表的副本，将其命名为“日常销售记录”。

（2）将 A1 单元格内容改为“日常销售记录”。

（3）在“日常销售记录”工作表中清除“销售日期”“食品名称”“食品类型”和“销售量”4 个列标题下的数据（保留这 4 个列标题），添加 3 个列标题“应收”“实收”和“找回”，如图 8-26 所示。

	A	B	C	D	E	F	G	H	I	J	K	L	M
1	日常销售记录表												
2	销售日期	食品名称	食品类型	销售量	前日库存	当日库存	进价	售价	销售额	毛利润	应收	实收	找回
3					86	86	#N/A	#N/A	#N/A	#N/A			
4					52	52	#N/A	#N/A	#N/A	#N/A			
5					35	35	#N/A	#N/A	#N/A	#N/A			
6					46	46	#N/A	#N/A	#N/A	#N/A			
7					102	102	#N/A	#N/A	#N/A	#N/A			
8					30	30	#N/A	#N/A	#N/A	#N/A			
9					66	66	#N/A	#N/A	#N/A	#N/A			
10					60	60	#N/A	#N/A	#N/A	#N/A			

图 8-26　“日常销售记录”工作表的结构

说明：图 8-26 中出现的错误值♯N/A 是因为公式中单元格引用的数据被清除了。

（4）设置“应收”“实收”和“找回”3 列的单元格数字格式为“货币”，保留 1 位小数。

2. 设置“食品名称”列的数据有效性

对“食品名称”列设置数据有效性，可以让该列的内容直接从列表中选择，无须手工从键盘输入。当然也可以手工输入，但不要输入错误内容。

操作步骤

（1）在“价格表”工作表中选中“食品名称”所在的单元格区域 B3:B139，将该区域定义为“食品名称”，如图 8-27 所示。

（2）在“日常销售记录”工作表中选中“食品名称”列单元格区域 B3:B687，然后应用“数

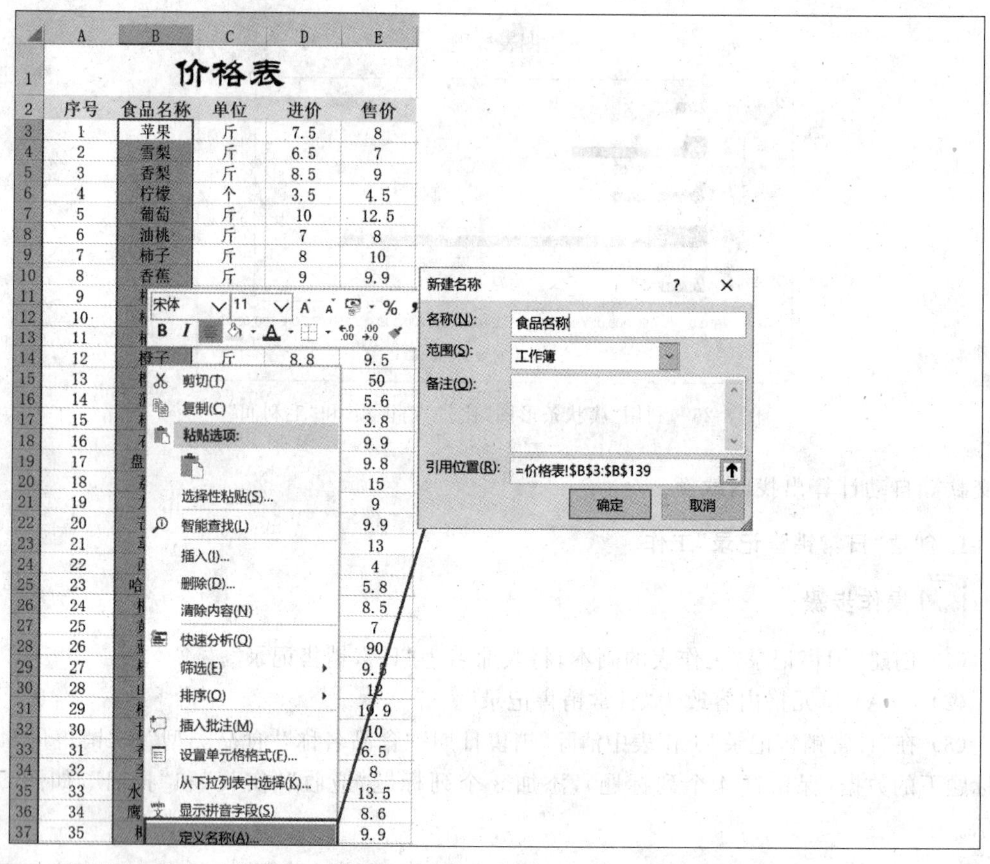

图 8-27 将单元格区域 B3:B139 定义为“食品名称”

据验证”命令，做如图 8-28 所示的设置，单击“确定”按钮后便可用下拉列表来选取食品名称，如图 8-29 所示。

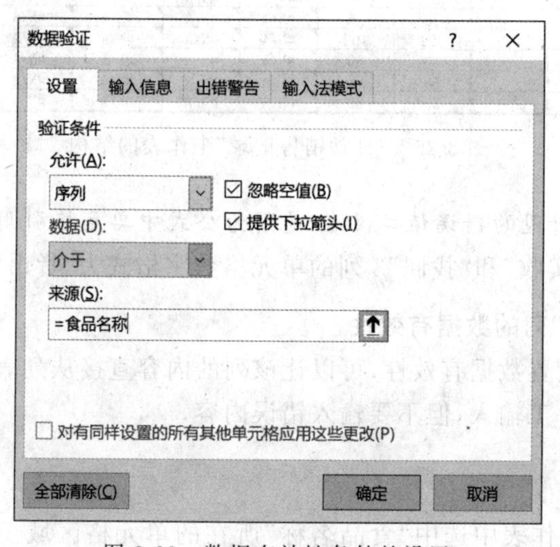

图 8-28 数据有效性条件的设置

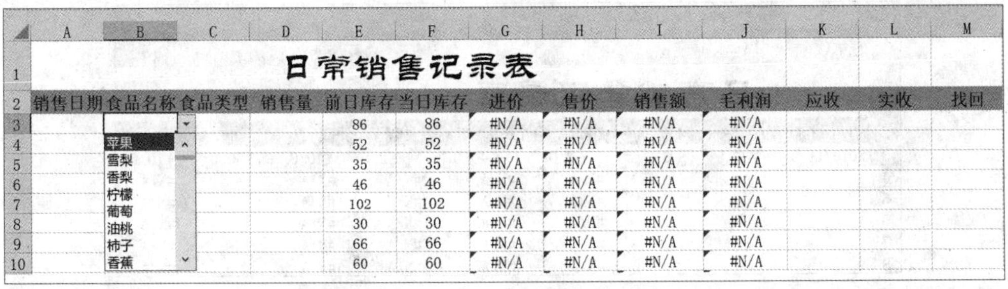

销售日期	食品名称	食品类型	销售量	前日库存	当日库存	进价	售价	销售额	毛利润	应收	实收	找回
				86	86	#N/A	#N/A	#N/A	#N/A			
	苹果			52	52	#N/A	#N/A	#N/A	#N/A			
	雪梨			35	35	#N/A	#N/A	#N/A	#N/A			
	香梨			46	46	#N/A	#N/A	#N/A	#N/A			
	柠檬			102	102	#N/A	#N/A	#N/A	#N/A			
	葡萄			30	30	#N/A	#N/A	#N/A	#N/A			
	油桃			66	66	#N/A	#N/A	#N/A	#N/A			
	柿子 香蕉			60	60	#N/A	#N/A	#N/A	#N/A			

日常销售记录表

图 8-29 设置了数据有效性的“食品名称”列

3. 输入“食品类型”列的计算公式

操作步骤

(1) 选中 C3 单元格,在其中输入公式“=IF(B3="","",VLOOKUP(B3,销售流水账!$B$3:$C$687,2,0))”,按 Enter 键后,在 C3 单元格将显示计算结果“水果”,在编辑栏显示完整公式。

(2) 再次选中 C3 单元格,双击填充柄,将公式复制到 C4:C687 单元格,如图 8-30 所示。

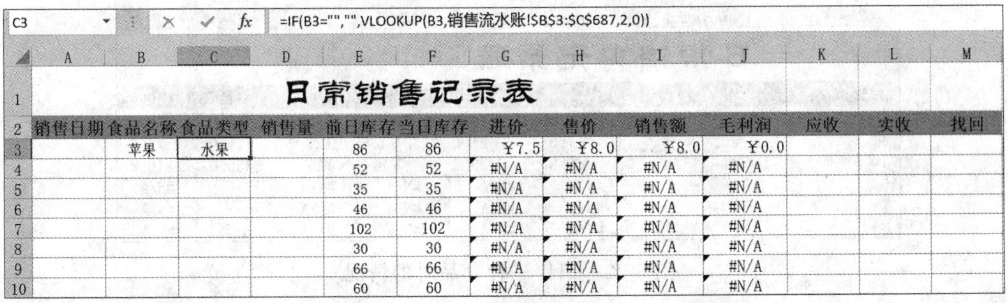

C3 =IF(B3="","",VLOOKUP(B3,销售流水账!$B$3:$C$687,2,0))

日常销售记录表

销售日期	食品名称	食品类型	销售量	前日库存	当日库存	进价	售价	销售额	毛利润	应收	实收	找回
	苹果	水果		86	86	￥7.5	￥8.0	￥8.0	￥0.0			
				52	52	#N/A	#N/A	#N/A	#N/A			
				35	35	#N/A	#N/A	#N/A	#N/A			
				46	46	#N/A	#N/A	#N/A	#N/A			
				102	102	#N/A	#N/A	#N/A	#N/A			
				30	30	#N/A	#N/A	#N/A	#N/A			
				66	66	#N/A	#N/A	#N/A	#N/A			
				60	60	#N/A	#N/A	#N/A	#N/A			

图 8-30 输入“食品类型”列的计算公式

4. 输入“应收”和“找回”列的计算公式

操作要求

在“应收”和“找回”列的数据区域输入公式,其中,应收=销售额,找回=实收-应收。

5. 隐藏无须显示的数据列

操作要求

将不需要显示的列(“食品类型”“前日库存”“当日库存”“进价”“销售额”“毛利润”)隐藏起来,操作结果如图 8-31 所示。

在该表中,只要选择了“食品名称”,并输入“销售量”和“实收”的数据,就可以自动计算出“应收”和“找回”了,效果如图 8-31 所示。

说明:“销售日期”列可以用 Ctrl+;组合键输入当前日期。

P14

	A	B	D	H	I	J	K	L	M
1	日常销售记录表								
2	销售日期	食品名称	销售量	售价	销售额	毛利润	应收	实收	找回
3	2019/11/2	苹果	5	¥8.0	¥40.0	¥2.5	¥40.0	¥50.0	¥10.0
4				#N/A	#N/A	#N/A	#N/A		#N/A
5				#N/A	#N/A	#N/A	#N/A		#N/A
6				#N/A	#N/A	#N/A	#N/A		#N/A
7				#N/A	#N/A	#N/A	#N/A		#N/A
8				#N/A	#N/A	#N/A	#N/A		#N/A

图 8-31　初步制作的“日常销售记录”工作表

6. 完善“日常销售记录”工作表

如图 8-31 所示的“日常销售记录”工作表，当每个顾客都只购买一种食品时是实用的，但实际上顾客往往不止购买一种食品，当顾客购买两种或两种以上食品时，比如，某一顾客购买苹果、雪梨、葡萄三种水果时，“日常销售记录”工作表的记录如图 8-32 所示，即买一种食品就计算一次“应收”，显然是不现实的。所以如图 8-31 所示的“日常销售记录”工作表尚需要改进。

R10

	A	B	D	H	I	J	K	L	M
1	日常销售记录表								
2	销售日期	食品名称	销售量	售价	销售额	毛利润	应收	实收	找回
3	2019/11/2	苹果	5	¥8.0	¥40.0	¥2.5	¥40.0	¥50.0	¥10.0
4		雪梨	3	¥7.0	¥21.0	¥1.5	¥21.0	¥25.0	¥4.0
5		盘石榴	4	¥9.8	¥39.2	¥8.0	¥39.2	¥50.0	¥10.8
6				#N/A	#N/A	#N/A	#N/A		#N/A
7				#N/A	#N/A	#N/A	#N/A		#N/A
8				#N/A	#N/A	#N/A	#N/A		#N/A

图 8-32　销售三种食品时的情况

操作要求

在“日常销售记录”工作表的“应收”列之后添加一列，列标题为“累计应收”，并输入该列数据的计算公式；重新输入“找回”列的计算公式。

操作步骤

（1）在“日常销售记录”工作表的“应收”列之后插入一列，输入其列标题“累计应收”。

（2）在单元格 L3 输入计算“累计应收”的公式“＝IF(L2＝"累计应收",K3,L2＋K3)”。

（3）在单元格 N3 重新输入计算“找回”的公式“＝M3－L3”，操作结果如图 8-33 所示。

说明：至此，一位顾客购买不止一种食品时的问题解决了。但是，当下一位顾客结账时，“累计应收”又会把上一位顾客的款项累计进来。所以，单元格 L3 的计算公式还要修改。另外，为避免“找回”列的数据出现负数，“找回”列的计算公式也需修改。

（4）将单元格 L3 的公式修改为“＝IF(L2＝"累计应收", K3,IF(OR(M2＝"实收",M2＝""),L2＋K3,K3))”。

（5）将单元格 N3 的公式修改为＝IF(M3＝"","",M3－L3)。

Q6										
	A	B	D	H	I	J	K	L	M	N
1		日常销售记录表								
2	销售日期	食品名称	销售量	售价	销售额	毛利润	应收	累计应收	实收	找回
3	2019/11/2	苹果	5	￥8.0	￥40.0	￥2.5	¥40.0	¥40.0		(¥40.0)
4		雪梨	3	￥7.0	￥21.0	￥1.5	¥21.0	¥61.0		(¥61.0)
5		盘石榴	4	￥9.8	￥39.2	￥8.0	¥39.2	¥100.2	¥110.0	¥9.8
6				#N/A	#N/A	#N/A	#N/A	#N/A		#N/A
7				#N/A	#N/A	#N/A	#N/A	#N/A		#N/A
8				#N/A	#N/A	#N/A	#N/A	#N/A		#N/A

图 8-33 添加了“累计应收”后的“日常销售记录”工作表

改进后的“日常销售记录”工作表如图 8-34 所示。

R11										
	A	B	D	H	I	J	K	L	M	N
1		日常销售记录表								
2	销售日期	食品名称	销售量	售价	销售额	毛利润	应收	累计应收	实收	找回
3	2019/11/2	苹果	5	￥8.0	￥40.0	￥2.5	¥40.0	¥40.0		
4		雪梨	3	￥7.0	￥21.0	￥1.5	¥21.0	¥61.0		
5		盘石榴	4	￥9.8	￥39.2	￥8.0	¥39.2	¥100.2	¥110.0	¥9.8
6		柿子	6	￥10.0	￥60.0	￥12.0	¥60.0	¥160.2		
7		牛肉	2	￥50.0	￥100.0	￥8.0	¥100.0	¥260.2		
8		红醋	1	￥21.0	￥21.0	￥5.0	¥21.0	¥281.2	¥300.0	¥18.8
9				#N/A	#N/A	#N/A	#N/A	#N/A		
10				#N/A	#N/A	#N/A	#N/A	#N/A		

图 8-34 改进后的“日常销售记录”工作表

7. 美化改进后的“日常销售记录”工作表

在如图 8-34 所示的“日常销售记录”工作表中，没有记录的单元格中会显示错误值＃N/A，让人看着感觉不太舒服，能否让错误值不显示呢？答案是肯定的。

操作要求

利用 IF 函数和 ISERROR 函数把“日常销售记录”工作表中的错误值屏蔽起来。

操作步骤

（1）将 H3 单元格中的公式修改为“＝IF(ISERROR(VLOOKUP(＄B3,价格表!＄B＄3:＄E＄139,4,FALSE)),"",VLOOKUP(＄B3,价格表!＄B＄3:＄E＄139,4,FALSE))”，然后用双击填充柄的方法复制公式。

说明：ISERROR(value)函数是信息函数，当其参数 value 是错误值，如＃N/A 时，返回逻辑真值 TRUE，否则返回逻辑假值 FALSE。

（2）将 K3 单元格中的公式修改为＝IF(ISERROR(I3),"",I3)，然后用双击填充柄的方法复制公式。

（3）将 L3 单元格中的公式修改为“＝IF(ISERROR(IF(L2＝"累计应收",K3,IF(OR(M2＝"实收",M2＝""),L2＋K3,K3))),"",IF(L2＝"累计应收",K3,IF(OR(M2＝"实收",M2＝""),L2＋K3,K3)))”，然后用双击填充柄的方法复制公式。

（4）操作结果如图 8-35 所示。

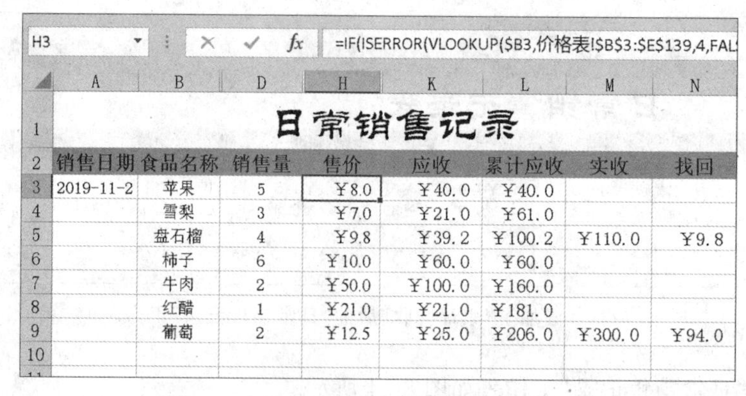

H3 =IF(ISERROR(VLOOKUP($B3,价格表!$B$3:$E$139,4,FAL

	A	B	D	H	K	L	M	N
1	日常销售记录							
2	销售日期	食品名称	销售量	售价	应收	累计应收	实收	找回
3	2019-11-2	苹果	5	¥8.0	¥40.0	¥40.0		
4		雪梨	3	¥7.0	¥21.0	¥61.0		
5		盘石榴	4	¥9.8	¥39.2	¥100.2	¥110.0	¥9.8
6		柿子	6	¥10.0	¥60.0	¥60.0		
7		牛肉	2	¥50.0	¥100.0	¥160.0		
8		红醋	1	¥21.0	¥21.0	¥181.0		
9		葡萄	2	¥12.5	¥25.0	¥206.0	¥300.0	¥94.0
10								

图 8-35　美化后的“日常销售记录”工作表

8.2.10　切片器筛选

这里将使用“切片器”命令来筛选数据，达到筛选的功效。

操作要求

在“切片器筛选”工作表中，使用“切片器”命令，筛选出需要查询的数据。

操作步骤

（1）选中“切片器筛选”工作表中。

（2）切片器必须在数据透视表或超级表中使用，普通的表格是无法使用的。这里，我们可以先将表格转换一下。选中数据区域任意单元格，然后使用 Ctrl＋T 组合键确定，即可将表格转为超级表。也可以在“插入”选项卡的“表格”组中单击“表格”按钮，打开如图 8-36 所示的“创建表”对话框，并按如图 8-36 所示进行设置。

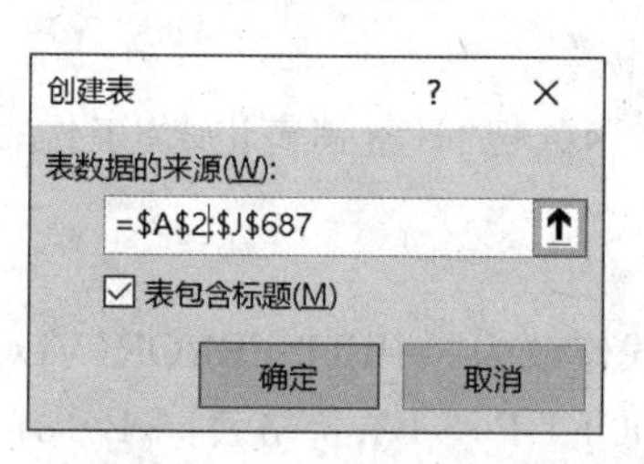

图 8-36　“创建表”对话框

（3）单击“确定”按钮，效果如图 8-37 所示。

（4）单击数据区域的任一单元格，在“插入”选项卡的“筛选器”组中单击“切片器”按钮，打开如图 8-38 所示的“插入切片器”对话框，在切片器对话框中点击筛选的项目，单击“确定”按钮，弹出的切片器中点击筛选的内容，就能呈现出筛选结果，效果如图 8-39 显示。

（5）“切片器”对话框中有两个按键，一个是多选，另一个是清除筛选器。如果不想显示切片器界面，可以选中切片器，然后按 Delete 键就能关掉，如图 8-40 和图 8-41 所示。

销售记录表

	销售日期	食品名称	食品类型	销售量	前日库存	当日库存	进价	售价	销售额	毛利润
3	2019-6-1	苹果	水果	62	86	24	￥7.5	￥8.0	￥496.0	￥31.0
4	2019-6-1	雪梨	水果	27	52	25	￥6.5	￥7.0	￥189.0	￥13.5
5	2019-6-1	香梨	水果	18	35	17	￥8.5	￥9.0	￥162.0	￥9.0
6	2019-6-1	柠檬	水果	27	46	19	￥3.5	￥4.5	￥121.5	￥27.0
7	2019-6-1	葡萄	水果	94	102	8	￥10.0	￥12.5	￥1,175.0	￥235.0
8	2019-6-1	油桃	水果	16	30	14	￥7.0	￥8.0	￥128.0	￥16.0
9	2019-6-1	柿子	水果	52	66	14	￥8.0	￥10.0	￥520.0	￥104.0
10	2019-6-1	香蕉	水果	51	60	9	￥9.0	￥9.9	￥504.9	￥45.9
11	2019-6-1	柑子	水果	20	86	66	￥5.0	￥5.5	￥110.0	￥10.0
12	2019-6-1	桔子	水果	23	78	55	￥7.0	￥10.0	￥230.0	￥69.0
13	2019-6-1	柚子	水果	21	305	284	￥6.0	￥6.5	￥136.5	￥10.5
14	2019-6-1	橙子	水果	43	256	213	￥8.8	￥9.5	￥408.5	￥30.1
15	2019-6-1	樱桃	水果	46	123	77	￥45.0	￥50.0	￥2,300.0	￥230.0
16	2019-6-1	菠萝	水果	17	156	139	￥5.0	￥5.6	￥95.2	￥10.2
17	2019-6-1	杨桃	水果	85	89	4	￥3.0	￥3.8	￥323.0	￥68.0
18	2019-6-1	石榴	水果	26	56	30	￥8.8	￥9.9	￥257.4	￥28.6

图 8-37　转换为超级表格后工作

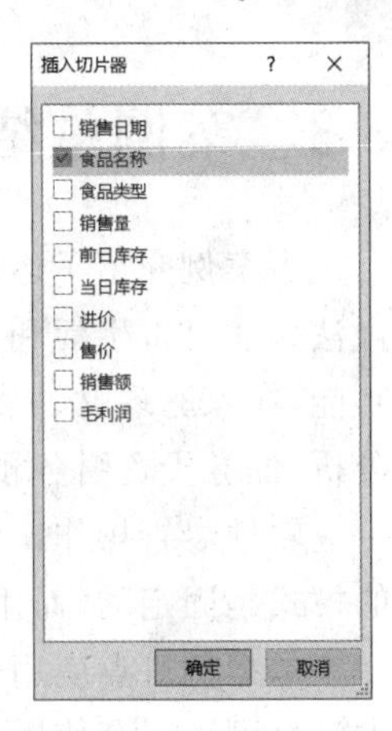

图 8-38　“插入切片器”对话框

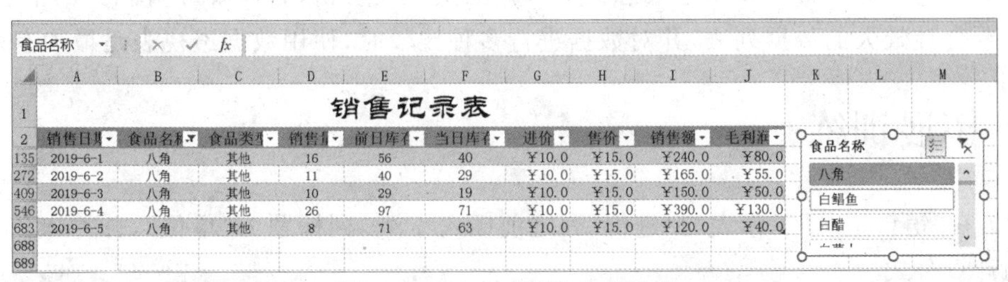

	销售日期	食品名称	食品类型	销售量	前日库存	当日库存	进价	售价	销售额	毛利润
135	2019-6-1	八角	其他	16	56	40	￥10.0	￥15.0	￥240.0	￥80.0
272	2019-6-2	八角	其他	11	40	29	￥10.0	￥15.0	￥165.0	￥55.0
409	2019-6-3	八角	其他	10	29	19	￥10.0	￥15.0	￥150.0	￥50.0
546	2019-6-4	八角	其他	26	97	71	￥10.0	￥15.0	￥390.0	￥130.0
683	2019-6-5	八角	其他	8	71	63	￥10.0	￥15.0	￥120.0	￥40.0

图 8-39　“切片器”筛选项目框

销售记录表

	销售日期	食品名称	食品类型	销售量	前日库存	当日库存	进价	售价	销售额	毛利润
95	2019-6-1	白鲳鱼	肉类	74	85	11	￥36.0	￥39.8	￥2,945.2	￥281.2
126	2019-6-1	白醋	其他	14	34	20	￥8.9	￥10.9	￥152.6	￥28.0
135	2019-6-1	八角	其他	16	56	40	￥10.0	￥15.0	￥240.0	￥80.0
232	2019-6-2	白鲳鱼	肉类	13	24	11	￥36.0	￥39.8	￥517.4	￥49.4
263	2019-6-2	白醋	其他	8	20	12	￥8.9	￥10.9	￥87.2	￥16.0
272	2019-6-2	八角	其他	11	40	29	￥10.0	￥15.0	￥165.0	￥55.0
369	2019-6-3	白鲳鱼	肉类	28	39	11	￥36.0	￥39.8	￥1,114.4	￥106.4
400	2019-6-3	白醋	其他	7	12	5	￥8.9	￥10.9	￥76.3	￥14.0
409	2019-6-3	八角	其他	10	29	19	￥10.0	￥15.0	￥150.0	￥50.0
506	2019-6-4	白鲳鱼	肉类	13	13	0	￥36.0	￥39.8	￥517.4	￥49.4
537	2019-6-4	白醋	其他	3	15	12	￥8.9	￥10.9	￥32.7	￥6.0
546	2019-6-4	八角	其他	26	97	71	￥10.0	￥15.0	￥390.0	￥130.0
643	2019-6-5	白鲳鱼	肉类	0	0	0	￥36.0	￥39.8	￥0.0	￥0.0
674	2019-6-5	白醋	其他	5	12	7	￥8.9	￥10.9	￥54.5	￥10.0
683	2019-6-5	八角	其他	8	71	63	￥10.0	￥15.0	￥120.0	￥40.0

食品名称　多选 (Alt+S)
八角 白鲳鱼 白醋 白萝卜 白糖 包心菜 冰糖 菠菜 菠萝

图 8-40　“切片器”多选项按钮

销售记录表

	销售日期	食品名称	食品类型	销售量	前日库存	当日库存	进价	售价	销售额	毛利润
95	2019-6-1	白鲳鱼	肉类	74	85	11	￥36.0	￥39.8	￥2,945.2	￥281.2
126	2019-6-1	白醋	其他	14	34	20	￥8.9	￥10.9	￥152.6	￥28.0
135	2019-6-1	八角	其他	16	56	40	￥10.0	￥15.0	￥240.0	￥80.0
232	2019-6-2	白鲳鱼	肉类	13	24	11	￥36.0	￥39.8	￥517.4	￥49.4
263	2019-6-2	白醋	其他	8	20	12	￥8.9	￥10.9	￥87.2	￥16.0
272	2019-6-2	八角	其他	11	40	29	￥10.0	￥15.0	￥165.0	￥55.0
369	2019-6-3	白鲳鱼	肉类	28	39	11	￥36.0	￥39.8	￥1,114.4	￥106.4
400	2019-6-3	白醋	其他	7	12	5	￥8.9	￥10.9	￥76.3	￥14.0
409	2019-6-3	八角	其他	10	29	19	￥10.0	￥15.0	￥150.0	￥50.0
506	2019-6-4	白鲳鱼	肉类	13	13	0	￥36.0	￥39.8	￥517.4	￥49.4
537	2019-6-4	白醋	其他	3	15	12	￥8.9	￥10.9	￥32.7	￥6.0
546	2019-6-4	八角	其他	26	97	71	￥10.0	￥15.0	￥390.0	￥130.0
643	2019-6-5	白鲳鱼	肉类	0	0	0	￥36.0	￥39.8	￥0.0	￥0.0
674	2019-6-5	白醋	其他	5	12	7	￥8.9	￥10.9	￥54.5	￥10.0
683	2019-6-5	八角	其他	8	71	63	￥10.0	￥15.0	￥120.0	￥40.0

食品名称　清除筛选器 (Alt+C)
八角 白鲳鱼 白醋 白萝卜 白糖 包心菜 冰糖 菠菜 菠萝

图 8-41　“切片器”清除按钮

8.3 案例总结

本案例介绍了运用 Excel 软件实现销售数据计算、统计和管理的一种基本思路和基本做法。在日常生活和工作中，我们要善于运用 Excel 软件，勤于思考，进一步挖掘 Excel 的功能，在家庭理财、成绩管理、工资核算、财务处理、报表编制、资产核算、项目投资决策、风险分析、证券投资财务预算、企业并购等方面都可应用，而不必完全依赖于专业软件。现成的专业软件尽管操作比较简单，但它提供的服务是有偿的，能解决的问题是有限的，解决问题的模式是固定的，而用 Excel 解决这些问题恰恰能够弥补这些缺点。

本案例重点应用了 Excel 软件的公式与函数、分类汇总、数据透视表、图表等功能。分类汇总可以嵌套使用，分类汇总之前，必须按关键字段排序，确保相同字段的记录排列在一起；分类汇总时，分类字段要与关键字段一致。

数据透视表是一种可以快速汇总大量数据的交互式表格，若需要分析相关的汇总值，特别是需要合计较大的数据列表，并对数据进行多种比较时，使用数据透视表是最为有效的。

8.4 拓展训练

（1）在“销售记录”工作表的“进价”列之前插入 1 列，列标题为“单位”，并输入该列数据的自动计算公式。

（2）在“销售记录”工作表的“毛利润”列之后插入 1 列，列标题为“利润率”，并输入该列数据的计算公式。

（3）在“销售记录”工作表中，将“当日库存”小于 3 的记录用红色字显示，将“当日库存”大于 200 的记录用蓝色字显示。

（4）在“销售记录”工作表中，使用“筛选”命令筛选蔬菜类和肉类的食品。从筛选结果查看蔬菜类和肉类食品的当日库存量，可看出哪些食品的销售量有望增大？

（5）在“按食品汇总”工作表中清除原有的分类汇总，然后分类汇总每种食品的“销售额”和“毛利润”的平均值。

（6）在“数据透视表”工作表中，利用 MAX、VLOOKUP 函数填写如图 8-42 所示的表格。

	I	J	K	L	M	N	O
1							
2							
3			2019-6-1	2019-6-2	2019-6-3	2019-6-4	2019-6-5
4		最大毛利润					
5		食品名称					

图 8-42　求取每天最大毛利润的食品

案例 9
存贷款本息计算

9.1 案例简介

9.1.1 问题描述

小陈是外地人,两年前在这座城市找到了工作,经过两年来职场上的打拼,小陈的事业已步入正轨,薪金收入稳定而具有上升趋势。小陈觉得应该为自己的未来生活做一些打算了。小陈首先考虑的就是购买一套房子。据了解,购买两室一厅的小套房大概需要 70 万元。小陈现在手头已有 10 万元存款,根据现阶段每月的收入和支出,小陈确定自己每月可以剩余约 1 万元。

于是小陈列出了与实现购房计划相关的几个问题,希望经过计算和分析,找到最合理的实现路径。

(1) 若每月零存整取 1 万元,存期为 1 年,1 年后存款的本息和为多少? 几年后总存款额将达到 70 万元?

(2) 若要确保 4 年后存款增加 60 万元,即总存款额达到 70 万元,每月应存入多少钱?

(3) 若将现有的 10 万元,以定期 1 年的方式存入银行,1 年期满后,可拿回多少钱?

(4) 若定期存款有多家银行可供选择,怎么判断哪家银行的回报率最高?

(5) 若贷款买房,怎样找到最佳的贷款方案? 每月应偿还多少钱?

(6) 是否选择宽限期贷款?

(7) 若想知道贷款一段时间后偿还了多少本金,怎样计算?

(8) 若在贷款期间,有一笔额外收入用于提前还款,提前还款后每个月的还款额减为多少?

(9) 若提前还款后,每个月的还款金额不变,还款期缩短为多少?

9.1.2 解决方法

(1) 利用简单的公式或利用 FV 函数计算 1 年零存整取的本息和,从而推算出几年后总存款额可达到 70 万元。

(2) 利用单变量求解计算每月定期定额的存款额,即可知道每月应存入多少钱,才能确保 4 年后存款增加 60 万元。

(3) 利用简单的公式计算固定利率或浮动利率的定期存款本息和;利用 FVSCHEDULE 函数快速计算出浮动利率的定期存款本息和。

(4) 利用变量模拟运算表同时把多家银行的定期存款本息和计算出来,从而判断哪家银行的回报率最高。

(5) 建立方案和制作方案摘要,可清楚地比较各银行的贷款条件,从而找到最佳的贷款方案;利用 PMT 函数计算每月的偿还额。

(6) 比较宽限期贷款与普通贷款的每月偿还额及总偿还额,根据自身条件做出选择。

(7) 利用 CUMPRINC 函数计算贷款一定期限后偿还了多少本金。

(8) 根据提前还款金额,计算剩余本金,再通过 PMT 函数计算提前还款后的每月偿还额。

(9) 运用单变量求解命令,计算提前还款后,若每个月的还款金额不变,还款期缩短为多少。

9.1.3 相关知识

1. 函数应用

本案例用到的主要函数及其功能如表 9-1 所示。

表 9-1 函数功能表

函数名称	功能
FV(每期利率,存款期数,每期存款额)	按规定利率、存款期数,每期存款额,求取期满后本息总和
FVSCHEDULE(现值,利率数组)	按贷款金额、浮动利率数组,求取浮动利率定期存款的本息和
PMT(贷款利率,分期偿还期数,贷款总额)	按贷款总额、(每期)规定利率、(每期)偿还期数,求取每期应还款数额
CUMPRINC(利率,总付款期数,现值,指定首期,指定末期,付款时间)	求取一笔贷款在指定的首期到指定的末期期间累计偿还的本金数额

1) FV 函数

功能:基于固定利率及等额分期付款方式,返回某项投资的未来值。

函数格式:

```
FV(rate,nper,pmt,[pv],[type])
```

参数意义:

rate 必须设置。指各期利率。

nper 必须设置。指存款总期数。

pmt 必须设置。指每期存款额,其数值在整个存款期间保持不变。

pv 可选设置。指现净值,即分期存款的当前总额。该项通常省略。

type 可选设置。可设置为数字 0 或 1,用以指定各期的付款时间是在期初还是期末,即设置数字 0 或省略表示付款时间是期末,设置数字 1 表示付款时间是在期初。

说明:

(1) 参数 rate 和 nper 的单位必须一致。如果按月存款,rate 应为年利率除以 12,nper 应为年数乘以 12。

(2) 对于所有参数,支出的款项,如银行存款,表示为负数;收入的款项,如利息收入,表示为正数。

2) FVSCHEDULE 函数

功能:用于计算某项投资在变动或可调利率下的未来值。通常用于计算浮动利率定期存款的本息和。

函数格式：

```
FVSCHEDULE(principal,schedule)
```

参数意义：

principal 必须设置。指现值，即现有本金。

schedule 必须设置。指要应用的利率数组，通常用单元格区域表示。

3) PMT 函数

功能：基于固定利率及等额分期付款方式，计算贷款的每期付款额。

函数格式：

```
PMT(rate,nper,pv,[fv],[type])
```

参数意义：

rate 必须设置。指贷款利率。

nper 必须设置。指该项贷款的付款总数。

pv 必须设置。指现值或一系列未来付款的当前值的累积和，也称为本金。

fv 可选设置。指未来值或在最后一次付款后希望得到的现金余额，如果省略 fv，则假设其值为 0(零)，也就是一笔贷款的未来值为 0(零)。

type 可选设置。可设置数字 0(零)或 1，用以指示各期的付款时间是在期初还是期末。

4) CUMPRINC 函数

功能：计算一笔贷款在指定的某一期到指定的另一期期间累计偿还的本金数额。

函数格式：

```
CUMPRINC(rate,nper,pv,start_period,end_period,type)
```

参数意义：

rate 必须设置。指利率。

nper 必须设置。指总付款期数。

pv 必须设置。指现值，即贷款本金。

start_period 必须设置。指计算中的首期，付款期数从 1 开始计数。

end_period 必须设置。指计算中的末期。

type 必须设置。指付款时间类型。可设置为数字 0 或 1，用以指定各期的付款时间是在期初还是期末。

说明：

(1) 应确认所指定的 rate 和 nper 单位的一致性。

(2) 如果 rate≤0、nper ≤ 0 或 pv≤0，函数 CUMPRINC 返回错误值 #NUM!。

(3) 如果 start_period < 1，end_period < 1 或 start_period > end_period，函数 CUMPRINC 返回错误值 #NUM!。

(4) 如果 type 为 0 或 1 之外的任何数，函数 CUMPRINC 返回错误值 #NUM!。

2.“单变量求解”命令

“单变量求解”命令用于解决假定一个公式要得到某一结果值，则其中指定变量的引用单元格应取值为多少的问题。

"单变量求解"的计算是根据所提供的目标值，将引用单元格的值不断调整，直至达到所需要求的目标值为止，变量的值即确定。

在默认的情况下，"单变量求解"命令在它执行 100 次求解与指定目标值的差在 0.001 之内时停止计算。如果不需要这么高的精度，可以选择"工具"菜单中的"选项"命令，单击"重新计算"修改"最多次数"和"最大误差"框中的值。

3. "模拟运算表"命令

"模拟运算表"是一种只需一步操作就可以运算出所有数值变化的模拟分析工具。

"模拟运算表"分为"单变量模拟运算表"和"双变量模拟运算表"两种类型。

"单变量模拟运算表"是在工作表中输入一个变量的多个不同值，分析这些不同值对一个或多个公式计算的影响。

"双变量模拟运算表"用于分析两个变量的几组不同的数值变化对公式计算结果的影响。在应用时，两个变量的变化值分别放在一行或一列中，而两个变量所在的行与列交叉的那个单元格中放置的是将这两个变量代入公式后的计算结果。

4. "方案管理器"命令

"方案管理器"是 Excel 中很有用的功能，能帮助人们对于较为复杂的计划，制订多个方案进行比较，然后进行决策。"方案管理器"作为一种分析工具，每个方案允许使用人员建立一组假设条件，自动产生多种结果，并直观地看到每个结果的显示过程，还可以将多种结果同时存在一个工作表中，十分方便。

9.2 实现步骤

9.2.1 零存整取本息计算

零存整取是指储户在进行银行存款时约定存期、每月固定存款、到期一次支取本息的一种储蓄方式。零存整取计息按实存金额和实际存期计算，具体利率标准按利率表执行。零存整取储蓄方式可集零成整，具有计划性、约束性、积累性的功能。该储种利率低于整存整取定期存款，但却高于活期储蓄，可使储户获得比活期稍高的存款利息收入，所以有很多储户在进行储蓄时会选择该储种。

利用简单的公式或利用 FV 函数均可计算零存整取的本息和，下面分别介绍。

1. 利用公式计算零存整取的本息和

1）打开 Excel 工作表

（1）打开工作簿"存贷款本息计算（素材）.xlsx"。

（2）选择"零存整取本息计算"工作表，如图 9-1 所示。

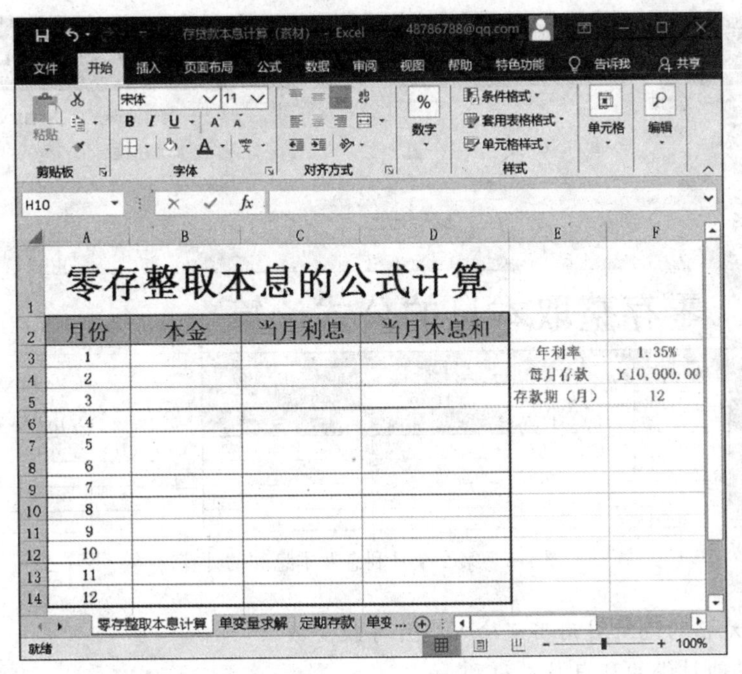

图 9-1　“零存整取本息计算”工作表

2）计算第一个月的利息及本息和

操作步骤

(1) 在 B3 单元格输入第 1 个月的本金。

(2) 在 C3 单元格输入计算当月利息的公式＝B3 ＊ ＄F＄3/12。

(3) 在 D3 单元格输入计算当月本息和的公式＝B3＋C3，如图 9-2 所示。

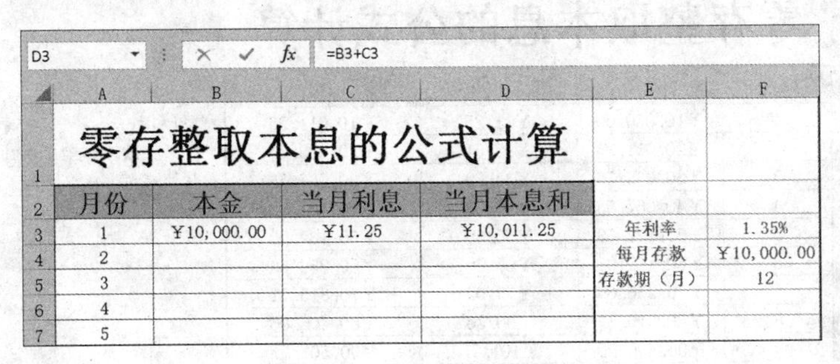

图 9-2　第 1 个月利息及本息和的计算

3）计算第 2 个月的利息及本息和

操作步骤

(1) 在 B4 单元格输入第 2 个月的本金，其公式为＝D3＋＄F＄4。

说明：第 2 个月的本金等于前一个月的本息和加上当月的存款金额。

(2) 用拖动填充柄的方法，把 C3:D3 的公式复制到 C4:D4，计算出第 2 个月的利息及本息和，如图 9-3 所示。

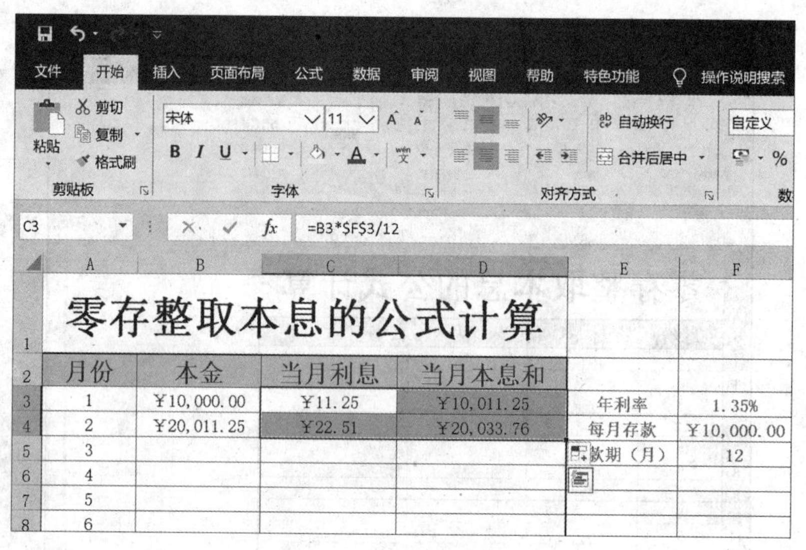

图 9-3　第 2 个月利息及本息和的计算

说明：单元格的绝对引用用来输入当月存款金额。

4）计算其他月份的利息及本息和

操作步骤

用拖动填充柄的方法，把 B4:D4 的公式复制到 B14:D14，计算出第 3 个月至第 12 个月的利息及本息和，如图 9-4 所示。

B4　=$F$4+D3

零存整取本息的公式计算

月份	本金	当月利息	当月本息和		
1	¥10,000.00	¥11.25	¥10,011.25	年利率	1.35%
2	¥20,011.25	¥22.51	¥20,033.76	每月存款	¥10,000.00
3	¥30,033.76	¥33.79	¥30,067.55	存款期（月）	12
4	¥40,067.55	¥45.08	¥40,112.63		
5	¥50,112.63	¥56.38	¥50,169.00		
6	¥60,169.00	¥67.69	¥60,236.69		
7	¥70,236.69	¥79.02	¥70,315.71		
8	¥80,315.71	¥90.36	¥80,406.06		
9	¥90,406.06	¥101.71	¥90,507.77		
10	¥100,507.77	¥113.07	¥100,620.84		
11	¥110,620.84	¥124.45	¥110,745.29		
12	¥120,745.29	¥135.84	¥120,881.13		

图 9-4　其他月份利息及本息和的计算

由以上计算可知，若小陈每月零存整取 1 万元，存期为 1 年，1 年后存款的本息和为 120881.13 元，在本金 120000 元的基础上多出了 881.13 元的利息，约 5.5 年后总存款额将达到 70 万元。

2. 利用 FV 函数计算零存整取的本息和

使用“1. 利用公式计算零存整取的本息和”中介绍的方法来计算零存整取的本息和，其过程比较烦琐。若利用 FV 函数来计算零存整取的本息和，则操作可以大幅度简化。

FV 函数的功能：按规定利率(rate)、存款期数(nper)、每期存款额(pmt)，求取期满后本息总和。

操作步骤

(1) 选中“零存整取本息计算”工作表的单元格 H3。

(2) 单击插入函数按钮，打开“插入函数”对话框，选择财务函数中的 FV 函数，单击“确定”按钮，打开“函数参数”对话框。

(3) 在“函数参数”对话框中设置各项内容，如图 9-5 所示。

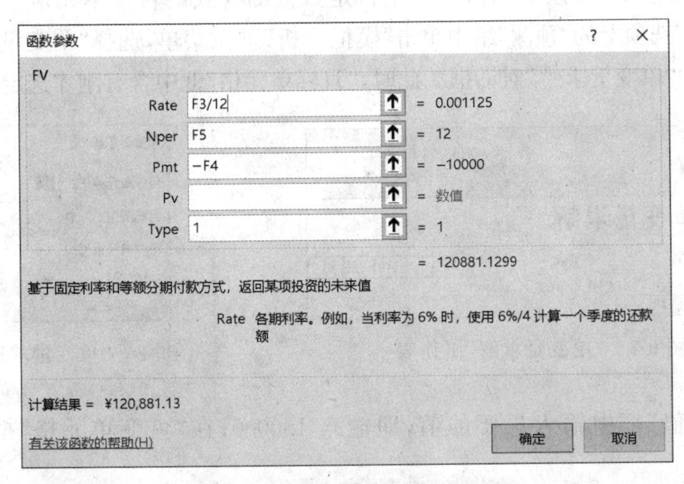

图 9-5　FV 函数参数设置

(4) 单击“确定”按钮，计算结果如图 9-6 所示。

H2　=FV(F3/12,F5,-F4,,1)

	E	F	G	H	I	J	K
1				零存整取本息的FV函数计算			
2				¥120,881.13			
3	年利率	1.35%					
4	每月存款	¥10,000.00					
5	存款期（月）	12					

图 9-6　利用 FV 函数计算零存整取的本息和

9.2.2　单变量求解定期定额

在 Office Excel 软件中有一个称为“单变量求解”的命令，用于解决假定一个公式要得到某一结果值，则其中指定变量的引用单元格应取值为多少的问题。即事先列出公式并假定公式的结果，再来求公式中的某一个变量值。

这里的问题是：假定 4 年后存款增加 60 万元，则每月应存入多少钱？在 4 年中，利率可能会变动，因此可分成 4 个 1 年来计算，即平均每年零存整取的本息和须达到 15 万元。

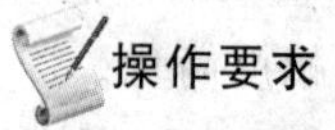

操作要求

假定每年零存整取的本息和需达到 15 万元，则每月应存入多少钱？

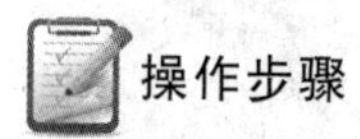

操作步骤

(1) 打开工作簿“存贷款本息计算(素材).xlsx”。

(2) 选择“单变量求解”工作表，如图 9-7 所示。该工作表的内容是复制而来的，复制了“利用 FV 函数计算零存整取的本息和”的内容，即已在单元格 D3 中输入了求取零存整取的本息和的计算公式。这里年利率仍然假定为 1.35%。

(3) 选中单元格 D3。该单元格为产生特定数值的公式的目标单元格。

(4) 在“数据”选项卡的“预测”组中单击“模拟分析”下拉菜单，选择“单变量求解”命令，会出现如图 9-8 所示的“单变量求解”对话框。此时，“目标单元格”框中含有刚才选定的单元格。

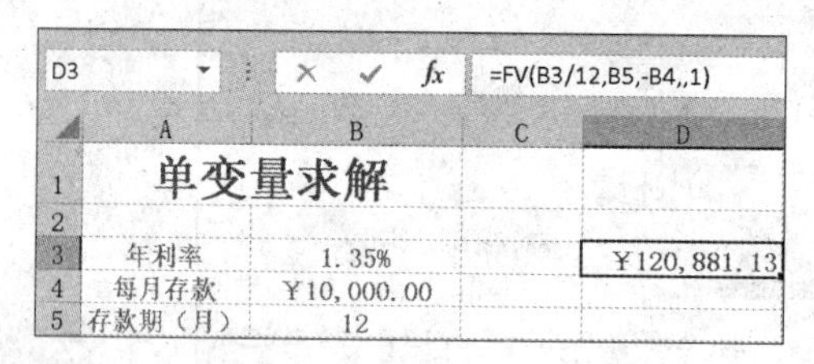

图 9-7 “单变量求解”工作表

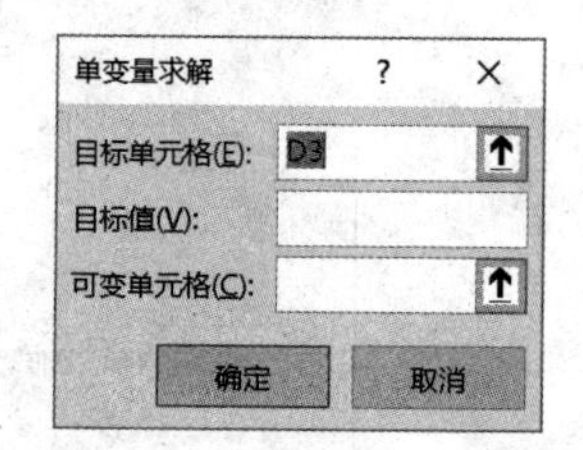

图 9-8 “单变量求解”对话框

(5) 在“目标值”框中输入想要的值，即输入 150000；在“可变单元格”框中输入 $B$4 或 B4。

(6) 单击“确定”按钮，出现如图 9-9 所示的“单变量求解状态”对话框，同时，计算结果显示在单元格 B4 和 D3 中。

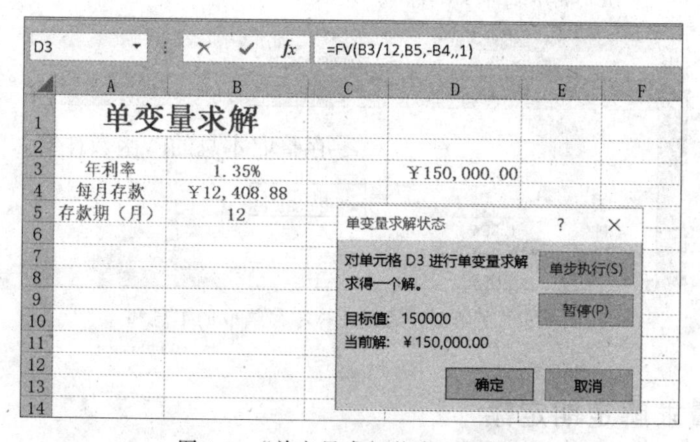

图 9-9 “单变量求解状态”对话框

(7) 单击“单变量求解状态”对话框中的“确定”按钮。

由以上计算可知，小陈每月存款需增加至 12408.88 元，才能达到每年存 15 万元的目标，才能确保 4 年后存款增加 60 万元。

若利率降低，则每月存款额还须增加。

9.2.3　定期存款本息计算

整存整取定期存款是在存款时约定存期，一次存入本金，到期支取本金和利息的一种定期储蓄。定期存款利率较高，转存方便，还可提前支取，非常灵活，因此广受储户的欢迎。

定期存款通常分为“固定利率”和“浮动利率”两种，哪种方式对储户更有利？本节进行具体计算，比较计算结果即可得到结论。

1. 固定利率定期存款本息计算

固定利率定期存款本息的计算公式很简单，无须使用函数。其公式为

本息和＝本金×(1＋固定利率)

将 10 万元以固定利率定期 1 年的方式存入银行，固定年利率为 1.75%，计算期满后本息和为多少。

在 Excel 工作表的任一单元格中输入公式＝100000 * (1＋0.0175)，按 Enter 键后，计算出本息和为 101750 元，即期满后可拿回 101750 元。

2. 浮动利率定期存款本息计算

浮动利率定期存款本息的计算会复杂一些，这是因为利率不是固定的一个值，而且可能每个月的利率均不相同。

利用公式或利用 FVSCHEDULE 函数均可计算浮动利率定期存款的本息和，下面分别介绍，以便了解其计算过程。

假定在定期存款的 1 年中，银行每月的利率如表 9-2 所示。

表 9-2　银行浮动利率表

月份	年利率	月份	年利率
1	1.75%	7	1.75%
2	1.75%	8	1.80%
3	1.65%	9	1.85%
4	1.55%	10	1.85%
5	1.60%	11	1.80%
6	1.70%	12	1.80%

1）方法一：利用公式计算浮动利率定期存款的本息和

(1) 打开“定期存款”工作表。

① 打开工作簿“存贷款本息计算(素材).xlsx”。

② 选择“定期存款”工作表，如图 9-10 所示。

	A	B	C	D	E
1	利用公式计算浮动利率定期存款的本息和				
2	存款金额	100000			
3	存款期（月）	12			
4	月份	年利率	本金	当月利息	当月本息和
5	1	1.75%			
6	2	1.75%			
7	3	1.65%			
8	4	1.55%			
9	5	1.60%			
10	6	1.70%			
11	7	1.75%			
12	8	1.80%			
13	9	1.85%			
14	10	1.85%			
15	11	1.80%			
16	12	1.80%			

图 9-10 “定期存款”工作表

（2）计算第 1 个月的本金、利息及本息和。

操作步骤

① 在 C5 单元格输入第 1 个月的本金，即输入公式＝B2。

② 在 D5 单元格输入计算当月利息的公式＝C5 * B5/12。

③ 在 E5 单元格输入计算当月本息和的公式＝C5＋D5，如图 9-11 所示。

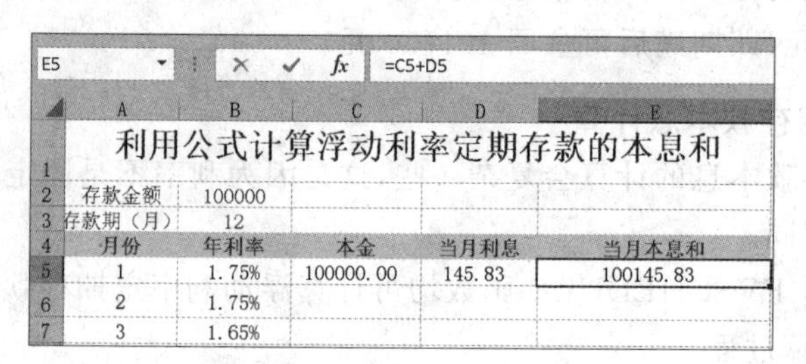
E5　=C5+D5

	A	B	C	D	E
1	利用公式计算浮动利率定期存款的本息和				
2	存款金额	100000			
3	存款期（月）	12			
4	月份	年利率	本金	当月利息	当月本息和
5	1	1.75%	100000.00	145.83	100145.83
6	2	1.75%			
7	3	1.65%			

图 9-11 第 1 个月的本金、利息及本息和计算

（3）计算第 2 个月的本金、利息及本息和。

操作步骤

① 在 C6 单元格输入第 2 个月的本金，其公式为＝E5。

说明：第 2 个月的本金等于前一个月的本息和。

② 用拖动填充柄的方法，把 D5:E5 的公式复制到 D6:E6，计算出第 2 个月的利息及本息和。

（4）计算其他月份的本金、利息及本息和。

操作步骤

用拖动填充柄的方法，把 C6:E6 的公式复制到 C16:E16，计算出第 3 个月至第 12 个月的本金、利息及本息和，如图 9-12 所示。

由以上计算得知浮动利率定期 1 年的存款本息和为 101751.40 元。虽然全年平均利率为 1.74%，浮动利率的定期存款本息和仍然比固定利率的定期存款本息和稍高。

C6 =E5

	A	B	C	D	E
1	利用公式计算浮动利率定期存款的本息和				
2	存款金额	100000			
3	存款期（月）	12			
4	月份	年利率	本金	当月利息	当月本息和
5	1	1.75%	100000.00	145.83	100145.83
6	2	1.75%	100145.83	146.05	100291.88
7	3	1.65%	100291.88	137.90	100429.78
8	4	1.55%	100429.78	129.72	100559.50
9	5	1.60%	100559.50	134.08	100693.58
10	6	1.70%	100693.58	142.65	100836.23
11	7	1.75%	100836.23	147.05	100983.28
12	8	1.80%	100983.28	151.47	101134.76
13	9	1.85%	101134.76	155.92	101290.67
14	10	1.85%	101290.67	156.16	101446.83
15	11	1.80%	101446.83	152.17	101599.00
16	12	1.80%	101599.00	152.40	101751.40

图 9-12　其他月份本金、利息及本息和的计算

2）方法二：利用 FVSCHEDULE 函数计算浮动利率定期存款的本息和

利用 FVSCHEDULE 函数可更快速地计算出浮动利率定期存款的本息和。

如果在 Excel 的“插入函数”对话框中找不到 FVSCHEDULE 函数，则需要加载“分析工具库”加载宏程序。

加载分析工具库的步骤如下。

(1) 在“文件”选项卡中选择“选项”命令，打开“Excel 选项”窗口。

(2) 在“Excel 选项”窗口中选择“加载项”类别，在“管理”框中选择“Excel 加载项”，再单击“转到”按钮，如图 9-13 所示。

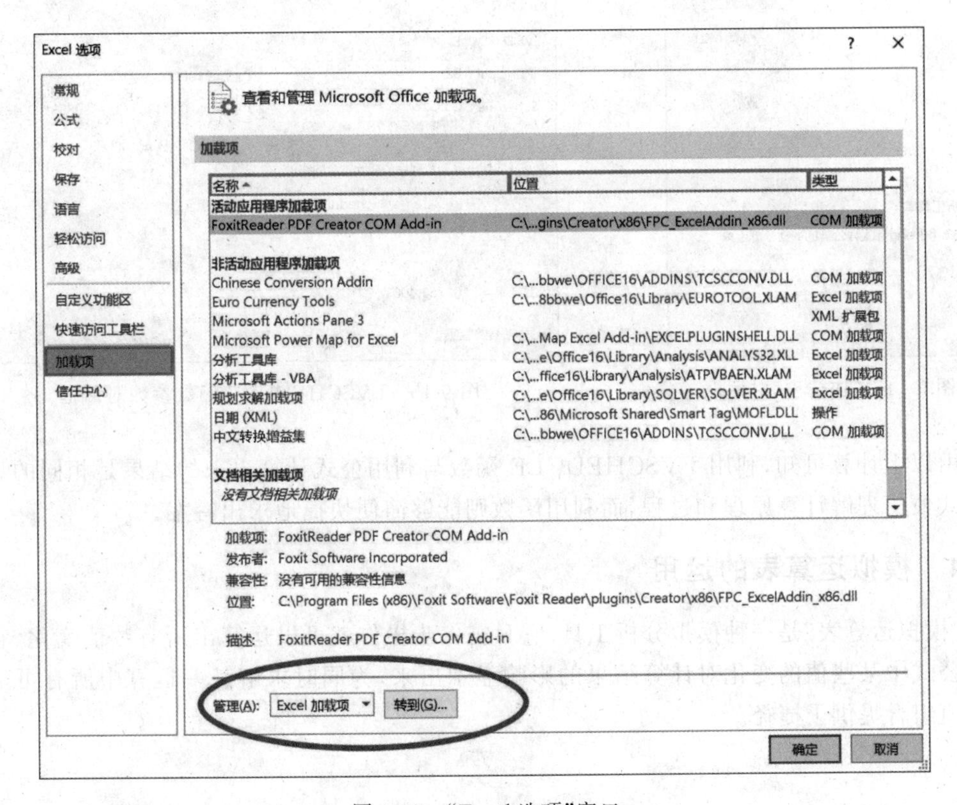

图 9-13　“Excel 选项”窗口

(3) 打开“加载项”对话框,在“可用加载宏”框中选中“分析工具库”复选框,然后单击“确定”按钮,如图 9-14 所示。

说明:

① 如果“可用加载宏”框中没有“分析工具库”,则单击“浏览”按钮进行查找。

② 如果出现一条消息,指出您的计算机上当前没有安装分析工具库,请单击“是”按钮进行安装。

操作步骤

(1) 在“定期存款”工作表的 G4、H4 单元格中分别输入“月利率”和“期满本息和”。

(2) 在 G5:G16 单元格区域计算月利率,月利率等于年利率除以 12。

(3) 选中单元格 H5。

(4) 单击插入函数按钮,打开“插入函数”对话框,选择财务函数中的 FVSCHEDULE 函数,单击“确定”按钮,打开“函数参数”对话框。在“函数参数”对话框中设置各项内容,如图 9-15 所示。

(5) 单击“确定”按钮,计算结果如图 9-16 所示。

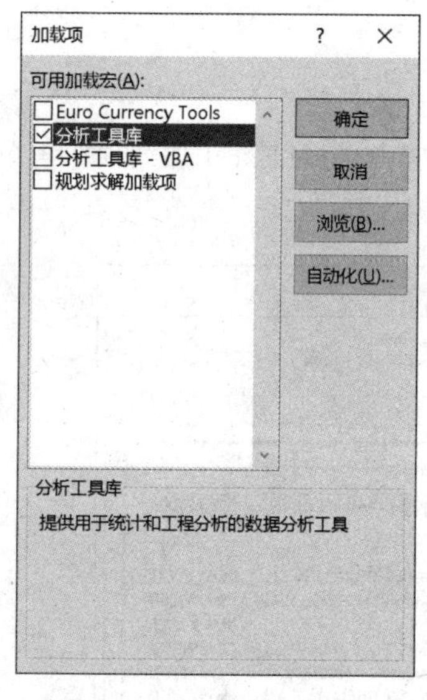

图 9-14 “加载项”对话框

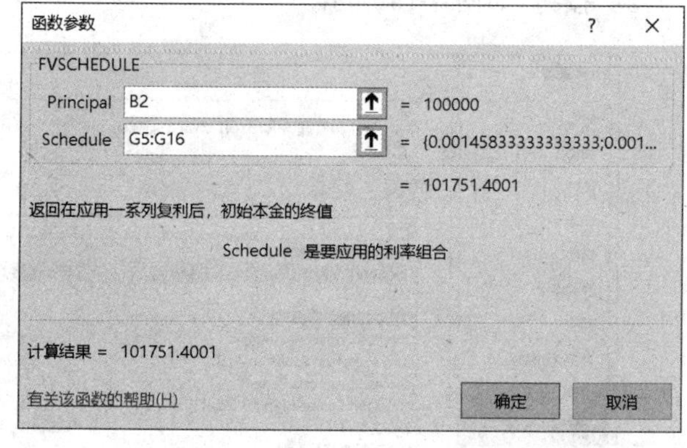

图 9-15 FVSCHEDULE 函数参数对话框

由以上计算可知,利用 FVSCHEDULE 函数与利用公式计算出来的结果是相同的。利用公式便于理解计算原理和过程,而利用函数则能够简便快捷地求出答案。

9.2.4 模拟运算表的运用

“模拟运算表”是一种模拟分析工具,它只需一步操作就可以运算出所有数值变化,它可以把公式中某些值的变化对计算结果的影响显示出来,为同时求解某一运算中所有可能的变化值组合提供了捷径。

H5　=FVSCHEDULE(B2,G5:G16)

	F	G	H	I	J
1					
2					
3					
4		月利率	期满本息和		
5		0.001458333	101751.4		
6		0.001458333			
7		0.001375			
8		0.001291667			
9		0.001333333			
10		0.001416667			
11		0.001458333			
12		0.0015			
13		0.001541667			
14		0.001541667			
15		0.0015			
16		0.0015			

图 9-16　利用 FVSCHEDULE 函数计算浮动利率定期存款的本息和

1. 单变量模拟运算表的运用

操作要求

小陈要将 10 万元以定期 1 年的方式存入银行，当前有四家银行分别提供不同的利率，这四家银行及其利率如表 9-3 所示，试计算这笔存款在四家银行的本息和。

表 9-3　银行名称及其利率

银行名称	年利率	银行名称	年利率
A 银行	1.75%	C 银行	1.65%
B 银行	1.85%	D 银行	1.80%

操作步骤

(1) 打开工作簿“存贷款本息计算.xlsx”，选择“单变量模拟运算表”工作表。

(2) 在 C6 单元格输入定期存款本息和的计算公式=B2*(1+B3)，如图 9-17 所示。

该公式作为单变量模拟运算表的公式模板。

(3) 选中 B6:C10 单元格区域。

(4) 在“数据”选项卡的“预测”组中单击“模拟分析”下拉菜单，选择“模拟运算表”命令，会出现如图 9-18 所示的“模拟运算表”对话框。

(5) 在“输入引用列的单元格”框中设置公式模板中的变量“年利率”，即输入 B3 单元格中的内容，如图 9-18 所示。

C6　=B2*(1+B3)

	A	B	C
1	单变量模拟运算表		
2	存款金额	100000	
3	年利率	0.0135	
4			
5	银行名称	年利率	本息和
6			101350
7	A银行	1.75%	
8	B银行	1.85%	
9	C银行	1.65%	
10	D银行	1.80%	

图 9-17　“单变量模拟运算表”工作表

(6) 单击“确定”按钮，即分别计算出四家银行的本息和，如图 9-19 所示。

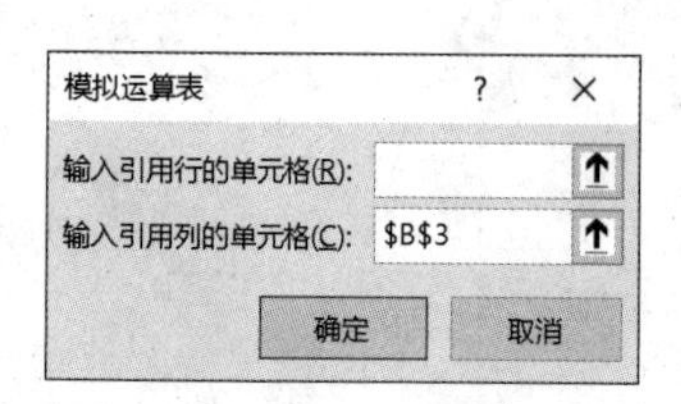

图 9-18 “模拟运算表”对话框

C10 fx {=TABLE(,B3)}

	A	B	C
1	单变量模拟运算表		
2	存款金额	100000	
3	年利率	0.0135	
4			
5	银行名称	年利率	本息和
6			101350
7	A银行	1.75%	101750
8	B银行	1.85%	101850
9	C银行	1.65%	101650
10	D银行	1.80%	101800

图 9-19 运用单变量模拟运算表计算四家银行的本息和

这时，单击 C7:C10 区域的任一单元格，在编辑栏均显示由模拟运算表产生的公式内容{=TABLE(,B3)}。

由以上计算可知，单变量模拟运算表可以同时把四家银行产生的本息和计算出来。显然，年利率最高的银行就是存款回报率最高的银行。小陈可以综合考虑各家银行的交通、环境、服务等因素，选择一家最合适的银行来存款。

2. 双变量模拟运算表的运用

操作要求

小陈想知道当本金为 8 万元、10 万元和 15 万元时，同样以定期 1 年的方式存入银行，四家银行分别提供的不同利率仍然如表 9-3 所示，这三笔存款在四家银行的本息和各是多少。

操作步骤

(1) 打开工作簿“存贷款本息计算.xlsx”，选择“双变量模拟运算表”工作表。

(2) 在 B6 单元格输入定期存款本息和的计算公式=B2*(1+B3)，如图 9-20 所示。该公式作为双变量模拟运算表的公式模板，公式中有两个变量，即 B2 和 B3。

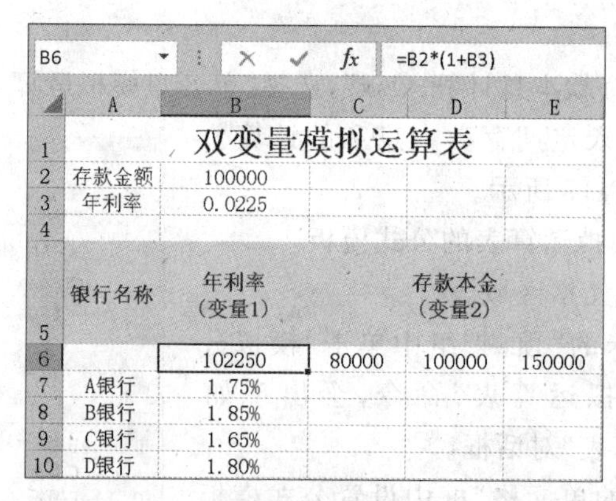

B6 fx =B2*(1+B3)

	A	B	C	D	E
1	双变量模拟运算表				
2	存款金额	100000			
3	年利率	0.0225			
4					
5	银行名称	年利率（变量1）	存款本金（变量2）		
6		102250	80000	100000	150000
7	A银行	1.75%			
8	B银行	1.85%			
9	C银行	1.65%			
10	D银行	1.80%			

图 9-20 “双变量模拟运算表”工作表

说明：B6 单元格就是两个变量所在的行与列交叉的单元格。

(3) 选中 B6:E10 单元格区域。

(4) 在“数据”选项卡的“预测”组中单击“模拟分析”下拉菜单，选择“模拟运算表”命令，打开“模拟运算表”对话框。

(5) 在“输入引用行的单元格”框中设置公式模板中的“变量 2”(存款本金),即输入 B2 单元格中的内容,在“输入引用列的单元格”框中设置公式模板中的“变量 1”(年利率),即输入 B3 单元格中的内容,如图 9-21 所示。

(6) 单击“确定”按钮,即分别计算出四家银行的本息和,如图 9-22 所示。

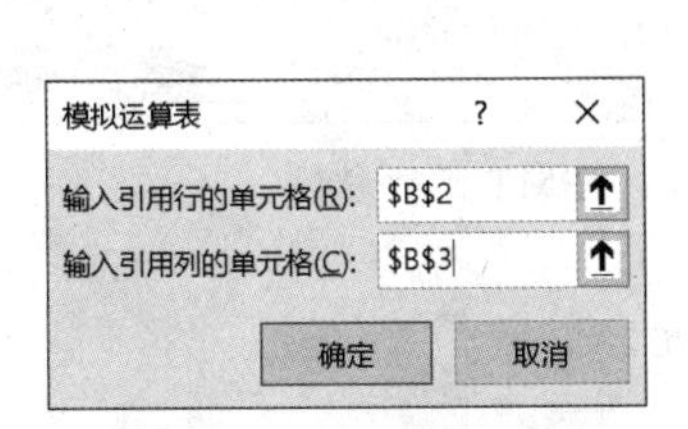

图 9-21 “模拟运算表”对话框

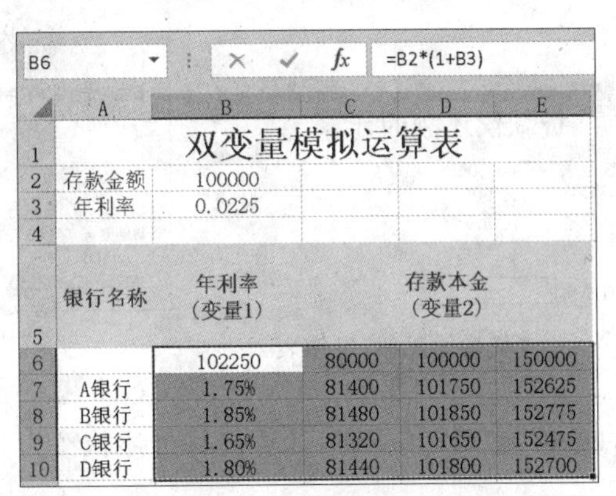

B6　=B2*(1+B3)

	A	B	C	D	E
1	双变量模拟运算表				
2	存款金额	100000			
3	年利率	0.0225			
4					
5	银行名称	年利率 (变量1)	存款本金 (变量2)		
6		102250	80000	100000	150000
7	A银行	1.75%	81400	101750	152625
8	B银行	1.85%	81480	101850	152775
9	C银行	1.65%	81320	101650	152475
10	D银行	1.80%	81440	101800	152700

图 9-22 运用双变量模拟运算表计算四家银行的本息和

这时,单击 C7:E10 区域的任一单元格,在编辑栏均显示由模拟运算表产生的公式内容{=TABLE(B2,B3)}。

运用双变量模拟运算表,可以快速把不同本金和利率的存款本息和计算出来,便于进行比较和分析。小陈可以根据不同本金在各家银行产生的本息和,再考虑自己在存款前后的资金需求,作出存款本金和存款银行的选择。

9.2.5 贷款偿还额的计算

经过以上计算和分析可知,如果小陈想在存款达到 70 万元后才去买房,那就需要储蓄 4 年。如果向银行贷款,则可以提前买房。贷款的金额、年限须根据偿还能力来确定。贷款后每月的偿还额可用 PMT 函数来计算,配合使用“模拟运算表”命令,则可比较不同方案的差异。

1. 用 PMT 函数计算贷款偿还额

操作要求

小陈向银行贷款 60 万元,贷款期限为 6 年,贷款年利率为 4.90%,付款时间为期末,试计算小陈每月需要偿还银行多少钱。

操作步骤

(1) 打开工作簿“存贷款本息计算.xlsx”,选择“贷款偿还额”工作表,如图 9-23 所示。

(2) 选中单元格 B7。

(3) 单击插入函数按钮,打开“插入函数”对话框,选择财务函数中的 PMT 函数,单击“确定”按钮,打开“函数参数”对话框。

(4) 在“函数参数”对话框中设置各项内容,如图 9-24 所示。

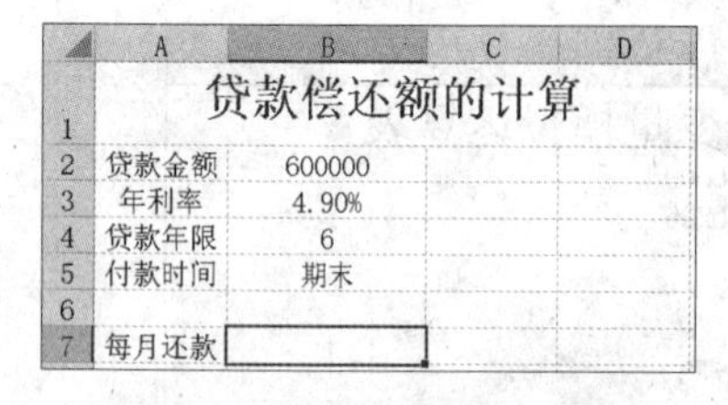

图 9-23 “贷款偿还额”工作表

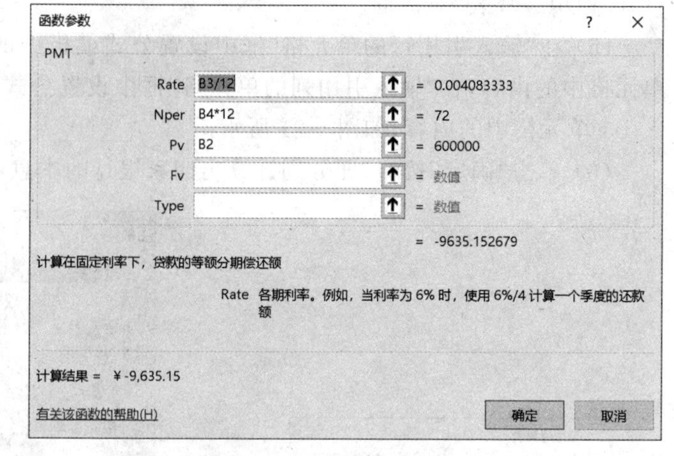

图 9-24 PMT 函数参数

(5) 单击“确定”按钮，计算出每月还款额为 9635.15 元。

2. 贷款方案分析

如今贷款消费已经成为很多人的消费方式，相应地，银行也为消费者提供了多种贷款方案，表 9-4 所列内容就是小陈了解到的四家银行的贷款方案，从表 9-4 可看出，每种贷款方案的贷款额、年利率、还款期限都不尽相同，难以直接判断哪种贷款方案才是最佳的，比如利率低的贷款，还款期限一般都较短，造成每月的偿还额相对较高，消费者不易承受。如何找到一个同时符合消费者资金需求和偿还能力的贷款方案呢？我们可以运用“方案”命令，求出各种贷款方案的每月还款额，进行比较分析，从而做出选择。

表 9-4 银行贷款方案

银行名称	贷款额	年利率	还款期限
A 银行	60	4.90%	6
B 银行	60	4.85%	8
C 银行	55	4.90%	3
D 银行	65	4.88%	10

“方案管理器”是一个数据运算工具，它可以同时创建大量的数据运算公式，并快速求出运算结果。“方案”是一组称为可变单元格的输入值，并按用户指定的名字保存起来。每个可变单元格的集合代表一组假设分析的前提。

1) 建立方案

操作要求

在 Excel 工作表中建立各银行的贷款方案。

操作步骤

(1) 打开工作簿“存贷款本息计算(素材).xlsx”，选择“方案”工作表。

(2) 分别把单元格 B2、B3、B4 命名为“贷款金额”“年利率”“贷款年限”，这三个单元格用于放置将要建立的方案的变量。

(3) 在单元格 B6 中输入每月还款额的计算公式“=PMT(年利率/12,贷款年限*12,贷款金额)”，如图 9-25 所示。

PMT　=PMT(年利率/12，贷款年限*12，贷款金额)

	A	B	C	D	E	F	G
1	建立方案						
2	贷款金额						
3	年利率						
4	贷款年限						
5							
6	每月付款额	=PMT(年利率/12，贷款年限*12，贷款金额)					

图 9-25　“方案”工作表

(4) 在“数据”选项卡的“预测”组中单击“模拟分析”下拉菜单，选择“方案管理器”命令，出现如图 9-26 所示的“方案管理器”对话框。

(5) 在“方案管理器”对话框中单击“添加”按钮，出现“编辑方案”对话框。

(6) 在“编辑方案”对话框的“方案名”框中输入方案名“A 银行”，在“可变单元格”框中输入变量区域的单元格引用 $B$2:$B$4，如图 9-27 所示。

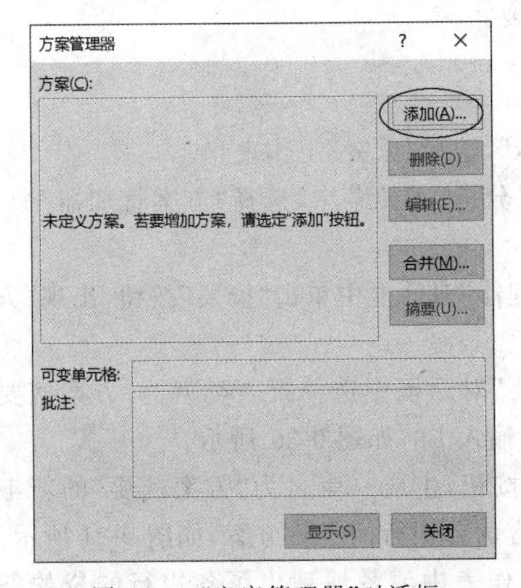

图 9-26　“方案管理器”对话框

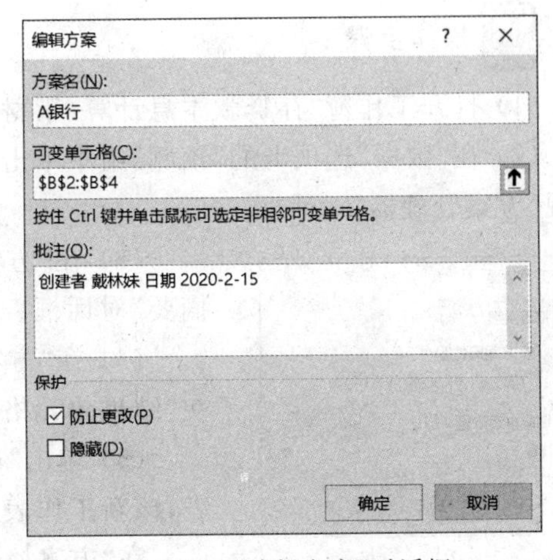

图 9-27　“编辑方案”对话框

(7) 单击“确定”按钮，出现“方案变量值”对话框。

(8) 在“方案变量值”对话框中输入 A 银行的贷款资料，如图 9-28 所示。

(9) 单击“添加”按钮，再次出现“编辑方案”对话框，用同样的方法添加其他三家银行的方案。完成后，单击“方案变量值”对话框中的“确定”按钮，回到“方案管理器”对话框。

(10) 这时，在“方案管理器”对话框的“方案”框中列出了刚才添加的四家银行的方案名，选中其中的任一方案名，单击“显示”按钮，在“方案”工作表的变量区域 B2:B4 出现相应资料，在单元格 B6 中显示每月还款的金额，如图 9-29 所示。

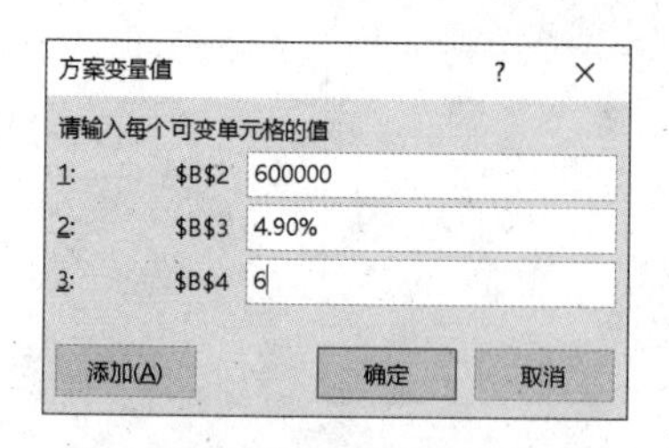

图 9-28 “方案变量值”对话框

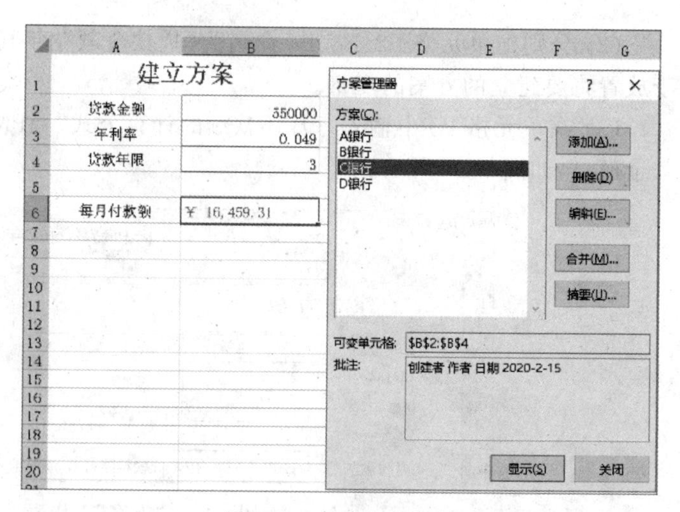

图 9-29 显示方案资料

2）制作方案摘要

利用“方案管理器”对话框可以逐个显示各家银行的贷款方案，不过一次只能显示一个方案。若建立“方案摘要”，则可同时将各家银行的贷款方案显示出来，便于比较与分析。

操作要求

在 Excel 工作表中建立各银行的贷款方案摘要。

操作步骤

（1）打开工作簿“存贷款本息计算(素材).xlsx”，选择“方案”工作表。

（2）在“数据”选项卡的“预测”组中单击“模拟分析”下拉菜单，选择“方案管理器”命令，出现“方案管理器”对话框。

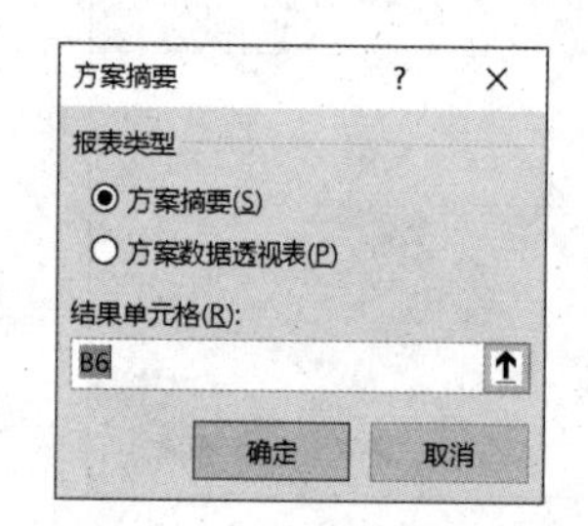

图 9-30 “方案摘要”对话框

（3）在“方案管理器”对话框中单击“摘要”按钮，出现“方案摘要”对话框。

（4）在“方案摘要”对话框中选择报表类型为“方案摘要”，在“结果单元格”框中输入 B6，如图 9-30 所示。

（5）单击“确定”按钮，生成一张名为“方案摘要”的新工作表，该新工作表的内容为各银行的贷款方案，如图 9-31 所示。

在“方案摘要”工作表中清楚地列出了各银行的贷款条件和每个月的还款额度。根据这份数据，小陈很容易就可以选择一个最合适自己的贷款方案。

9.2.6 贷款偿还分析

为了争取客户，好些银行新增了一些便民服务项目，例如“宽限期”“提前还贷”等贷款还款方案。客户可以根据自己的资金情况自主选择还款方案。

1. “宽限期”贷款的计算与分析

所谓“宽限期”房贷，是指在贷款初期的宽限期内，只需支付利息而暂不偿还本金，待宽

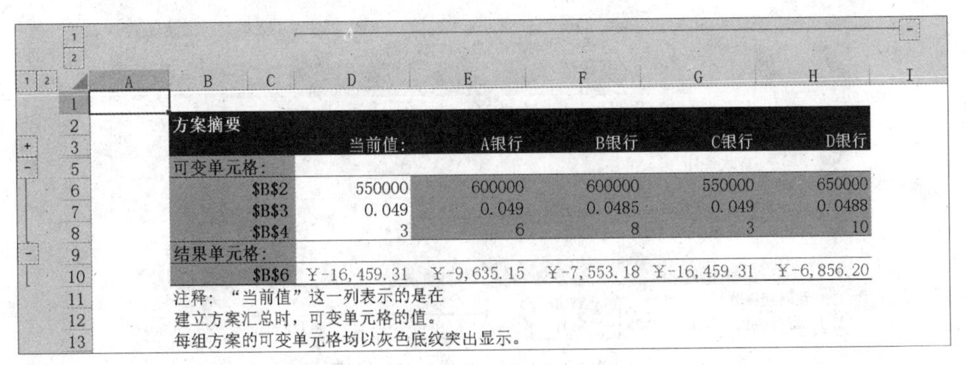

方案摘要	当前值:	A银行	B银行	C银行	D银行
可变单元格:					
$B$2	550000	600000	600000	550000	650000
$B$3	0.049	0.049	0.0485	0.049	0.0488
$B$4	3	6	8	3	10
结果单元格:					
$B$6	￥-16,459.31	￥-9,635.15	￥-7,553.18	￥-16,459.31	￥-6,856.20

注释："当前值"这一列表示的是在
建立方案汇总时，可变单元格的值。
每组方案的可变单元格均以灰色底纹突出显示。

图 9-31 "方案摘要"工作表的内容

限期过后，才开始偿还本息的一种贷款方案。

"宽限期"房贷的宽限期限一般固定为 1 年(12 期)、2 年(24 期)和 3 年(36 期)。以宽限期 2 年为例，宽限期自贷款发放日起，付息 24 期，第 25 期起还本付息。贷款期限包括宽限期。如客户计划按 8 年还本付息，并申请宽限期 2 年，则贷款期限为 10 年，贷款利率适用 10 年期利率。

"宽限期"房贷的优势是能有效缓解购房者集中消费的压力，使购房者在购房的初期，有条件考虑装潢、买车、结婚等，比较人性化。

小陈在了解到银行提供的"宽限期"房贷还款方案后，做了以下计划：选择"宽限期"贷款还款方案，贷款 70 万元用于买房，申请宽限期为 2 年，那么在宽限期的 2 年内由于只需支付几千元利息，因此将剩余好些资金，加上原有的 10 万元存款，就可以买车和装修新房等。

操作要求

选择宽限期贷款 70 万元，贷款期限为 10 年，前 2 年为宽限期，固定年利率为 6.4%，试计算宽限期与非宽限期的每月还款额。

操作步骤

(1) 打开工作簿"存贷款本息计算(素材).xlsx"，选择"宽限期贷款"工作表。

(2) 在单元格 B9 输入宽限期年数 2。

(3) 在单元格 B10 中输入每月利息的计算公式＝－B4＊B5/12。

(4) 在单元格 D9 输入非宽限期年数 8。

(5) 在单元格 D10 中输入每月本息的计算公式＝PMT(B5/12,D9＊12,B4)，计算结果如图 9-32 所示。

从以上计算可看出，选择宽限期贷款方案，在宽限期内每月只需支付 2858.33 元，经济负担很轻，但宽限期过后，每月的还款额却较高，金额为 8828.66 元。

如果贷款条件相同，采用普通贷款，则每月的还款额为＝PMT(B5/12,B6＊12,B4)＝7390.42 元。

宽限期贷款 10 年，总还款额为＝B10＊2＊12＋D10＊8＊12＝916150.94(元)。普通贷款 10 年，总还款额为＝7390.42＊10＊12＝886850.12(元)。宽限期贷款比普通贷款的总还款额多出＝916150.94－886850.12＝29300.82(元)。

D10 | =PMT(B5/12,D9*12,B4)

	A	B	C	D	E	F
1	宽限期贷款的还款额计算					
2						
3	贷款条件					
4	贷款本金	700000				
5	年利率	0.049				
6	还贷年限	10				
7						
8	宽限期		非宽限期		普通贷款	
9	宽限期年数	2	剩余年数	8		
10	每月缴息	-2858.3333	每月还款	￥-8,828.66	每月缴息	￥-7,390.42

图 9-32 “宽限期贷款”工作表

由比较可知，选择宽限期贷款虽然在宽限期内缴款轻松，但总还款额却比普通贷款多出29300.82 元的利息支出。

2. 已偿还本金的计算

贷款者每月给银行的还款额中包括了偿还的本金和支付的利息部分。如果想了解在还款一定期数后，已经偿还了多少本金，可以利用 CUMPRINC 函数来计算。

说明：如果在 Excel 的“插入函数”对话框中找不到 FVSCHEDULE 函数，则需要加载“分析工具库”加载宏程序。

现在，小陈就想知道他在宽限期贷款的第 7 年末，共偿还了多少本金及剩下多少本金尚未偿还。

操作要求

宽限期贷款 70 万元，贷款期限为 10 年，前 2 年为宽限期，固定年利率为 4.90%，试计算贷款的第 7 年末，共偿还了多少本金及剩下多少本金尚未偿还。

操作步骤

(1) 打开工作簿“存贷款本息计算(素材).xlsx”，选择“偿还本金”工作表。根据已知条件，以及 CUMPRINC 函数的参数设置要求，在该工作表上输入如图 9-33 所示的内容。由于本金是在非宽限期的 8 年中平均分摊偿还的，所以“本金偿还总期数”为 96(=8 * 12)；由于宽限期的 2 年内未偿还本金，所以到了第 7 年末时只偿还了 5 年本金，即“结束期数”为 60(=5 * 12)。

(2) 在单元格 E7 中输入“已偿还本金”的计算公式=CUMPRINC(B5/12,E4,B4,E5,E6,0)，或用插入函数的方法，插入 CUMPRINC 函数后打开其“函数参数”对话框(见图 9-34)来设置。

需向下拖动滚动条，才出现第 6 个参数框。

(3) 在单元格 E8 中输入“未偿还本金”的计算公式=B4-(-E7)，计算结果如图 9-35 所示。

E4　=B8*12

	A	B	C	D	E
1	贷款期间偿还本金计算				
2					
3	贷款条件			已偿还本金计算	
4	贷款本金	700000		本金偿还总期数	96
5	年利率	4.90%		开始期数	1
6	还贷年限	10		结束期数	60
7	宽限期年数	2		已偿还本金	
8	本息偿还年数	8		未偿还本金	

图 9-33　“偿还本金”工作表

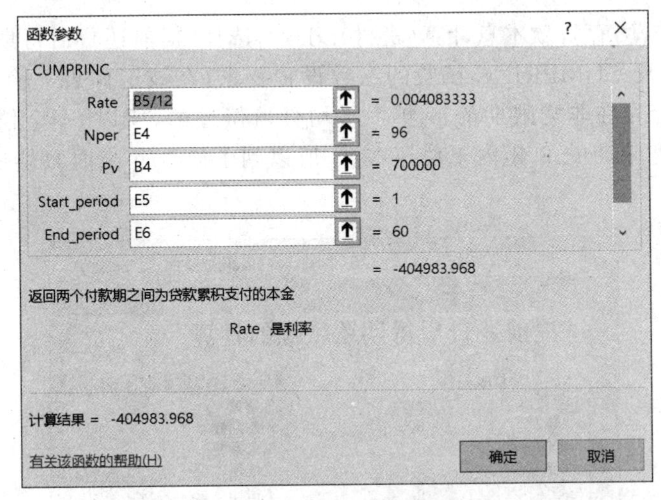

图 9-34　CUMPRINC 函数的“函数参数”对话框

E8　=B4-(-E7)

	A	B	C	D	E
1	贷款期间偿还本金计算				
2					
3	贷款条件			已偿还本金计算	
4	贷款本金	700000		本金偿还总期数	96
5	年利率	4.90%		开始期数	1
6	还贷年限	10		结束期数	60
7	宽限期年数	2		已偿还本金	-404983.97
8	本息偿还年数	8		未偿还本金	295016.032

图 9-35　偿还本金的计算

由以上计算可知，小陈在贷款的第 7 年末，共偿还了 404983.97 元本金，剩下 295016.03 元本金尚未偿还。

如果需要计算某一段期间内(例如第 5 年一整年)本金偿还的额度，只要更改 CUMPRINC 函数的 start_period 参数和 end_period 参数即可(例如 start_period=25，end_period=36)。

3. 提前还贷后每期还款额计算

续上一小节的内容，如果小陈在贷款还款 3 年后，决定将当年得到的年终奖 20 万元向银行提前还贷，以减轻之后的还款压力，那么小陈在第 4 年起的每个月还款额减为多少？

要算出小陈在第 4 年起的每个月还款额，必须先利用 CUMPRINC 函数计算出前 3 年共偿还了多少本金，然后将剩余的本金再扣除提前还贷金额 20 万元，最后利用 PMT 函数对未偿还的本金和期数进行计算即可。

操作要求

宽限期贷款 70 万元，贷款期限为 10 年，前 2 年为宽限期，固定年利率为 4.90%，还款 3 年后，提前还贷 20 万元，试计算第 4 年起的每个月还款额减为多少。

操作步骤

（1）打开工作簿“存贷款本息计算（素材）.xlsx”，选择“提前还贷后每期还款额”工作表。根据已知条件，以及 CUMPRINC 函数的参数设置要求，在该工作表上输入如图 9-36 所示的内容。由于本金是在非宽限期的 8 年中平均分摊偿还的，所以“本金偿还总期数”为 96（=8＊12）；由于宽限期的 2 年内未偿还本金，所以到了第 3 年末时只偿还了 1 年本金，即“结束期数”为 12。

E7 =CUMPRINC(B5/12,E4,B4,E5,E6,0)

	A	B	C	D	E
1	提前还贷后每期还款额的计算				
2					
3	贷款条件			已偿还本金计算	
4	贷款本金	700000		总期数	96
5	年利率	4.90%		开始期数	1
6	还贷年限	10		结束期数	12
7	宽限期年数	2		已偿还本金	-73274.97272
8	本息偿还年数	8		未偿还本金	626725.0273
9					
10	提前还贷			提前还贷前后每月还款额比较	
11	金额	-200,000.00		提前还贷前	
12	剩余本金			提前还贷后	
13	剩余期数			差额	

图 9-36 “提前还贷后每期还款额”工作表

（2）在单元格 E7 中输入“已偿还本金”的计算公式=CUMPRINC(B5/12,E4,B4,E5,E6,0)。

（3）在单元格 E8 中输入“未偿还本金”的计算公式=B4-(-E7)，计算结果如图 9-36 所示。

（4）计算“剩余本金”，在单元格 B12 中输入公式=B4-(-E7)-(-B11)。

（5）计算“剩余期数”，在单元格 B13 中输入公式=E4-E6。

（6）计算“提前还贷前”每月还款额，在单元格 E11 中输入公式=PMT(B5/12,E4,B4,0,0)。

（7）计算“提前还贷后”每月还款额，在单元格 E12 中输入公式=PMT(B5/12,B13,B12,0,0)。

（8）计算提前还贷前后每月还款额的“差额”，在单元格 E13 中输入公式=E11-E12。

计算结果如图 9-37 所示。

由以上计算可知，提前还款后，每个月还款额减为 6011.26 元，比之前少了 2817.39 元，还款压力大大减轻。

说明：实际上，银行对提前还贷往往要加收等于一个月本息和的违约金，对这笔额外支出，消费者也必须考虑到。

E12　=PMT(B5/12,B13,B12,0,0)

	A	B	C	D	E
1	提前还贷后每期还款额的计算				
2					
3	贷款条件			已偿还本金计算	
4	贷款本金	700000		总期数	96
5	年利率	4.90%		开始期数	1
6	还贷年限	10		结束期数	12
7	宽限期年数	2		已偿还本金	-73274.97272
8	本息偿还年数	8		未偿还本金	626725.0273
9					
10	提前还贷			提前还贷前后每月还款额比较	
11	金额	-200,000.00		提前还贷前	-8,828.66
12	剩余本金	426,725.03		提前还贷后	-6,011.26
13	剩余期数	84		差额	-2,817.39

图 9-37　提前还贷后每期还款额的计算结果

4. 提前还贷后缩短还款期的计算

提前还贷后的还款方式，还可以选择每个月的还款金额不变，采用缩短还款期的方式。

**操作要求**

宽限期贷款 70 万元，贷款期限为 10 年，前 2 年为宽限期，固定年利率为 6.4%，还款 3 年后，提前还贷 20 万元，试计算提前还贷后，若每个月的还款金额不变，还款期缩短为多长时间。

操作步骤

(1) 打开工作簿“存贷款本息计算(素材).xlsx”，选择“提前还贷后缩短还款期”工作表，该工作表的内容由“提前还贷后每期还款额”工作表复制而来。

(2) 选中单元格 B13，删除原有公式，重新输入原有计算结果 84。这一操作是因为接下来将使用“单变量求解”命令，该命令的变量单元格内容必须为数值，不能是公式。

(3) 在“数据”选项卡的“预测”组中单击“模拟分析”下拉菜单，选择“单变量求解”命令，会出现如图 9-38 所示的“单变量求解”对话框。

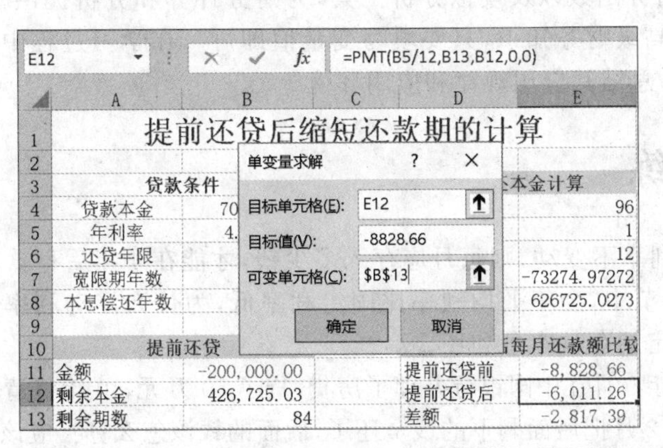

图 9-38　“提前还贷后缩短还款期”工作表中的“单变量求解”对话框

(4) 设置“单变量求解”对话框。将提前还贷后每月还款额的单元格 E12 设为“目标单元格”；将提前还贷前的每月还款值设为“目标值”，即在“目标值”框中输入－8828.66；将放置剩余期数数值的单元格 B13 设为“可变单元格”。

（5）单击"单变量求解"对话框中的"确定"按钮，出现如图 9-39 所示的"单变量求解状态"对话框，同时，计算结果显示在单元格 E12 和 B13 中。

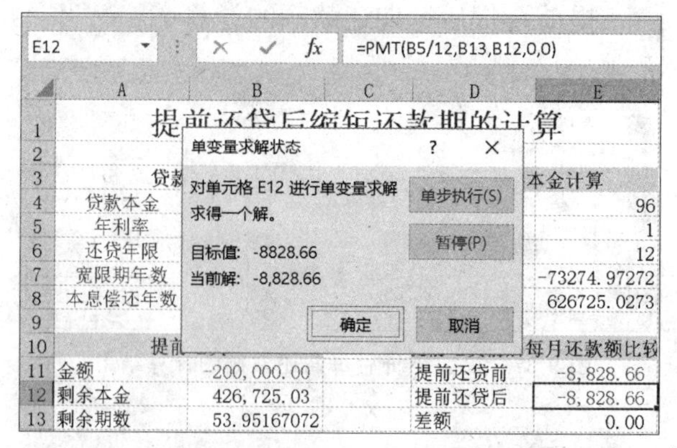

图 9-39 "提前还贷后缩短还款期"工作表中的"单变量求解状态"对话框

（6）单击"单变量求解状态"对话框中的"确定"按钮，在单元格 E12 和 B13 中保留计算结果。

由以上计算可知，提前还贷后，如果每个月的还款金额不变，则剩余还款期数从 84 缩短为 54 期，也就是说，可以提早 30 期将全部本金偿还完毕。

9.3 案例总结

存款或贷款是日常生活中经常遇到的事例，了解其相关业务和相应计算方法，能帮助我们有计划、有目的、有效益地安排生活和投资。

本案例运用 FV、FVSCHEDULE、PMT 和 CUMPRINC 等财务函数以及单变量求解、模拟运算表和方案管理器等模拟分析工具，实例演示了零存整取本息和、定期存款本息和、贷款还款额、贷款偿还分析等的计算过程，说明 Excel 软件在存贷款业务中的应用。

Excel 软件的财务函数以及模拟分析工具，为财务计算和分析提供了很大的便利，使用这些函数不必理解高级财务知识，只要填写变量值即可。在学习过程中要善于归纳这些财务函数的使用方法，总结其应用规律和应用环境等。

9.4 拓展训练

（1）若 4 年中利率不变动，则每月应存入多少钱，才能在 4 年后存款增加为 60 万元？

（2）在 9.2.3 小节中，全年平均利率比固定利率低，为什么浮动利率的定期存款本息和仍然比固定利率的定期存款本息和还要高？

（3）小龙 2019 年 9 月在中国银行办理了房贷，贷了 50 万元，10 年付清，每月还 5278.87 元，小龙想在 2020 年的 2 月把后面剩下的钱全还了，后面的钱该怎么算？应该还多少？

（4）小明想通过贷款购房改善自己的居住条件，可供选择的贷款金额有 20 万元、30 万元、40 万元、50 万元、60 万元、80 万元和 100 万元；可供选择的还款期限有 5 年、10 年、15 年、20 年和 30 年。由于收入的限制，小明每月还款额（以下称为月供金额）最高不能超过 3000 元，但也不要低于 2000 元，已知银行贷款利率为 6%。请用双变量模拟运算表帮助其选择贷款方案。

案例 10
教师教学课件的制作

10.1 案例简介

10.1.1 问题描述

小李是一名刚毕业的语文教师，经过自己的一番努力终于完成了高中两年的教学工作，进入到了高三高考前的复习阶段。经过努力，她把要复习的文言文归纳整理在一起，形成了一个 Word 文件。而课件的制作是体现教学水平的一个重要环节，采用什么样的方式才能够更生动活泼、引人入胜地进行教学至关重要。小李充分利用在大学里学到的知识，巧妙地将 Word 形式的文档转换成演示文稿课件。小李最终完成的演示文稿如“高考情景式默写复习材料(样例).pdf”所示。

10.1.2 解决方法

利用现有整理好的 Word 文档创建 PowerPoint 演示文稿。知识归纳一般都是先输入到 Word 文档中，并在 Word 文档中设置相应的大纲样式，PowerPoint 可以很好地利用大纲样式，精简地将大纲导入到其中，省去了在 PowerPoint 中重新录入文字的麻烦。

对导入的内容、格式进行调整。增加或删除一些多余内容的幻灯片，利用 PowerPoint 大纲视图下的升级、降级命令进行调整，使内容更简练、更突出。

对幻灯片进行美化、设置幻灯片的放映效果。利用 PowerPoint 内置的主题进行美化幻灯片，利用动画效果设置幻灯片中对象的放映效果，使演示文稿更生动。

10.1.3 相关知识

(1) 幻灯片的版式。幻灯片版式一共有 11 种，包括标题幻灯片版式、标题和内容幻灯片版式、节标题版式、标题与两栏内容版式、标题比较版式、仅标题版式、空白版式、内容与标题版式、图片与标题版式、标题和竖排文字版式、垂直排列标题与文本版式。可以根据幻灯片内容进行相应幻灯片版式的选择。

(2) 项目调整。利用 PowerPoint 大纲视图下的升级、降级命令，对需要调整的幻灯片进行幻灯片的分页、合并。

(3) 文本、图片的输入及格式设置。在 PowerPoint 中，用户是通过幻灯片中提供的占位符来进行文本输入和图片插入的。占位符是一种带虚线或阴影线边缘的框，是 PowerPoint 为用户提供的，供插入文字、图表、表格或图片等对象而在幻灯片中预留的位置。它主要包括标题占位符、副标题占位符、文本占位符和内容占位符。

(4) 标题、副标题、文本占位符：在其中会显示“单击此处添加标题(或副标题、或文本)”的提示文字，用户只需将插入点置于占位符内即可输入文字内容。

内容占位符：在其中会显示图表、表格、图片、视频、SmartArt 图形等内容按钮，用户只需单击按钮即可打开或插入相应的内容。

如果幻灯片中未提供相应的占位符，可以在“插入”选项卡的“文本”组中单击“文本框”下面的按钮，打开下拉菜单，选择“绘制横排文本框”或“竖排文本框”命令，在幻灯片中插入文本框，在文本框中输入文本。

(5) 幻灯片设置。幻灯片设置包括幻灯片母版设置、幻灯片主题设置、切换效果设置及动画效果的设置等。

(6) 交互使用。幻灯片的交互使用可以利用插入超链接、动作设置或动作按钮来完成幻灯片之间的跳转，也可以实现外部文件的调用。

10.2 实现步骤

10.2.1 由 Word 大纲创建 PowerPoint 演示文稿

1. 检查“课件素材.docx”的大纲模式

打开“课件素材.docx”，将视图模式切换成大纲视图，将“级”显示为“2 级”，查看该文档是否已经对主要的内容进行了大纲级的设置，如果还未对文档设置大纲级，请读者自行完成大纲级的设置，然后关闭文档。

2. 导入 Word 文档的大纲

新建一演示文稿，把“课件素材.docx”文档的大纲导入到该演示文稿中。

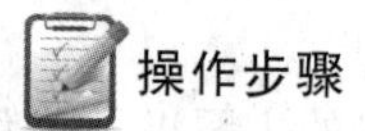

打开 PowerPoint 2016，在“开始”选项卡的“幻灯片”组中单击“新建幻灯片”下方的“新建”按钮，打开新建幻灯片的下拉列表。

(1) 在该下拉列表中，选择“幻灯片(从大纲)(L)...”命令，即可打开“插入大纲”对话框，如图 10-1 所示。在对话框中选择所需的 Word 文档“课件素材.docx”，单击“插入”按钮将该文档的大纲导入到演示文稿中。

(2) 保存演示文稿，命名为“高考情景式默写复习材料.pptx”。

10.2.2 幻灯片文本的编辑操作

由于大纲导入演示文稿时是根据大纲的 1 级标题来进行幻灯片分页的，所以需要对幻灯片的内容进行相应的调整。直接导入大纲后的演示文稿并不能一步到位，效果并不能令人满意，需要进行加工整理。

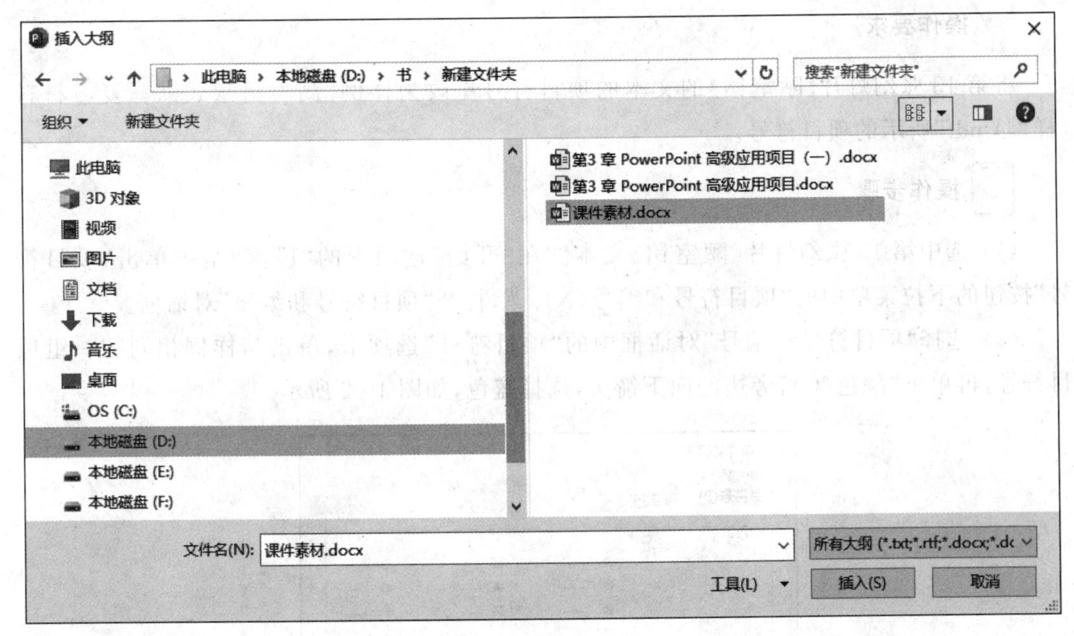

图 10-1 “插入大纲”对话框

1. 删除多余的空白幻灯片

操作要求

删除演示文稿中的第 2 张幻灯片。

操作步骤

在普通视图下，进入幻灯片窗格，删除第 2 张空白幻灯片。

说明：第 1 张空白幻灯片由于是标题幻灯片，因此不必删除。

2. 删除演示文稿中文本带有的 Word 格式

操作要求

删除演示文稿中文本带有的 Word 格式。

操作步骤

将视图切换到大纲视图，进入大纲窗格，选择所有文本(Ctrl＋A 组合键)，并按 Ctrl＋Shift＋Z 组合键即可删除所有文本的 Word 格式。

3. 自定义项目符号

PowerPoint 2016 专门有项目符号的设置，比如项目符号的颜色。而 PowerPoint 2010 项目符号的颜色随它们后面的文字而变化。下面是设置项目符号的一个例子。

操作要求

将第 13 张幻灯片《陋室铭》的文本的项目符号更改为样例“高考情景式默写复习材料(样例).pdf”所示的项目符号。

操作步骤

(1) 选中第 13 张幻灯片《陋室铭》文本。在“开始”选项卡的“段落”组中单击“项目符号”按钮的下拉菜单中的“项目符号和编号(N)...”,打开“项目符号和编号”对话框。

(2) 选择“项目符号和编号”对话框中的“项目符号”选项卡,单击与样例相同的一组项目符号,再单击“颜色(C)”旁边的向下箭头,选择蓝色,如图 10-2 所示。

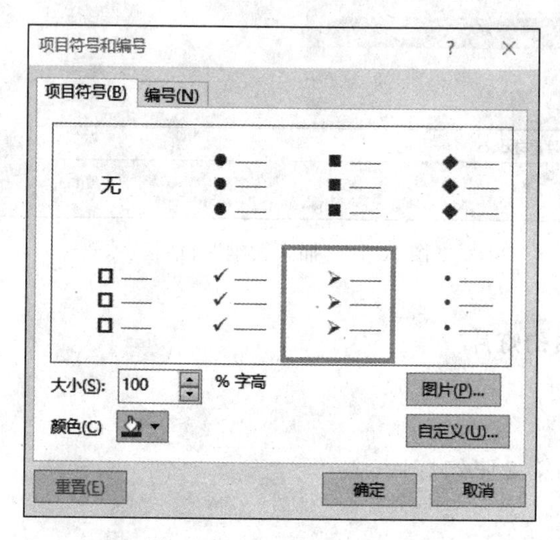

图 10-2 项目符号的设置

(3) 单击“确定”按钮,完成设置。

4. 一次性完成替换修改文字字体格式

要一次性完成整个演示文稿字体格式的修改,可以考虑用幻灯片母版。但如果文字不在文本占位符中,而是在后期添加的文本框中,则无法通过母版完成一次性修改。用下面这种方法,不用手工逐一修改,也可以一次性完成(包括占位符里的文字)。

操作要求

将演示文稿中使用“等线”字体的文字转换为“宋体”。

操作步骤

(1) 在“开始”选项卡的“编辑”组中单击“替换”下拉按钮,在下拉菜单中选择“替换字体”命令。

(2) 打开“替换字体”对话框,在“替换”下拉列表框中选择“等线”,在“替换为”下拉列表框中选择“宋体”。

（3）单击“替换”按钮，即可完成演示文稿中字体的整体替换。

5. 将文本直接转换为 SmartArt 图形

操作要求

将第 10 张幻灯片《桃花源记》的文本转化为样例“高考情景式默写复习材料(样例).pdf”所示的 SmartArt 图形。

操作步骤

（1）选中第 10 张幻灯片的文本。

（2）在“开始”选项卡的“段落”组中单击“转换为 SmartArt 图形”下拉按钮，在下拉菜单中选择“其他 SmartArt 图形”命令。

（3）打开“选择 SmartArt 图形”对话框，选择要使用的 SmartArt 图形的样式，如图 10-3 所示，单击“确定”按钮。

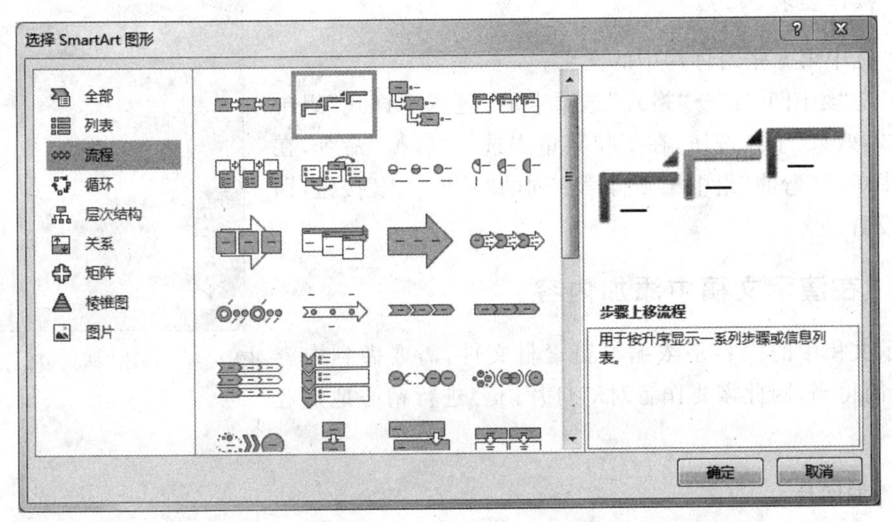

图 10-3　选择 SmartArt 图形

（4）在“SmartArt 工具”→“设计”选项卡的“SmartArt 样式”组中单击“更改颜色”下拉按钮，在其下拉菜单中选择“彩色”组的第一个图标“彩色”→“个性色”。

（5）同样在“SmartArt 样式”组中单击 SmartArt 样式旁边的“其他”按钮，在其下拉菜单的“三维”组中单击“平面场景”。

6. 文字图片填充

操作要求

将第 8 张幻灯片《出师表》标题文字用素材文件夹中图片填充。(图片文件名为“出师表.jpg”)

操作步骤

（1）在第 8 张幻灯片上选中标题文字“出师表”及书名号，将字号放大到 96。

（2）再次选中标题文字“出师表”及书名号，右击，在弹出的快捷菜单中选择“设置文字效果格式”命令，打开“设置形状格式”右侧窗格。

（3）单击“文本填充与轮廓”标签按钮，如图 10-4 所示，在“文本填充”栏中选中“图片或纹理填充”单选按钮，单击“插入(R)...”按钮，打开“插入图片”对话框，找到图片所在的路径并选中图片。单击“插入”按钮，即可将选中的文字“出师表”及书名号设置图片填充效果。

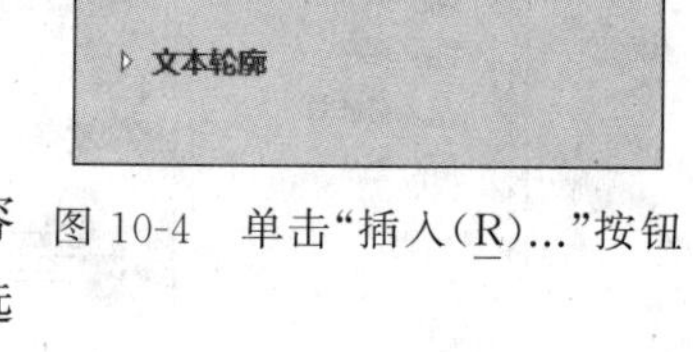

图 10-4　单击“插入(R)...”按钮

7. 以波浪形显示特殊文字

操作要求

以转换“V 形：正”显示第 5 张幻灯片《生于忧患，死于安乐》中的文字。

操作要求

（1）选中第 5 张幻灯片中的文字。

（2）在“绘图工具”→“格式”选项卡的“艺术字样式”组中单击“文本效果”下拉按钮，在下拉菜单中选择“转换”命令，在子菜单中单击“弯曲”组中第 2 行第 2 列的“V 形：正”按钮，即可完成设置。

10.2.3　在演示文稿中添加内容

演示文稿中的内容是浓缩整篇素材文件，需要做到内容突出、精简得当，因此需要作者对幻灯片内容进行精心地筛选和提炼。

1. 添加图片

操作步骤

为第 3 张幻灯片添加素材文件夹中的图片“论语”，如“高考情景式默写复习材料(样例).pdf”所示。

操作步骤

（1）选中第 3 张幻灯片，在“开始”选项卡的“幻灯片”组中单击“版式”按钮，在弹出的界面中选择“仅标题”版式。

（2）在“插入”选项卡的“文本”组中单击“文本框”下的箭头，在弹出的菜单中选择“绘制横排文本框”，然后在第 3 张幻灯片上绘制两个文本框。

（3）剪切第 3 张幻灯片中的文字，在文本框中粘贴；两个文本框都粘贴完成后，删除原来的文本占位符。

（4）在“插入”选项卡的“图像”组中单击“图片”按钮，弹出“插入图片”窗口，找到“素材”文件夹中的“论语”图标，选中，再单击“插入”按钮，将图片“论语”插入到第 3 张幻灯片。

（5）设置两个文本框的文字格式为宋体，28 号。

（6）调整图片和文本框的大小和位置，效果参照“高考情景式默写复习材料（样例）.pdf”。

2. 把图片剪裁为自选图形外观样式

操作要求

将素材文件夹内“小石潭记”图片插入到第 14 张幻灯片并剪裁，效果如“高考情景式默写复习材料（样例）.pdf”第 14 张幻灯片所示。

操作步骤

（1）插入素材文件夹内“小石潭记”图片到第 14 张幻灯片，并把图片扩大。

（2）选中该图片，在“图片工具”→“格式”选项卡的“大小”组中单击“裁剪”下拉按钮，在下拉菜单中选择“裁剪为形状”命令，在弹出的子菜单中单击“流程图：多文档”图形样式。

（3）此时可将图片裁剪为指定的形状样式，达到“样例”上的效果。

3. 为多个图片应用 SmartArt 图形快速排版

操作要求

将第 9 张幻灯片（第二章　精读古文）添加多个图片，排版后效果如“高考情景式默写复习材料（样例）.pdf”所示。

操作步骤

（1）添加素材文件夹内图片“醉翁”“桃花源记”“岳阳楼”“马说”“三峡”“小石潭”到第 9 张幻灯片。

（2）同时选中这 6 张图片，如图 10-5 所示。

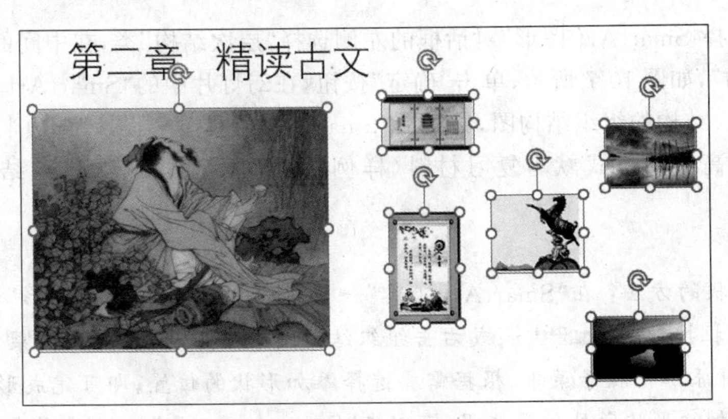

图 10-5　同时选中六张图片

（3）在“图片工具”→“格式”选项卡的“图片样式”组中单击“图片版式”下拉按钮。在下拉菜单中单击“气泡图片列表”SmartArt 图形。

（4）放大气泡图片列表，在“文本框”输入相应文字。

（5）选中图形，在“SmartArt 工具”→“设计”选项卡的“SmartArt 样式”组中单击“其他”

下拉按钮，在下拉菜单中选择合适的图形样式，为生成的 SmartArt 图形应用统一的图形样式。本例中选择“中等效果”。

4. 组织结构图

操作要求

为第 2 张幻灯片(第一章　必背古文)添加相应的组织结构图。

操作步骤

(1) 转至第 2 张幻灯片，单击内容占位符中的“插入 SmartArt 图形”按钮，打开“选择 SmartArt 图形”对话框，如图 10-6 所示。

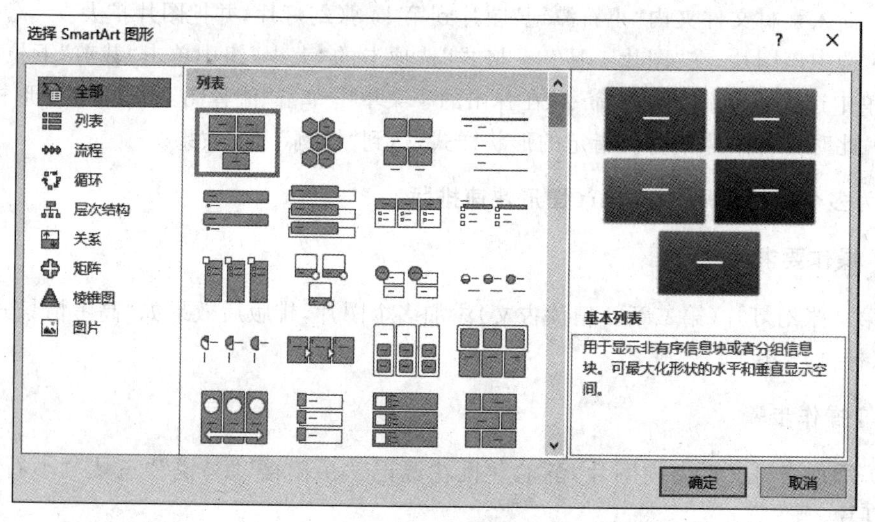

图 10-6 “选择 SmartArt 图形”对话框

(2) 在“选择 SmartArt 图形”对话框的左侧选择“层次结构”类，在中间的列表中选择所需的“层次结构”，如图 10-7 所示，单击“确定”按钮，在幻灯片中的“SmartArt 图形”占位符中插入了所选层次结构的组织结构图，并激活“SmartArt 工具”→“设计”选项卡。

(3) 参照“高考情景式默写复习材料(样例).pdf”所示样式，为组织结构图添加所需形状。

说明：

① 添加形状的方法：在“SmartArt 工具”→“设计”选项卡的“创建图形”组中单击“添加形状”右侧的下拉按钮 添加形状 ▾；或右击组织结构图中的形状，在打开的菜单中选择“添加形状”命令，打开添加形状子菜单，根据需要选择添加形状的位置，即可完成形状的添加。

② 如果添加的形状所处位置错误，可以在“SmartArt 工具”→“设计”选项卡的“创建图形”组中单击 升级、降级 等按钮进行调整。

(4) 为组织结构图中的各个形状添加相应的文本内容，将“第一章”形状下所有第三层形状的文字方向更改为“竖排”。方法是：选中要更改文字方向的形状，在“开始”选项卡的“段落”组中单击“文字方向”按钮，打开文字方向下拉菜单，在菜单中选择“竖排”命令。

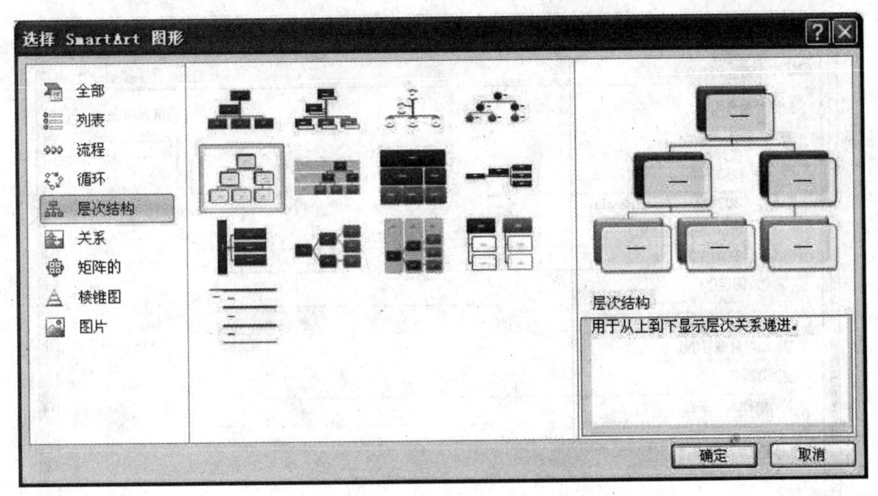

图 10-7　"层次结构"图形选择

(5) 更改文字字体。单击"SmartArt 图形"占位符,在"开始"选项卡的"字体"组中将字号设置为 24 磅,则所有形状中的文本字号均已更改。读者也可根据自己的需要单独设置各个形状中的字体及字号大小。

(6) 调整形状大小。适当调整各形状的宽度和高度以容纳下文本,并根据幻灯片的大小,适当调整"SmartArt 图形"占位符的大小。

说明:在更改文字方向、调整形状大小时,读者也可以按住 Ctrl 键的同时选择多个需要调整的形状,然后进行统一更改或调整。

10.2.4　设置幻灯片的页脚

为演示文稿添加页脚,除标题幻灯片中不显示外,其他幻灯片均显示:日期、页脚内容和幻灯片编号。日期为自动更新,页脚内容为"制作人:李四"。

(1) 在"插入"选项卡的"文本"组中单击"页眉和页脚"按钮,打开"页眉和页脚"对话框,按如图 10-8 所示进行设置,其中"自动更新"单选钮下方的日期列表框中显示的是当前日期。

(2) 单击"全部应用"按钮,关闭"页眉和页脚"对话框,保存演示文稿。

10.2.5　美化幻灯片外观

1. 应用设计模板

将 PowerPoint 自带的设计模板"丝状"应用于所有的幻灯片,并将第 4、5、6 张幻灯片设计模板的背景样式更改为"样式 6"。

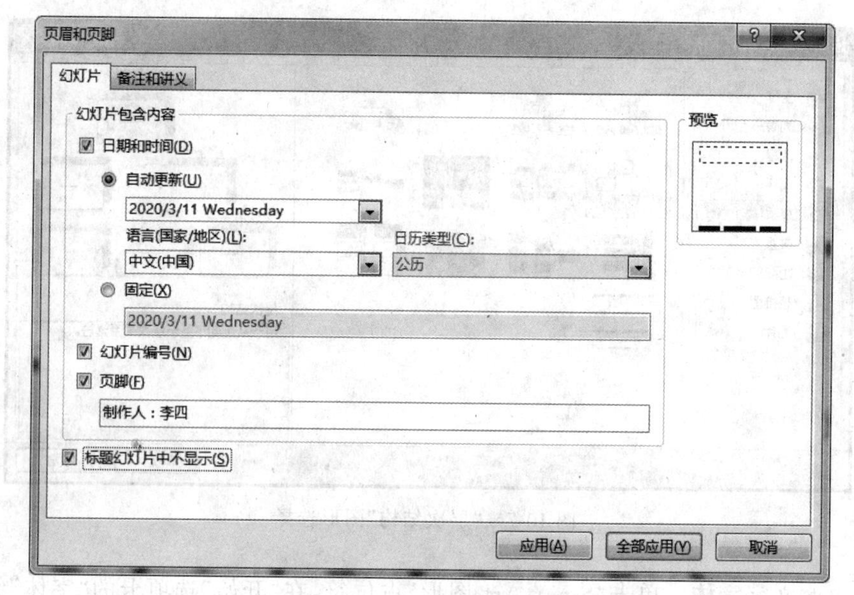

图 10-8 “页眉和页脚”对话框

操作步骤

(1) 在“设计”选项卡的“主题”组中单击右侧的“其他”按钮，打开设计模板主题列表。

(2) 在主题列表中选择“丝状”设计模板，即可将该设计模板应用到所有幻灯片中。

说明：

① 读者只要将鼠标置于某设计模板上方，即可显示该设计模板的名称，并可在当前幻灯片中预览到该设计模板应用后的效果。

② 如果在一个演示文稿中同时应用多个主题的设计模板，可以将鼠标移至设计模板上方，右击，打开应用设计模板菜单，如图 10-9 所示，选择“应用于选定幻灯片”命令即可部分应用设计模板。

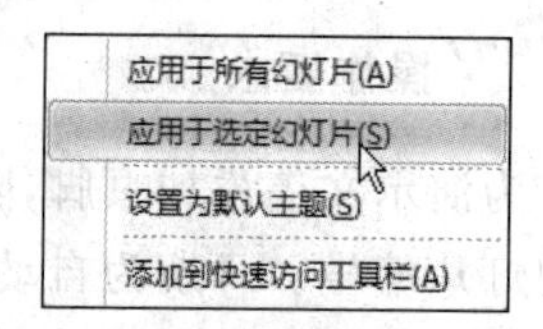

图 10-9 应用设计模板菜单命令

(3) 选中第 4、5、6 张幻灯片，在“设计”选项卡的“变体”组中单击“其他”按钮，打开下拉列表，指向“背景样式”，在“背景样式”下拉列表中，指向“样式 6”，如图 10-10 所示。

(4) 在“样式 6”上右击，选中快捷菜单中的“应用于选定幻灯片”，单击(见图 10-9)，即可将这 3 张幻灯片的背景样式设置为“样式 6”。

2. 应用幻灯片母版

应用设计模板是由系统设计的外观，如果读者想按自己的意愿统一改变整个演示文稿的外观风格，则需要使用母版。使用母版不仅可以统一设置幻灯片的背景、文本样式等，还可以把校徽、公司 Logo 及各类名称等应用到基于母版的所有幻灯片中。

操作要求

为除标题幻灯片以外的所有幻灯片添加右上角校徽，去除校徽的背景白色，并设置校徽

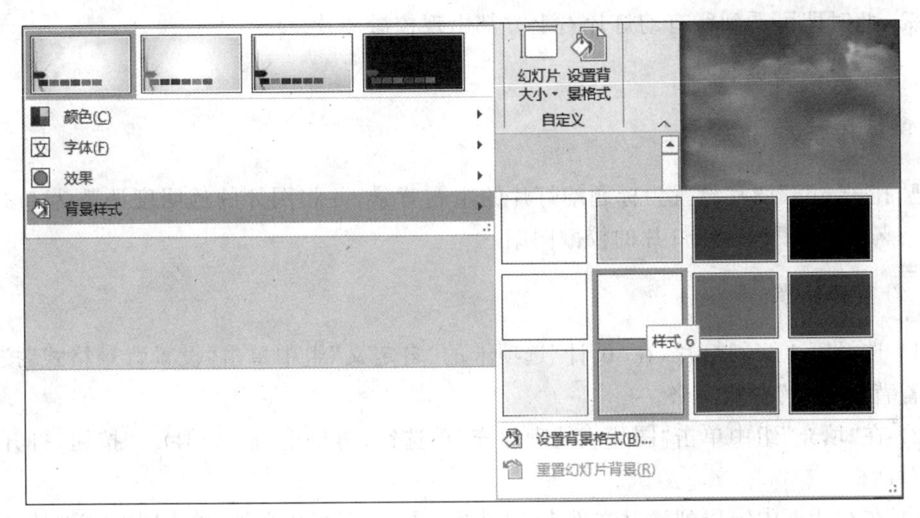

图 10-10 背景样式 6

的映像效果为“半映像：4 磅 偏移量”。

操作步骤

(1) 在“视图”选项卡的“母版视图”组中单击“幻灯片母版”按钮，打开幻灯片母版视图。

(2) 在“幻灯片母版”视图左侧，列出了当前幻灯片所有版式的样式，选中“丝状”幻灯片母版，在“插入”选项卡的“图像”组中单击“图片”按钮，打开“插入图片”对话框，在“插入图片”对话框地址栏中找到“素材”文件夹。在对话框中选择“校徽.jpg”图片文件，单击“插入”按钮插入图片。同时在工具栏中显示“图片工具”→“格式”选项卡。

(3) 选择图片，在“图片工具”→“格式”选项卡的“调整”组中单击“删除背景”按钮，跳转至“背景消除”编辑视图。在“背景消除”选项卡的“优化”组中单击“标记要保留的区域”按钮，将鼠标移至校徽图片上方，鼠标指针变成笔的形状。单击校徽图片中需要保留红色的区域(已做标记的为红色，未标记的是淡色)，已做标记的位置都会出现⊕标记符号。标记好所有需要保留的红色区域后，在“背景消除”选项卡的“关闭”组中单击“保留更改”按钮，即可清除校徽的白色背景，并返回母版视图。

说明：如果不小心标记错误，可以在“背景清除”选项卡的“优化”组中单击“标记要删除的区域”按钮，将鼠标移至需要删除的标记⊕上方单击，即可清除错误的标记。

(4) 右击校徽图片，在弹出的菜单中选择“设置图片格式(O)...”命令，打开“设置图片格式”右侧窗格，在窗格中选择“映像”选项组，单击“预设”右侧的“映像”按钮(鼠标悬停在按钮上便会出现“映像”字样)，打开“映像预设”下拉列表，在下拉列表的“映像变体”组中选择“半映像：4 磅 偏移量”样式。读者可以自行在“设置图片格式”对话框中对图片进行其他格式的设置，如阴影、三维格式等。

(5) 按样例适当调整校徽图片的大小和位置。

(6) 右击图片，在弹出的菜单中选择“置于底层”命令，将图片置于底层，以免图片覆盖部分文本内容。

(7) 在“视图”选项卡的“演示文稿视图”组中单击“普通视图”按钮，返回幻灯片普通视图状态。此时即可看到所有幻灯片右上方都出现校徽图片。

3. 设置幻灯片背景

操作要求

把“孔子.png”图片设置为标题幻灯片的主题背景，并将图片的透明度调整为 5%，向上偏移−5%，并隐藏标题幻灯片的校徽图案。

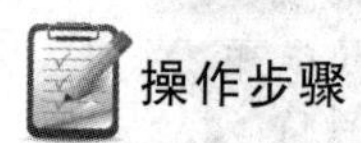操作步骤

(1) 选择第 1 张幻灯片，在“设计”选项卡的“自定义”组中单击“设置背景格式”按钮，打开“设置背景格式”右侧窗格。

(2) 在“填充”组中单击“图片或纹理填充”单选钮，再单击“插入(R)...”按钮，打开“插入图片”对话框。

(3) 在对话框中定位到素材文件夹，选中“孔子.png”图片文件，单击“插入”按钮，所选择的图片就成为标题幻灯片的背景了，调整图片的透明度为 15%，向上偏移−5%。

(4) 单击“隐藏背景图形(H)”前面的复选方框，隐藏标题幻灯片上的校徽图案。

(5) 单击“设置背景格式”的“关闭”按钮，关闭“设置背景格式”右侧窗格，完成标题幻灯片背景的设置。

4. 插入艺术字

操作要求

在最后一张幻灯片(第 16 张)后再插入一张“空白”幻灯片，在这张幻灯片中插入艺术字，选择艺术字样式为第 2 行第 1 列，艺术字效果为阴影外部向左偏移、“全映像：4 磅偏移量”、字体转换为“朝鲜鼓”样式。

操作步骤

(1) 选定第 16 张幻灯片，在“开始”选项卡的“幻灯片”组中单击“新建幻灯片”按钮，产生第 17 张幻灯片。

(2) 选定最后一张幻灯片，在“插入”选项卡的“文本”组中单击“艺术字”按钮，打开“艺术字样式库”下拉列表。

(3) 在“艺术字样式库”下拉列表中选择艺术字样式为渐变填充，灰色(第 2 行第 1 列)，在幻灯片中自动生成插入艺术字占位符，在占位符中输入文字“谢谢”。

(4) 选择艺术字占位符，在“绘图工具格式”选项卡的“艺术字样式”组中单击“文字效果”按钮，打开“文本效果”下拉菜单。

(5) 选择“阴影”命令，打开“阴影”子菜单，在“阴影”子菜单中选择外部“偏移：左”。

(6) 用同样的方法再次打开“文本效果”下拉菜单，分别设置艺术字的映像效果为“全映像：4 磅 偏移量”，转换效果为“弯曲”组的第 6 行第 2 个转换“朝鲜鼓”。

(7) 适当调整艺术字占位符的大小及位置，并调整“转换”节点◆的位置，使艺术字看起来更具艺术性。

5. 巧用取色器

将第17张幻灯片艺术字“谢谢”填充为幻灯片编号“17”底色的那种颜色。

(1) 选中第17张幻灯片上艺术字“谢谢”。

(2) 在“绘图工具”→“格式”选项卡的“艺术字样式”组中单击“文本填充”按钮,打开“文本填充”下拉菜单,在下拉菜单中选择“取色器(E)”。鼠标变为一支笔形状的吸管。

(3) 将吸管在幻灯片编号17的底色上单击,则将这个底色的颜色填充到艺术字“谢谢”中。

10.2.6 设置幻灯片的放映效果

1. 设置幻灯片的切换效果

将所有幻灯片的切换效果设置为华丽型“帘式”,换片方式为“单击鼠标时”、伴随声音为“风声”,持续时间为3秒。

操作步骤

(1) 选择任一幻灯片,在“切换”选项卡的“切换到此幻灯片”组中单击“其他”按钮,打开“切换效果”下拉列表,在其中选择华丽型“帘式”效果。

(2) 在“切换”选项卡的“计时”组中单击“声音”按钮旁的下拉列表,选择“风声”;在“持续时间(D)”后面的框中设置持续时间为3秒;同样在该“计时”组中单击“换片方式”下“单击鼠标时”前面的复选方框,设置换片方式为“单击鼠标时”。

(3) 在“切换”选项卡的“计时”组中单击“应用到全部”按钮,即可将该切换效果应用到所有幻灯片。

2. 设置动画方案

将所有幻灯片的标题动画效果设置为:进入时“基本缩放”、强调时“彩色延伸”、退出时“伸缩”;文本占位符、图片、组织结构图的动画效果设置为:棋盘进入。

(1) 由于要将所有幻灯片的标题设置为同样的动画,所以幻灯片的标题动画要用幻灯片母版来实现。在“视图”选项卡的“母版视图”组中单击“幻灯片母版”按钮,打开母版视图。

(2) 选择第1张幻灯片母版“丝状 幻灯片母版:由幻灯片1～17使用”的标题占位符,在“动画”选项卡的“动画”组中单击“其他”按钮,打开“动画效果”下拉列表。

(3) 在“动画效果”下拉列表中选择“更多进入效果”命令，打开“更改进入效果”对话框。

(4) 在该对话框中，选择“温和”组中的“基本缩放”效果，并可预览到标题进入时的动画效果，单击“确定”按钮，完成进入动画效果设置。

(5) 在“动画”选项卡的“高级动画”组中单击“添加动画”按钮。在其下拉列表中选择“更多强调效果(M)...”命令，打开“添加强调效果”对话框。

(6) 在该对话框中，选择“温和”组中的“彩色延伸”效果，并可预览到标题强调时的动画效果，单击“确定”按钮，完成强调动画效果设置。

(7) 在“动画”选项卡的“高级动画”组中单击“添加动画”按钮。在其下拉列表中选择“更多退出效果(X)...”命令，打开“添加退出效果”对话框。

(8) 在该对话框中，选择“温和”组中的“伸缩”效果，并可预览到标题退出时的动画效果，单击“确定”按钮，完成退出动画效果设置。

(9) 关闭母版视图，回到普通视图。

(10) 回到普通视图后，用同样设置动画的方法对幻灯片中的所有文本占位符、图片、组织结构图的动画效果设置为“棋盘进入”。只不过这是在普通视图中设置。

说明：读者可以在“动画”选项卡的“高级动画”组、“计时”组中单击相应的按钮，对动画进行更多项目的设置。

3. 创建交互式演示文稿

为第 2 张“必背古文”和第 9 张幻灯片“精读古文”中的各个文本和对象创建超级链接，例如，第 2 张幻灯片上的“论语十则”链接到第 3 张幻灯片；“出师表”链接到第 8 张幻灯片，“第 2 章”链接到第 9 张幻灯片；第 9 张幻灯片的“桃花源记”链接到第 10 张幻灯片，“小石潭记”链接到第 14 张幻灯片，以此类推，将第 2 张和第 9 张幻灯片中的各个文本和对象分别链接到相应标题的幻灯片。

操作步骤

(1) 选择第 2 张“必背古文”所在幻灯片，并选择“论语十则”文本，在“插入”选项卡的“链接”组中单击“链接”按钮，打开如图 10-11 所示的“插入超链接”对话框。

(2) 在“插入超链接”对话框中，在“链接到”列表中选择“本文档中的位置”，在“请选择文档中的位置”列表框中选择“3.《论语十则》”，单击“确定”按钮，即可完成超链接的插入。

(3) 用同样的方法分别为“必背古文”和“精读古文”中的其他文本或对象创建超链接。

4. 创建自定义动作按钮

为第 3 张至第 8 张幻灯片分别创建一个自定义动作按钮并在按钮上方添加文本“返回目录”；要求单击该按钮能自动跳转至第 2 张幻灯片；动作按钮的形状效果设置为草皮棱台效果。

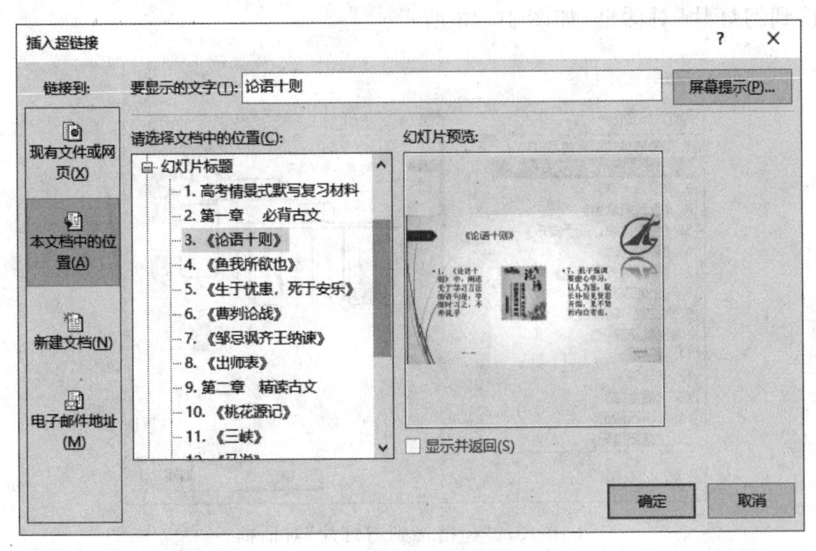

图 10-11　“插入超链接”对话框

操作步骤

（1）选择第 3 张幻灯片，在“插入”选项卡的“插图”组中单击“形状”按钮，打开“形状”下拉列表。

（2）在“形状”下拉列表中选择“动作按钮”组中的“动作按钮：空白”，鼠标变成“+”形后，在幻灯片的适当位置拖动鼠标，画出一个动作按钮，并弹出“操作设置”对话框，如图 10-12 所示。

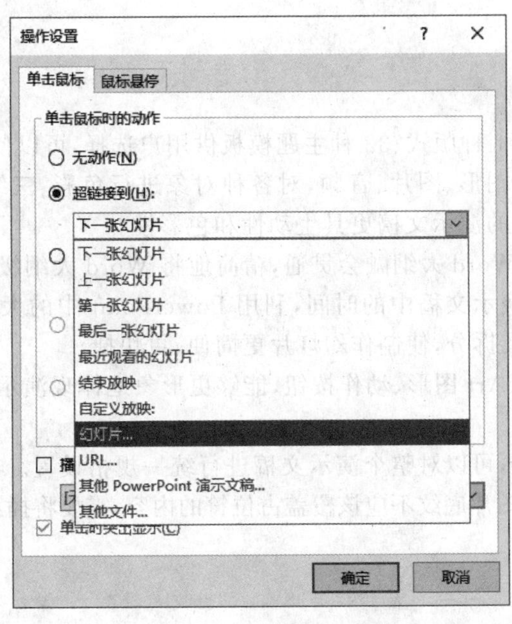

图 10-12　“操作设置”对话框

（3）在“操作设置”对话框中选择“超链接到”单选钮，并在下拉列表框中选择“幻灯片”，打开“超链接到幻灯片”对话框，如图 10-13 所示。

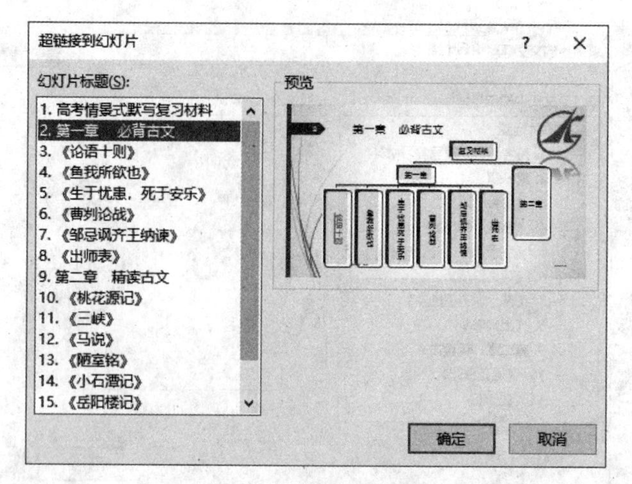

图 10-13　“超链接到幻灯片”对话框

(4) 在“超链接到幻灯片”对话框中选择“2.第一章　必背古文”幻灯片，单击“确定”按钮，返回“操作设置”对话框，再次单击“确定”按钮，完成该按钮的动作设置。

(5) 右击刚画的动作按钮，在弹出的菜单中选择“编辑文字”命令，动作按钮处于文字编辑状态，输入文本“返回目录”，并适当设置文本的格式。

(6) 选择动作按钮，在“绘图工具”→“格式”选项卡的“形状样式”组中单击“形状效果”按钮，打开“形状效果”下拉列表，在该下拉列表中选择“棱台”下的“草皮”选项。

(7) 适当调整动作按钮的大小及位置，并复制该按钮，分别在第 4 张至第 8 张幻灯片中粘贴该按钮，保存演示文稿。

10.3　案例总结

(1) 演示文稿内置 11 种版式、32 种主题模板供用户选择，可以使用不同的版式、不同的主题模板，插入各种形状图形、图片、音频，对各种对象进行色彩、三维效果设置。使用交互式跳转，可以使制作出来的演示文稿更具生动性和色彩性。

(2) PowerPoint 与 Word 大纲融会贯通，精简地将 Word 大纲级导入到演示文稿中，大大缩短了把文字输入到演示文稿中的时间，利用 PowerPoint 中的大纲“升级”“降级”命令，快速对幻灯片进行合并及拆分，使制作幻灯片更简便、更快捷。

(3) 适当使用 SmartArt 图形、动作按钮，能够更形象地体现演示文稿，使演示文稿内容更清晰。

(4) 利用幻灯片母版，可以对整个演示文稿进行统一规格设置。在为幻灯片设置图片底纹时应该要注意，插入的图片底纹不应该覆盖占位符的内容，需要将插入的对象置于底层。

10.4　拓展训练

利用素材“毕业设计(素材).docx”设计毕业设计答辩 PPT，操作要求如下。

(1) 利用 PowerPoint 导入 Word 大纲将“毕业设计(素材).docx”的大纲导入到演示文

稿中，并将其保存为“库存管理系统演示文稿.pptx”。

(2) 添加、删除不必要的幻灯片，并对幻灯片进行适当的合并和拆分，最终效果可见“库存管理系统(样例).pdf”。

(3) 将演示文稿应用“奥斯汀”(若无可另选一个代替或将素材中“自定义奥斯汀主题.pptx”中的主题自定义到 PowerPoint 2016 中)主题应用模板，并将演示文稿的换片方式更改为“缩放、无伴随声音、单击鼠标换片”。

(4) 设置“目录”幻灯片、“系统功能模块设计”幻灯片的版式为“标题和内容版式”，将“系统数据流程图”幻灯片版式更改为“仅标题”。

(5) 根据演示文稿的内容，自行制作“目录”幻灯片中的文本内容，并将“目录”幻灯片的组织结构图版式更改为“梯形列表”，SamrtArt 样式为“强烈效果”。

(6) 打开“毕业设计.docx”，根据“图 2-1 系统功能模块图”自行设计“系统功能模块设计”幻灯片的组织结构图，并根据“图 2-2 系统数据流程图”自行在“系统数据流程图”幻灯片中插入形状图，效果如图 10-14 所示。

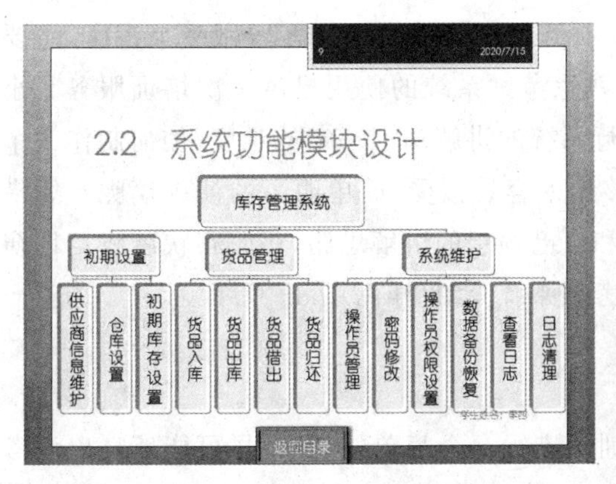

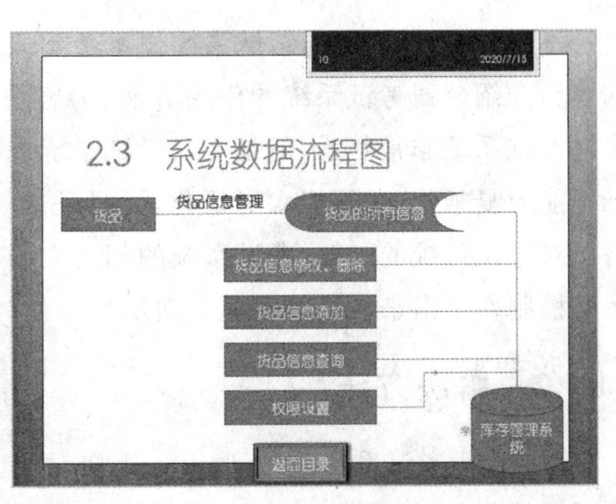

图 10-14　“系统功能模块设计”“系统数据流程图”最终效果图

(7) 在“目录”幻灯片中分 为各文本内容创建超链接，同时为各章节所在幻灯片创建动作按钮，动作按钮超链接至“目录”幻灯片，并在动作按钮上方添加“返回目录”文本，动作按钮的形状效果为：外部向右偏移的阴影效果、带斜面棱台效果。

(8) 除标题幻灯片外的所有幻灯片带页眉页脚，页脚内容为学生姓名。

(9) 在“结论”幻灯片中插入图片“1.jpg”，适当调整图片大小和位置，并设置该图片的柔化边缘大小为 30%。

(10) 利用母版统一设计幻灯片的动画效果，标题进入时螺旋飞入，文本占位符进入时使用随机线条效果。

(11) 在“第五章”幻灯片中，分别复制“毕业设计(素材).docx”第五章内容中的图片，并分 设置各张图片的动画效果：图片进入时螺旋飞入，图片退出时基本缩放。

说明：在复制“第五章”图片时，先粘贴第 1 张图片，设置好这张图片的进入、退出动画效果后，再粘贴第 2 张图片并设置进入、退出的动画效果，以此类推。

案例 11 考试系统介绍

11.1 案例简介

11.1.1 问题描述

小张是 CBC 公司的考试系统技术负责人，项目经理要求小张为客户做一个讲座，主要内容为介绍公司考试系统的使用方法，为客户熟悉考试系统的使用提供一次培训服务。小张对考试系统非常熟悉，但是要对考试系统进行系统的讲解却有一定的难度，如何制作一个既不能太复杂化，又不能太术语化，而且还能够让人容易接受、简单明了的演讲稿呢？凭借自己对考试系统的了解、考试系统的相关文档和自己预想的讲解思路，小张很快就将培训演示文稿制作了出来。最终完成的演示文稿如“考试系统介绍(样例).pdf”所示。

11.1.2 解决方法

(1) 作为考试系统的培训，首先需要对培训者进行一个简单的说明，尽可能地突出该考试系统的优点。

(2) 介绍考试系统的工作原理。这个主要是为使用者能够在应用系统前，对系统有一个整体的认识，能够帮助后继学习使用系统时提供良好的辅助作用。利用自定义图形、表格等来表述工作原理，能够更好地解决系统的术语化，更形象与清晰地表达内容，自定义图形的动画效果能令演示文稿更具生动性。

(3) 把预先制作好的考试系统安装过程、考试系统的操作过程的视频文件导入至演示文稿当中，令使用者能够更方便、更容易地熟悉使用方法。

(4) 每个企业都有自己的视觉形象规范(如企业徽标、公司名称、背景图像等)，形象规范能够充分体现一个企业的文化及内涵。因此，在制作演示文稿演讲稿时，都会在演示文稿上将自己企业的视觉形象融入其中。

11.1.3 相关知识

(1) 设计模板制作。PowerPoint 附带了一系列表达不同应用的设计模板供用户选用，但在实际应用中，为更好地贴近演讲内容，通常用户都会创建自己的模板。创建的模板都是在演示文稿母版中进行。对幻灯片母版可以更改母版的背景，更改母版中标题文字，更改占位符的字体、样式、大小和位置，更改项目符号，统一设置占位符的动画方案等，以体现企业的视觉形象,满足企业的需求。

(2) 形状制作、动画方案设置。用自定义形状规划考试系统工作原理图,对各个自定义形状图形进行有效的动画设置,能够更形象、更清晰、更生动地表达内容。

(3) 把演示文稿做成一个视频。将制作好的演示文稿打包做成一个视频,能够方便使用者在大多数计算机上观看此演示文稿。

11.2 实现步骤

11.2.1 设计幻灯片母版

1. 标题幻灯片版式背景设置

(1) 在标题母版幻灯片中插入一个圆角矩形(高度 18.5 厘米、宽度 33.2 厘米),无线条颜色,"中等渐变-个性色 1"填充,最后一个渐变光圈透明度为 100%,位置:水平、垂直均自左上角 0.3 厘米处。

(2) 再插入一个矩形(高度 7.6 厘米、宽度 33.2 厘米),无线条颜色,"中等渐变-个性色 1"填充,渐变类型为"矩形",方向为"从中心",增加渐变光圈,使其成为五个渐变光圈,平均分布 5 个渐变光圈的位置,并设置最后一个渐变光圈的透明度为 100%,位置:水平自左上角 0.3 厘米,垂直自左上角 11.1 厘米处。

(3) 将圆角矩形、矩形形状置于最低层,并设置在标题幻灯片版式中隐藏背景图形。

操作步骤

(1) 新建演示文稿,并命名为"考试系统介绍.pptx"。

(2) 在"视图"选项卡的"母版视图"组中单击"幻灯片母版"按钮,演示文稿切换至幻灯片母版视图。

(3) 选择母版视图左侧窗格第 2 张幻灯片(标题幻灯片版式),在"插入"选项卡的"插图"组中单击"形状"按钮,打开"形状"下拉列表。

(4) 在"形状"下拉列表中选择"矩形"选项中的"矩形:圆角",鼠标指针变成"+"形状后,在幻灯片适当位置拖动,画出一个圆角矩形。右击圆角矩形,在弹出的菜单中选择"大小和位置"命令,打开如图 11-1 所示的"设置形状格式"对话框,并在该对话框中设置圆角矩形的高度、宽度和位置。

(5) 在"设置形状格式"对话框中单击"填充"选项,在"填充"组中选择"渐变填充"单选钮并将预设渐变设置为"中等渐变-个性色 1",选择最后一个渐变光圈,调整其透明度为 100%,如图 11-2 所示;再单击"线条"选项,在"线条"组中选择"无线条",单击"关闭"按钮。

(6) 选中"圆角矩形"形状左上角的黄色编辑点◆并往左边适当拖动,调小圆角矩形的角度。

(7) 参照以上方法,在幻灯片中再添加一个"矩形"形状,并按操作要求对其进行大小、位置等的格式设置。

(8) 同时选中这 2 个形状,在"绘图工具格式"选项卡的"排列"组中单击"下移一层"右侧的下拉按钮▾,打开"下移"列表,选择"置于底层"命令。

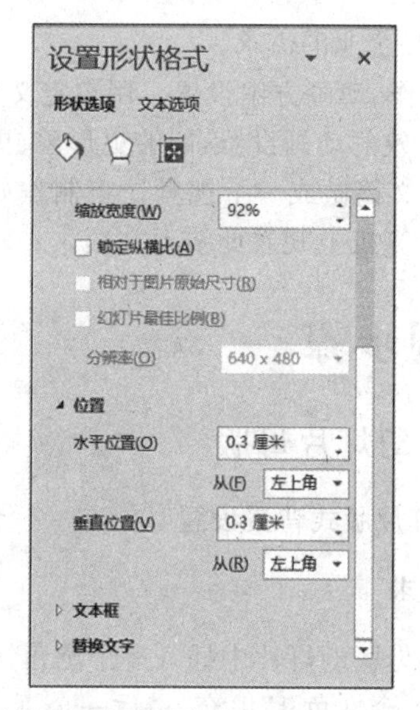

图 11-1 “设置形状格式”对话框并设置圆角矩形高度、宽度和位置

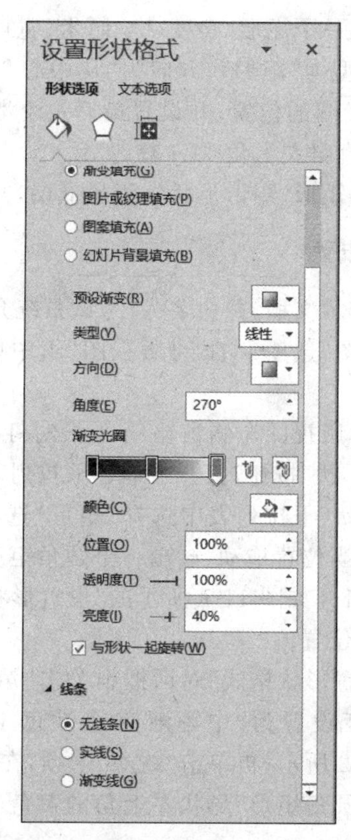

图 11-2 设置颜色填充和线条

(9) 在“幻灯片母版”选项卡的“背景”组中勾选“隐藏背景图形”复选框，完成后的效果如图 11-3 所示。

说明：隐藏背景图形命令的作用是可以使“标题幻灯片版式”不受幻灯片母版中插入的

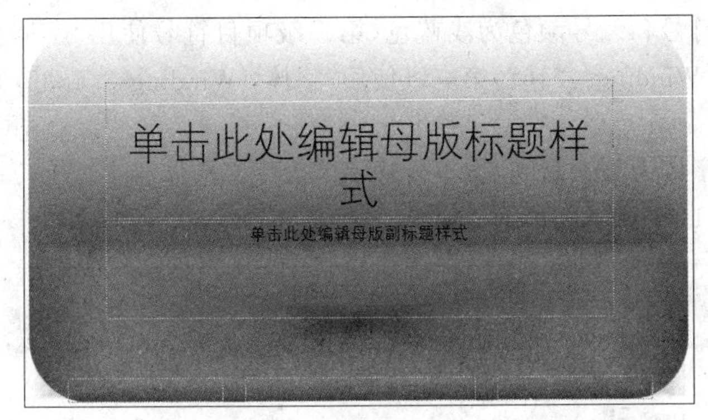

图 11-3 完成后的效果图

形状、图片、文字的影响。

2. 标题幻灯片版式中艺术字的编辑

在标题母版中，插入公司徽标(公司徽标英文缩写为 CBC)，徽标采用艺术字样式，字库采用第 3 行第 3 列(填充：蓝色，主题色 5；边框：白色，背景色 1；清晰阴影：蓝色，主题色 5)，并设置艺术字的文本效果为“梯形：正”转换。适当调整艺术字大小，并置于标题母版幻灯片左上角。

(1) 选择母版视图左侧窗格第 2 张幻灯片(标题幻灯片版式)，在“插入”选项卡的“文本”组中单击“艺术字”按钮，打开“艺术字”下拉列表。

(2) 在“艺术字”下拉列表中选择第 3 行第 3 列艺术字，在幻灯片中出现艺术字占位符，将插入点置于“艺术字”占位符上，删除占位符内的文字，并输入 CBC。

(3) 单击“艺术字”占位符边框，在“绘图工具”→“格式”选项卡的“艺术字样式”组中单击“文本效果”按钮，打开“文本效果”下拉菜单。

(4) 在“文字效果”下拉菜单中选择“转换”命令，打开“转换”子菜单，选择“弯曲”组的第 8 行第 3 个转换，即“梯形：正”转换。

(5) 适当调整“艺术字”占位符的大小，并拖动至幻灯片的左上角位置。

3. 幻灯片母版背景设置

(1) 用“标题幻灯片版式”中的背景形状，缩小成小的形状作为幻灯片母版的头部背景，并将其置于底层；并在幻灯片母版底部，设计两个“矩形”形状，形状颜色分为浅蓝至透明、透明至红色的渐变填充，无线条颜色。

(2) 在幻灯片右下角插入艺术字，艺术字字库为第 1 行第 5 列(填充：金色，主题色 4；软棱台)，艺术字内容为：测评软件系统(北京)有限公司，字体大小为 18 磅。

(3) 将图片“会议.jpg”插入至“标题幻灯片版式”中的“右下方”位置，重新着色该图片，着色效果为冲蚀，并柔化图片边缘，大小为 30 磅。

(4) 设置项目符号和编号颜色为浅蓝色，第一级项目符号使用"字体：Windings，198"，第二级使用"字体：Windings，216"，第三级使用"字体：Windings2，133"，第四级使用"字体：Windings3，125"。

(5) 标题样式字体为华文新魏，文本样式字体为华文楷体。

最终效果如图 11-4 所示。

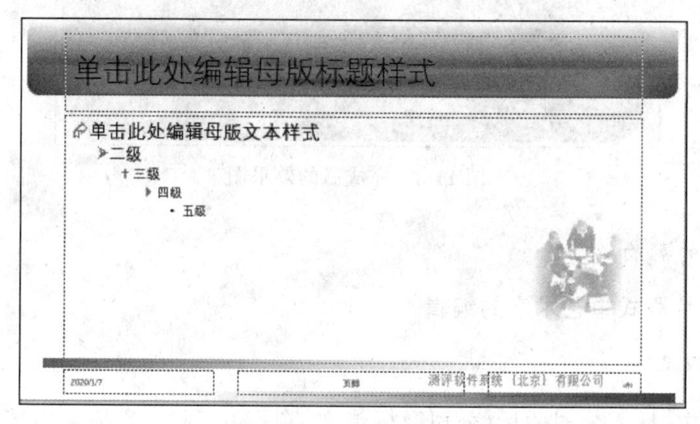

图 11-4 最终效果图

操作步骤

(1) 选择母版视图左侧窗格第 2 张幻灯片（标题幻灯片版式），同时选中"圆角矩形"和"矩形"形状，右击，在弹出的菜单中选择"组合"命令，再在"组合"子菜单中选择"组合"命令，将两个形状组合成一个形状，并复制该组合后的形状。

(2) 选择母版视图左侧窗格第 1 张幻灯片（Office 主题幻灯片母版），使用 Ctrl+V 组合键将组合的形状粘贴。在"绘图工具格式"选择卡的"大小"组中的"形状高度"文本框中输入该形状的高度 3.7 厘米，置于底层。

(3) 在"插入"选项卡的"插图"组中单击"形状"按钮，打开"形状"下拉列表，选择"矩形"形状，在幻灯片母版底部适当位置画一个矩形，同时打开"设置形状格式"对话框，在该对话框中选择"无线条"颜色，并设置形状的填充为渐变填充、线性向右，删除多余的渐变光圈，只留两个渐变光圈。设置第一渐变光圈颜色为标准色"浅蓝"，第二渐变光圈为"白色，背景 1"，白色渐变光圈透明度为 100%，如图 11-5 所示。按样例适当调整该浅蓝渐变填充的"矩形"形状的高度、宽度及位置。

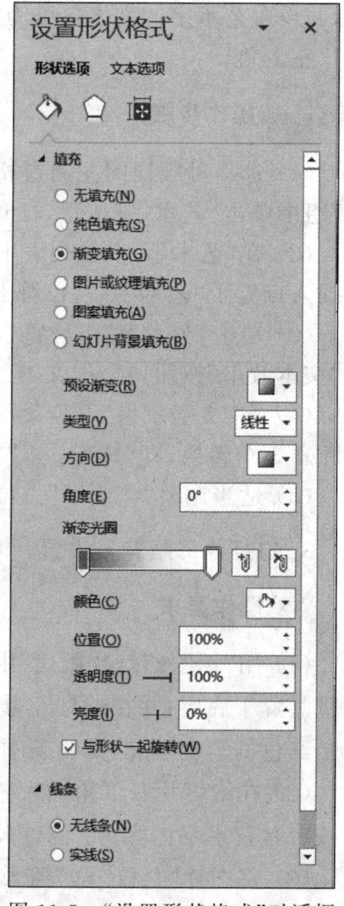

图 11-5 "设置形状格式"对话框

(4) 复制浅蓝渐变填充的"矩形"形状并粘贴，移动到适当位置，并打开"设置形状格式"对话框，将渐变填充颜色更改为标准色"红色"，选择渐变方向为"线性向左"。

(5) 参照本节“2. 标题幻灯片版式中艺术字的编辑”中的操作方法，在“幻灯片母版”右下角适当位置添加操作要求中指定的艺术字。

(6) 在“插入”选项卡的“图像”组中单击“图片”按钮，打开“插入图片”对话框，在对话框中选择“会议.jpg”图片文件，单击“插入”按钮插入图片，并适当设置图片的位置至幻灯片母版右下方。

(7) 右击插入的图片，在弹出的菜单中选择“设置图片格式”命令，打开“设置图片格式”对话框。在该对话框中单击“图片颜色”选项，在“图片颜色”选项中将图片“重新着色”为“冲蚀”，如图 11-6 所示，并在“柔化边缘”选项中设置柔化边缘的大小为 30 磅。

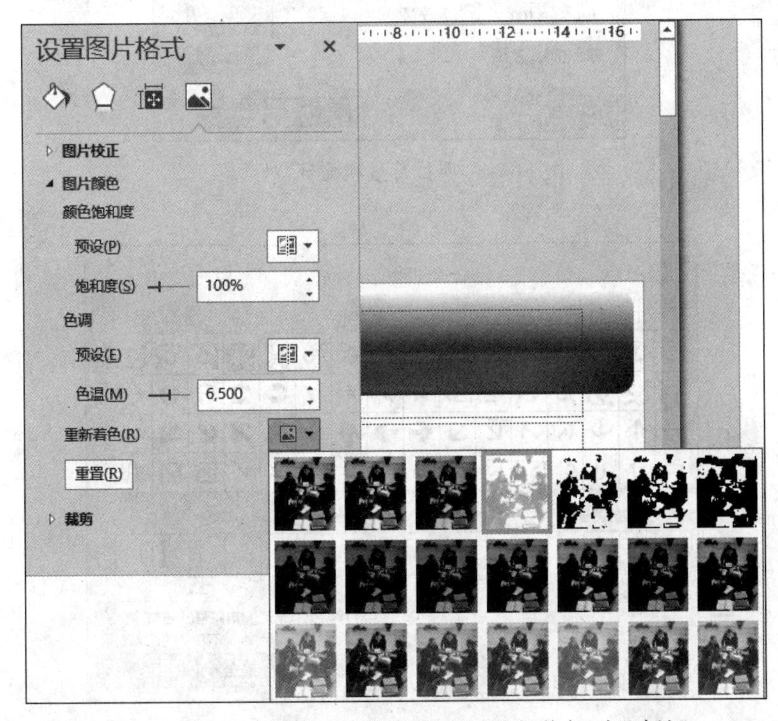

图 11-6　在“图片颜色”选项中将图片“重新着色”为“冲蚀”

(8) 将插入点置于文本占位符第一段落处，在“开始”选项卡的“段落”组中单击“项目符号”右侧下拉按钮，打开“项目符号”菜单，选择“项目符号和编号”命令，打开如图 11-7 所示的对话框，并单击“自定义”按钮，打开“符号”对话框，如图 11-8 所示。

(9) 在“符号”对话框中，在“字体”下拉列表中选择 Wingdings，找到符号，单击“确定”按钮，返回“项目符号和编号”对话框，再在“项目符号”选项中将颜色设置为“标准色”的“浅蓝色”。

(10) 用同样方法，分别设置第 2 级、第 3 级、第 4 级的项目符号。

说明：

① 幻灯片母版中添加的各种形状、图片、艺术字等都是作为幻灯片的一个美观修饰，为避免插入的修饰遮蔽文本占位符、标题占位符，因此需要将这些修饰都置于文本占位符、标题占位符的下方，起到不遮蔽的效果，读者自行将这些修饰设置成底层。

② 设置标题样式字体、文本样式字体与 Word 中设置相同，请读者自行完成。

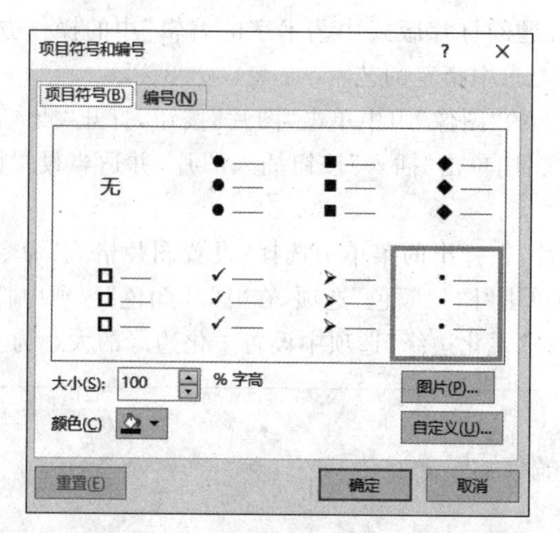

图 11-7 “项目符号和编号”对话框

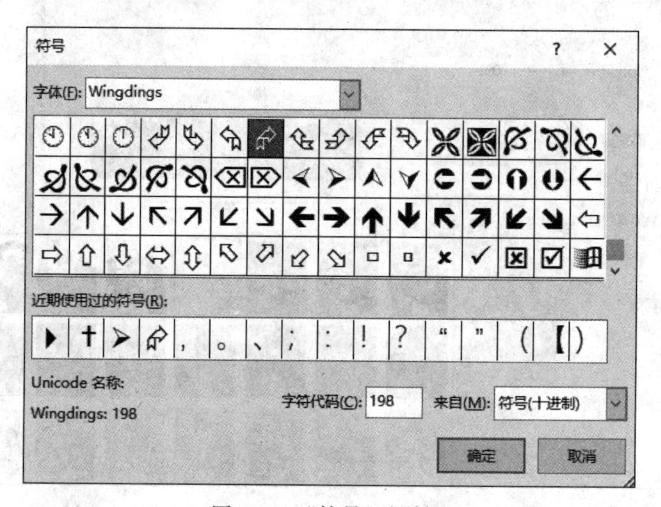

图 11-8 “符号”对话框

11.2.2 插入与编辑幻灯片

1. 标题幻灯片

操作要求

参照如图 11-9 所示，在标题幻灯片中添加标题、副标题。

读者自行添加标题及副标题内容。

2. 目录幻灯片

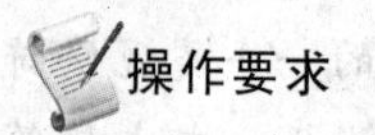

操作要求

根据“考试系统说明书.docx”中的内容，在演示文稿中插入“仅标题”版式新幻灯片，设计如图 11-10 所示的演讲目录。

图 11-9　标题幻灯片

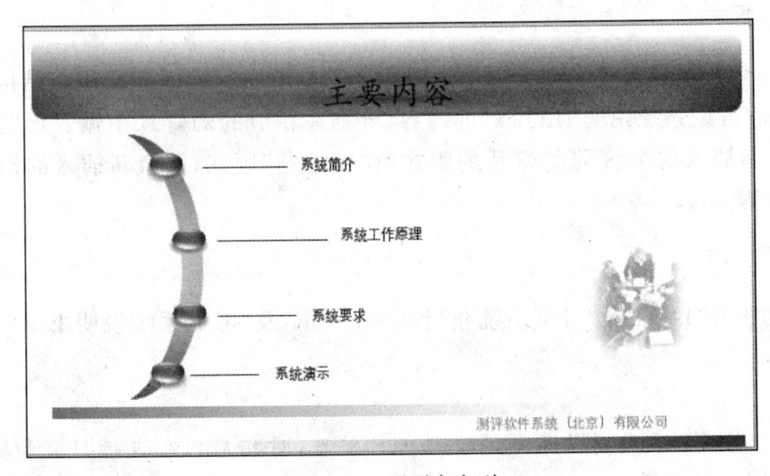

图 11-10　目录幻灯片

(1) 插入反转的“新月形”形状，无线条颜色，预设渐变为“底部聚光灯-个性色 4”渐变填充，类型为射线，方向为“从中心”辐射。

(2) 插入“椭圆”形状作为目录标记，形状无线条颜色，预设渐变为“底部聚光灯-个性色 4”渐变填充；添加“向上偏移”阴影效果，发光：11 磅；金色，主题色 4；三维格式：顶部棱台与底部棱台均为“圆形”，宽度和高度均为 18 磅；三维旋转效果预设为：角度“透视：适度宽松”效果。

(3) 利用文本框显示目录的文字内容，并插入“直线”连接符，连接各“椭圆”形状与各文本框。

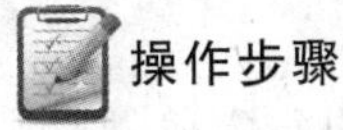

(1) 在演示文稿中插入一个“仅标题”版式的新幻灯片，并在幻灯片中输入标题内容：“主要内容”。

(2) 在“插入”选项卡的“插图”组中单击“形状”按钮，打开“形状”下拉列表，在“基本形状”组中选择“新月形”形状，在幻灯片适当位置拖动鼠标指针，画出一个“新月形”形状。

(3) 选中“新月形”形状中的黄色编辑点◆并拖动鼠标，适当调整“新月形”形状的大小。在“绘图工具格式”选项卡的“排列”组中单击“旋转”按钮，打开“旋转”下拉列表，在列表中选择“水平翻转”命令。

(4) 根据操作要求，在“设置形状格式”对话框中对“新月形”形状的线条颜色、填充等进行相应的设置。设置方法与上一节“标题幻灯片版式背景设置”中的设置类似。

(5) 重复步骤(2)～(4)，在幻灯片中插入“椭圆”形状，并根据操作要求设置相应的线条颜色、填充、阴影和三维效果。

(6) 在幻灯片中添加目录文字，方法是：在“插入”选项卡的“文本”组中单击“文本框”下拉按钮，在打开的下拉菜单中选择“横排文本框”命令，鼠标指针变成“↓”后，在幻灯片的适当位置插入文本框，并输入相应文字内容。

(7) 在幻灯片中插入“直线”形状，连接各“椭圆”形状与各文本框。

3. 展开论述的幻灯片

操作要求

在目录幻灯片后插入 5 张幻灯片，用来介绍考试系统的工作原理、组织结构图等。参照如图 11-11 及“考试系统说明书.docx”的内容，分别在相应的幻灯片中输入标题内容及文本内容，并设置新插入的第 3 张幻灯片的版式为“仅标题”版式，其余新插入的幻灯片版式为“标题和内容”版式。

操作步骤

请读者参照图 11-11 及“考试系统介绍(样例).pdf”及“考试系统说明书.docx”自行制作完成。

说明：

① 这个制作过程需要对收集到的资料进行整理，对相应内容进行归类和取舍，忌使用太多的文字资料，以精简为主，否则做出的幻灯片密密麻麻，会影响演讲效果。

② “系统组织结构图”幻灯片的制作方法与目录幻灯片类似，其中的图可以参照“考试系统说明书.docx”中的组织结构图自行制作。

③ “系统要求”幻灯片中的表格可以参照“考试系统说明书.docx”的表格自行制作。

11.2.3 添加动画效果增强表现力

1. 幻灯片切换设置

操作要求

将所有幻灯片的切换效果设置为“形状”；切换效果选项“加号”；换片方式为“单击鼠标时”。

幻灯片切换效果设置方法与本书相关幻灯片切换章节类似，请读者自行完成。

2. 利用母版设置动画效果

设置动画效果可以增强幻灯片的视觉效果，能够更生动地表现演讲内容。但在设置效果时，由于幻灯片的数量比较多时，设置起来就比较麻烦，怎样能够快速设置所有幻灯片中文本、标题的动画效果呢？前面我们学过幻灯片母版，母版的作用就是统一规划、统一作用幻灯片，因此，我们在设置动画效果时，可以根据母版的作用，在幻灯片母版视图下，对幻

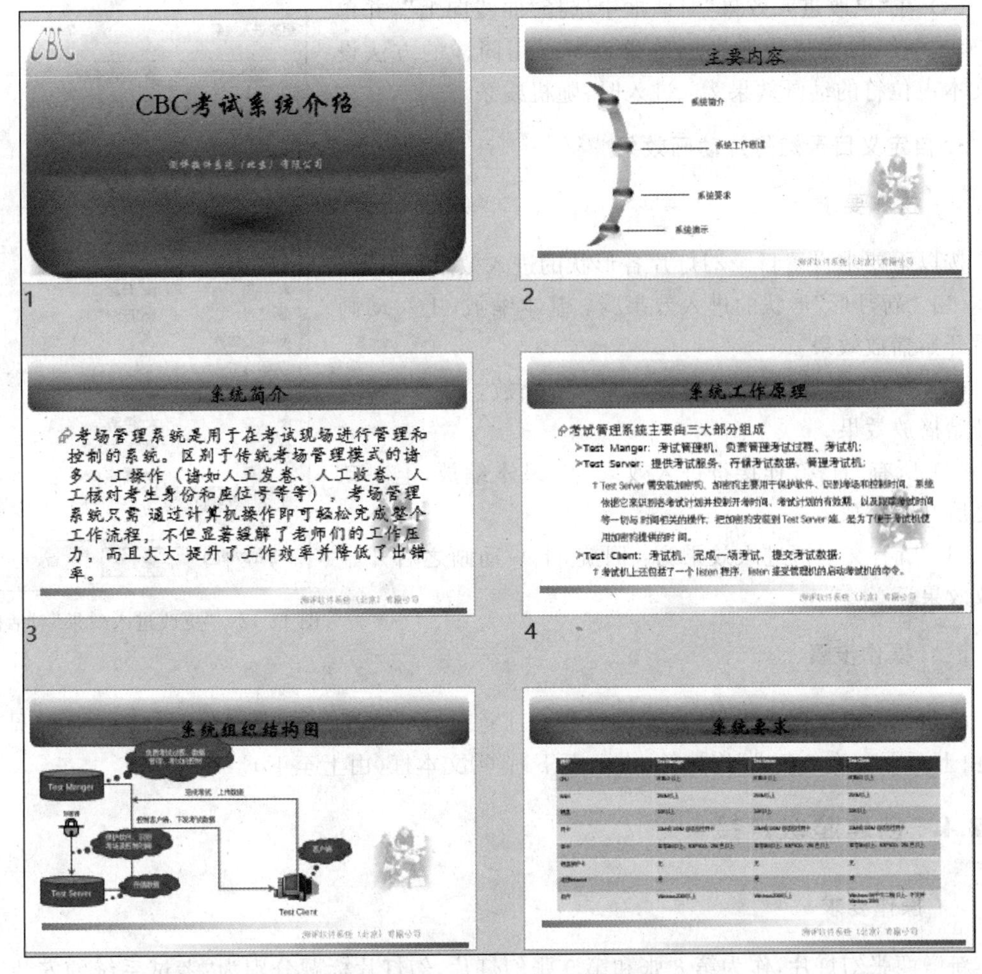

图 11-11　演示文稿最终效果图

灯片的标题占位符、文本占位符设置动画效果，即可统一完成幻灯片中标题、文本的动画效果。

操作要求

设置标题文本的动画效果为：进入时，曲线向上；设置文本内容的动画效果为：进入时，随机线条。

操作步骤

(1) 在“视图”选项卡的“母版视图”组中单击“幻灯片母版”按钮，进入幻灯片母版视图。

(2) 在幻灯片母版视图中选择母版窗格中左侧的第 1 张幻灯片（Office 主题 幻灯片母版），在编辑窗口中单击标题占位符边框。

(3) 在“动画”选项卡的“动画”组中单击“其他”按钮，打开动画效果下拉列表，在列表中选择“更多进入效果”命令，打开“更改进入效果”对话框，如图 11-12 所示。

（4）在“更改进入效果”对话框中选择“曲线向上”，并单击“确定”按钮，完成标题动画效果设置。用同样的方法设置文本占位符的动画效果为：进入时，随机线条。

图 11-12 “更改进入效果”对话框

3. 自定义目录幻灯片动画效果

操作要求

按以下要求设置目录幻灯片各形状的进入效果。

（1）“新月形”形状的进入效果为：基本缩放，上一动画之后开始播放效果。

（2）所有“椭圆”形状的进入效果为：缩放，上一动画之后开始播放效果。

（3）所有“直接”连接符进入效果为：基本缩放，上一动画之后开始播放效果。

（4）所有文本框进入效果为：回旋，上一动画之后开始播放效果。

操作步骤

读者自行根据要求设置，在设置过程中注意设置的次序：①“新月形”形状；②“椭圆”形状（由上至下）；③“直线”连接符（由上至下）；④文本框（由上至下）。

11.2.4 创建超级链接

操作要求

新增两张幻灯片，作为第 8 张和第 9 张幻灯片，幻灯片标题分别为“考试系统的安装”和“考试系统的操作演示”。这两张幻灯片的版式均为“标题和内容”。

为“目录”幻灯片中的 4 个文本框、“系统演示”幻灯片中的文本分别创建超链接，链接至相应的幻灯片中，实现幻灯片之间的跳转。

操作步骤

（1）请读者自行增加第 8 张和第 9 张幻灯片。

（2）选择“目录”幻灯片，单击“系统简介”文本框边框，在“插入”选项卡的“链接”组中单击“链接”按钮，打开如图 11-13 所示的“插入超链接”对话框。

（3）在“插入超链接”对话框中，在“链接到”列表中选择“本文档中的位置”，在“请选择文档中的位置”列表框中选择“3.系统简介”，并单击“确定”按钮，即可完成超链接的建立。

（4）重复以上步骤，为“目录”幻灯片中的其他文本框及“系统演示”幻灯片中的文本创建超链接。

11.2.5 插入多媒体

声音和影片是制作多媒体演示文稿的基本要素，可以在幻灯片中插入剪辑管理器中的

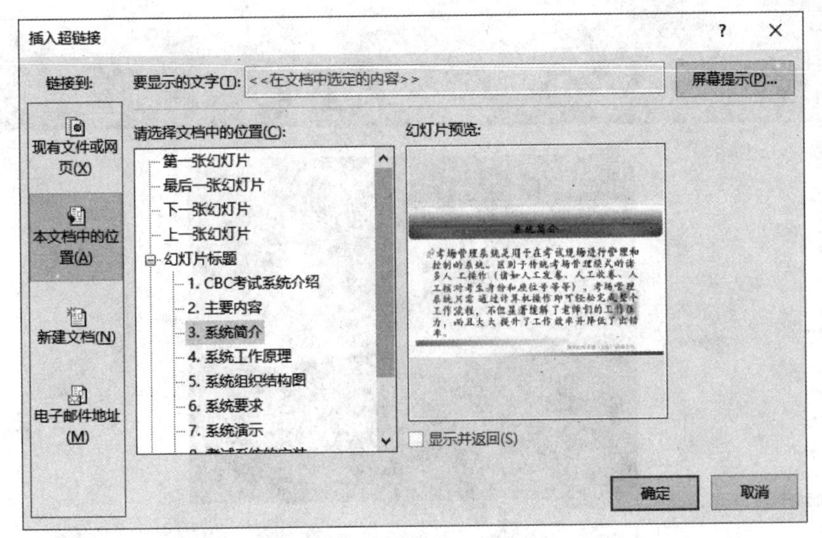

图 11-13　“插入超链接”对话框

声音文件或影片文件,也可以插入自己喜欢的音乐和影片。插入的视频对象与用户计算机上安装的媒体播放器有关,媒体播放器不支持的视频对象,在演示文稿中也无法播放。

操作要求

在“考试系统的安装”“考试系统的操作演示”幻灯片中插入预先制作好的视频文件,视频文件分别为“考试系统的安装.wmv”“考试系统的操作演示.wmv”。

操作步骤

(1) 选择“考试系统的安装”幻灯片,单击内容占位符中的“插入视频文件”按钮,打开“插入视频文件”对话框。

(2) 在“插入视频文件”对话框中找到“考试系统的安装.wmv”素材文件,选择“考试系统的安装.wmv”视频文件,单击“插入”按钮。关闭“插入视频文件”对话框,在幻灯片中会显示该视频文件的第一帧画面,如图 11-14 所示。

(3) 适当调整视频画面的大小及位置。

(4) 用同样的方法,在“考试系统的操作演示”幻灯片中插入相关的视频文件。保存演示文稿。

11.2.6　由演示文稿生成一个视频

操作要求

将制作好的“考试系统演讲稿.pptx”创建为视频,以便可以在大多数计算机上观看此演示文稿。

操作步骤

单击“文件”菜单中的“导出”选项,选择中间的导出组中的“创建视频”,根据情况决定是

图 11-14　插入视频文件后的相应幻灯片

否要使用录制时的计时和旁白，最后单击右边最下面的按钮“创建视频”，就可以由演示文稿生成一个视频，如图 11-15 所示。

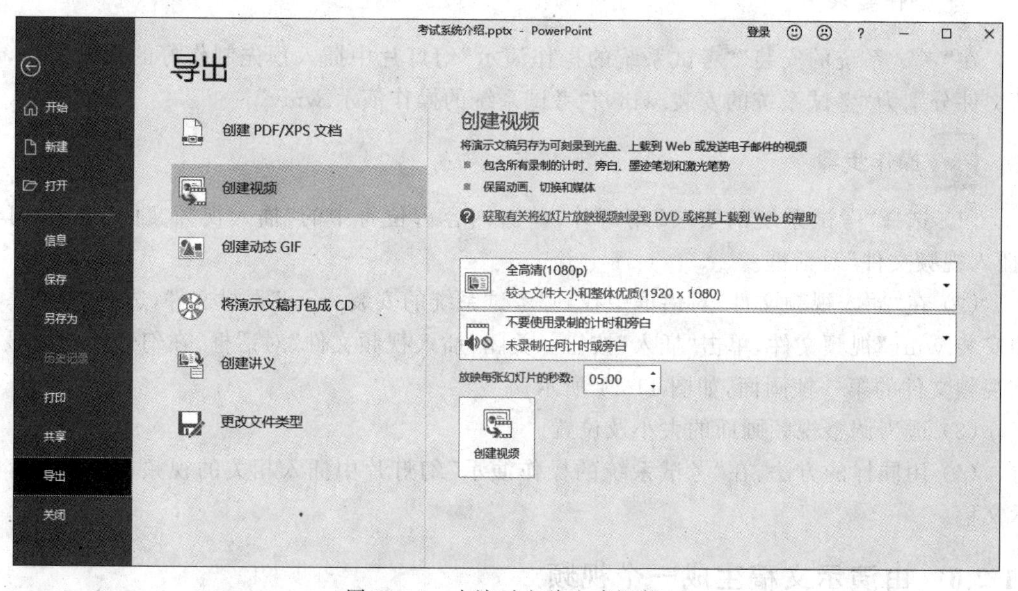

图 11-15　由演示文稿生成视频

11.3　案例总结

(1) PowerPoint 2016 内置了 44 种设计模板主题，基本上能满足普通用户的需求。另外，还提供了更多丰富和美化幻灯片的设计选项，方便了用户在内置主题模式不能满足需求时可以自行设计、修改现有设计模板,制作更具特色的设计模板。

(2) 对插入的自定义形状、图片进行三维效果设置,使形状及图片更具立体效果,使幻灯片更具生动性。

(3) 幻灯片母版的统一规划、统一设计功能,不仅体现在制作设计模板上,在动画设计方案中,还能够对幻灯片母版中的各个对象统一设计动画效果,既方便又快捷。

(4) PowerPoint 2016 可以保存成各种文件类型,如 PDF 文档、视频文件等,还可以将演示文稿打包成 CD 文件,也可以将演示文稿发布至网络,方便移动及网络共享。

11.4 拓展训练

利用素材文件夹中的相关素材,并根据自己的实际情况,设计一个“个人职业生涯规划.pptx”演示文稿,具体要求如下。

(1) 新建演示文稿,打开幻灯片母版视图,选择“Office 主题 幻灯片母版”幻灯片,利用素材“2.jpg”图片作为幻灯片的背景填充。

(2) 插入“矩形”自选图形,大小:宽 25.4 厘米,高 3.16 厘米;位置:垂直自左上角 0.76 厘米,水平自左上角 0 厘米;渐变填充:线性向左、预设碧海青天颜色填充,并设置第 1 个渐变光圈的透明度为 80%,第 2 个渐变光圈的透明度为 30%,第 4 个渐变光圈的透明度为 30%;线条颜色:线性向右的预设颜色的渐变线,删除中间的渐变光圈,并将第 1 个、第 2 个渐变光圈颜色设为“白色”,设置第 2 个渐变光圈透明度为 100%;将“矩形”自选图形置于最低层。

(3) 插入自选图形“右箭头”,大小:宽 1.64 厘米,高 0.95 厘米;填充颜色:纯白色填充、无线条颜色。插入自选图形“椭圆”,大小:宽、高均为 1.96 厘米,无填充颜色,线条颜色为白色。将“椭圆”自选图形置于“右箭头”上方,并组合两个图形,调整组合后的图形位置:水平自左上角 0.68 厘米,垂直自左上角 1.45 厘米。根据放置的位置,调整标题占位符的宽度,使组合后的图形不覆盖标题占位符。

(4) 插入自选图形“椭圆”,大小:宽高均为 2.1 厘米,无线条颜色;填充颜色:雨后初晴渐变填充,调整第 2 个光圈的透明度为 32%,第 3 个光圈的透明度为 36%,第 4 个光圈白色填充、透明度为 100%;三维格式:圆棱台,宽度、高度均为 30 磅;表面效果:柔边缘材料、200 角度的“对比”照明。复制并粘贴设计后的“椭圆”形状,适当调大复制后的形状,并将其下移一层。层叠两个“椭圆”形状,调整至右下角适当位置并都置于最低层。

(5) 设置标题占位符字体为白色、华文新魏、左对齐,文本占位符字体华文楷体,并设置文本占位符第一级的项目符号为◯、蓝色,效果如图 11-16 所示。

(6) 设置幻灯片的切换效果为自顶部的“立方体”效果;标题占位符动画效果为“缩放”进入;文本占位符动画效果为“淡出”进入。

(7) 选择“标题幻灯片版式”幻灯片,将其背景图片更改为 1.jpg,并隐藏背景图形;选择标题占位符,设置标题占位符的填充颜色为“碧海青天”渐变色,类型为矩形,方向为中心辐射。删除第 4 个渐变光圈,设置第 1 个、第 3 个光圈的透明度为 100%,调整第 2 个光圈的位

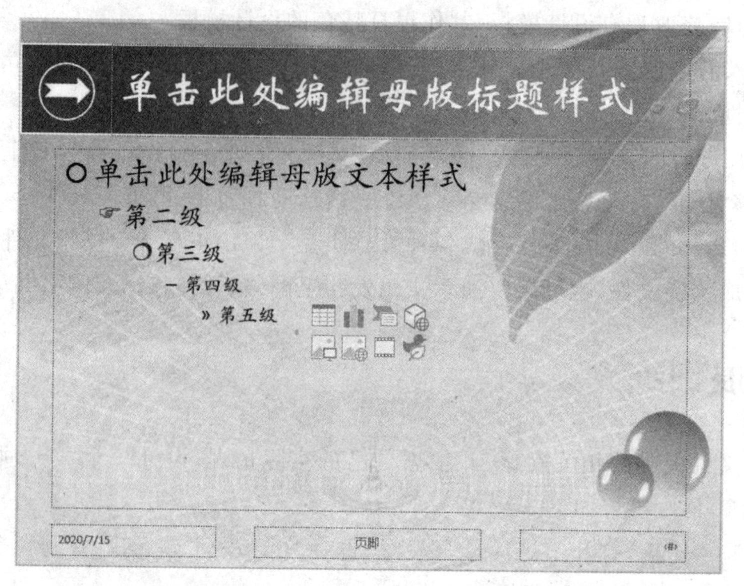

图 11-16 “Office 主题幻灯片母版”幻灯片效果图

置为 50%，透明度为 50%。标题占位符字体居中对齐。

(8) 返回普通视图模式，根据文本内容“个人职业生涯规划(素材).docx”及“个人职业生涯规划(样例).pdf”自行在普通视图状态下添加相应的内容。充分利用 SmartArt 图形、自选图形提供的相关功能设计相关的页面，并根据自己的喜好，对 SmarArt 图形、自选图形的格式进行设置，使之更加生动。

参 考 文 献

[1] 曾东海，陈君梅.计算机应用基础[M]. 北京：清华大学出版社，2009.

[2] 曾爱林.计算机应用基础项目化教程(Windows 10＋Office 2016)[M]. 北京：高等教育出版社，2019.

[3] 许晞.计算机应用基础(Windows 7＋Office 2010)[M]. 4 版.北京：高等教育出版社，2009.

[4] 眭碧霞，张静.信息技术基础[M]. 北京：高等教育出版社，2010.